国家能源集团
CHN ENERGY

技术技能培训系列教材

电力产业（火电）

U0662144

集控运行

煤机（上册）

国家能源投资集团有限责任公司　组编

中国电力出版社
CHINA ELECTRIC POWER PRESS

内 容 提 要

本系列教材根据国家能源集团火电专业员工培训需求，结合集团各基层单位在役机组，按照人力资源和社会保障部颁发的国家职业技能标准的知识、技能要求，以及国家能源集团发电企业设备标准化管理基本规范及标准要求编写。本系列教材覆盖火电主专业员工培训需求，本教材的作者均为长期工作在生产第一线的专家、技术人员，具有较好的理论基础、丰富的实践经验。

本教材为《集控运行》（煤机）分册，共十六章，主要内容包括：火力发电机组主要设备的工作原理和结构；机组的辅助系统及附属设备；机组辅助设备及系统的操作；运行工作管理；机组的启停特性及操作；机组的运行与维护，包括深度调峰和节能优化；机组的事故处理；智能化电站建设与运行技术等。其中，第一篇火力发电机组及系统，侧重于设备、原理和系统构成；第二篇集控巡检，侧重于集控运行管理和技术，包括机组整体启停技术；第三篇集控值班，主要介绍机组深层次监视、调节和控制原理，机组节能优化、深度调峰、事故处理等技术，并对未来智能电站技术做出展望和介绍。

本教材可作为火电企业生产、技术、管理岗位员工培训、技能评价、取证上岗和安全调考等的培训教材，也可作为高等院校电力相关专业人员的学习参考书。

图书在版编目（CIP）数据

集控运行：煤机/国家能源投资集团有限责任公司组编. --北京：中国电力出版社，
2024.11. --（技术技能培训系列教材）. -- ISBN 978-7-5198-9012-4

Ⅰ. TM621.3

中国国家版本馆 CIP 数据核字第 202476ZD09 号

出版发行：中国电力出版社
地　　址：北京市东城区北京站西街 19 号（邮政编码 100005）
网　　址：http://www.cepp.sgcc.com.cn
责任编辑：孙建英　常丽燕　代　旭
责任校对：黄　蓓　常燕昆　朱丽芳　马　宁
装帧设计：张俊霞
责任印制：吴　迪

印　　刷：三河市万龙印装有限公司
版　　次：2024 年 11 月第一版
印　　次：2024 年 11 月北京第一次印刷
开　　本：787 毫米×1092 毫米　16 开本
印　　张：51
字　　数：988 千字
印　　数：0001—5300 册
定　　价：210.00 元（上、下册）

版 权 专 有　侵 权 必 究

本书如有印装质量问题，我社营销中心负责退换

技术技能培训系列教材编委会

主　　任　王　敏
副 主 任　张世山　王进强　李新华　王建立　胡延波　赵宏兴

电力产业教材编写专业组

主　　编　张世山
副 主 编　李文学　梁志宏　张　翼　朱江涛　夏　晖　李攀光
　　　　　蔡元宗　韩　阳　李　飞　申艳杰　邱　华

《集控运行》（煤机）编写组

编写人员　李　峰　周晓鞾　牛小川　孔祥华　邓新国

序　言

习近平总书记在党的二十大报告中指出，教育、科技、人才是全面建设社会主义现代化国家的基础性、战略性支撑；强调了培养造就更多大师、战略科学家、一流科技领军人才和创新团队、青年科技人才、卓越工程师、大国工匠、高技能人才的重要性。党中央、国务院陆续出台《关于加强新时代高技能人才队伍建设的意见》等系列文件，从培养、使用、评价、激励等多方面部署高技能人才队伍建设，为技术技能人才的成长提供了广阔的舞台。

致天下之治者在人才，成天下之才者在教化。国家能源集团作为大型骨干能源企业，拥有近25万技术技能人才。这些人才是企业推进改革发展的重要基础力量，有力支撑和保障了集团公司在煤炭、电力、化工、运输等产业链业务中取得了全球领先的业绩。为进一步加强技术技能人才队伍建设，集团公司立足自主培养，着力构建技术技能人才培训工作体系，汇集系统内煤炭、电力、化工、运输等领域的专家人才队伍，围绕核心专业和主体工种，按照科学性、全面性、实用性、前沿性、理论性要求，全面开展培训教材的编写开发工作。这套技术技能培训系列教材的编撰和出版，是集团公司广大技术技能人才集体智慧的结晶，是集团公司全面系统进行培训教材开发的成果，将成为弘扬"实干、奉献、创新、争先"企业精神的重要载体和培养新型技术技能人才的重要工具，将全面推动集团公司向世界一流清洁低碳能源科技领军企业的建设。

功以才成，业由才广。在新一轮科技革命和产业变革的背景下，我们正步入一个超越传统工业革命时代的新纪元。集团公司教育培训不再仅仅是广大员工学习的过程，还成为推动创新链、产业链、人才链深度融合，加快培育新质生产力的过程，这将对集团创建世界一流清洁低碳能源科技领军企业和一流国有资本投资公司起到重要作用。谨以此序，向所有参与教材编写的专家和工作人员表示最诚挚的感谢，并向广大读者致以最美好的祝愿。

2024 年 11 月

前　言

近年来，随着我国经济的发展，电力工业取得显著进步，截至 2023 年底，我国火力发电装机总规模已达 12.9 亿 kW，600MW、1000MW 燃煤发电机组已经成为主力机组。当前，我国火力发电技术正向着大机组、高参数、高度自动化方向迅猛发展，新技术、新设备、新工艺、新材料逐年更新，有关生产管理、质量监督和专业技术发展也是日新月异。现代火力发电厂对员工知识的深度与广度，对运用技能的熟练程度，对变革创新的能力，对掌握新技术、新设备、新工艺的能力，以及对多种岗位工作的适应能力、协作能力、综合能力等提出了更高、更新的要求。

我国是世界上少数几个以煤为主要能源的国家之一，在经济高速发展的同时，也承受着巨大的资源和环境压力。当前我国燃煤电厂烟气超低排放改造工作已全面开展并逐渐进入尾声，烟气污染物控制也由粗放型的工程减排逐步过渡至精细化的管理减排。随着能源结构的不断调整和优化，火电厂作为我国能源供应的重要支柱，其运行的安全性、经济性和环保性越来越受到关注。为确保火电机组的安全、稳定、经济运行，提高生产运行人员技术素质和管理水平，适应员工培训工作的需要，特编写电力产业技术技能培训系列教材。

本教材为《集控运行》（煤机）分册，以火力发电厂生产系统设备运行、集控巡检、集控值班、集控调度、安全环保等生产技术、技能为主要内容。本教材贴近火力发电生产现场、总结火力发电生产过程、紧扣生产实践为基础，突出实用性和创新性。本教材介绍了国内当前先进火力发电机组的工作原理、结构和功能，机组的启停操作技术，运行维护，运行操作技能，事故处理技术等，内容丰富、数据翔实。当前我国风电、光伏等新能源发电大力发展，但是调峰能力较弱。因此，火力发电需要承担起电网调峰的重任，在电力供应平衡方面，做到电网高峰时段机组出力能够顶足，低谷时段机组出力能够降到最低，机组一次调频和 AGC 响应要精准快速，同时需要加强机组深度调峰期间的能耗控制。鉴于此，本教材在机组快速启停、深度调峰和节能优化等方面详细阐述，并对未来智能电站技术进行了展望和介绍，体现了火力发电与时俱进、创新发展，起到电力能源供应压舱石的作用。

本教材共十六章，其中汽轮机相关内容由牛小川编写；电气相关内容由孔祥华编写；锅炉相关内容由周晓鞾编写；邓新国参与了汽轮机专业前期初稿的编写工作；全书综合系统相关内容由李峰编写，全书由李峰统稿。

由于编写过程中时间紧，作者水平有限，错误和不足之处在所难免，敬请各使用单位和广大读者提出宝贵意见，便于后续修改完善，力求更好地服务于我国电力培训工作。

编写组

2024 年 6 月

目　录

第二篇 集控巡检

（下册）

第三篇　集控值班

第一篇　火力发电机组及系统

第一章 机组及系统简介

第一节 燃煤机组主要生产系统

火力发电厂主要分为蒸汽动力发电厂、燃气轮机发电厂和内燃机发电厂。蒸汽动力发电厂以燃煤为主。其工艺过程为：燃料在锅炉中燃烧放热，将给水加热成蒸汽，蒸汽在汽轮机内膨胀，使热能转换为转子转动的机械能，再通过发电机转换为电能，由配电装置分配传送给用户或输入地区电力网；汽轮机排汽进入凝汽器被冷凝成水，由凝结水泵经低压加热器加热送入除氧器，再经给水泵升压通过高压加热器送回锅炉，连续不断地生产电能。燃煤发电机组主要生产系统包括汽水系统、燃烧系统和电气系统。

一、汽水系统

汽水系统主要由锅炉、汽轮机、凝汽器、凝结水泵、加热器和给水泵等组成，包括汽水循环系统、化学水处理系统和冷却系统等。

水在锅炉中被加热成高温、高压蒸汽，再通过主蒸汽管道进入汽轮机。由于蒸汽不断膨胀，高速流动的蒸汽推动汽轮机的叶片转动。为了进一步提高其热效率，一般都从汽轮机的某些中间级后抽出做过功的部分蒸汽，用以加热给水。现代大型汽轮机组都采用这种给水回热循环。机组中还采用再热循环，即把做过一段时间功的蒸汽从汽轮机高压缸的出口全部抽出，送到锅炉的再热器中加热，再引入汽轮机的中、低压缸中继续膨胀做功。在蒸汽不断做功的过程中，其压力和温度不断降低，最后排入凝汽器，被冷却水冷却，凝结成水。凝结水集中在凝汽器下部，由凝结水泵加压，经低压加热器进入除氧器，加热除氧后的水由给水泵升压送至高压加热器，经过加热后打入锅炉，这样周而复始不断地加热、做功、凝结。

汽水系统中的蒸汽和凝结水，由于管道很多并且要经过许多的阀门设备，难免产生跑、冒、滴、漏等现象，造成汽水的损失，因此必须不断地向系统中补充经过化学处理的除盐水，这些补给水一般都补入凝汽器中。

二、燃烧系统

燃烧系统由输煤、磨煤、输粉、送风、燃烧、脱硝、除尘、脱硫等环节组成，以锅炉炉膛为核心区域。

磨煤机磨制出合格的煤粉后，由排粉机或一次风机输送至锅炉燃烧器，经点火系统引燃后在炉膛中燃烧。送风机则提供充分燃烧所需的空气，为提高效率，送风进入炉膛前要先经过空气预热器加热。引风机负责保持炉膛内处于微负压状态，使火焰不至于外溢。燃烧后的烟气经过脱硝装置除去 NO_x，再经除尘器脱除粉尘。最后烟气送至脱硫装置，脱硫后排入大气。

三、电气系统

电气系统由发电机、变压器、配电装置、输电线路等组成。由励磁系统发出的电流，经灭磁开关、电刷送到发电机转子，发电机转子旋转，在定子线圈感应出电动势；并网后产生的电流通过发电机出线分为两路：一路经高压厂用变压器降压后送至厂用电系统，另一路则经过主变压器升压后送至电网。

第二节 超（超）临界机组及系统特点

火力发电以高效率、低污染、低能耗、低造价的发电设备和新型的清洁煤燃烧技术为开发重点，机组容量大多为 600～1000MW。

超超临界指的是介质的状态。在煤电生产领域，就是指水的状态。蒸汽的压力、温度等参数越高，能效也就越高。在 22.115MPa、374.15℃时，蒸汽的密度会增大到与液态水的密度一样，这组参数称为水的临界参数。比这组参数高的状态称为超临界状态，而过热蒸汽管道的蒸汽温度不低于 593℃或蒸汽压力不低于 31MPa 的状态则称为超超临界状态。用超超临界状态的蒸汽推动汽轮机组做功的发电技术就是超超临界发电技术。

我国连续 15 年布局研发了百万千瓦级超超临界高效发电技术，目前供电煤耗最低可达 264g/kWh，处于全球先进水平。目前，超超临界高效发电技术和示范工程已经在全国推广，超超临界发电机组容量占煤电总装机容量的 26%。

一、燃烧技术

空气分级燃烧技术是美国在 20 世纪 50 年代首先发展起来的，是目前使用最普遍的低 NO_x 燃烧技术之一。空气分级燃烧的基本原理为：将燃烧所需的空气量分成两级送入炉膛，使炉膛第一级燃烧区内的过量空气系数在 0.8 左右，燃煤先在缺氧的富燃料条件下燃烧，使得燃烧速度和温度降低，因而抑制了热力型 NO_x 的生成，同时缺氧燃烧生成的 CO 与燃料中 N 分解的中间产物进行还原反应，抑制了燃料型 NO_x 的生成；在炉膛第二级燃烧区内，燃烧所用空气的剩余部分以二次空气输入，成为富氧燃烧区，此时空气量虽多，一些中间产物被氧化生成 NO，但因火焰温度低，其生成量不大，从而最终可使 NO_x 的生成量降低 30%～40%。空气分级燃烧可以分成两类：一类是炉内空气分级燃烧，另一类是燃烧器空气分级燃烧。炉内空气分级燃烧又可以分为采用紧凑式燃尽风（CCOFA）喷口技术和采用分离式燃尽风（SOFA）喷口技术两种。

哈尔滨锅炉厂有限责任公司、上海锅炉厂有限公司、东方电气集团东方锅炉股份有限公司的超超临界锅炉技术分别来源于英国三井巴布科克能源公司、美国 ALSTOM 能源公司、日本巴布科克-日立公司。

哈尔滨锅炉厂有限责任公司和东方电气集团东方锅炉股份有限公司的超超临界锅炉采用由前后墙对冲布置的低 NO_x 旋流燃烧器和分离式燃尽风喷口组成的燃烧系统，而上海锅炉厂有限公司的超超临界锅炉采用由 CFS-I 型四角切圆的低 NO_x 直流燃烧器和紧凑式及分离式燃尽风喷口组成的燃烧系统。

东方电气集团东方锅炉股份有限公司的超超临界锅炉采用低氧燃烧（LEA）技术，燃烧器区域过量空气系数为 0.8，分离式燃尽风补充后，炉膛出口过量空气系数为 1.14，相应的氧量仅为 2.58%。锅炉同层或同一垂直线上相邻的两只旋流燃烧器旋向相反，以加强烟气混合，提高炉内氧利用率，再加上前后墙布置的方式，能有效降低炉膛出口烟气流场的不均匀性。

（一）燃烧器

旋流燃烧器实际上是高强度扰动式燃烧器，因而也是高 NO_x 燃烧器，但只要采取一些空气调节手段，推迟燃料与空气的混合，就能使其转变为低 NO_x 燃烧器，而且这种燃烧器还具有燃烧稳定，在相当低的燃烧速度下不至于出现过多未燃物损失的优点。哈尔滨锅炉厂有限责任公司和东方电气集团东方锅炉股份有限公司采用低 NO_x 双调风旋流燃烧器。

哈尔滨锅炉厂有限责任公司的 LNASB 燃烧器采用直流一次风和旋流二、三次风，并配中心风。燃烧器一次风管内靠近炉膛端部处布置有铸造的整流器，用于在煤粉气流进入炉膛前对其进行浓缩。整流器的浓缩作用和二、三次风调节协同配合，以达到在煤粉燃烧初期减少 NO_x 生成量的目的。燃烧器风箱为每个 LNASB 燃烧器提供二、三次风，每个燃烧器设有 1 个风量均衡挡板，用以使进入各个燃烧器的风量保持平衡。二、三次风通过燃烧器内同心的二、三次风环形通道在煤粉燃烧的不同阶段分别进入炉膛，燃烧器内设有套筒式挡板用来调节二、三次风之间的分配比例。二、三次风通道内布置有各自独立的旋流装置，二次风旋流装置为沿轴向可调节的形式，调节旋流装置的轴向位置即可调节二次风的旋流强度；而三次风旋流装置为不可调节的形式，固定在燃烧器出口最前端位置。燃烧器设有中心风管，其内布置有油枪，一股小流量的中心风通过中心风管送入炉膛，以提供油枪用风，并且在油枪停运时防止灰渣在该部位集聚。

东方电气集团东方锅炉股份有限公司的 HT-NR3 燃烧器采用直流一、二次风和旋流三次风。一次风喷口内靠近炉膛端部处布置有锥形煤粉浓缩器。燃烧器风箱为每个 HT-NR3 燃烧器提供二、三次风。内二次风道上设有一个套筒式挡板，用以调节二、三次风之间的分配比例。三次风旋流装置设计成可调节的切向叶片形式，并设有执行器以实现程控调节，调节旋流装置的调节导轴即可调节三次风的旋流强度。由于该燃烧器没有设置中心风管，故而在一次风粉管最后一个弯头前设置了冷却风管，以便燃烧器停运时冷却喷口，并在启动油枪时提供根部风。

上海锅炉厂有限公司的煤粉燃烧器采用强化着火（EI）煤粉喷嘴，其特点是采用出口部分收缩设计使煤粉聚集在喷口出口中心部位，在喷口内设置格栅、在喷口外设置周界风以加强卷吸烟气能力，并与水平偏转 25°的低风量 CFS 喷口配合，推迟一次风粉气流与二次风的混合并在水冷壁附近形成富氧气氛，使火焰稳定在喷嘴出口一定距离内，使挥发分在富燃料的气氛下快速着火，保持火焰稳定，从而提高锅炉在无辅助燃料条件下的低负荷稳燃能力，有效降低 NO_x 的生成，延长焦炭的燃烧时间，提高锅炉燃烧效率，防止炉内结渣和高温腐蚀。

（二）燃尽风

哈尔滨锅炉厂有限责任公司的超超临界锅炉燃尽风口包含两股独立的气流：中央部位的气流是非旋转气流，直接穿透进入炉膛中心；外圈气流是旋转气流，用于和靠近炉膛水冷壁的上升烟气进行混合。

东方电气集团东方锅炉股份有限公司的超超临界锅炉燃尽风喷口包含六个中心燃尽风喷口（AAP）和两个侧燃尽风喷口（SAP）。中心燃尽风喷口由直流一次风和旋流二、三次风组成。一次风通过手柄调节套筒位置实现风量的调节；二、三次风通过风量挡板和切向旋流叶片实现风量和旋流强度的调节。侧燃尽风喷口由直流一次风和旋流二次风组成。一次风通过手柄调节套筒位置实现风量的调节；二次风通过调节切向旋流叶片实现旋流强度的调节。

上海锅炉厂有限公司的超超临界锅炉燃尽风喷口包括两层紧凑式燃尽风喷口和五层分离式燃尽风喷口，都采用四角切圆直流燃尽风布置方式，设计风速为 57m/s。在主燃烧器上布置紧凑式燃尽风，能及时补充氧量，提高焦炭燃尽率；同时，通过控制紧凑式燃尽风份额，可以降低 NO_x 生成量增幅，然后通过布置分离式燃尽风，进一步提高焦炭燃尽率，控制炉膛温度水平，再次降低 NO_x 生成量增幅，从而达到提高锅炉燃烧效率和降低 NO_x 排放浓度的双重目的。

（三）燃烧方式

与亚临界锅炉一样，超超临界锅炉可以用对冲燃烧、四角（八角）燃烧等方式，并布置分离式、紧凑式燃尽风，以减少 NO_x 的生成。为减少未燃尽碳损失和提高锅炉效率，可在磨煤机出口配备旋转可调式煤粉分离器，提高煤粉细度。

目前，世界上已投运的百万千瓦级超超临界燃煤锅炉，其燃烧方式分为切向燃烧和对冲燃烧两大类，而切向燃烧方式又分为单切圆和双切圆两种。

德国、丹麦等欧洲国家均采用单切圆正方形炉膛，能保证较好的燃烧效果和炉内空气动力场。已投运的最大的正方形炉膛为德国 Schwarze Pumpe 的 800MW 褐煤炉，其炉膛截面尺寸为 24m×24m；其次为丹麦 Niedrauβen 的 900MW 褐煤炉，其炉膛截面尺寸为 23.16m×23.16m。我国上海外高桥发电有限责任公司的 900MW 超临界烟煤炉，其炉膛截面尺寸为 21.48m×21.48m；哈尔滨锅炉厂有限责任公司已投运的元宝山 3 号褐煤锅炉，其炉膛截面尺寸为 20.193m×20.052m。这说明百万级单切圆正方形炉膛是可行的，其在直流燃烧器的火焰穿透能力及燃烧组织方面没有出现任何问题。

日本三菱重工（MHI）公司为了消除 Ⅱ 型布置的单切圆燃烧沿炉宽方向水冷壁、高温过热器和再热器的烟侧偏差，改善切向燃烧炉膛内的空气动力场，从 20 世纪 80 年代末开始研究旋转方向相背的双切圆矩形炉膛，已为十余台容量为 700～1000MW 的超临界和超超临界锅炉所采用并取得了良好的运行业绩。

日本日立和石川岛播磨重工（IHI）两家公司的超临界和超超临界锅炉均采用旋流式燃烧器前后墙对冲布置，均有良好的运行业绩；也均采用矩形炉膛，对于百万千瓦级的燃煤锅炉，其炉宽可达 30m，因此对长伸缩式吹灰器的工作性能有很高要求。

美国 ALSTOM 公司烟煤超临界锅炉的 NO_x 生成量可达到 $240mg/m^3$。日本 MHI 公司生产的 1000MW 超超临界锅炉（三隅电厂 1 号炉）燃用澳大利亚烟煤时，在锅炉出口测得的 NO_x 生成量仅为 $137mg/m^3$，而在脱硝装置后测得的 NO_x 量降到 $30mg/m^3$。为了降低 NO_x 生成量，满足对火力发电厂日益严格的环保要求，绝大部分超超临界锅炉均采用分级燃烧和脱硝装置。

二、汽水循环

（一）启动系统

直流锅炉在启动时与汽包锅炉完全不同。它有一套专门的启动系统，在点火前就在水冷壁中建立起一定的启动流量（约为 30% 额定蒸发量），以保证点火后水冷壁有足够的冷却，保持水动力稳定。从水冷壁流出的热水或汽水混合物，不允许进入过热器。启动系统还有利于回收热量，减少工质损失。启动系统分为外置式系统和内置式系统两种。

外置式启动系统在正常运行时，启动分离器需切除，启动分离器一般设在一、二级过热器之间。这种系统操作复杂，在切换到直流运行时，要考虑等焓切换，以免造成出口蒸汽量和蒸汽温度的突变，以往多用于美国 B&W 公司的 UP 炉上，现已被逐渐淘汰。

内置式启动系统在正常运行时，启动分离器无须切除，启动分离器设在水冷壁和过热器之间，可以变压运行。常用的内置式启动系统有带疏水扩容器和带循环泵两种。带疏水扩容器的启动系统投资少，但不能回收疏水热量；带循环泵的启动系统可以回收热量，缩短启动时间，但初始投资大，维护费高。采用何种系统，应根据机组的运行要求而定。

（二）水冷壁

目前，广泛使用的水冷壁有螺旋管圈水冷壁（SWW）和垂直管圈水冷壁（VWW）两种。

螺旋管圈水冷壁的主要优点为：①能安全运行；②能根据需要得到足够的质量流速，保证管壁不超温，水动力特性稳定；③管间吸热偏差小，热偏差也小；④由于吸热偏差小，进口可不设改善分配的节流圈，降低了阻力损失；⑤适应变压运行要求。

垂直管圈水冷壁在以往采用光管时，为了有一定的质量流速和减小热偏差，不得不缩小管径，增加节流圈，且其不适合变压运行。从 1989 年起，垂直上升内螺纹管圈水冷壁被开发出来并付诸应用，其优点为：①质量流速低，压降小，厂用电消耗少；②温度偏差小，不需要节流圈；③结构简单，现场焊口少，易于加工、施工和更换管子；④不需要辅助支吊系统，热应力小；⑤锅炉本体造价较低；⑥炉渣容易清除；⑦适应变压运行要求。

必须要指出的是：内螺纹管的形状，包括其导角、高度和其他螺纹参数与一般的标准内螺纹管不同，它是经过锅炉制造厂优化和试验出来的，否则不能保证有好的传热效率和合理的管壁温度。正确的内螺纹尺寸对锅炉的安全运行十分重要。

世界上已投运的超超临界锅炉的水冷壁大多为下炉膛采用螺旋管圈，上炉膛采用垂直管圈，如美国 ALSTOM（EVT）、日本日立、日本 IHI 等公司，其优点是水冷壁沿炉膛四周热偏差较小，对煤种和燃烧方式变化的敏感性较小，也不需要采用内螺纹管和节流圈；主要缺点是水冷壁阻力较大，增加了给水泵电耗，安装和制造工作量较大。各锅炉制造商为了降低厂用电耗，近年来采用了所谓低阻力的螺旋管圈水冷壁，即适当加大螺旋倾角，在保证运行可靠的前提下，适当降低质量流速，由过去的 3000kg/ms 降到 2200～2400kg/ms。另外，日本日立、美国 B&W 公司近年来开发了在燃烧器高热负荷区采用内螺纹管的螺旋管圈水冷壁。

日本 MHI 公司首创了用节流圈调节的一次垂直上升内螺纹管圈水冷壁，其突出优点是：①可以采用较低的质量流速，早期的螺旋管圈水冷壁的质量流速接近 3000kg/ms，而垂直管圈水冷壁只有 1500～1700kg/ms，因此阻力较低。②易于制造和安装，安装焊口的数量和长度仅为螺旋管圈的 1/2.5。③内螺纹管的采用可以避免产生膜态沸腾（DNB）和控制干涸（DRO）。④由于垂直管圈水冷壁安装焊口的对接只需在垂直方向做调整，应力小，因此可靠性高；而螺旋管圈水冷壁安装焊口的对接需做两个方向的调整，焊口的应力较为复杂，影响其可靠性。⑤从结渣角度看，螺旋管圈水冷壁容易导致黏结灰渣，而垂直管圈水冷壁不易结渣，且吹灰效果也较好。⑥从水动力角度看，垂直管圈水冷壁能够始终保持正向流动，即具有部分自然循环炉的自补偿能力，这是因为在垂直管圈水冷壁总阻力中摩擦阻力所占的比例较小，而螺旋管圈水冷壁则与之相反。其缺点是：由于垂直管圈水冷壁较细和垂直上升，因此对煤种的变化和炉内空气动力场及温度场的变化比较敏感；另外，为装设节流圈，需采用大直径的水冷壁下集箱。针对上述缺点，并根据运行经验，日本 MHI 公司近年来对垂直管圈水冷壁做了两项改进：一是取消了大直径的水冷壁下集箱，将节流圈装于下集箱进口管子上，便于安装和调试；二是为了减少水冷壁出口温度偏差，加装了中间混合集箱。

（三）机炉主蒸汽参数匹配

对于主蒸汽压力为 $25.0 \sim 30.0$ MPa 的超超临界机组，随着机组工作压力的提高，主蒸汽管道的最大压降比应从 5% 逐渐降低至 3% 左右。例如，对于主蒸汽压力为 31.0MPa 的超超临界机组，当主蒸汽压降比达到 4.4% 时，若管道的压降继续增大，就算管道的投资费用降低，也无法抵消因设计温度和设计压力的提高而引起的锅炉给水泵功耗的增大。

我国是一个产煤大国，燃煤价格相对较低。根据综合技术经济比较，主蒸汽管道的压降比不宜过小。对蒸汽压力为 $25.0 \sim 30.0$ MPa 的超超临界机组，当主蒸汽压力小于 27.5MPa 时，主蒸汽压降比选择 4% $\sim$ 5% 最佳；当主蒸汽压力大于 27.5MPa 时，主蒸汽压降比选择 3% $\sim$ 4% 较为合适。

三、锅炉炉型

锅炉可以用塔式或 II 型。相对于传统的 II 型炉，塔式炉的优点是：①受热面加热均匀，而 II 型炉在炉膛出口处烟气转弯，会引起流速不均匀问题；②受热面磨损较小，而 II 型炉在后部受热面中因烟气流向与烟尘流向相同，引起的磨损较大；③消除了 II 型炉前后流道热膨胀不均匀的问题；④受热面可以完全放空疏水，启动时间较短。塔式炉的缺点是：炉架高，炉架基础荷载大，对不均匀沉降的要求严格。

欧洲的超超临界锅炉均采用塔式布置，其优点是：水冷壁（尤其是上炉膛）回路简单，不仅炉膛各墙水冷壁间热力与水动力偏差小，而且后水冷壁回路也特别简单；烟气自下向上垂直流动，消除了 II 型炉中因有两次 $90°$ 转弯（炉膛出口和尾部转向室）而导致的烟侧偏差，且有利于减轻对流受热面的结渣和烟侧磨损。其缺点是：锅炉较高，增加了安装难度；四根大立柱承受锅炉全部荷载，对柱基础的设计要求较高，增加了锅炉房地基的费用。

日本的超超临界锅炉均采用双烟道的 II 型布置，其主要优点是：锅炉高度稍小，易于安装；单根柱的荷载较小，地基的费用较少，适用于沿海电厂的软地基。其缺点是：水冷壁（特别是上部后水冷壁）的回路较复杂，热力与水力偏差稍大，过热器与再热器沿炉宽方向的烟侧偏差稍大；转向室后的低温对流受热面存在局部烟侧磨损的可能性。

总之，两种炉型代表了不同的设计传统，各有其优缺点，只要设计合理，均能保证锅炉的可靠运行。

四、汽轮机

国内超超临界机组汽轮机主要有上汽—SIEMENS 机型、哈汽—东芝机型和东汽—日立机型。

（一）上汽—SIEMENS 机型

西门子（SIEMENS）公司于 1951 年就开始生产 625℃ 的超超临界汽轮机。

自 1997 年起，西门子电力设备公司（SIEMENS KWU）在 50Hz、单轴、900MW 功率等级领域领先一步取得了独特的业绩。1025MW、单轴、26.5MPa/576℃/599℃ 的超超临界汽轮机（锅炉参数为 27.49MPa/580℃/600℃）已于 2002 年 8 月正式投运。

上汽—SIEMENS 机型的汽轮机产品系列中，HMN 系列可适应 200～1200MW、50Hz/60Hz 的超临界机组，蒸汽参数可达 30MPa/600℃/620℃。

上汽—SIEMENS 机型超临界大功率汽轮机的主要特点是：高压缸采用单流程、小直径筒式结构，中压缸进口为双层结构并做涡旋式冷却，轴承箱与汽缸分离并刚性落地；机组采用滑压运行，调峰性能好；各转子采用整锻式转子，转子之间由整体刚性联轴器连接。

上汽—SIEMENS 机型的膨胀系统设计具有独特的技术风格和结构设计。各轴承座直接支承在基础上，其特点为：机组的绝对死点和相对死点均在高、中压之间的推力轴承处；中压汽缸与低压内缸以及低压内缸之间有推拉装置，以减小低压段动静相对间隙；汽缸与轴承座之间有耐磨、滑动性能良好的金属介质；机组通流部分采用全三维技术，除低压末三级外，其余所有的高、中、低压叶片级全部采用弯扭耦合叶片，级反动度控制在 30%～40% 的水平。

目前，上汽—SIEMENS 机型 50Hz 机组中有运行业绩的末级叶片长为 1146mm。

（二）哈汽—东芝机型

哈汽—东芝机型的超临界机组是在美国通用电气（GE）公司技术的基础上发展而来的。日本东芝公司的超超临界机组的蒸汽参数超过 24.1MPa/566℃/566℃。

哈汽—东芝机型是在已成熟应用的 24.2MPa/538℃/566℃ 技术的基础上，发展出的 31MPa/593℃/610℃ 的技术，并应用在大功率机组上。东芝公司可以生产 1000MW 等级单轴汽轮机，有适用于蒸汽温度超过 600℃/

610℃的材料时，蒸汽参数可达31.6MPa/600℃/610℃。

哈汽—东芝机型通过采用通流部分全三维设计、新叶片型线、复合倾斜喷嘴、倾斜动叶、整体叶顶汽封和改进的排汽蜗壳型线等，使汽轮机内效率得到了改善。哈汽—东芝机型的42英寸（1英寸＝2.54cm）和48英寸末级叶片采用了全三维设计和跨音速叶型。

（三）东汽—日立机型

日本日立公司的超临界机组是在美国GE公司技术的基础上发展而来的。日本日立公司于1971年制造了第一台超临界汽轮机，容量为600MW，蒸汽参数为24.13MPa/566℃/566℃。

东汽—日立机型单机容量最大的机组为1000MW、双轴（3000r/min）、四缸四排超临界汽轮机机组，已于1998年投运，参数为24.52MPa/600℃/600℃；参数最高的机组为700MW的TC4F-43型汽轮机机组，参数为25MPa/600℃/600℃。

东汽—日立机型1000MW超临界汽轮机，将蒸汽参数从25.0MPa/600℃/600℃提高到30.0MPa/600℃/600℃，使效率提高0.5％。

为改善超临界汽轮机的可靠性，东汽—日立机型采取了以下措施：①采用椭圆形汽封；②用隔板电子束焊接，改进焊接件的可焊性和强度；③保证转子材料的同轴性，防止由于转子材料的蠕变伸长沿圆周方向不均匀所造成的转子弯曲；④采用整体转子，防止半速的低压转子在轴及轴与轮盘连接的键槽处产生应力腐蚀裂纹。

为进一步提高机组效率，东汽—日立机型采取了如下措施：①平衡叶片，在这种叶片的设计中考虑了蒸汽的可压缩性；②先进的可控涡切向倾斜式喷嘴叶片，降低了喷嘴叶片和动叶片的损失，同时降低了由于二次流造成的汽流不均匀性，形成三维发散的汽流通道，优化了喷嘴中的流型，实现了高效率；③扩压式排汽缸，加上导流板，使汽流更加均匀，降低了透平末级到凝汽器间的静压损失。东汽—日立机型的600℃等级超临界汽轮机全部采用铁素体钢。

第二章 机组主要设备工作原理及结构

第一节 锅炉的分类和工作原理

一、锅炉的分类

燃料的燃烧在炉膛内进行，形成炉的概念；蒸汽或水在水冷壁、对流受热面等内部吸热，形成锅的概念。炉膛、燃烧器、汽包（或汽水分离器）、水冷壁、对流受热面、钢架和炉墙等组成锅炉的主要部件，称为锅炉本体。锅炉的其他重要辅助装置，如磨煤机、燃料输配送装置及管道、送引风装置及管道、给排水装置、水处理设备及管道、除尘及除灰设备等，称为锅炉辅机。

按燃烧方式的不同，锅炉可分为室燃炉、层燃炉和沸腾炉。

（一）室燃炉

室燃炉所用燃料有煤粉、液体燃料（油料）和气体燃料（工业煤气、天然气等），可分别称为煤粉炉、油炉和气炉。室燃炉的燃料由输粉管道（煤粉炉）、输油管道（油炉）或输气管道（气炉）通过燃烧器送入炉膛中燃烧，燃烧所需的空气由一次风管、二次风管及三次风管分别送入。

（二）层燃炉

层燃炉所用燃料（煤或其他固体燃料）由手工方式或机械方式送入炉膛，在炉排上形成燃料层，燃烧所需的空气由风机送入燃料层下的送风仓，透过燃料层进行燃烧反应而产生高温烟气。

（三）沸腾炉

沸腾炉所用燃煤被破碎成 10mm 以下的颗粒，送入存有大量床料（灰颗粒或石英砂）的炉床，炉床下部送入的空气向上以一定流速推动床料，使燃料和床料在炉床中翻滚浮动而呈"流态化"燃烧。这样的料床称为鼓泡床或流化床。

二、锅炉的工作原理

（一）煤粉气流着火与燃烧的影响因素

煤粉的燃烧主要包括着火、燃烧和燃尽三个阶段，其中关键是燃烧阶段。在燃烧阶段中，焦炭的燃烧是主要的，这是因为：一方面焦炭的燃烧时间很长；另一方面焦炭中的碳是煤中可燃质的主要成分，因而是热量的主要来源，并决定其他阶段的强烈程度。因此，在整个燃烧过程中，关键在于组织好焦炭的燃烧。

　　燃烧区域主要分为着火区、燃烧区和燃尽区。燃烧器出口附近的区域是着火区；与燃烧器出口处于同一水平的炉膛中部以及稍高的区域是燃烧区；高于燃烧区直至炉膛出口的区域是燃尽区。其中，着火区很短，燃烧区也不长，而燃尽区则较长。

　　1.燃料性质

　　燃料中的挥发分、水分和灰分对燃料的燃烧均有影响。挥发分低的煤着火温度高，煤粉进入炉膛后加热到着火温度所需的热量较多，达到着火的时间较长，着火点离开燃烧器喷口也较远；挥发分高的煤着火则较容易，这时应注意着火不要太早，以免造成结渣或烧坏燃烧器。挥发分和着火温度的关系如图2-1所示。水分大的煤，着火需要的热量就多，同时水分的蒸发吸热会使炉内的烟气温度降低，对着火和完全燃烧不利。灰分大的煤，着火速度慢，对着火稳定不利，而且燃烧时灰会对焦炭核的燃尽起到阻碍作用。

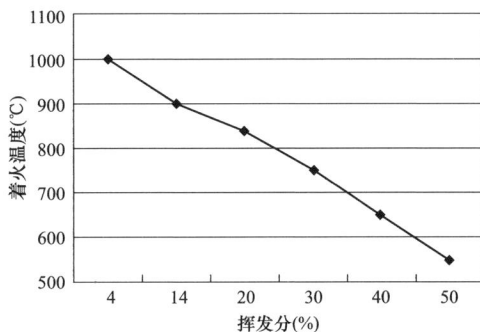

图2-1　挥发分和着火温度的关系

　　2.煤粉的细度

　　煤粉越细，着火就越容易。这是因为在同样的煤粉质量浓度下，煤粉越细，进行燃烧的表面积就越大，而煤粉本身的热阻却越小，因而加热煤粉至着火温度所需的时间就越短，燃烧也就越完全。

　　3.炉膛温度

　　炉膛温度高，供给煤粉气流的着火热就大，可使着火时间提前，还会使燃烧迅速且完全。但是，炉膛温度过高，容易造成炉内结渣。

　　4.空气量

　　空气量过大，会使炉膛温度降低，对着火和燃烧不利；空气量过小，则燃烧会不完全。

　　5.一次风温

　　合理的一次风温，可以提高煤粉气流的初温，减小煤粉气流达到着火温度所需要的着火热，从而缩短着火时间。

　　6.一、二次风的配合

　　一次风量以满足挥发分的燃烧为原则。一次风量增大，相应就增大了着火热，对着火不利；一次风量过低，则影响挥发分的着火燃烧，从而阻碍着火的继续扩展。一次风量的大小通常用一次风率来表示，一次风率是指一次风量占送入炉膛的总风量的比例。一次风率的大小应根据燃煤的挥发分而定。1000MW机组锅炉燃烧系统的一次风率一般为20%。

一次风速对着火过程也有影响。一次风速过高，会使着火推迟，致使着火距离拉长而影响整个燃烧过程；一次风速过低，会造成一次风管堵塞，而且由于着火提前，还可能烧坏燃烧器。

二次风混入一次风的时间要合适。混入过早，等于加大了一次风量，使着火推迟；混入过迟，则使煤粉气流着火燃烧后缺氧，所以二次风应在着火后及时混入。二次风混入一次风的量也要适当。混入量过多，会使火焰温度降低，影响燃烧速度，甚至造成熄火。因此，既要保证燃烧不缺氧，又要不降低火焰温度，只有合理地送入二次风，才能使煤粉迅速而完全地燃烧。

二次风速一般应大于一次风速，这样才能使空气与煤粉充分混合。但是，二次风速过高，会使一、二次风提前混合，从而影响着火。

7. 燃烧时间

燃烧时间的长短，对燃烧完全的影响很大，它与炉膛容积的大小和火焰的充满度有关。

8. 锅炉负荷

锅炉负荷的变化会引起炉膛温度的变化，从而影响煤粉的着火和着火的稳定性。锅炉负荷降低时，送入炉内的燃料消耗量相应减少，水冷壁的吸热量虽然也有减少，但是减少的幅度却较小，相对于每千克燃料来说，水冷壁的吸热量反而增加了，从而使炉膛平均烟气温度降低，燃烧器区域的烟气温度也降低。因而锅炉负荷降低，对煤粉气流的着火是不利的。当锅炉负荷降到一定程度时，将危及着火的稳定性，甚至引起熄火。因此，着火稳定性条件常常限制着煤粉锅炉负荷的调节范围。

（二）燃烧完全的条件

影响燃烧过程的因素很多，因此要合理组织燃烧过程，保证炉内不结渣、燃烧速度快，并且燃烧完全，得到最高的燃烧效率。着火阶段是整个燃烧过程的关键，要使燃烧能在较短时间内完成，必须强化着火过程，即保证着火过程能稳定而迅速地进行。供应足够而适量的空气是燃烧完全的必要条件。实际送入的空气量要比理论空气量多。燃料燃烧时实际供给每千克燃料的空气量与理论空气量之比称为过量空气系数，用 α 表示。炉膛出口的过量空气系数用 α_1'' 表示。一般煤粉炉运行时要控制 $\alpha_1'' = 1.15 \sim 1.25$。$\alpha_1''$ 过高、过低对锅炉燃烧效率和传热效率都是不利的。如果 α_1'' 过低，供应的空气量不足，不完全燃烧热损失 q_3、q_4 必然增大；同时，烟囱黑烟、炉渣和飞灰含碳量会增大，火焰会不稳定，而且炭黑和碳粒将沾污、堵塞对流烟道受热面和空气预热器。如果 α_1'' 过高，在一定范围内可使 q_3、

q_4 降低，但却会增大排烟热损失 q_2。如果 α_1'' 再进一步增大，不但会使 q_2 增大，而且会使炉温下降，燃烧速度减慢，炉内烟气流速过快，燃料在炉内停留时间缩短，进而增大 q_3、q_4。因此，锅炉应在最佳过量空气系数下运行。

1. 适当的炉温

根据阿累尼乌斯（Arrhenius）定律，燃烧反应速度与温度呈指数关系。因此，炉温对燃烧反应速度有着极其显著的影响。炉温高，着火快，燃烧过程进行得快，燃烧也容易趋于完全。但炉温也不能过分地提高，因为过高的炉温会引起炉膛水冷壁结渣和膜态沸腾。所以，炉温应控制在中温区域，即 1500℃左右。炉温的高低取决于燃料性质、空气温度、炉膛容积热强度和炉膛断面热强度等。

2. 空气和煤粉的良好混合

煤粉燃烧是多相燃烧，其燃烧反应主要在煤粉表面进行。要做到完全燃烧，除要保证足够高的炉温和供应合适的空气量外，还必须使煤粉和空气充分扰动、混合，及时提供煤粉燃烧所需要的空气。要做到煤粉和空气的良好混合，就要求燃烧器结构特性及其一、二次风的良好配合，以及有良好的空气动力场。加强混合扰动，增加煤粉和空气的接触机会，有利于燃烧趋向完全。

3. 足够的燃烧时间

煤粉在炉内停留的时间，是煤粉从燃烧器出口一直到炉膛出口这段行程所经历的时间。在这段行程中，煤粉完成从着火、燃烧至燃烧完全的过程。

煤粉在炉内的停留时间，主要取决于炉膛容量和单位时间内炉膛内产生的烟气量。因此，炉膛容积热强度 q_V 是一个可以反映煤粉在炉内停留时间的重要参数。由 q_V 可以决定炉膛容积，炉膛容积是保证燃烧时间的一个重要条件；但从保证火焰行程方面来说，还必须考虑炉膛的形状，即考虑炉膛断面热强度 q_f。

（三）传热过程

锅炉受热面有炉膛受热面和对流受热面两大部分。炉膛受热面又称水冷壁。电站锅炉的对流受热面包括过热器、再热器、省煤器。锅炉空气预热器从传热的角度看，也可作为对流受热面。

进入炉膛的燃料与空气混合后着火燃烧，产生高温火焰和烟气，通过辐射把热量传递给四周的水冷壁管，水在水冷壁管内受热蒸发产生饱和蒸汽。在此传热过程中，传热量的大小与炉膛受热面、进入炉膛的燃料量多少相关。燃料量变化，会使炉膛出口烟气温度产生相应变化。在一定的燃料量和空气温度下，炉膛受热面大，传热量随之增加，使炉膛的出口烟气温度降低；而如果炉膛受热面布置较少，则意味着炉膛出口烟气温度提高。当锅炉负荷发生变化时，炉膛出口烟气温度会随负荷的大小而升降。对于大型电站煤粉锅炉，通常炉膛出口烟气温度在 1000～1200℃；对于中小型锅炉，炉膛出口烟气温度不应低于 950℃，其高值按燃料的灰分变形温度为限，且不超过 1100℃。如果燃用液体燃料或气体燃料，由于无结渣问题，可选 1200℃ 左右。炉膛受热面除起到传热作用外，还起到保护炉墙的作用。

炉膛烟气出口处通常布置数排凝渣管束，以对后面的过热管束起到保护作用，防止管束外表面结渣。凝渣管束的后方布置过热器，通过对流换热和辐射换热将蒸汽加热至所需参数状态。

再热器布置在过热器后部，烟气通过对流换热将从汽轮机高压缸排出的蒸汽在再热器中加热，以提高热力循环的效率和保证汽轮机的排汽干度。该过程称为再热过程。

尾部对流受热面由两部分组成：一部分是省煤器，它使给水预先加热到某一温度（通常低于饱和温度）；另一部分是空气预热器，它使空气在进入炉膛之前被加热到一定温度，以改善炉内的燃烧过程，同时降低排烟温度，提高锅炉的热效率。

（四）水的受热和汽化过程

给水加热器将给水加热到 105℃（低压锅炉）、145～175℃（中压、次高压锅炉）、215～240℃（高压锅炉）、280～320℃（超临界锅炉），由给水管道送到省煤器；水在省煤器中被加热到某一温度后沿下降管下行至水冷壁进口集箱，经适当分配后流入水冷壁管；水在水冷壁管内吸收炉膛内的辐射热后形成饱和汽水混合物，上升进入汽水分离装置分离，蒸汽流入过热器，被继续加热成过热蒸汽。

第二节　锅炉的基本结构及特点

一、锅炉本体设备

锅炉本体设备由"锅"和"炉"两大部分构成。各部分的主要功能如下：

（1）炉膛。炉膛是一个由水冷壁围成供燃料燃烧的空间，燃料在该空间内呈悬浮状燃烧，炉膛外侧的水冷壁用保温材料进行保温。

（2）燃烧器。燃烧器位于炉膛墙壁上，其作用是把燃料和空气以一定速度喷入炉内，使它们在炉内进行良好的混合，以保证燃料适时、稳定地着火并迅速接近完全燃烧。

（3）空气预热器。空气预热器位于锅炉尾部烟道中，其作用是利用烟气余热来加热空气，空气经预热后再送入炉膛和燃料制备系统，有利于燃料的燃烧、制备和输送。

（4）省煤器。省煤器位于锅炉尾部垂直烟道中，其利用排烟余热加热给水，降低排烟温度，提高锅炉效率，节约燃料。

（5）下降管。超临界机组下降管是水冷壁的供水管，其作用是把省煤器中的水引入下集箱再分配到各水冷壁管。

（6）水冷壁。水冷壁位于炉膛四周，即由水冷壁围成炉膛，其主要任务是吸收炉内燃料燃烧释放出来的辐射热，使水冷壁管内的水受热蒸发。水冷壁是近代锅炉的主要蒸发受热面。

（7）过热器。过热器主要布置在锅炉的水平烟道和尾部垂直烟道中，其作用是利用锅炉内的高温烟气将汽包来的饱和蒸汽加热成为具有一定温度的过热蒸汽。

（8）再热器。再热器主要布置在锅炉的水平烟道和尾部垂直烟道中，其作用是利用锅炉内的高温烟气将汽轮机中做过部分功的蒸汽再次进行加热升温，然后送往汽轮机中继续做功。

（9）集箱与导管。集箱与导管是直径较粗的管子，用以联络上述汽水系统的主要部件，并起到汇集、混合、分配工质的作用。

（10）汽包。汽包是锅炉中用于净化蒸汽、组成水循环回路和实现汽水分离的筒形压力容器。超临界直流锅炉以汽水分离器代替此设备。

（11）炉墙和构架。炉墙用于构成封闭的炉膛和烟道，以保证锅炉的燃烧过程和传热过程正常进行。构架用来支承或悬吊汽包、锅炉受热面、炉墙等全部锅炉构件。

二、室燃炉燃烧器

室燃炉为超超临界锅炉最常使用的炉型。室燃炉的燃料有煤粉、液体燃料（石油、重油或油渣等）及气体燃料（天然气、高炉煤气、发生炉煤气以及焦炉煤气等）。

燃烧器是室燃炉的重要燃烧设备。燃烧器是指将燃料与空气按规定的比例、速度混合后送入炉膛的装置，它保证燃料在炉膛内着火、燃烧和燃尽。

（一）燃烧器分类

燃用煤粉、油、气多种燃料的燃烧器，按出口射流的流动方式分为直流式和旋流式两大类。另外，为适应油、气的低氧燃烧，在直流式燃烧器中发展出了一种平流式燃烧器。各种燃烧器的分类和特性比较见表2-1。

表 2-1　各种燃烧器的分类和特性比较

续表

分类	旋流式	直流式	平流式
混合工况			
着火机理	二次风（有时还有一次风）强烈旋转，射流中央出现回流区，起稳燃作用	一、二次风均为直流，各角喷射出的射流相互引燃	少量空气（称中心气）流过稳燃器，产生小回流区，起稳燃作用
射流特性	扩散角大，射程短，早期混合强烈，后期混合衰弱	射程长，后期混合较强	扩散角不大，射程较长，前后期混合均较强
布置位置	前墙、前后墙或两侧墙	四角或各墙	前墙、前后墙、四角或炉底
适用燃料	煤、油、气	煤、油、气	油、气

（二）燃烧器布置方式

旋流式燃烧器通常布置在前墙、前后墙或两侧墙，可以使用煤、油或气体燃料；直流式燃烧器通常布置在四角或各墙，同样可以使用以上三种燃料；平流式燃烧器除可以布置在前墙、前后墙及四角外，还可以布置在炉底，但只能使用油和气体燃料。

1. 旋流式燃烧器布置方式

旋流式燃烧器常采用前墙布置或前后墙对冲布置方式，如图 2-2 所示。

前墙布置的优点是：燃料输送管道短，阻力小，各燃烧器的燃料及空气的分配较均匀；炉宽、对流烟道宽度及汽包长度便于相互配合，不受炉膛截面宽深比的限制；当单只燃烧器功率选择合适并且布置合理时，炉膛出口烟气温度的偏差较小，操作维护方便，适用于中小型锅炉。但是，这种布置有其固有的缺点，主要包括：炉膛的火焰充满度较差，炉膛空间的有效利用率低；炉膛内火焰的扰动较小，后期混合较差；负荷过低需要切断部分燃烧器时，会使炉膛内温度分布和烟气流速场不够均匀。

前后墙对冲布置的优点是：炉膛内的烟气温度及速度分布比较均匀，过热蒸汽温度偏差较小；火焰充满度好，扰动强；对燃用煤的炉子，防止结渣性较好，因为热量的输入沿炉宽比较均匀，可以避免炉膛中部的烟气温度过高。但这种布置中，风、燃料管道的布置较复杂，后墙和对流井之间的距离需加大，以便在后墙布置燃烧器，造成锅炉的整体布置较为松散。

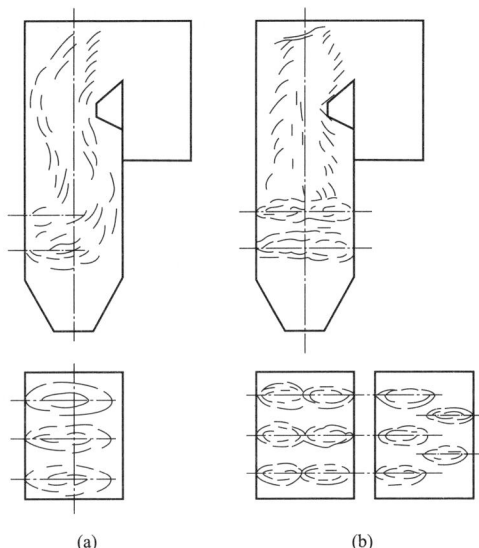

图 2-2　旋流式燃烧器的布置方式

（a）前墙布置；（b）前后墙对冲布置

2. 直流式燃烧器布置方式

直流式燃烧器通常采用四角布置（含多点切圆布置）方式，如图 2-3 所示。

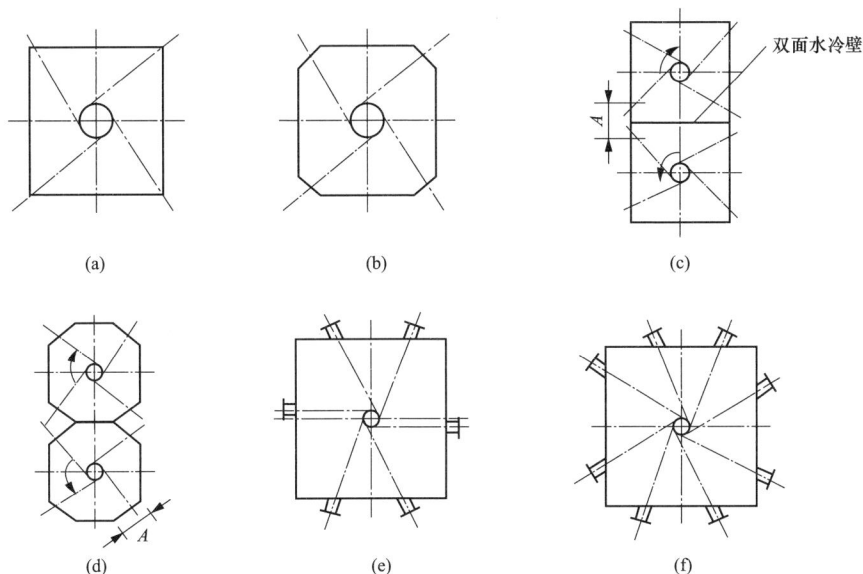

图 2-3　直流式燃烧器的布置方式

（a）、（b）四角布置；（c）、（d）双炉膛四角布置；（e）、（f）多点切圆布置

四角布置的优点是：气流扰动强，后期混合好；各个火焰点能够相互点火，燃烧稳定而且完全；整个炉膛犹如一个大燃烧器，火焰充满度较好，

炉膛内热负荷均匀。但是，这种布置方式的燃料管道和送风管道布置比较复杂。

燃烧器的每一个喷口中心都与直径相同或不同的假想圆相切，使炉内形成旋转气流。在旋转气流的作用下，从每一角燃烧器喷出的燃料和空气混合物受到上游相邻角横扫过来的正在剧烈燃烧的高温火焰冲击和加热，使之很快着火燃烧，并依次点燃下游邻角的新燃料。假想切圆直径大小对燃烧工况有很大影响，设计的假想切圆过大，对燃烧有利，但相应气流偏转大，火焰会冲刷水冷壁，当燃用煤粉时，会引起水冷壁结渣，严重影响锅炉的安全运行。相反，如果假想切圆过小，高温火焰会集中在炉膛中部，炉膛四周温度低，会影响燃料着火燃烧。在假想切圆相同的情况下，气流偏转还与二次风的风率和速度有关。二次风风率和速度增大，炉内气流旋转强度增加，容易使一次风射流偏转量加大，反之一次风偏转量减小。一次风量和二次风量是按燃烧要求确定的，可见假想切圆直径受一、二次风风率和风速的影响。

（三）燃烧器结构

燃烧不同燃料的燃烧器，其结构不同。

1. 煤粉燃烧器

常见的煤粉燃烧器有旋流式和直流式两种。旋流式煤粉燃烧器结构如图 2-4 所示。直流式煤粉燃烧器的一组喷口可以是圆形、矩形或多边形，喷口之间保持一定距离，使整个燃烧器呈狭长形，喷口射流多沿水平方向射出。

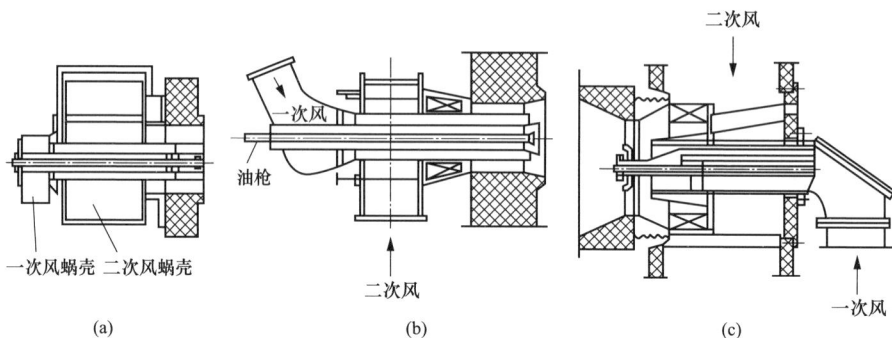

图 2-4 旋流式煤粉燃烧器结构
（a）双蜗壳式；（b）轴向可调叶轮式；（c）切向可调叶片式

2. 油燃烧器

油燃烧器由调风器和油喷嘴组成。调风器是将助燃空气与雾化良好的油进行充分混合的装置。油喷嘴的作用是将燃油雾化成微滴，以增大油滴和空气的接触面积并使油雾保持较佳的雾化角和流量密度分布，促进油雾和空气混合，强化燃烧，提高燃烧效率。油喷嘴按雾化方式分为压力雾化式油喷嘴、旋转式油喷嘴和双流体雾化油喷嘴。

压力雾化式油喷嘴是利用压力能将油喷出而雾化的，分为有回油和无回油两种类型。压力雾化式油喷嘴结构如图 2-5 所示。

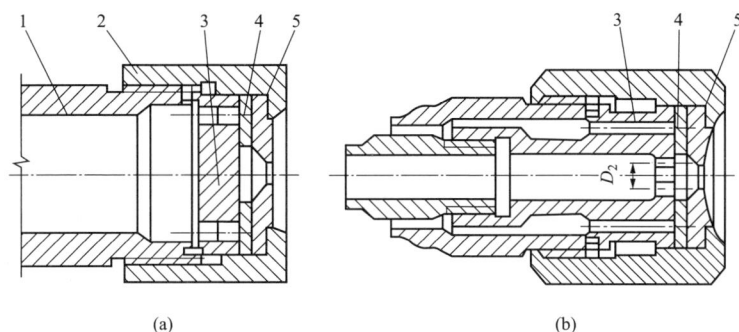

图 2-5　压力雾化式油喷嘴结构
（a）压力雾化式油喷嘴；（b）分散小孔内回油喷嘴
1—油枪；2—压紧螺母；3—分油嘴；4—旋流片；5—雾化片

旋转式油喷嘴依靠机械能产生的离心力将油从自旋油杯中甩出而雾化成微滴，再被高速一次风进一步雾化。这种油喷嘴对油的黏度要求不高，但结构复杂，运行维护要求较高，多用于中小容量锅炉，其结构如图 2-6 所示。

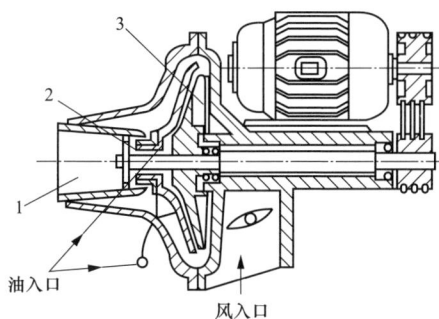

图 2-6　旋转式油喷嘴结构
1—旋油杯；2—油雾分布器；3—雾化风

双流体雾化油喷嘴利用蒸汽（或压缩空气）作为雾化介质，使油汽（油气）混合物加速以便在喷口附近继续膨胀，在喷口处以类似压力喷射雾化器的方式将油滴破碎雾化。与压力雾化式油喷嘴相比，其调节性能好，雾化粒度细。常用的蒸汽雾化油喷嘴大致可分为内混式、蒸汽压力式和中间混合式三种。

（四）直流燃烧器

直流燃烧器布置在炉膛的四角，煤粉气流在射出燃烧器喷口时，虽然是直流射流，但当四股气流到达炉膛中心部位时，以切圆形式汇合，形成旋转燃烧火焰，同时在炉膛内形成一个从下而上的漩涡状气流。直流燃烧器的工作原理主要表现为如下几个过程：①煤粉气流卷吸高温烟气而被加热的过程；②射流两侧的补气及压力平衡过程；③煤粉气流的着火过程；④煤粉与二次风空气的混合过程；⑤气流的切圆旋转过程；⑥焦炭的燃尽过程。

上述几个过程按先后顺序或几个过程同时进行，但各个过程之间的相互影响是十分显著的。从燃烧器喷口射出的气流仍然保持着高速流动，因为气流的紊流扩散，带动周围的热烟气一道向前流动，这种现象称为卷吸。由于卷吸现象，射流不断扩大，不断向四周扩张。同时，主气流的速度由于衰弱而不断减小。正是由于射流的这种卷吸作用，将高温烟气的热量源源不断地输送给进入炉内的新煤粉气流，煤粉气流才得以不断加热而升温。当煤粉气流吸收足够的热量并达到着火温度后，首先从气流的外边缘开始着火，然后火焰迅速向深层传播，达到稳定着火状态。

当煤粉气流没有足够的着火源时，虽然局部的煤粉通过加热也可以达到着火温度，并在瞬间着火，但这种着火不能稳定进行，着火后容易灭火，而且极容易引起爆燃，因此是一种危险的着火工况。

在切圆燃烧中，四股气流具有自点燃作用，即煤粉气流向火的一侧受到上游邻角高温火焰的直接撞击而被点燃，这是煤粉气流着火的主要条件。背火的一侧也卷吸炉墙附近的热烟气，但这部分卷吸所获得的热量较少。煤粉气流着火的热源除了来自卷吸烟气和邻角火焰的撞击，还来自炉内高温烟气的辐射加热，但这不是最主要的。此外，一、二次风有少量会过早混合，但这种混合对着火的影响不大。

燃烧器气流正常燃烧时，一般在距离喷口 0.5～1.0m 处开始着火，在离开喷口 1～2m 处大部分挥发分析出并燃烧完成。此后主要是焦炭的燃烧，需要延续 10～20m，甚至更长的距离。当燃料到达炉膛出口处时，燃料中 98% 以上的可燃物可以完全燃尽。

锅炉自下而上分为 A、B、C、D、E、F 6 层，每层在四角布置 4 个燃烧器，每个燃烧器由 2 个燃烧器喷嘴组成，共 48 个燃烧器喷嘴。

锅炉使用的燃烧器是摆动式低 NO_x 多喷射燃烧器，如图 2-7、图 2-8 所示。这种燃烧器的一个主要特点是每个燃烧器由 2 个煤粉燃烧器喷嘴组成，即由一根煤粉管在炉前经过分配器一分为二而成。这么设计的目的是在磨煤机不增加的情况下提高炭的燃尽率。按照常规设计，一台磨煤机对应一层燃烧器喷嘴。锅炉超大化后，燃烧器喷嘴数目不可能增加很多，这样势必影响风粉的混合，而多层喷射燃烧器的设计是在磨煤机不增加的情况下，将一个燃烧器分为 2 个燃烧器喷嘴，加强了一、二次风的混合，有利于提高燃尽率。

二次风喷嘴又称辅助风喷嘴，在每组燃烧器中，二次风喷嘴由 2 个底部风喷嘴、2 个中间二次风（也作为油枪的燃烧风）喷嘴和 2 个偏转二次风喷嘴组成。所有二次风喷嘴均采用横向和纵向加强肋片，将喷嘴断面分成若干小室，以加强喷嘴的刚性。中间二次风喷嘴带油枪，在燃油期间，与油枪一起构成油燃烧器；在燃煤时，可以作为辅助风喷口。带油枪的二次风喷嘴中心还装有旋流式稳燃器，以保证燃油时火焰的刚性。在油枪附近，还安装有点火器和火焰监测器。

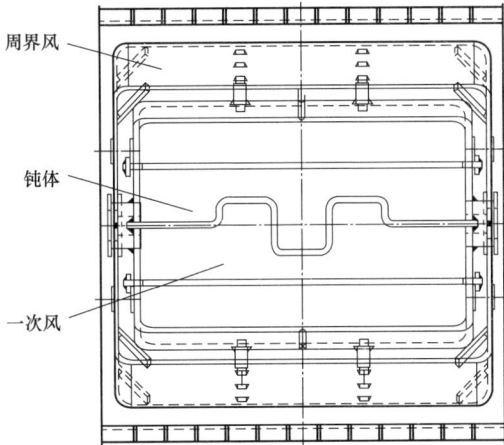

图 2-7 一次风喷嘴结构

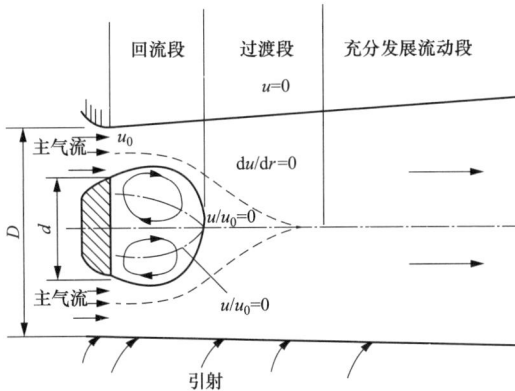

图 2-8 钝体回流区

燃尽风的作用是实现分级燃烧，控制 NO_x 的生成，减小不完全燃烧热损失。燃尽风分为组合燃尽风和分离燃尽风。组合燃尽风布置在 F 层偏转二次风的上部，分离燃尽风布置在燃烧器上部一定距离。

（五）旋流式燃烧器

1. 旋流式燃烧器的工作原理

旋流式燃烧器由圆形喷口组成，燃烧器中装有各种形式的旋流发生器（简称旋流器）。煤粉气流或热空气通过旋流器时，发生旋转，从喷口射出后即形成旋转射流。利用旋转射流，能形成有利于着火的高温烟气回流区，并使气流强烈混合。

射出喷口后在气流中心形成回流区，该回流区称为内回流区。内回流区卷吸炉内的高温烟气来加热煤粉气流。当煤粉气流拥有了一定热量并达到着火温度后就开始着火，火焰从内回流区的内边缘向外传播。与此同时，在旋转气流的外围也形成回流区，该回流区称为外回流区。外回流区也卷吸高温烟气来加热空气和煤粉气流。由于二次风也形成旋转气流，且二次风与一次风的混合比较强烈，因此使燃烧过程连续进行，不断发展，直至燃尽。

2. 旋流式燃烧器的类型

按旋流器的结构，旋流式燃烧器可分为轴向叶片式、切向叶片式、蜗壳式三大类。

3. 双调风燃烧器

双调风燃烧器是在单调风燃烧器的基础上发展而来的旋流式燃烧器。双调风燃烧器是把燃烧器的二次风通道分为两部分：一部分二次风进入燃烧器的内环形通道，另一部分二次风进入燃烧器的外环形通道。

在内环形通道中装有旋流叶片，旋流叶片是可动的，通过传动装置可使叶片同步转动，调节叶片的旋转角度，改变二次风的旋流强度，使燃烧保持稳定。

外二次风量是由二次风道中的可动叶片控制的。通过传动装置可以改变叶片的开度。当叶片全开时，外二次风量达到最大，这时外二次风大致是直流射流。在外二次风的影响下，从燃烧器射出的整个射流的旋转强度减弱，气流拉长，内回流区变小。当叶片逐渐关闭时，外二次风量逐渐减小，使整个射流的旋流强度增大，气流缩短，内回流区逐渐变大。

双调风燃烧器把二次风先后两批送入炉膛，这种配风方式称为分级配风。由于空气的分级送入，使煤粉和空气的混合变得缓慢，便于进行燃烧调节。

双调风燃烧器的主要优点是由于空气的分级送入，既能有效地控制温度型 NO_x，又能限制燃料型 NO_x；此外，燃烧调节灵活，有利于稳定燃烧，对煤质有较宽的适应范围。

4. 蜗壳式燃烧器

蜗壳式燃烧器是以蜗壳作为旋流器的旋流式燃烧器，根据燃用的燃料，可分为单蜗壳式、双蜗壳式、三蜗壳式。

蜗壳式燃烧器结构简单，对煤种的适应性强，其缺点是：

（1）调节性能差，舌形挡板的调节作用不大，关小蛇形挡板，气流的扩展角变化不大，但阻力却急剧上升。

（2）流动阻力大。

（3）旋流器出口，沿圆周气流速度分布不均，引起煤粉浓度分布不均，气流向一侧偏斜。

5. 旋流式燃烧器的布置与供风方式

大容量锅炉布置几十只旋流式燃烧器，虽然单个的燃烧器形成的火焰可独立燃烧，但各个旋转气流之间仍有相互作用，对燃烧有一定的影响作用。当两个燃烧器旋转方向相反时，燃烧器之间的切向速度升高，火焰向上。当两个燃烧器旋转方向相同时，燃烧器之间的切向速度减小，火焰向下。这样就影响火焰中心位置和燃烧效率，进而影响过热器的蒸汽温度特性及蒸汽温度调节。大容量锅炉上，旋流式燃烧器通常布置在炉膛的前、后墙上，有的采用大风箱供风，有的采用分隔风箱供风。采用大风箱供风时，风道系统简单，但单个燃烧器的调节性能比较差。

近年来，为了提高锅炉的安全性和经济性，趋向于采用小功率燃烧器。因为单只燃烧器功率过大，会带来以下问题：

（1）炉膛受热面局部热负荷过高，易于结渣。

（2）炉膛受热面局部热负荷过高，易引起水冷壁的传热恶化和直流锅炉的水动力多值性。

（3）切换或启停燃烧器对炉内火焰燃烧的稳定性影响较大。

（4）切换或启停燃烧器对炉膛出口烟温的影响较大，影响过热器的安全性和蒸汽温度调节。

（5）一、二次风的气流太厚，不利风粉混合。

（6）燃烧调节不太灵活。

由于单只燃烧器的功率不能太大，因而燃烧器的数量不能太少。当采用大风箱送风时，不能准确调节各个燃烧器的风煤比，也不利于控制 NO_x，因此趋向于采用分隔风箱配风，即风箱被分隔成很多小风室，每个小风室又有独立的风量调节挡板，这样会给燃烧调节带来灵活、便利的条件。

三、等离子点火器

大型工业煤粉锅炉的点火和稳燃传统上都是采用燃烧重油、轻油或天然气等稀有燃料来实现的。近年来，随着世界性的能源紧张，原油价格不断上涨，火力发电燃油越来越受到限制。因此，锅炉点火和稳燃用油被作为一项重要的指标来考核。为了减少燃油的耗量，传统的做法是提高煤粉的细度、提高风粉混合物和二次风的预热温度，采用预燃室燃烧器、选用小油枪点火等。等离子煤粉燃烧器采用直流空气等离子体作为点火源，实现了锅炉无油或少油启动，保证了燃烧过程的经济性。

（一）等离子点火原理

等离子燃烧器利用直流电流在介质气压为 $0.01 \sim 0.03\mathrm{MPa}$ 的条件下接触引弧，并在强磁场下获得稳定功率的直流空气等离子体。该等离子体在燃烧器的一次燃烧筒中形成 $T > 5000\mathrm{K}$ 的梯度极大的局部高温"火核"，煤粉颗粒通过该等离子"火核"受到高温作用，并在 $10^{-3}\mathrm{s}$ 内迅速释放出挥发物，使煤粉颗粒破裂粉碎，从而迅速燃烧。由于反应在气相中进行，使混合物的粒级发生了变化，因此使煤粉的燃烧速度加快，大大减少了所需的点火能量。

等离子发生器为磁稳空气载体等离子发生器，它由线圈、阴极、阳极组成。其中，阴极材料采用高电导率的金属材料，如银等；阳极由高电导率、高热导率及抗氧化的金属材料制成。它们均采用水冷方式，以承受电弧高温冲击。线圈在高温 250℃ 的情况下具有抗 2000V 直流电压击穿的能力。电源采用全波整流并具有恒流性能，其拉弧原理为：首先设定输出电流，当阴极前进同阳极接触后，整个系统具有抗短路的能力且电流恒定不变；当阴极缓慢离开阳极时，电弧在线圈磁力的作用下拉出喷管外部。一定压力的空气在电弧的作用下被电离为高温等离子体，其能量密度高达 $105 \sim 106 W/cm^2$，为点燃不同的煤种创造了良好的条件。

等离子体温度虽高，但能量有限，所以设计了多级燃烧器。它的意义在于应用多级放大的原理，使系统的风粉浓度、气流速度处于一个十分有利于点火的工况条件，从而完成一个持续稳定的点火、燃烧过程。

等离子点火装置的结构和组成如图 2-9 和图 2-10 所示，等离子点火原理如图 2-11 所示。

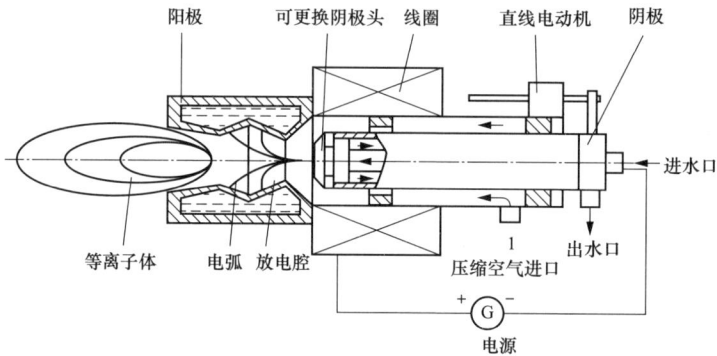

图 2-9　等离子点火装置的结构

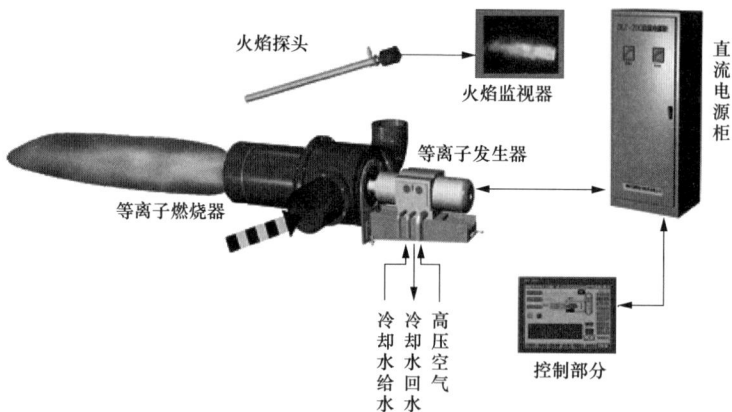

图 2-10　等离子点火装置的组成

（二）等离子点火系统

等离子点火系统由等离子点火设备及其辅助系统组成。等离子点火设备由等离子发生器、等离子燃烧器、电源柜、隔离变压器等组成，辅助系统由载体空气系统、冷却水系统、图像火检系统、冷却风系统、热控系统、冷炉制粉系统、等离子燃烧器壁温监测系统、一次风监测系统等组成。

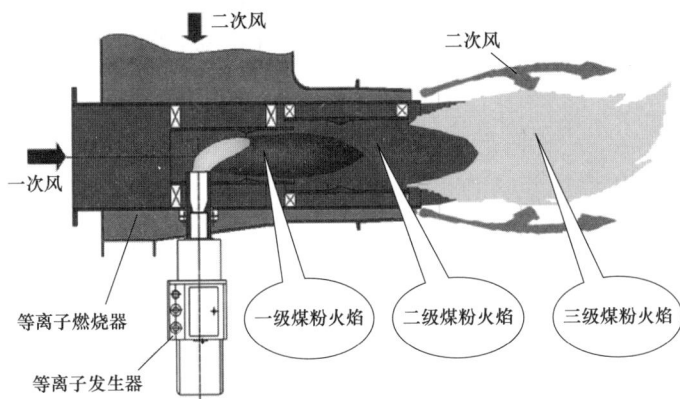

图 2-11 等离子点火原理

等离子燃烧器一般设置在锅炉的 B 层，在锅炉点火和稳燃期间，该燃烧器具有等离子点火和稳燃功能；在锅炉正常运行时，该燃烧器具有主燃烧器功能，且在出力及燃烧工况方面与原来保持一致。安装等离子点火设备后，最下层燃烧器将不再参与摆动，但不影响其他各层燃烧器及二次风喷口的摆动，对过热蒸汽温度及再热蒸汽温度的调节没有影响。另外，等离子燃烧器属于低 NO_x 煤粉燃烧器，可使锅炉的 NO_x 生成控制在 $380mg/m^3$（标准状态）以内。

1. 供电系统

等离子点火系统单台炉需 $8 \times 150kVA$（共计 1200kVA）的交流 380V 电源，送至 8 台隔离变压器，再接至整流柜，输出的直流电送至就地等离子发生器以产生等离子电弧。

整流柜内功率组件采用三相全桥晶闸管整流功率组件，保证了电源长期工作的可靠性。直流控制器采用 SIEMENS 公司生产的 6RA70 系列全数字控制整流装置。该装置可以作为整流和等离子发生器的引弧控制接口、水流和气压保护接口，由 S7-200 控制，采用硬接线方式与分散控制系统（DCS）连接。

2. 冷却水系统

为保护等离子点火装置本身，需用水冷却阴、阳极和线圈。冷却水采用除盐化学水，水温小于 40℃，单个燃烧器用水量为 10t/h，单台炉等离子用水量为 80t/h，其中线圈用水采用无压回水（出口为大气压），出入口压差不小于 0.2MPa。

冷却水取自闭式冷却水系统供水母管，设两台管道增压泵（一用一备），经母管送至就地点火发生器内，再分三路分别送入线圈和阴、阳极。

就地安装压力表、压力开关和手动调节阀，压力满足信号送回 S7-200 控制装置。回水回到原闭式冷却水回水母管，回水管路布置一个总阀。

3. 等离子载体风、图像火检冷却风系统

由于锅炉等离子发生器采用轴向插入方式，因此采用 SSR-150 型罗茨风机提供等离子载体风，而 8 只火检探头的冷却风由高压风机提供。

等离子载体风为稳压、洁净、干燥的空气。空气经母管送至就地点火发生器内，点火发生器内安装压力表和压力开关用来控制空气压力，压力满足信号送回控制系统。空气压力不小于 0.2MPa，单台流量为 100m³/h。

满足细度、浓度和湿度要求的煤粉是锅炉实现冷态等离子点火启动的必要条件。对于配中速磨煤机的制粉系统，必须解决锅炉冷态启动时煤粉的来源，一般等离子点火所需的煤粉由 A 层磨煤机提供。磨煤机入口热风温度为 153～220℃即可满足磨煤机启动条件，通常采用蒸汽加热器加热冷风的方式来实现冷炉制粉。加热蒸汽采用辅助蒸汽，压力为 1.0MPa，温度为 300℃。

为监视等离子点火燃烧器的火焰情况，方便运行人员进行燃烧调整，在 A 层 8 只燃烧器上各安装 1 套图像火检装置。在燃烧器的上侧二次风室位置安装探头，探头套管的前端内部安装电荷耦合器件（CCD）摄像机，其视频信号送至集控室内的九画面分割器，经处理后送到全炉膛火焰电视系统，与全炉膛火焰共用一台工业电视。运行人员可在点火初期同时监视 8 个等离子点火装置的火焰，且可以随时切换至全炉膛火焰画面。

在等离子燃烧器内设有壁温监测系统，在线监测燃烧器壁温，以防止燃烧器超温。每台等离子燃烧器上安装两套 K 分度热电偶，将热电偶信号送至 DCS 显示和判断报警。

在等离子燃烧器对应的一次风管道上安装一次风速在线监测装置，可在主控室 DCS 画面上显示每台等离子燃烧器一次风速。为防止堵塞，测速管上设有压缩空气反吹扫系统，吹扫压缩空气取自仪用压缩空气（每支测速管流量为 0.3m³/min，压力大于 0.4MPa）。

四、锅炉的受热面

以超超临界二次再热塔式炉为例。

（一）省煤器

1. 省煤器工作特点

给水由锅炉炉前单路进入，经过主止回阀和电动主闸阀后，从左右两侧管道进入省煤器进口集箱。由省煤器进口集箱进入的给水，流经省煤器管组，汇合在省煤器出口集箱。省煤器出口两侧管道在炉前汇集成一根下降管，从上至下引入水冷壁底部进口集箱。

锅炉给水的电动主闸阀之后的管道上，布置有一个锅炉启动旁路管道接口。在启动阶段，水冷壁的汽水混合物经汽水分离器分离后，饱和水向下流动经锅炉启动循环泵送入锅炉给水管道，这部分水和来自给水泵的给水混合后一起送入省煤器进口集箱。锅炉给水管道上还布置有过热蒸汽喷水接口、100％高压旁路喷水接口。给水系统流程如图 2-12 所示。

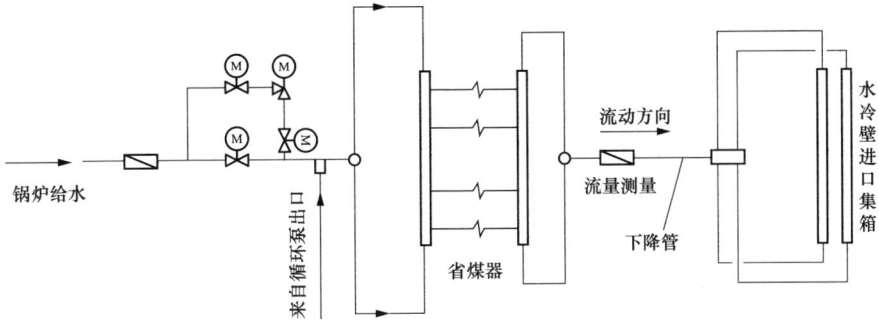

图 2-12 给水系统流程

2. 省煤器工作原理

如图 2-13 所示，省煤器按照管子的布置形式，可以分为错列布置和顺列布置两种。错列布置是指省煤器管屏沿着烟气方向，每隔一行的管道布置在前一行管道的缝隙之间。

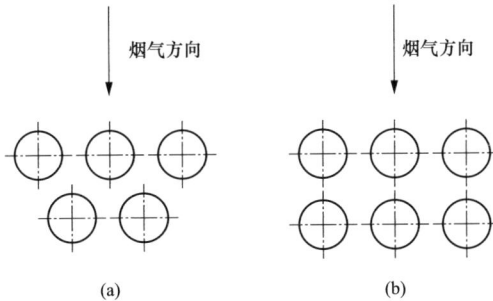

图 2-13 省煤器
(a) 错列布置；(b) 顺列布置

与错列布置相比，顺列布置时省煤器易积灰，工质与烟气的换热减弱，但可以减少省煤器管的磨损。错列布置时，管束管子纵向节距小，气流扰动越大，气流冲刷管子背风面的作用越强，管子积灰越少。而顺列布置时，除第一排管子外，烟气冲刷不到其余管子的正面和背面，只能冲刷管子的两侧，管子正面和背面均可能发生严重积灰。但是，顺列布置有助于吹灰，对积灰的清除有利。

进入省煤器区域的烟气温度比较低，已经没有熔化的飞灰，碱金属（钠、钾）氧化物蒸气的凝结也已经结束，所以省煤器的积灰容易用吹灰方法消除。

进入省煤器区域的飞灰，具有不同的颗粒尺寸，属于宽筛分，粒径一

般都小于 $200\mu m$，大多数为 $10\sim20\mu m$。当携带飞灰的烟气横向冲刷蛇形管时，在管子的背风面形成涡流区。较大颗粒的飞灰由于惯性大而不易被卷进去，而小于 $30\mu m$ 的小颗粒跟随气流被卷入涡流区，在管壁上沉积下来，形成楔形积灰。

省煤器管壁上积灰，会使省煤器管的传热系数降低，传热恶化，会提高空气预热器进口的烟气温度，严重时会使空气预热器的运行工况变得恶劣，造成空气预热器内受热面损坏，导致空气预热器出口排烟温度升高，增大排烟热损失，降低锅炉效率；可能使烟道堵塞，轻则使烟气的流动阻力增加，提高引风机的功耗，增加厂用电，严重时可能被迫停炉清灰；还会增加省煤器管低温腐蚀的可能性。

锅炉运行时，为防止或减轻积灰的影响，首先应及时对省煤器区域的受热面进行吹灰，尤其在锅炉负荷较低的情况下，流经省煤器的烟气流速较低时，更应及时进行吹灰。但是，频繁的吹灰也有可能导致省煤器管壁的吹损，因此必须确定一个合理的吹灰间隔时间和吹灰的持续时间。一般情况下，每天吹灰一次或二次。另外，应防止省煤器的泄漏，泄漏后的水和饱和蒸汽会使省煤器外表面形成黏结性灰而无法清除。

尾部烟道的调温挡板的开度直接影响着前后烟道内烟气的流量和流速，对受热面积灰和磨损的影响也比较大，在锅炉运行中，要尽量保持前后烟道挡板开度的平衡。

3. 省煤器磨损处理

锅炉尾部受热面在烟气侧的冲刷磨损是一个错综复杂的技术问题，影响的因素也很多。对燃煤锅炉来说，进入尾部烟道的飞灰中含有坚硬的未熔化的矿物质，如石英和铁矿石等，它们的硬度很高，其硬度值达 $6\sim7$。这些形状不规则的、坚硬的粒径大于 $50\mu m$ 的大颗粒矿物质，随烟灰气流高速冲刷、撞击管子表面，磨掉受热面管子外壁的氧化皮及金属微观颗粒，就会导致磨损。

省煤器磨损的影响因素主要有烟气流速、飞灰浓度、灰的物理化学性质，以及受热面的布置、结构特性和运行工况等。

针对上述磨损机理和原因，可以采取如下措施：首先，应消除烟气走廊的形成，安装和维修时，应尽量减小省煤器管子与包覆墙之间的距离，同时使各蛇形管间距离尽可能均等；其次，对于局部烟气流速过高的地方，装设防止烟气偏流的阻流板，管束上装设防磨装置；最后，降低局部的烟气流速，如尽量维持尾部烟道调温挡板开度的平衡，防止单侧烟道的烟气流速过快，减少锅炉的漏风率等。

（二）水冷壁和炉膛

1. 水冷壁结构特点

来自省煤器的介质通过下降管到达锅炉底部，经过 4 根水冷壁进口引入管进入水冷壁进口集箱，水冷壁进口集箱前后方向各有 2 根。水冷壁系统采用下部螺旋管圈和上部垂直管圈的形式，螺旋管圈分为灰斗部分和螺旋管上部，垂直管圈分为垂直管下部和垂直管上部。螺旋段水冷壁经过渡连接管引至水冷壁中间集箱，经中间集箱混合后再由连接管引出，形成垂直段水冷壁，两者间通过管锻件结构连接并完成炉墙的密封。

水冷壁垂直管上部引入前后左右 4 个出口集箱，每个出口集箱各有 2 根管道，总共 8 根管道引出到水冷壁出口汇合集箱，4 个汇合集箱再通过 24 根管道，导入汽水分离器。

水冷壁中间集箱上分出前后墙的炉外悬吊管，引到水冷壁出口汇合集箱上。这些悬吊管作为锅炉炉前集箱和炉后集箱支吊梁的支座。

锅炉四周从下至上、在整个高度方向全部由水壁冷系统膜式壁构成。

水冷壁系统流程如图 2-14 所示。

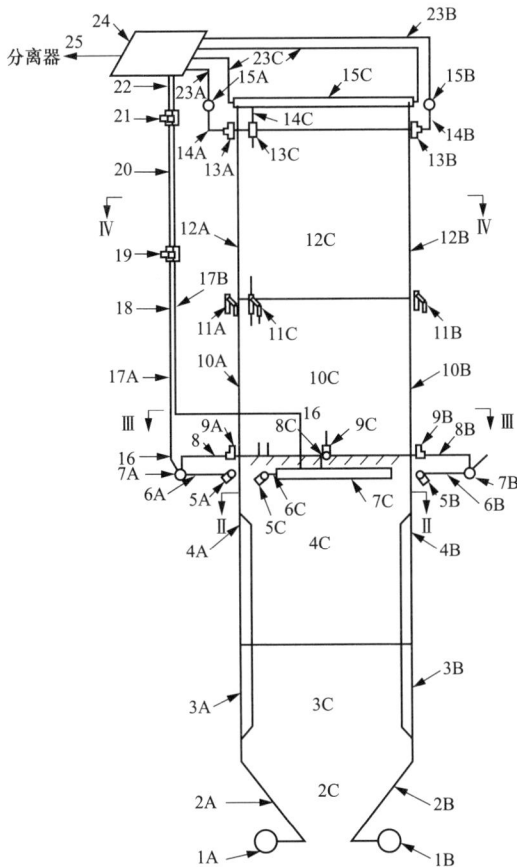

图 2-14　水冷壁系统流程

水冷壁下半段采用螺旋围绕结构。与垂直管圈相比，水冷壁管间的吸热量偏差获得根本性改善。由于同一管带中的管子以相同方式绕过炉膛的角隅部分和中间部分，故吸热均匀，炉膛出口处蒸汽温度偏差小。此外，螺旋管圈的炉膛周界尺寸不像垂直管圈那样受到质量流速的限制，故炉膛的设计比较自由，只需考虑燃煤的特性需要。

螺旋管圈的管子通过炉外中间过渡集箱转换成垂直管圈，从冷灰斗拐点算起至螺旋管圈出口，螺旋管圈共绕了约 1.2 圈。

沿高度方向，燃烧器分成上、中、下 3 组，每组燃烧器有 4 层煤粉喷嘴，每组燃烧器组成一个水冷套，总共有 12 个水冷套。燃烧器上面布置有 2 组分离式燃尽风，每组燃尽风分有 4 层风室喷嘴，每组分离式燃尽风也组成一个水冷套。锅炉水冷套总共有 20 个。

螺旋管圈和垂直管圈的过渡和连接如图 2-15 所示，由锻件连接结构组成，通过水冷壁中间过渡集箱把两者连接起来。中间连接过渡集箱分成前后左右共 4 个。

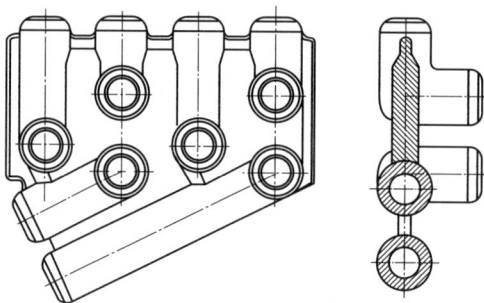

图 2-15　螺旋管圈和垂直管圈的过渡和连接

上部和下部垂直管圈直接由 Y 三通过渡连接，采用二合一形式，上部和下部垂直管圈的根数刚好相差一倍。

上部垂直管圈分前后左右四面墙引出到 4 根水冷壁出口集箱上，每个集箱由 2 根管道引出，共 8 根管道引到水冷壁出口汇合集箱；汇合集箱有 4 根管道，汇合集箱出来的介质再引至 6 根汽水分离器，每只汽水分离器共有 4 根管道，直接与汽水分离器连接的管道总共有 24 根。汽水分离器的出口分成 2 路，蒸汽和锅水分别送到过热器和锅炉启动旁路系统。

螺旋管圈四周管屏的受力由从上到下的吊带承担，每面墙有 7 条吊带，每条分成 2 块连接板，通过中间过渡段连接水冷壁吊带，将螺旋管圈水冷壁重量传递到水冷壁垂直管圈之上。螺旋管圈悬吊如图 2-16 所示。

水冷壁垂直管圈上部通过三通盲管将载荷传递到无任何工作介质的管子膜式壁，这些管子的两端都是封闭的、不流通的。有工作介质的一端流向水冷壁出口集箱，通过连接管道送到汽水分离器。垂直管圈悬吊如图 2-17 所示。

水冷壁四面墙通过炉顶吊杆装置悬吊在钢架大梁上，每根吊杆都有叠形弹簧装置，使水冷壁四周悬吊受力均衡，每台叠形弹簧装置的受力都是相同的。叠形弹簧装置共有 150 台。

2. 炉膛结渣与防治

炉膛产生结渣的先决条件是呈熔融状态的颗粒与壁面的碰撞。炉内颗

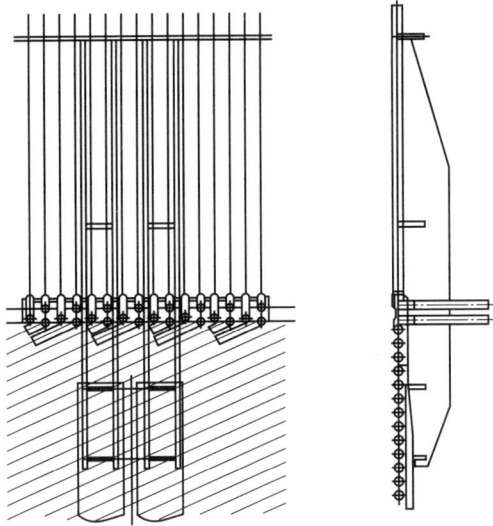

图 2-16　螺旋管圈悬吊

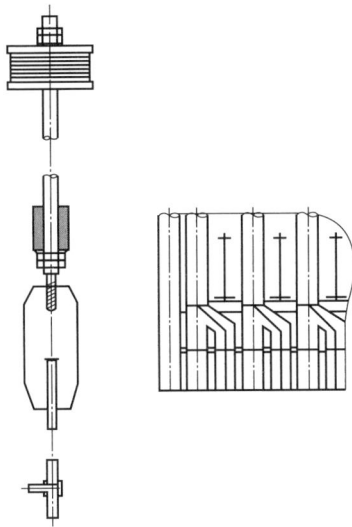

图 2-17　垂直管圈悬吊

粒随气流运动，由炉内燃烧空气动力场决定气流向壁面的冲刷程度，以及灰粒与壁面碰撞的概率。此外，较大尺寸的颗粒容易从转向气流中分离出来，与壁面碰撞，因此急剧的气流转向与粗的煤粉细度很容易导致结渣。低的灰粒熔融温度和高的壁面温度易使灰粒在与壁面碰撞之际呈熔融状态；粗的灰粒也因分离速度大，碰撞壁面前经历的分离时间短，冷却不易而呈熔融状态；不清洁的水冷壁，吸热能力弱，区域温度高，对灰粒的冷却能力弱，易使灰粒在碰撞之际呈熔融状态。灰的熔融特性温度与所处的环境气氛有关，若为氧化性气氛则熔融温度高，若为还原性气氛则温度低，因此炉内的过量空气系数也影响着炉内的结渣情况。所以结渣并不单纯取决

33

于煤灰特性，而与许多因素密切相关，并通过灰粒的熔融特性温度与结渣倾向相联系。

（1）从锅炉设计分析，影响结渣的基本因素有以下几点：

1）炉内的空气动力场，煤粉或灰的粒度和重度，这影响着烟气和灰粒在炉内的流动。

2）灰粒从烟气中分离出来与壁面的碰撞，这既与煤粉细度相关，也与煤粉的选择性沉积相关。

3）煤的燃烧特性、锅炉负荷、炉内空气动力场所构成的炉内温度场以及煤灰的熔融特性，这影响着与壁面碰撞的灰粒是否呈熔融状态且具有黏结的能力，也与受热面的热负荷、受热面的清洁程度相关。

（2）从运行的角度分析，影响结渣的主要因素有以下几点：

1）炉膛出口烟气温度，其在相当程度上表征着炉内的温度水平或灰粒状态的条件。

2）炉膛出口受热面的结渣倾向。

3）锅炉负荷，可通过增大炉内燃料量和受热面的静热流而得到提高，前者表征炉内的整体温度水平，后者意味着受热面的外壁温度。

4）燃烧器上部的炉膛高度。

5）炉壁热负荷和燃烧器区域热负荷。

6）燃烧的空气量及风粉配比。

7）火焰偏斜，煤粉气流贴壁。

8）煤粉细度，煤粉中的粗颗粒既容易从气流中分离出来与壁面碰撞，也需要较长的燃尽时间和火焰长度，更因热容量大、换热系数小而冷却固化不易。

9）吹灰操作。

（3）针对影响结渣的因素，采取的防治措施有：

1）选取较小的炉膛热负荷，避免火焰冲刷受热面，同时降低整个炉膛温度，以减少结渣的可能性。

2）选取合理的燃烧区域化学反应当量比，以确保有一个低 NO_x 排放出口烟气温度，同时使结渣的可能性降到最低。

3）选取能够防止对流受热面出现任何结渣可能性的炉膛排烟温度。

4）采取低 NO_x 燃烧器，以产生较低的燃烧器区域峰值火焰温度。

5）控制燃烧器燃料和空气的分布，以保证沿炉膛宽度的均匀燃烧并防止还原区的形成。

6）保持合适的煤粉细度和均匀度。

7）在炉膛容易结渣的区域布置吹灰器，进行合理吹灰。

（三）过热蒸汽系统

1. 过热蒸汽系统结构特点

过热蒸汽系统主受热面第一级为悬吊管、隔墙和低温过热器，第二级为高温过热器。

过热蒸汽系统流程如图 2-18 所示。来自分离器出口的 4 根蒸汽管道分两路引入两根低温过热器进口集箱，第一路经由炉内悬吊管从上到下引到炉膛出口处的低温过热器，第二路经双烟道隔墙及其出口分配母管引到炉膛出口处的低温过热器，进入第一级过热器出口集箱。低温过热器布置在炉膛出口断面前，高温过热器布置在高温再热器冷段和热段之间，主要吸收炉膛内的辐射热量。低温过热器和高温过热器均为顺流布置。过热蒸汽系统的蒸汽温度采用燃料/给水比和两级八点喷水减温方式调节，在低温过热器的入口和出口各设置一级喷水减温并通过两级受热面之间连接管道的交叉，使低温过热器外侧管道的蒸汽进入高温过热器的内侧管道，以补偿烟气侧导致的热偏差。

在启停及汽轮机跳闸的情况下，4 个高压旁路减温减压站可以将蒸汽引至一次再热蒸汽系统。

过热器受热面管壁厚及为选材留有足够裕度，可确保受热面在各种负荷下运行时均安全可靠。对各个负荷工况下的受热面均应进行金属温度计算，按最恶劣工况下的壁温选择受热面材料，并在计算中充分考虑各级受热面的热力、水力及携带偏差。

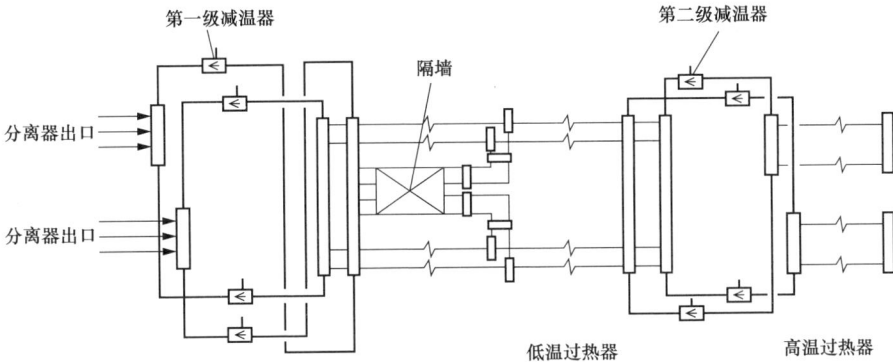

图 2-18　过热蒸汽系统流程

2. 第一级主受热面

由 6 台汽水分离器上部出来的蒸汽汇集到两台分配器，再由分配器引到锅炉上部低温过热器进口集箱。从低温过热器进口集箱分出来的管子中有支吊省煤器的悬吊管、低温再热器、高温再热器、高温过热器、低温过热器等受热面；其余管束加鳍片形成隔墙，进入隔墙出口汇合集箱，通过隔墙出口连接管道及其分配母管引入低温过热器辐射屏。低温过热器出口集箱分别布置在前/后墙之上。

从隔墙出口汇合集箱（前）引出一根管子进入炉膛作为一次高温再热器的流体冷却定位管，出炉膛后进入低温过热器出口集箱（前）；从隔墙出口汇合集箱（后）引出两根管子进入炉膛作为二次高温再热器的流体冷却定位管，出炉膛后进入低温过热器出口集箱（后）。

3. 第二级主受热面

低温过热器出口的四根连接管道引入两个高温过热器进口集箱，低温过热器到高温过热器的连接管道当中，每一根连接管道都设置了第二级过热蒸汽喷水减温器。高温过热器分为上下两段受热面。

4. 过热蒸汽温度调节

过热蒸汽温度采用煤水比加喷水减温方式调节。过热蒸汽喷水共分两级：过热器第一级喷水减温器布置在低温过热器入口管道上；过热器第二级喷水减温器布置在低温过热器和高温过热器之间的连接管道上。过热蒸汽喷水源自省煤器进口的给水管道，经过喷水总管后分左右两路支管，分别经过各自的喷水管路后进入第一、二级过热减温器，每台减温器进口管路前布置有流量测量装置。两级减温器喷水总量按 2％过热蒸汽流量设计，总设计能力按锅炉最大连续蒸发量（BMCR）的 2％确定。

每台过热蒸汽减温器设置 2 个雾化喷嘴，喷水量由电动调节阀控制。

第一级过热蒸汽减温器共有 4 台，第二级过热蒸汽减温器也有 4 台。每台过热蒸汽减温器上有一个喷水管件，喷水管件上设有 2 个雾化喷嘴。每台过热蒸汽减温器都设有内套筒。锅炉减温器安装时应注意喷水管接头的安装方向与图纸一致。过热蒸汽减温器如图 2-19 所示。

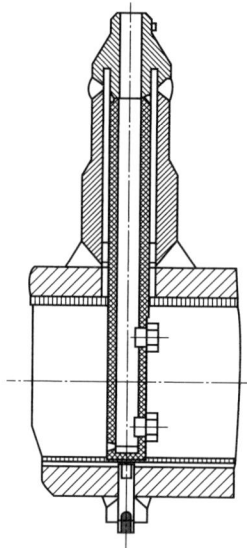

图 2-19　过热蒸汽减温器

（四）一次再热蒸汽系统

1. 结构特点

一次再热蒸汽系统的再热器受热面分为两级，即一次低温再热器和一次高温再热器，各级受热面之间利用集中的大管道连接。其中，一次低温再热器布置在炉膛上部前烟道，位于省煤器和一次高温再热器之间；一次高温再热器冷段布置在低温过热器和高温过热器之间，一次高温再热器热段布置在高温过热器和一次低温再热器之间。一次高温再热器顺流布置，受热面特性表现为冷段辐射、热段对流；一次低温再热器逆流布置，受热面特性表现为纯对流。一次再热器进出口管道上分别装设了 4 个弹簧式安全阀，以保护一次再热蒸汽系统不会超压。

一次再热蒸汽系统流程如图 2-20 所示。

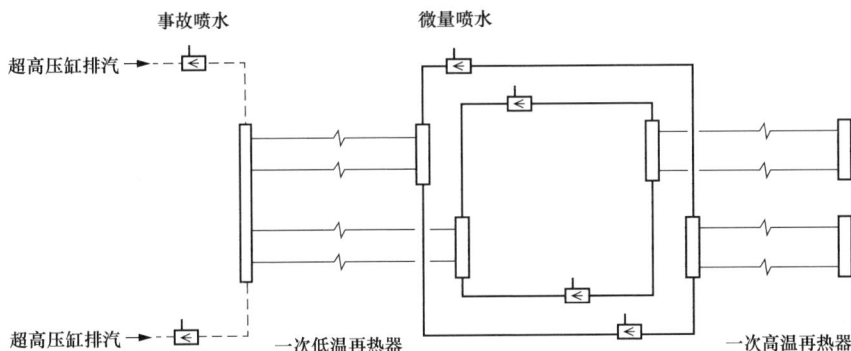

图 2-20　一次再热蒸汽系统流程

汽轮机超高压缸排汽首先进入一次低温再热器，在一次低温再热器进口管道上布置有事故喷水，在两级再热器连接管道上布置有微量喷水，且内外侧管道采用交叉连接。由于锅炉燃烧器摆动是再热蒸汽温度调节的主要手段之一，故一次高温再热器冷段布置于炉膛出口平面后（低温过热器之后）。

一次再热器受热面管壁厚及为选材留有足够裕度，可确保受热面在各种负荷下运行时均安全可靠。对各个负荷工况下的受热面均应进行金属温度计算，按最恶劣工况下的壁温选择受热面材料，并在计算中充分考虑各级受热面的热力、水力及携带偏差。

2. 一次低温再热器

来自汽轮机超高压缸的排汽分成两路，从左右侧管道进入一次低温再热器进口集箱，一次低温再热器进口管道上设有再热事故喷水减温器。在一次低温再热器进口集箱上还设有锅炉吹灰用的蒸汽源抽头管座。一次低温再热器横向共有 178 片管屏，每片管屏由 6 根套管组成。

3. 一次高温再热器

蒸汽通过一次低温再热器出口 4 根管道，经再热蒸汽微量喷水减温器进入一次高温再热器进口集箱。一次高温再热器分冷段和热段两部分，中间布置有高温过热器。

一次低温受热面沿着宽度方向设置了 6 片防振隔板，上下级受热面的防振隔板错开布置。

（五）二次再热蒸汽系统

1. 结构特点

二次再热蒸汽系统的再热器受热面分为两级，即二次低温再热器和二次高温再热器，各级受热面之间利用集中的大管道连接。其中，二次低温再热器布置在炉膛上部后烟道，位于省煤器和二次高温再热器之间；二次高温再热器冷段布置在低温过热器和高温过热器之间，二次高温再热器热段布置在高温过热器和二次低温再热器之间。二次高温再热器顺流布置，受热面特性表现为冷段辐射、热段对流；二次低温再热器逆流布置，受热面特性表现为纯对流。二次再热器进口管道上装设了 8 个弹簧式安全阀，二次再热器出口管道上装设了 4 个弹簧式安全阀，以确保二次再热蒸汽系统不会超压。

二次再热蒸汽系统流程如图 2-21 所示。

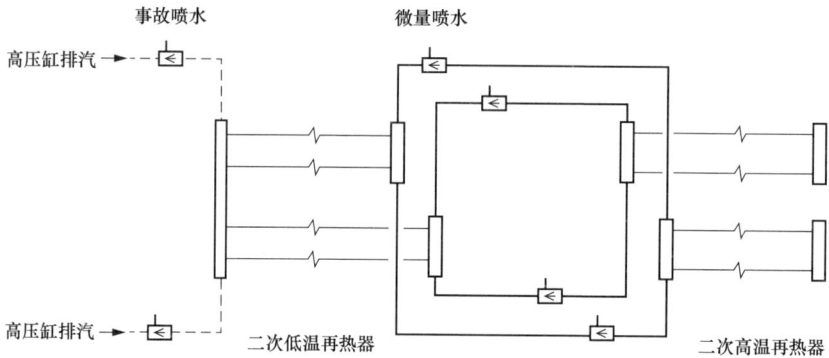

图 2-21　二次再热蒸汽系统流程

汽轮机高压缸排汽首先进入二次低温再热器，在二次低温再热器进口管道上布置有事故喷水，在两级再热器连接管道上布置有微量喷水，且内外侧管道采用交叉连接。由于锅炉燃烧器摆动是再热蒸汽温度调节的主要手段之一，故二次高温再热器冷段布置于炉膛出口平面后（低温过热器之后）。

二次再热器受热面管壁厚及为选材留有足够裕度，可确保受热面在各种负荷下运行时均安全可靠。对各个负荷工况下的受热面均进行金属温度计算，按最恶劣工况下的壁温选择受热面材料，并在计算中充分考虑各级受热面的热力、水力及携带偏差。

2. 二次低温再热器

来自汽轮机高压缸的排汽分成两路，从左右侧管道进入二次低温再热器进口集箱，二次低温再热器进口管道上设有再热事故喷水减温器。在二次低温再热器进口集箱上还设有锅炉吹灰用的蒸汽源抽头管座。二次低温再热器横向共有 178 片管屏，每片管屏由 6 根套管组成。

3. 二次高温再热器

蒸汽通过二次低温再热器出口 4 根管道，经再热蒸汽微量喷水减温器进入二次高温再热器进口集箱。二次高温再热器分冷段和热段两部分，中间布置有高温过热器。

4. 再热蒸汽温度调节

为了有效解决低负荷时再热蒸汽温度的调节问题，燃烧器被设计得能够上下摆动，通过燃烧器的摆动调节燃烧中心的高度，改变炉膛出口的烟气温度，影响高温再热器的吸热量，从而调节再热蒸汽温度。由于一、二次高压再热器都设置了一部分吸收辐射热的受热面，火焰中心的变化对再热蒸汽温度的影响显著，可保证一、二次再热器在较大负荷范围内达到额定蒸汽温度。同时，选用烟气挡板调温方式，通过挡板开度控制进入前后分隔烟道中的烟气份额，改变一、二次再热器间的吸热分配比例，以达到促进一、二次再热器出口温度平衡的目的。另外，在再热器的管道上配置喷水减温器，防止超温情况的发生和有效控制左右侧的蒸汽温度偏差。

低温再热器和高温再热器之间布置四点微量喷水减温器，低温再热器进口布置两点喷水减温器，在正常运行工况下喷水减温器不投入运行，仅在紧急事故工况下运行。每台减温器进口管路前布置有测量流量的装置和过滤器。

由于一、二次再热器的蒸汽进出口温度是比较接近的，一、二次再热器受热面面积的比例与一、二次再热器吸热量的比例也是基本一致的，故一、二次再热器受热面并列布置的形式可保证两次再热器吸热量随负荷变化的趋势是基本相同的。通过摆动燃烧器对火焰中心的调整，可保证一、二次再热器出口蒸汽温度基本达到额定值，两者间本来就不大的吸热量差异再通过尾部烟气挡板的调整即可达到平衡。一、二次再热器冷段都布置了辐射受热面，使锅炉具有了在较低负荷下也呈现良好再热蒸汽温度的特点。

负荷变化时，首先调整燃烧器摆角，低负荷时辅以过量空气系数调节，将一次再热器出口温度调至额定参数，再通过挡板调节将两次再热中出口温度高侧的蒸汽温度降低、出口温度低侧的蒸汽温度提高，最终达到设定值。

二次再热蒸汽事故喷水减温器共 2 台，二次再热蒸汽微量喷水减温器共 4 台。再热蒸汽减温器的喷嘴杆件与电动调节阀是组合在一体的，如图 2-22 所示。为防止水滴飞溅在管道上，再热蒸汽减温器中仍设计了内套筒。

一体化喷水减温器的特点是：根据不同的喷水流量来开启喷嘴数量，即流量小时，投入喷嘴少；流量大时，投入喷嘴就多。其优势在于，无论在大流量时还是小流量时，始终有一个好的喷水雾化效果。

五、其他附属设备

（一）通风设备

通风设备的作用是提供燃料燃烧和制粉所需的空气，以及把燃料燃烧生成的烟气排出炉外。它包括送风机、引风机、烟风道、烟囱等。

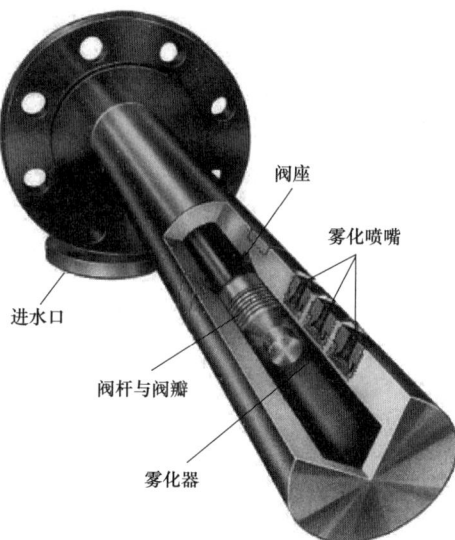

图 2-22　再热蒸汽减温器的喷嘴杆件

（二）输煤设备

输煤设备的作用是将进入发电厂的煤或厂内储煤场的煤运送到锅炉房中的原煤仓。它包括卸煤设备、受煤设备、煤场机械、输煤皮带、煤中杂物清除设备、碎煤机、给（配）煤设备、煤量计量设备等。在现代发电厂中，输煤设备是由专门的燃运车间（或部门）管理的。

（三）制粉设备

制粉设备的任务是将煤干燥并制成合格的煤粉，送入炉内燃烧。制粉系统的形式有多种，不同形式的制粉系统其设备有所不同。例如，传统的配球磨机中间储仓式制粉系统，主要由原煤仓、给煤机、磨煤机、粗粉分离器、细粉分离器、排粉风机、锁气器、木块分离器、输粉风管等设备组成；现代大型煤粉锅炉广泛应用的配中速磨煤机直吹式制粉系统，主要由原煤仓、给煤机、磨煤机、分离器、输粉风管等设备组成。

（四）给水设备

给水设备的任务是保证不断地向锅炉供应给水。它包括给水泵、给水管道和阀门等。由于给水泵位于汽轮机房内，故通常将给水泵及一部分给水管道划归汽轮机车间管理。

（五）烟气处理设备

烟气处理设备（脱硝设备、除尘器、脱硫设备）的作用是消除烟气中绝大部分的氮氧化物、飞灰和硫氧化物，以减轻烟气对环境的污染和对引风机的磨损。其工艺系统比较复杂，拥有的设备众多。

（六）灰渣设备

灰渣设备的作用是清除炉膛下部积聚的灰渣和由除尘器分离出来的飞

灰，并将其送往渣仓、储灰库或储灰场等。

（七）锅炉附件

锅炉附件包括安全门、水位计、吹灰器、热工仪表、自动控制装置等。安全门用来控制锅炉蒸汽压力不超压，以确保锅炉和汽轮机工作的安全；水位计用来监视汽包等容器的水位；吹灰器用来清除锅炉受热面的积灰，以保持受热面清洁；热工仪表用来监视锅炉的热工参数；自动控制装置用来自动控制和调节锅炉的运行情况等。热工仪表和自动控制装置由专门的热工车间管理。

六、锅炉设计要求

超超临界锅炉的设计，需要吸收已经安装使用的燃用各种燃料的锅炉的运行经验，在其基础上进行优化设计。锅炉设计的具体要求如下：

（1）系统简单。

（2）具有很强的自疏水能力，具备优异的备用和快速启动特点。

（3）均匀的过热器、再热器烟气温度分布。

（4）均匀的对流受热面烟气流场分布。

（5）采用单炉膛单切圆的燃烧方式，在所有工况下水冷壁出口温度分布均匀。

（6）采用高级复合空气分级低 NO_x 燃烧系统。

（7）过热器采用煤水比加两级八点喷水；再热器采用燃烧器摆动、低负荷过量空气系数调节、省煤器出口烟气挡板调节，以及在再热器进口装设事故紧急喷水和在两级再热器中间装设微量喷水。

（8）无水力侧偏差，过热器、再热器蒸汽温度分布均匀。

（9）过热器、再热器受热面材料选取留有较大的裕度。

（10）受热面布置下部宽松，无堵灰。

（11）运行过程中锅炉能自由膨胀。

（12）悬吊结构规则，支承结构简单。

（13）受热面磨损小。

第三节 汽轮机的工作原理及分类

一、汽轮机的组成与工作原理

（一）汽轮机的组成

汽轮机一般由汽轮机本体、汽轮机附属系统和汽轮机控制系统组成。

（1）汽轮机本体。汽轮机本体一般包括汽缸模块、阀门模块、轴承座模块和盘车装置。汽缸包括高压缸、中压缸、低压缸。汽缸定子部件有外缸、内缸、持环、隔板、隔热罩、平衡活塞、汽封环；汽缸转子部件有转子、动叶、汽封齿。阀门的主要作用是在危急情况下自动关闭，切断进入汽轮机的主蒸汽通道，使机组停止运行，以防止产生过大的超速或避免某些不良的后果。所谓危急情况，包括危急遮断器脱扣、机组振动的振幅超过极限值、轴承乌金温度过高、轴向位移超过极限等。

（2）汽轮机附属系统。汽轮机附属系统一般包括汽轮机油系统、汽封系统及疏水系统。

（3）汽轮机控制系统。汽轮机控制系统包括汽轮机监视仪表系统（TSI）、汽轮机紧急跳闸系统（ETS）和数字式电液控制系统（DEH）。

（二）汽轮机的级

汽轮机是火力发电厂的三大主要设备之一，以级为基本做功单元。

级是指由定子和转子组成的热能向机械能转换的基本做功单元。在结构上，它由静叶（喷嘴）和对应的动叶片所组成。一列固定的喷嘴和与它配合的动叶片构成了汽轮机的基本做功单元，称为汽轮机的级。蒸汽在喷嘴中膨胀，蒸汽所含的热能转变为汽流的动能。汽流通过动叶时，蒸汽推动叶片旋转做功，动能转变为机械能。简易汽轮机如图 2-23 所示。

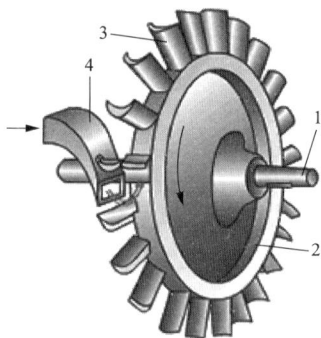

图 2-23　简易汽轮机
1—转轴；2—叶轮；3—叶片；4—喷嘴

（三）冲动力与反动力

1. 冲动力

根据力学知识，当一个运动物体碰到另一个静止的物体或者运动速度低于它的物体时，就会受到阻碍而改变其速度的大小或方向，同时给阻碍它的物体一个作用力，即冲动力。冲动作用的特点是：蒸汽仅将从喷嘴中获得的动能转变为机械能，蒸汽在动叶通道中不膨胀，动叶通道不收缩，如图 2-24 所示。喷嘴出口处蒸汽以相对速度 w_1 进入动叶通道，由于受到动叶的阻碍，汽流方向不断改变，最后以相对速度 w_2 流出动叶通道，在流道中蒸汽对动叶产生一个轮周方向的冲动力 F_i，该力对动叶做功使动叶转动。

2. 反动力

根据动量守恒定律，当气体从容器中加速流出时，要对容器产生一个与流动方向相反的力，即反动力。反动作用的基本特点是：蒸汽在动叶流道中不仅要改变方向，而且要膨胀加速，从结构上看动叶通道是逐渐收缩的。

蒸汽流经级时，先在喷嘴中膨胀，压力降低，速度增加。蒸汽在动叶中时：一方面，通过速度方向的改变，产生冲动力 F_i；另一方面，继续膨胀，压力降低，所产生的焓降转化为动能，造成动叶出口的相对速度 w_2 大于进口相对速度 w_1，使汽流产生了作用于动叶上的与汽流方向相反的反动力 F_r。在蒸汽的冲动力和反动力的合力 F_u 作用下推动动叶旋转做功。反动作用原理如图 2-25 所示。

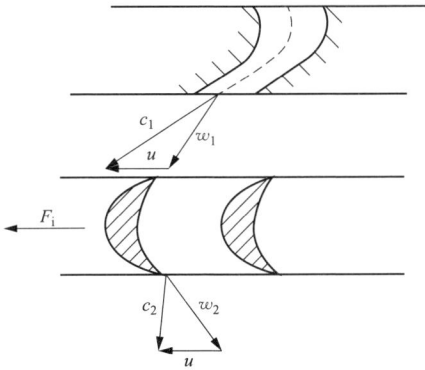

图 2-24 冲动作用原理   图 2-25 反动作用原理

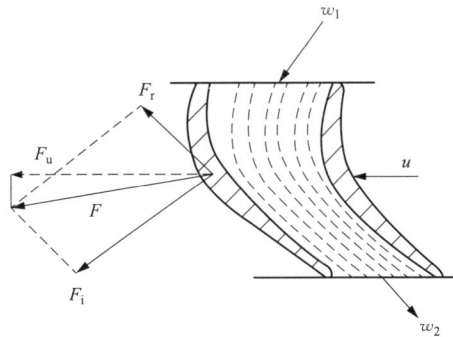

在现代汽轮机的级中，冲动力和反动力通常是同时起作用的。在这两个力的合力作用下，转子转动。这两个力的作用效果是不同的，冲动力的做功能力较大，而反动力的流动效率较高。蒸汽流经各种级时其压力和速度的变化情况如图 2-26 所示。

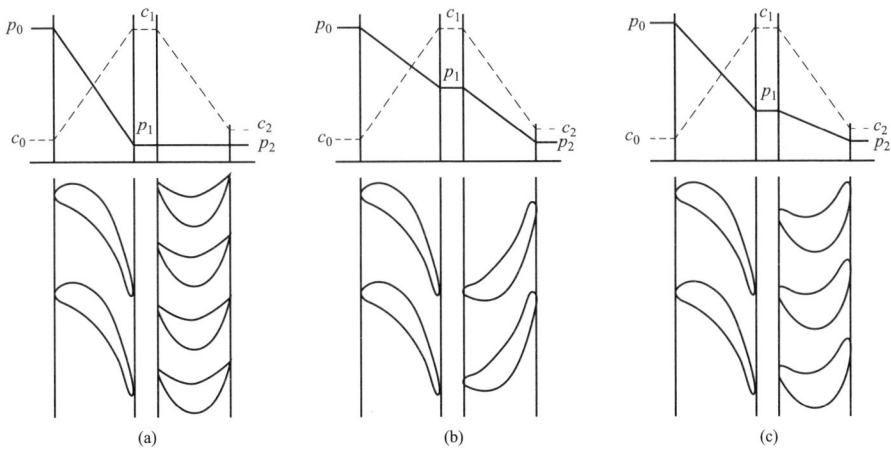

图 2-26 蒸汽流经各种级时其压力和速度的变化情况
(a) 纯冲动级；(b) 反动级；(c) 带反动度的冲动级

43

二、汽轮机的分类与表示法

（一）按工作原理分类

现代火力发电厂采用的都是由不同级顺序串联构成的多级汽轮机。在结构上，级是由静叶（喷嘴）和与它配合的动叶组成的；在功能上，级完成将蒸汽热能转变为机械能的能量转换，如图 2-27 所示。蒸汽在汽轮机级中以不同方式进行能量转换，构成了不同工作原理的汽轮机。

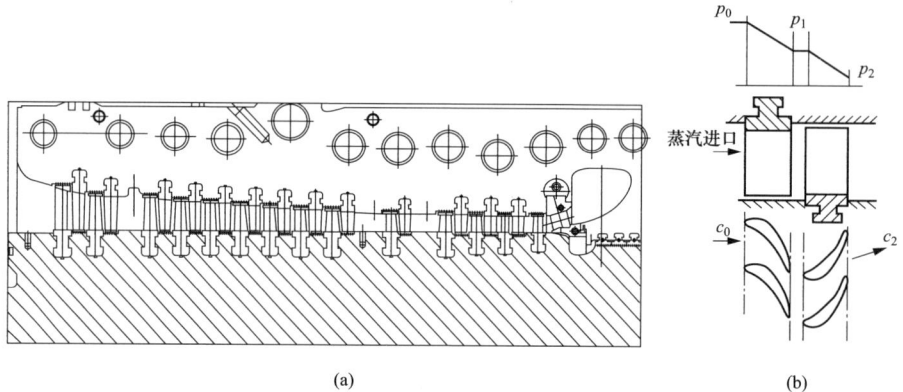

图 2-27　多级汽轮机结构及单个级

（a）多级结构；（b）单个级

（1）冲动式汽轮机。主要由冲动级组成，蒸汽主要在静叶栅（喷嘴）中膨胀，在动叶栅中没有或只有少量膨胀。

（2）反动式汽轮机。主要由反动级组成，蒸汽同时在静叶栅（喷嘴）和动叶栅中进行膨胀，且膨胀程度相同。

冲动式汽轮机和反动式汽轮机在电厂中都获得了广泛应用。这两种汽轮机的差异不仅表现在工作原理上，而且表现在结构上，前者为隔板型，后者为转鼓型（或筒型）。隔板型汽轮机动叶片嵌装在叶轮的轮缘上，喷嘴装在隔板上，隔板的外缘嵌入隔板套或汽缸内壁的相应槽道内；转鼓型汽轮机动叶片直接嵌装在转子的外缘上，隔板为单只静叶环结构，装在汽缸内壁或隔板套（静叶持环）的相应槽道内。

（二）按热力特性分类

（1）凝汽式汽轮机。蒸汽在汽轮机中膨胀做功后，进入高度真空状态下的凝汽器，排汽压力低于大气压力，因此具有良好的热力性能，是最常用的一种汽轮机。

（2）背压供热式汽轮机。既提供动力驱动发电机或其他机械，又提供生产或生活用热，具有较高的热能利用率。其排汽压力高于大气压力，直接用于供热，无凝汽器。当排汽作为其他中、低压汽轮机的工作蒸汽时，称为前置式汽轮机。

（3）调整抽汽式汽轮机。从汽轮机中间某几级后抽出一定参数、一定流量的蒸汽（在规定的压力下）对外供热，其排汽仍排入凝汽器。根据供热需要，有一次调整抽汽和二次调整抽汽之分。

（4）中间再热式汽轮机。新蒸汽在汽轮机的高压缸内膨胀做功后进入锅炉再热器，再次加热后返回汽轮机的中、低压缸继续做功。

（5）饱和蒸汽汽轮机。以饱和状态的蒸汽作为新蒸汽的汽轮机（该汽轮机用于核电站）。

（三）按新蒸汽压力分类

（1）低压汽轮机：新蒸汽压力小于 1.5MPa。

（2）中压汽轮机：新蒸汽压力为 2.0～4.0MPa。

（3）高压汽轮机：新蒸汽压力为 6.0～10.0MPa。

（4）超高压汽轮机：新蒸汽压力为 12.00～14.02MPa。

（5）亚临界压力汽轮机：新蒸汽压力为 16.0～18.0MPa。

（6）超临界压力汽轮机：新蒸汽压力为 22.0～24.0MPa。

（7）超超临界压力汽轮机：新蒸汽压力大于 25MPa。

（四）按结构特点分类

（1）按机组转轴数目，可分为单轴、双轴和多轴汽轮机。对单轴汽轮机，所有汽缸都连在一起并在一条直线上，只带动一个发电机；对于双轴和多轴汽轮机，由两个或若干个平行排列的单轴汽轮机组成，这些单轴汽轮机具有统一的热力过程，轴数与发电机数相同。

（2）按用途，可分为电站汽轮机、工业汽轮机、船用汽轮机。

（3）按汽缸数目，可分为单缸、双缸和多缸汽轮机。

（4）按汽流方向，可分为轴流式、辐流式、周流式汽轮机。

（5）按工作状况，可分为固定式和移动式汽轮机等。

（6）按级数，可分为单级和多级汽轮机。

（五）国产汽轮机型号表示法

国产汽轮机型号采用汉语拼音来表示，见表 2-2。

表 2-2　国产汽轮机型号表示法

代号	型号
N	凝汽式
B	背压式
C	一次调整抽汽式
CC	二次调整抽汽式
CB	抽汽背压式
H	船用
Y	移动式

三、汽轮发电机组的容量

（一）IEC 的术语和定义

国际电工委员会（IEC）对汽轮发电机组功率（或出力）等术语的一般定义：

（1）发电机功率。发电机接线端（输出端）的功率（若采用非同轴励磁，还需扣掉外部励磁的功率）。

（2）净电功率。发电机功率减去厂用电功率。

（3）经济功率（ECR）。机组在此功率下，汽轮机热耗率或汽耗率最小。

（4）最大连续功率（TMCR）。在规定的端部条件（合同中规定的各端部条件，典型的包括主蒸汽和再热蒸汽参数、最终给水温度、排汽压力、转速、抽汽要求等）及运行寿命期内，机组在发电机输出端连续输出的功率。通常在此功率下考核机组所保证的热耗率。在此功率下，调节汽阀不一定要全开。

（5）调节汽阀全开工况功率（VWO 工况功率）。在规定的主蒸汽参数条件下，汽轮机调节汽阀全开时，机组所能输出的功率。

（6）最大过负荷能力。在规定的过负荷条件下，如末级给水加热器停运或提高主蒸汽的压力，汽轮机调节汽阀全开时，机组所能输出的最大功率。

（二）国际上的术语和定义

国际上对大容量汽轮发电机组功率等术语的一般定义：

（1）额定功率（铭牌功率或铭牌出力）。汽轮机在额定主蒸汽和再热蒸汽参数工况下，排汽压力为 11.8kPa、补水率为 3%，能在发电机接线端输出供方所保证的功率。汽轮机的进汽量属供方的保证值，它与所保证的额定工况相对应。

（2）最大连续功率（TMCR）。汽轮机在通过铭牌功率所保证的进汽量、额定主蒸汽和再热蒸汽参数工况下，排汽压力为 4.9kPa、补水率为 0%，机组能保证达到的功率。它一般比额定功率大 3%～6%。

（3）汽轮机的设计流量（计算最大进汽量）。在所保证的进汽量基础上增加一定的裕量，即（1.03～1.05）×保证进汽量，且调节汽阀全开。由于制造水平的提高，裕量通常取 3%。

（4）调节汽阀全开工况计算功率（VWO 工况计算功率）。机组在调节汽阀全开时，在最大进汽量和额定的主蒸汽、再热蒸汽参数工况下，且额定排汽压力为 4.9kPa、补水率为 0%时，通过计算所能达到的功率。

（三）美国的术语和定义

美国设计的大容量汽轮发电机组各项功率的术语和定义：

（1）额定功率。在额定的主蒸汽和再热蒸汽参数工况下，排汽压力为 11.8kPa、补水率为 3%时，汽轮发电机组的保证功率（出力）。

（2）进汽量。在额定工况下，汽轮发电机组发出保证功率所需的主蒸汽流量。

（3）保证最大功率。汽轮机在额定的主蒸汽和再热蒸汽参数工况下，以及额定的排汽压力与补水条件下，通过对应于额定功率时的进汽量的机组功率。

（4）最大计算功率（或 VWO 工况功率）。汽轮发电机组在额定的进汽参数以及额定背压与补水率条件下，调节汽阀全开时，通过最大计算进汽量时的计算功率（非保证值）。它一般比最大保证功率高出 4.5%，等于 1.045×最大保证功率。

（5）超压 5% 的连续运行功率。除核电机组外，汽轮发电机组能安全地在调节汽阀全开和所有回热加热器投运下，超压 5% 连续运行的功率。这种运行方式下，汽轮机通流能力比额定主蒸汽压力下的通流能力增加 5%。

美国设计的机组以 VWO 工况为运行基础，推荐超压 5% 连续运行，以适应日间峰值负荷的需要。而日本或其他欧洲国家所设计的大容量机组以 VWO 工况下的功率为汽轮机最大功率，以超压 5% 为最大负荷能力，即每天可超压 5% 运行的时间需加以限定，也即超压 5% 仅作为机组短时间过负荷的能力。

（四）机、炉、电容量匹配

（1）发电机容量。一般发电机的功率应与 VWO 工况的功率相匹配，即等于 VWO 工况功率/功率因数。若采用美国设计的机组，则发电机的功率应与汽轮机 VWO+5%OP 工况的功率相匹配。在我国，考虑汽轮机和发电机功率的配合时，除了功率因数外，还应合理确定发电机的效率。

（2）锅炉最大连续蒸发量（BMCR）。应与汽轮机的设计流量（即计算最大进汽量）相匹配，不必再加裕量。若汽轮机按 VWO 工况计算最大功率，BMCR 等于汽轮机 VWO 工况的最大进汽量。若采用美国设计的机组，则 BMCR 可等于汽轮机 VWO+5%OP 工况的最大进汽量。日本设计的机组，通常在铭牌功率或 TMCR 工况下运行，其 BMCR 比汽轮机 VWO 工况的进汽量大 0%～3.3%。

第四节　汽轮机本体及其凝汽设备

一、汽轮机的进汽部分

汽轮机的启停和功率变化，是通过改变汽阀的开度（或保持一定开度或全开汽阀），进而调节进入汽轮机的蒸汽量（或蒸汽参数）实现的。这种调节蒸汽量或蒸汽参数的汽阀称为调节汽阀。机组在停机时（特别是机组在运行中需紧急停机时），除了关闭调节汽阀外，还必须设置能快速切断汽源的汽阀，即在调节汽阀出现泄漏的情况下，也能保证汽轮机降速停机，这种具有安全保护功能的汽阀称为自动主汽阀（简称主汽阀）。

对于一次中间再热机组，在高压缸与中压缸之间再热器及冷、热再热蒸汽管巨大的容积空间，储存着大量的具有一定压力和温度的蒸汽。若机组发生紧急停机，这部分蒸汽也足以使汽轮机发生超速。为此，在中压缸进口处必须设置中压主汽阀来紧急切断来自再热器及管道的蒸汽。另外，在机组低负荷时，为了维持锅炉再热器及旁路系统的稳定运行，保证再热器有足够的冷却蒸汽流量，保护再热器不被烧坏，必须设置中压调节汽阀。蒸汽经过中压调节汽阀后将进入中压内缸第一级斜置静叶（喷嘴），冲动汽轮机动叶。中压内缸第一级斜置喷嘴如图 2-28 所示。

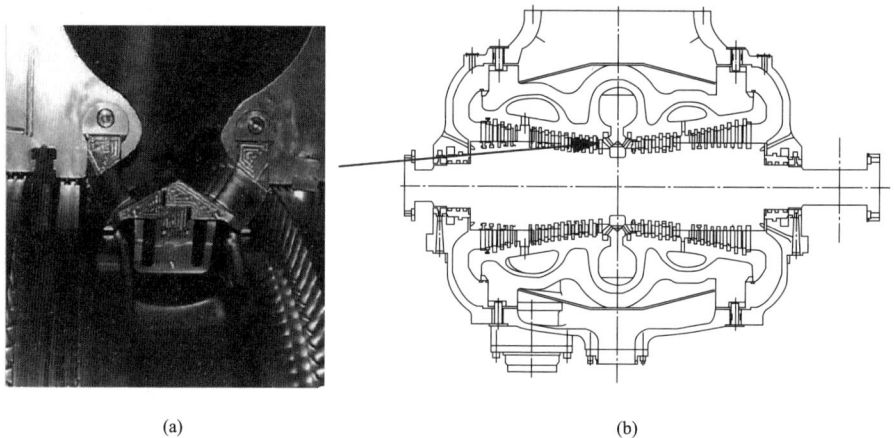

（a）　　　　　　　　　　　　　　　（b）

图 2-28　中压内缸第一级斜置喷嘴
（a）三维图；（b）剖面图

进汽部分指调节汽阀后蒸汽进入汽缸第一级喷嘴这段区域。它包括调节汽阀至喷嘴室的主蒸汽（或再热蒸汽）导管、导管与汽缸的连接部分和喷嘴室，是汽缸中承受蒸汽压力和温度最高的部分。

高压进汽端的设计有两种风格：喷嘴不分组的全周进汽形式和喷嘴分组的非全周进汽形式。

（1）喷嘴不分组的全周进汽形式。机组无调节级，第一级叶片与其他级一样，其进汽压力及焓降均与流量成正比。机组的运行模式为"定压—滑压"的单阀控制模式，只能通过节流或滑压降低进汽压力的方式调节汽轮机的进汽量及功率。这种设计的高压第一级叶片不存在部分进汽引起的冲击载荷，叶片应力与机组负荷同步变化，使该级叶片在任何工况均处在温度虽然高但应力水平却较低的安全状态，从而解决了高压第一级叶片的强度问题。但是，汽轮机功率采用节流调节或滑压调节的方式，会牺牲部分效率。

（2）喷嘴分组的非全周进汽形式。机组有调节级，可通过改变部分进汽度的大小来影响机组的流量和级的进汽压力、焓降。最为经济的运行模式为"最小部分进汽度下的滑压运行"。对这种结构，第一级（调节级）叶片在低负荷、最小部分进汽时的应力远大于额定负荷工况下的应力,加上部分进汽的冲击载荷等因素,使该级叶片的动强度设计成为整个机组安全性的关键环节之一。通常的设计措施是:

1)受蒸汽流量及压差载荷的限制,随着机组单机容量的增大,允许的最小部分进汽度逐步增加,由25%、33%提高到50%。

2)为尽量减小对动叶片的激振力,喷嘴弧段由整圈8、6组减少到180°弧段的半圈形式,总的部分进汽度也提高到98%以上。

3)采取具有更好抗振性能、应力集中最小的结构形式,如整体三联体自带围带、双层围带等。在安全性设计中,除了校核最大应力的低负荷工况外,还应对冲击载荷、喷嘴的尾迹激振动应力进行校核。

4)采用多喷嘴数的小栅距静叶栅,甚至以型线损失系数增加2%~3%的代价减小动叶片的振动应力。

全周进汽无调节级的高压联合汽阀与高压缸的连接如图2-29所示。

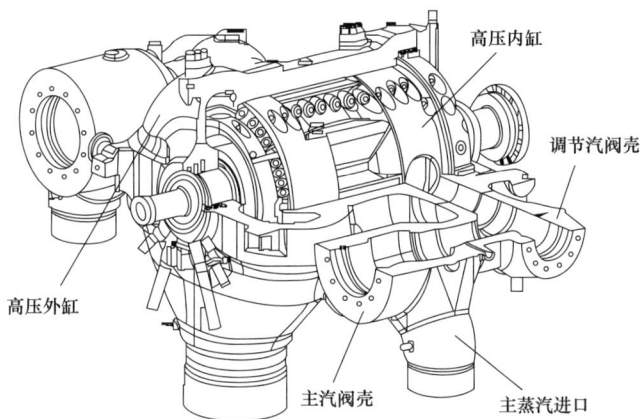

图2-29　全周进汽无调节级的高压联合汽阀与高压缸的连接

为避免大量杂质进入汽轮机损坏设备,往往设置进汽滤网。阀门的蒸汽滤网采用小网格、大面积的不锈钢滤网。其特点是过滤网直径小,滤网刚性好,不易损坏。蒸汽滤网安装在主汽阀和再热汽阀的阀壳内,用以过滤蒸汽,以免异物进入汽缸损伤叶片。另外,滤网可以使阀门进汽更加均匀,从而减少阀门的压损。

阀门滤网采用环形波纹钢板缠绕形式,为三层结构:内层是一个不锈钢的多孔圆筒,可永久性使用;中间层是一个临时的不锈钢细网眼滤网,用来截留细小的金属杂物(尤其在初始启动阶段)及锅炉、管道检修后夹带来的细小颗粒;外层是不锈钢的粗网眼滤网,用来保护细网眼滤网,使其免遭初始启动阶段大颗粒杂物的机械损伤。蒸汽滤网及其装配如图2-30和图2-31所示。

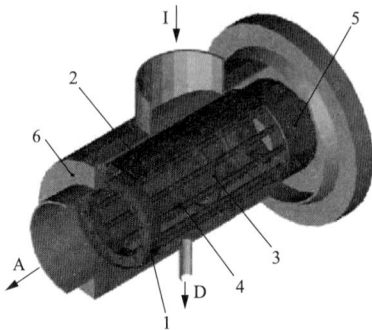

图 2-30　蒸汽滤网
1、5—环；2—滤网片；3—加强环；
4—支承杆；6—壳体；A—出汽；
I—进汽；D—疏水

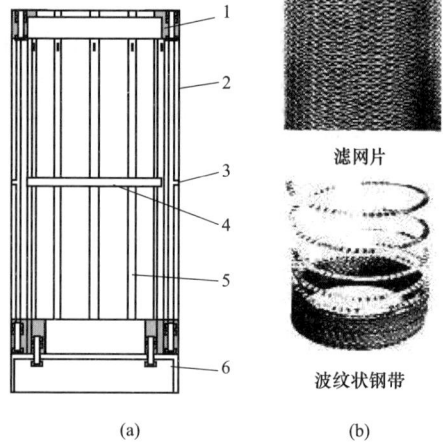

图 2-31　蒸汽滤网装配示意图
（a）整体装配；（b）滤网片装配
1、6—环；2—滤网片；3—连接环；
4—加强环；5—支承杆

　　滤网片由波纹状的钢带在滤网框架的外侧组装而成。这种设计方式提高了滤网的过滤效果，特别是对那些高速运行碰撞到滤网面上的颗粒能起到很好的过滤作用。滤网框架包括前后两个环，并有很多支承杆焊接在两环之间，支承杆由内侧的加强环拉牢。这种滤网适用于由外向内进汽的单流蒸汽。如果滤网比较长，滤网片可以由分开的几部分组成，波纹状钢带的末端连接在 T 形截面的连接环上。

　　滤网目径（网孔目数与直径）由波纹状突起的高度所决定，一般网孔直径相当小（仅为 1.6～1.8mm），刚性较好。滤网面积与阀门喉部面积比约为 7:1，有效通流面积至少为蒸汽管道通流横截面积的 3 倍，即使有部分堵塞也不影响机组的正常运行。

二、汽缸及滑销系统

（一）汽缸的结构

　　汽缸是汽轮机的外壳，其作用是将汽轮机的通流部分与大气隔开，形成封闭的汽室，保证蒸汽在汽轮机内部完成能量转换过程。汽缸内安装有喷嘴室、喷嘴（静叶）、隔板（静叶环）、隔板套（静叶持环）、汽封等零部件。汽缸外连接有进汽、排汽、回热抽汽等管道以及支承座架等。某高压汽缸结构如图 2-32 所示。

　　汽缸质量大、形状复杂，并且在高温高压下工作，除了承受内外压差以及汽缸本身和安装在其中的各零部件的重量等静载荷外，还要承受隔板和喷嘴作用在汽缸上的力，进汽管道作用在汽缸上的力，以及由于沿汽缸轴向、径向温度分布不均匀（尤其在启停和变工况时）而引起的热应力。

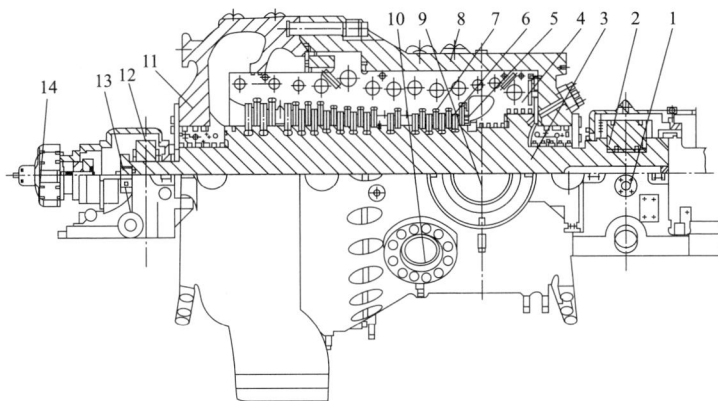

图 2-32　某高压汽缸结构

1—2 号轴承座；2—径向推力联合轴承；3—高压转子；4—高压内缸；5—第一级斜置喷嘴；
6—高压喷嘴；7—高压动叶；8—高压外缸进汽段；9—高压进汽口；10—补汽阀进汽口；
11—高压排汽段；12—高压轴承；13—1 号轴承座；14—液压盘车

汽缸运行中的热应力对高参数、大功率汽轮机的影响更为突出。

在考虑汽缸结构时，除了要保证有足够的强度、刚度，保证各部分受热时自由膨胀以及通流部分有较好的流动性能外，还应考虑在满足强度和刚度的要求下，尽量减薄汽缸壁和连接法兰的厚度，且厚度应尽量均匀，以避免因厚度突变和结构突变引起的刚度突变（尤其要避免径向刚度突变）；尽量避免汽缸的进汽、排汽和抽汽管道集中于汽缸的某一区段，并力求使汽缸形状简单、对称，以减小热应力和由此造成的汽缸因变形不均匀而发生的翘曲。为了节省高级耐热合金钢，应使高温高压部分限制在尽可能小的范围内，合理地设计汽缸的蒸汽回路和疏水设施；同时，要确保静止部分与转动部分处于同心状态，合理地选定汽缸的死点位置以及推力轴承（转子相对死点）的位置，并保持合理的间隙，保证汽缸各部件在受热时沿各方向的膨胀不会受到阻碍。另外，在汽轮机运行时，必须合理控制汽缸温度的变化速度和温差，以避免汽缸产生过大的热应力和热变形，以及由此而引起的汽缸接合面不严密或汽缸裂纹。

由于汽轮机的形式、容量、蒸汽参数、是否采用中间再热及制造厂家的不同，汽缸的结构也有多种形式。根据进汽参数的不同，可分为高压缸、中压缸和低压缸；按每个汽缸的内部层次，可分为单层缸、双层缸和三层缸；按通流部分在汽缸内的布置方式，可分为顺向布置、反向布置和对称分流布置汽缸；按汽缸形状，可分为有水平接合面的汽缸和无水平接合面的汽缸，或者圆筒形、圆锥形、阶梯圆筒形和球形汽缸等。

大容量中间再热式汽轮机一般采用多缸形式，汽缸数目取决于机组的容量和单个低压汽缸所能达到的通流能力。

大型汽轮机往往采用双层缸结构，其优点是：

（1）把原单层缸承受的巨大蒸汽压力分摊给内外两层缸，减小了每层缸的压差与温差；缸壁和法兰可以相应减薄，在机组启停及变工况时，热应力也相应减小，因此有利于缩短启动时间和提高负荷的适应性。

（2）内缸主要承受高温及部分蒸汽压力的作用，且尺寸小，可做得较薄，因此所耗用的贵重耐热金属材料相对减少；而外缸因设计有蒸汽内部冷却，运行温度较低，故可用较便宜的合金钢制造，能节约优质贵重合金材料。

（3）外缸的内、外压差比只有单层汽缸时降低了许多，因此减少了漏汽的可能性，汽缸接合面的严密性能够得到保障。

双层缸结构的缺点是增加了安装和检修的工作量。

双层缸结构的汽缸通常在内外缸夹层里引入一股中等压力的蒸汽流。当机组正常运行时，由于内缸温度很高，热量源源不断地辐射到外缸，有使外缸超温的趋势，这时夹层汽流对外缸起冷却作用。当机组冷态启动时，为使内外缸尽可能迅速地同步加热，以减小动静胀差和热应力，缩短启动时间，这时夹层汽流对汽缸起加热作用。

为了减小内缸对外缸的辐射热量、降低外缸温度，还可以在夹层中间加装遮热板，可使外缸温度降低 30℃ 左右。在外缸材料工作温度许可的条件下，考虑到加工特别是安装、检修的方便性以及降低运行中的噪声，也可以不装遮热板。

（二）法兰和连接螺栓

高参数汽轮机汽缸所承受的压力很高（特别是高压缸），要保证接合面的气密性，就必须采用很厚的法兰和排列很紧密、尺寸很大的连接螺栓。通常要求螺栓中心距不超过螺孔直径的 1.5～1.7 倍。为了减小高压缸法兰承受的弯应力和螺栓承受的拉应力，并减小法兰内外温差，应将法兰螺栓内移，使螺栓中心线尽量靠近汽缸壁中心线。同时，为了装卸方便，应将螺母加高，采用套筒螺母。

由于法兰和螺栓总处在高温下工作，因此它们必须具有足够的强度和紧力；为了克服由于材料的蠕变使螺栓的压紧力逐渐小于初始预紧力的应力松弛现象，保证两次大修期间螺栓的实际压紧力始终满足法兰的气密性要求，必须使螺栓具有足够的预紧力（初应力）。为此，高参数汽轮机高温部分的连接螺栓都采用热紧方式。螺栓的中心孔（孔的直径一般在 20mm 左右）是为了拧紧螺栓时加热用的，可采用电加热或汽加热等方法。通过测量螺母的转角或测量螺栓的绝对伸长来控制热紧量，可达到所需的预紧力。高压缸的厚法兰、长螺栓如图 2-33 所示。

由于高压缸法兰厚而宽，启动时它的温度低于汽缸内壁温度，而连接螺栓的温度又低于法兰的温度，从而使法兰比螺栓膨胀得快，汽缸又比法兰膨胀得快。这将在法兰和螺栓中产生很大的热应力。严重时，会使法兰面产生塑性变形或拉断螺栓。另外，法兰的内外温差会造成水平接合面的翘曲和汽缸裂纹。因此，为了减小启动、变工况时汽缸和法兰以及连接螺栓之间的温差，缩短启动时间，可采用法兰螺栓加热装置，在汽轮机启动时对法兰和螺栓补充加热。有的汽轮机在法兰和螺栓之间加入铜粉、铝粉之类的金属粉末，以增强法兰与螺栓之间的传热。还可以采用埋头螺栓代替双头螺栓，如图 2-34 所示。这种螺栓由于旋入部分传热快，可减小法兰与螺栓之间的温差；但是，它增加了在汽缸内加工螺纹这道工序，同时由于缩短了螺栓，不利于减小螺栓中的弯曲应力。

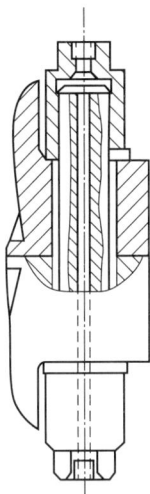

图 2-33　高压缸的厚法兰、长螺栓　　图 2-34　高压缸的埋头螺栓

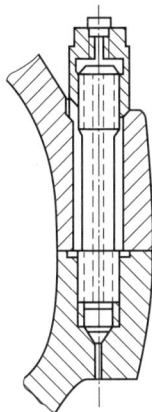

双层缸结构的汽轮机，其外缸比内缸受热慢，法兰螺栓受热更慢，致使汽缸的热膨胀受到牵制，从而形成过大的胀差（转子与静止部分的膨胀差），降低机组的启停速度。为此，大多数双层缸结构的汽轮机的高、中压内外缸均设有法兰螺栓加热装置，它们的结构大致相仿。

当然，也有机组在设计时采用了减薄法兰厚度并使螺栓尽量向汽缸中心靠近，而不设法兰螺栓加热装置的做法。

（三）滑销系统

汽轮机受热之后，各零部件都会膨胀，尤其在启动加热、停机冷却和运行中参数变化时。如果这些部件得不到自由膨胀或收缩，不仅会在这些部件内部产生很大的热应力，而且会改变动静部件之间的对中状态和轴向间隙，严重时还会引起动静部件碰磨，酿成更为严重的机组强烈振动事故。如果温度变化导致汽缸沿长、宽、高几个方向膨胀或收缩，由于基础台板的温度升高低于汽缸的温度升高，若汽缸和基础台板为固定连接，则汽缸不能自由膨胀，所以各部件的自由膨胀问题就成了汽轮机制造、安装、检修和运行中的一个重要问题。为此，汽轮机必须设置滑销系统，合理地组织各部件的膨胀方向，避免破坏正常的动静部件之间的对中状态和轴向间隙。

滑销系统设计的主要任务是：保证汽轮机在启动加热和停机冷却时，其动静部件能沿着设定的方向顺畅地膨胀与收缩。

1. 滑销系统的组成

滑销系统通常由横销、纵销、立销、角销等组成。

（1）横销。横销引导汽缸沿横向滑动，并在轴向起定位作用。横销一般安装在低压缸的搭脚与台板之间，左右各装一个。高中压缸猫爪与轴承座之间也设有横销，称为猫爪横销。

（2）纵销。纵销引导轴承座或汽缸沿轴向滑动，并限制轴向中心线横向移动。纵销与横销中心线的交点为膨胀的固定点，称为死点。纵销一般安装在轴承座底部与台板之间及低压缸与台板之间，处于汽轮机的轴向中心线正下方。对凝汽式汽轮机来讲，死点多布置在低压排汽口的中心或其附近，这样在汽轮机受热膨胀时，对庞大笨重的凝汽器影响较小。

（3）立销。立销引导汽缸沿垂直方向滑动，并与纵销共同保持机组的轴向中心不变。立销安装在汽缸与轴承座之间，也处于机组的纵向中心线正下方。

（4）角销。角销安装在轴承座底部左右两侧，其作用是防止轴承座与基础台板脱离。布置在前轴承座四角的角销也称压板。

汽轮机滑销结构如图 2-35 所示。其中，联系螺栓位于低压缸与基础台板之间，需要注意的是，其螺孔在汽缸的膨胀方向上要留有足够的间隙，以保证汽缸的自由膨胀。

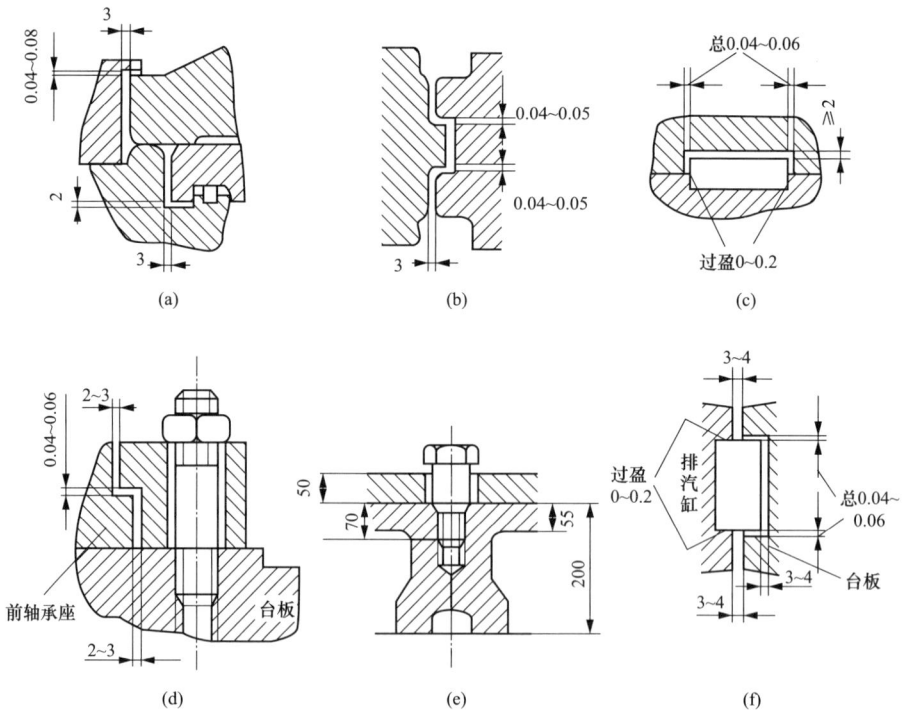

图 2-35　汽轮机滑销结构（单位：mm）

（a）猫爪横销；（b）前缸立销；（c）前轴承纵销；（d）角销（压板）；（e）联系螺栓；（f）后缸立销

多缸结构的大功率汽轮机的转子、汽缸、基础台板间的膨胀差很大，机组的定位比较复杂，热膨胀对动静部分的轴向间隙影响较大。

2. 汽缸的支承定位

汽缸的支承要平稳，因其自重产生的挠度应与转子的挠度近似相等，同时要保证汽缸受热后能自由膨胀，且其动静部分的同心状态不变或变动很小。汽缸的支承定位包括外缸在轴承座和基础台板（座架、机架等）上的支承定位、内缸在外缸中的支承定位以及滑销系统的布置等。汽缸支承在基础台板上，基础台板又用地脚螺栓固定在基础上。

汽缸的支承方法一般有两种：一种是汽缸通过猫爪支承在轴承座上，并通过轴承座放置在台板上；另一种是用外伸的膨胀螺栓直接放置在台板上。

（1）下缸水平法兰前后延伸的猫爪（下缸猫爪），又称工作猫爪（或称支承猫爪）。在汽缸的下缸前后各有两只猫爪，分别支承在汽缸前后的轴承座上。下缸猫爪支承又分非中分面支承和中分面支承两种。

1）下缸非中分面猫爪支承。这种猫爪支承的承力面与汽缸水平中分面不在一个平面内，如图 2-36 所示。其结构简单，安装检修方便，但当汽缸受热使猫爪因温度升高而产生膨胀时，将使汽缸中分面抬高，偏离转子的中心线，从而使动静部分的径向间隙改变，严重时会因动静部分摩擦太大而造成事故。因此，这种猫爪只用于温度不高的中、低参数机组的高压缸支承。对于高参数大容量的机组，因其汽封间隙小，而猫爪厚度大，受热后使汽缸中心上抬的影响大，需采用其他支承方式。

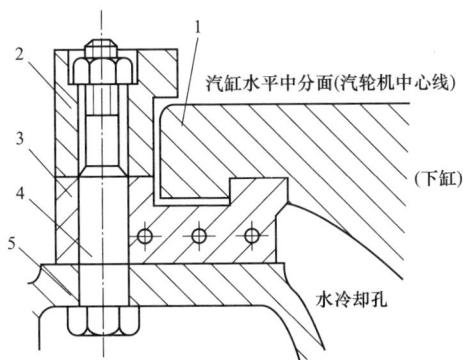

图 2-36 下缸非中分面猫爪支承
1—猫爪；2—压块；3—支承块；4—紧固螺栓；5—轴承座

2）下缸中分面猫爪支承。高参数大容量机组的高压缸支承在轴承上可采用中分面支承方式，即汽缸法兰中分面（中心线）与支承面一致。下缸中分面猫爪支承方式是将下缸猫爪位置抬高，使猫爪承力面正好与汽缸中分面在同一水平面上，如图 2-37 所示。这样当汽缸温度变化时，猫爪热膨胀不会影响汽缸的中心线。但是，这种结构因猫爪抬高会使下缸的加工复杂化。国产引进型 600、1000MW 机组高中压缸下缸就是采用这种支承方式，高压外缸由 4 只猫爪支承、4 只猫爪与下半缸一起整体铸出，位于下缸水平法兰上部。猫爪搁置在前后轴承座上，且与其连接面保持在水平中分面上。该结构在机组运行过程中能使汽缸的中心与转子的中心保持一致，还可降低螺栓受力，以及改善汽缸中分面漏汽状况。每个猫爪与轴承座之间都用双头螺栓连接，以防止汽缸与轴承座之间产生脱空。螺母与猫爪之间留有适当的膨胀间隙，猫爪下部有垫块，垫块上部平面可由油槽打入高温润滑脂，以保证猫爪自由膨胀。

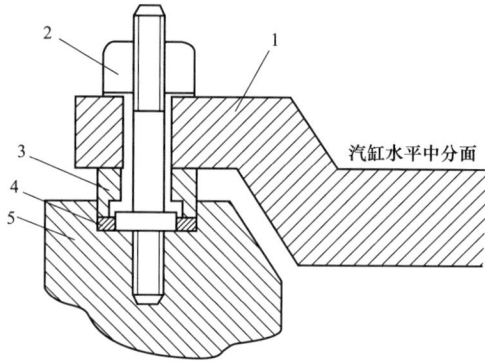

图 2-37　下缸中分面猫爪支承
1—下缸猫爪；2—螺栓；3—平面键；4—垫圈；5—轴承座

（2）上缸猫爪支承采用中分面支承方式，如图 2-38 所示。上缸法兰延伸的猫爪（也称工作猫爪）作为承力面支承在轴承座上，其承力面与汽缸水平中分面在同一平面内。猫爪受热膨胀时，汽缸中心仍与转子中心保持一致。下缸靠水平法兰的螺栓吊在上缸上，使螺栓受力增加。这种支承方式安装时会比较麻烦，下缸必须有安装猫爪，即图 2-38 中的下缸猫爪，它只在安装时起支持下缸的作用。下边的安装垫片用来调整汽缸的洼窝中心。

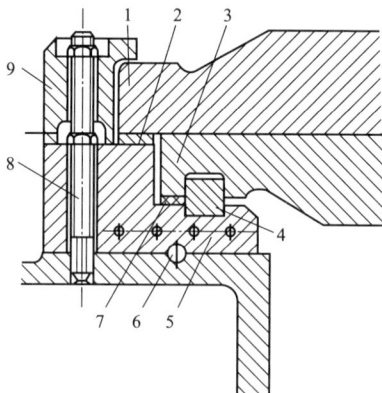

图 2-38　上缸猫爪支承
1—上缸猫爪；2—工作垫片；3—下缸猫爪；4—定位键；5—水冷垫铁；
6—定位销；7—安装垫片；8—紧固螺栓；9—压块

安装好后紧固螺栓，安装猫爪不再起支承作用，就不再受力；安装垫铁即可抽走，留待检修时再用。上缸猫爪支承在工作垫片上，承担汽缸重量。运行时安装猫爪通过横销推动轴承座做轴向移动，并在横向起热膨胀的导向作用。水冷垫铁固定在轴承座上并通有冷却水，以不断地带走由猫爪传来的热量，防止支承面的高度因受热而发生改变，同时使轴承的温度不至于过高。

内缸也采用类似猫爪支承的方式，利用法兰外伸的支持搭耳支承在外缸上，也有下缸猫爪支承和上缸猫爪支承两种方式。

（3）低压外缸由于外形尺寸较大，一般都采用下缸伸出的搭脚直接支承在基础台板上，如图 2-39 所示。虽然它的支承面比汽缸中分面低，但因其温度低，膨胀不明显，所以影响不大。但需注意，汽轮机在空载或低负荷运行时排汽温度不能过高，否则将使排汽缸过热，影响转子和汽缸的同心度或转子的中心线，所以要限制排汽温度，设置排汽缸喷水装置。喷水装置一般布置在低压缸的导流板上。

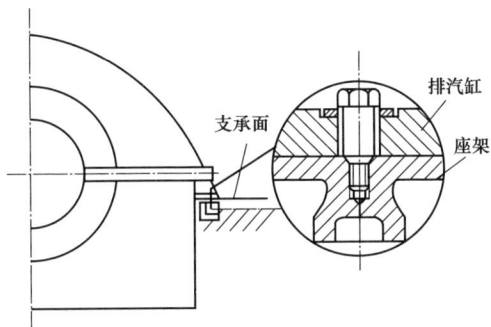

图 2-39　排汽缸的支承

上海汽轮机厂有限公司 1000MW 汽轮机组绝对膨胀和相对膨胀的死点均位于 2 号轴承座，静止部件的轴向膨胀依靠高、中压外缸和低压内缸及相近汽缸推拉杆实现。低压外缸直接与凝汽器刚性相连，因此该机组无台板、垫铁等附件。1000MW 汽轮机组滑销系统如图 2-40 所示。

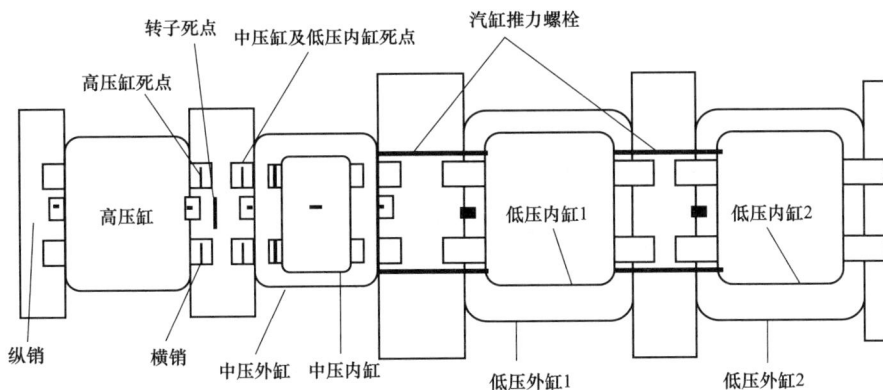

图 2-40　1000MW 汽轮机组滑销系统

三、转子

汽轮机转子的作用是汇集各级动叶上的旋转机械能，并将其传递给发电机。汽轮机是高速旋转机械，转子在高温和高湿度环境中工作。转子除了由主轴传递扭矩和在动叶通道中完成能量转换外，还要承受动叶和主轴各部件在旋转中产生的离心力、各部分温差引起的热应力，以及由振动产生的动应力。因此，汽轮机的转子必须要用耐热性能优良、强度大、韧性高的金属材料制造。

对于转子的金属材料，除要求具有高强度、能承受大的载荷外，还必须提出与介质温度相关的力学性能指标。材料与温度有关的力学性能指标主要是高温蠕变、热疲劳和低温脆化。转子材料的低温脆化是指当温度降至某一值时，冲击韧性显著下降，所以要求转子应在脆性转变温度（FATT）以上工作。

转子上的缺陷会直接影响汽轮机运行的安全性，所以转子是汽轮机设备极为重要的部件之一。汽轮机转子可分为轮式转子和鼓式转子两种基本类型。轮式转子设有安装动叶片的叶轮，鼓式转子则没有叶轮（或有叶轮但其径向尺寸很小），动叶片直接装在转鼓上。通常冲动式汽轮机采用轮式转子，反动式汽轮机为了减小转子上的轴向推力而采用鼓式转子。一台机组采用何种类型的转子，由转子所处的温度条件及各国的锻冶技术确定。

（一）轮式转子

按照制造工艺，轮式转子可分为套装式、整锻式、组合式和焊接式四种。

1. 套装式转子

典型套装式转子结构如图 2-41 所示。套装式转子的叶轮、轴封套、联轴节等部件是分别加工后热套在阶梯形主轴上的。各部件与主轴之间采用过盈配合，以防止叶轮等因离心力及温差作用而引起松动，并用键传递力矩。中、低压汽轮机的转子和高压汽轮机的低压转子常采用套装式结构。

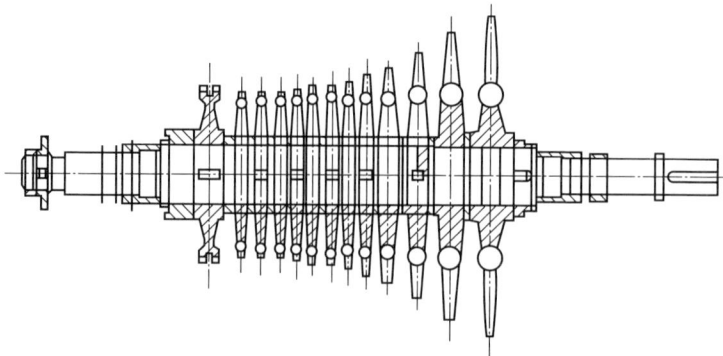

图 2-41　典型套装式转子结构

套装式转子在高温条件下，叶轮内孔直径将因材料的蠕变而逐渐增大，最后导致装配过盈量消失，使叶轮与主轴之间产生松动，从而使叶轮中心偏离轴的中心，造成转子质量不平衡，产生剧烈振动，且使快速启动适应性差。因此，套装式转子一般不宜作为高温高压汽轮机的转子，只用于中压汽轮机的转子或高压汽轮机的低压转子。

2. 整锻式转子

整锻式转子的叶轮、轴封套和联轴节等部件与主轴是由一整锻件车削而成的，无热套部件。这解决了高温下叶轮与主轴连接可能松动的问题，因此整锻式转子常用作大功率汽轮机的高、中压转子。典型整锻式转子结构如图 2-42 所示。

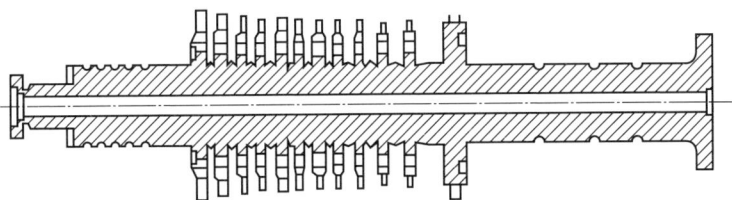

图 2-42　典型整锻式转子结构

整锻式转子的优点：①结构紧凑，装配零件少，可缩短汽轮机轴向尺寸；②没有套装的零件，对启动和变工况的适应性较强，适合在高温条件下运行；③转子刚性较好。

整锻式转子的缺点：①锻件大，工艺要求高，加工周期长，大锻件质量难以保证；②检验比较复杂，又不利于材料的合理使用。

现代大功率汽轮机由于末级叶片长度的增加，套装式叶轮的强度已不能满足要求，所以某些机组的低压转子也开始采用整锻式结构。整锻式转子通常钻有一个直径为 100mm 左右的中心孔，目的是去掉锻件中心的杂质及疏松部分，以防止缺陷扩展，同时便于借助潜望镜等仪器检查转子内部缺陷。但随着金属冶炼和锻造水平的提高，国外有些大的整锻式转子已不再打中心孔。

3. 组合式转子

组合式转子由整锻式结构和套装式结构组合而成，兼有前两种转子的优点。典型组合式转子结构如图 2-43 所示。国产高参数大容量汽轮机的中压转子多采用这种结构。

4. 焊接式转子

汽轮机的低压转子直径大，特别是大功率汽轮机的低压转子质量大，叶轮要承受很大的离心力。当采用套装式结构时，叶轮内孔在运行中将发生较大的弹性形变，因而需要设计较大的装配过盈量，但这样又会引起很大的装配应力。若采用整锻式转子，则因锻件尺寸太大，质量难以保证。为此，可采用分段锻造、焊接组合的焊接式转子，其主要由若干个叶轮与端轴拼合焊接而成。典型焊接式转子结构如图 2-44 所示。

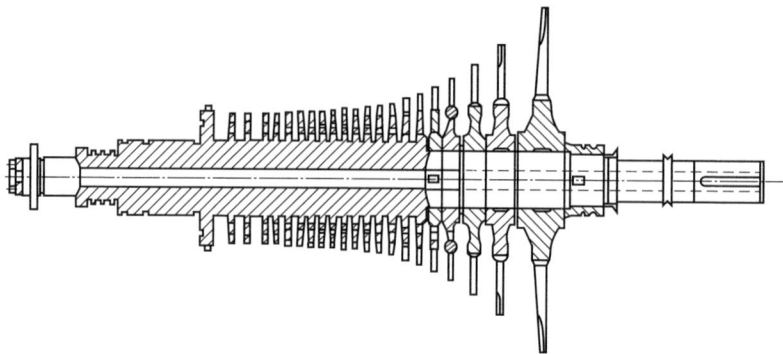

图 2-43　典型组合式转子结构

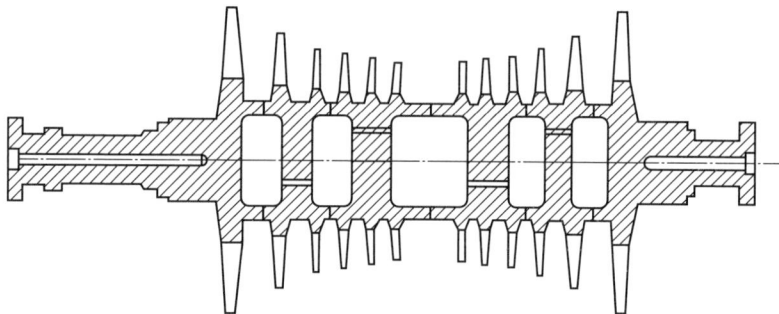

图 2-44　典型焊接式转子结构

焊接式转子质量小，锻件尺寸小，结构紧凑，承载能力高。与尺寸相同、带有中心孔的整锻式转子相比，焊接式转子强度大、刚性好，质量减轻 20%～25%。由于焊接式转子工作可靠性取决于焊接质量，且要求焊接工艺高、材料焊接性能好，因此这种转子的应用受到焊接工艺、检验方法和材料种类的限制。随着焊接技术的不断发展，焊接式转子的应用将日益广泛。

（二）鼓式转子

鼓式转子由合金钢整锻而成，主要由转鼓、动叶片和联轴器组成。各反动级叶片直接装在转子上开出的叶片槽中，转子上还设有平衡活塞，以平衡轴向推力。典型的低压鼓式转子结构如图 2-45 所示，其中部为转鼓形结构，末级和次末级为整锻叶轮结构。

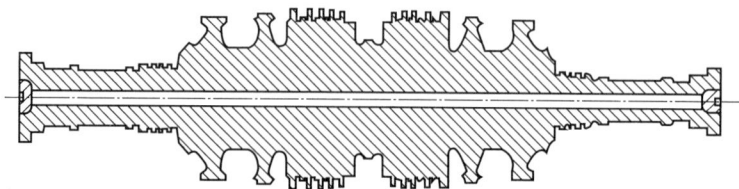

图 2-45　典型的低压鼓式转子结构

（三）大功率汽轮机组转子

大功率汽轮机组的转子广泛采用整锻式转子。整锻式转子的叶轮和主轴是一体锻造出来的，所以不存在键槽应力腐蚀开裂和套装件的松弛等问题，比套装式转子具有明显的优越性。整锻式转子的应用主要取决于钢厂的冶炼水平和钢锭的质量。通过钢包精炼、真空注锭和多种重熔工艺，可使锻件芯部夹杂物含量和偏析程度大大降低。随着鼓风冷却和喷水冷却工艺的日益提高，转子热处理后的性能得到提高，不同部位性能的差异减小，而且组织均匀、晶粒细小，为转子高灵敏度超声波探伤创造了条件，同时能得到较低的脆性转变温度，从而保证了整锻式转子良好的机械性能和启动运行的灵活性。典型整锻式转子如图 2-46 所示。

图 2-46　典型整锻式转子

大功率汽轮机转子广泛采用无中心孔的整锻式转子。过去生产的大功率汽轮机转子多数是有中心孔的。开中心孔的目的主要是除去转子中心材质最薄弱的部位，同时便于探伤检查。但转子开中心孔后带来不少弊端：中心孔的存在使孔面的离心力增加一倍以上，工作应力的上升还使工作在高温区的转子的材料蠕变损伤速度加快。典型的无中心孔转子如图 2-47 所示。

图 2-47　典型的无中心孔转子

大容量汽轮机的低压转子直径达到 2m 以上，在做超速试验时，中心孔表面的离心切向应力和热应力的合成应力已接近材料的屈服极限，从而制约了整锻式转子末级叶片长度的增加。

随着炼钢、锻造、热处理以及探伤技术水平的提高，无中心孔的整锻式结构得到了广泛的应用。德国、俄罗斯、日本等国家都相继采用了无中心孔的结构。

无中心孔的转子归纳起来有以下优点：①工作应力低；②安全性能好；③有利于使用更长的叶片；④可以延长机组的使用寿命；⑤有利于改善机组的启动性能，缩短启动时间；⑥造价便宜。

焊接式鼓式转子与套装式转子、整锻式转子相比具有以下优点：①焊接式鼓式转子为中空腔室结构，其热应力和离心应力较低，启动灵活并能适应负荷的快速变化，使用寿命长；②每个转子是用多块小锻件组合焊接而成的，各小锻件的质量可得到保证，探伤比较彻底，即使个别小锻件发生质量问题，处理也较方便；③小锻件热处理淬透性好，残余应力低，材质均匀；④材料可按需要灵活选用。例如，中压缸进汽温度为566℃，中压转子必须使用价格昂贵的12%Cr钢，但对于焊接式转子，仅在高温段选用12%Cr钢即可，中、低温段可选用中碳铬钼钢，因此不但极大地降低了成本，也免去了中压转子高温段第一级叶片根部的冷却措施。这样不但可使机组的结构简单，而且可使运行经济性有所提高。

对焊接式转子、无中心孔的整锻式转子和有中心孔的整锻式转子的应力进行计算分析，结果表明：焊接式转子具有中空腔室，传热较好，因而热应力较低，叶轮的外表面最大热应力比整锻式转子（有中心孔和无中心孔）约低40%。对尺寸相似的焊接式转子和实心整锻式转子用相当的边界条件进行对比计算，结果表明：机组冷态和停机56h后的温态启动时，焊接式转子的寿命损耗仅为实心整锻式转子的1/3；热态启动和负荷变化时，焊接式转子的寿命损耗仅为实心整锻式转子的50%。

四、叶片

（一）叶片简介

汽轮机的叶片分为静叶和动叶，静叶和动叶是构成汽轮机级的主要部件，也是汽轮机中数量最多、最重要的零件。静叶安装在内缸、隔板或隔板套上，动叶安装在转子叶轮（冲动式汽轮机）或转鼓（反动式汽轮机）上。蒸汽在静叶组成的汽流通道中膨胀加速，将热能转变成动能，从静叶出来的高速汽流进入动叶做功，动叶栅把蒸汽的动能转换成机械能，使转子旋转，进而使汽轮机转子驱动发电机发电。

叶片的型线设计和工作状态直接影响着汽轮机的工作效率，也直接影响着汽轮机的经济性。叶片的工作条件很复杂，环境十分恶劣，除因高速旋转和汽流作用要承受较高的静应力和动应力以外，还因其分别处于过热蒸汽区、两相过渡区（指从过热蒸汽区过渡到湿蒸汽区）和湿蒸汽区内工作而要承受高温、高压、腐蚀和冲蚀作用。所以，叶片的结构不但应保证有良好的流动特性和高的工作效率外，还应保证具有足够的安全性，包括在动静应力作用下的强度、抗振性能和抗腐蚀性能。因此，各个汽轮机制造厂对叶片的设计、制造均十分重视。

汽轮机叶片通常根据叶型的不同特点进行分类，具体如下：

（1）按工质在叶栅槽道中流动特性的不同，可分为冲动式和反动式叶片。反动度在20%以下的叶片通常都称为冲动式叶片。

（2）按制造工艺的不同，可分为模锻式叶片、轧制（或辊轧）叶片、铣制叶片、浇制叶片等。

（3）按叶片断面沿叶高变化与否，可分为等截面叶片和变截面叶片。

在采用喷嘴调节的汽轮机中，因为第一级的通流面积是可以随负荷变化而改变的，所以喷嘴调节汽轮机的第一级又称调节级。中小容量机组调节级一般采用复速级，大容量汽轮机则多采用单列冲动级。

叶片一般由叶型、叶根和叶顶三部分组成。

（二）叶型部分

叶型部分是叶片的工作部分，相邻叶片的叶型部分之间构成汽流通道，蒸汽流过时将动能转换成机械能。为了提高能量转换的效率，叶片断面型线及沿叶高的变化规律应符合气体动力学要求，同时要满足结构强度和加工工艺的要求。

按照叶型部分横截面的变化规律，叶片可分为等截面直叶片和变截面扭曲叶片两种，如图2-48和图2-49所示。等截面直叶片的断面型线和横截面积沿叶高是相同的，具有加工方便、制造成本低、有利于在部分级实现叶型通用等优点，但其气动特性较差，结构强度分布不尽合理，主要用于短叶片（适用于平均直径 d_{av} 与叶片高度 h 之比较大即 $d_{av}/h > 10$ 的级组）。变截面扭曲叶片的截面型线及横截面积沿叶高是变化的，各截面型心的连线连续发生扭转，具有较好的气动特性及强度，但制造工艺较复杂，主要

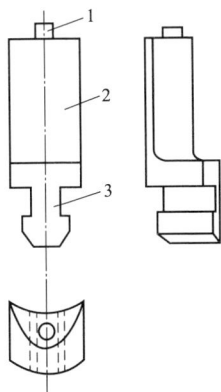

图 2-48 等截面直叶片结构
1—叶顶；2—叶型；3—叶根

图 2-49 变截面扭曲叶片

用于长叶片（$d_{av}/h < 10$）。但随着加工工艺的不断进步，变截面扭曲叶片正逐步用于短叶片。

在湿蒸汽区工作的叶片，为了提高其抗冲蚀能力，通常在叶片进口的背弧上采用强化措施，如镀铬、电火花强化、表面淬硬及贴焊硬质合金等。

（三）叶根部分

叶根部分是将动叶片固定在叶轮（或转鼓）上的连接部分。它应保证在任何运行条件下连接牢固，同时力求制造简单、装配方便。叶根的形式较多，常用的有 T 形、外包形（菌形）、叉形和枞树形等。

1. T 形叶根

T 形叶根如图 2-50（a）所示，它结构简单，加工、装配方便，被普遍应用在较短叶片上，但这种叶根在离心力的作用下会对轮缘两侧产生弯曲应力，使轮缘有张开的趋势。为此，有的 T 形叶根的两侧带有凸肩，将轮缘包住，阻止轮缘张开，如图 2-50（b）所示。图 2-50（c）所示为双 T 形叶根，这种结构增大了叶根的受力面积，进一步提高了叶根的承载能力，多用于中长叶片。

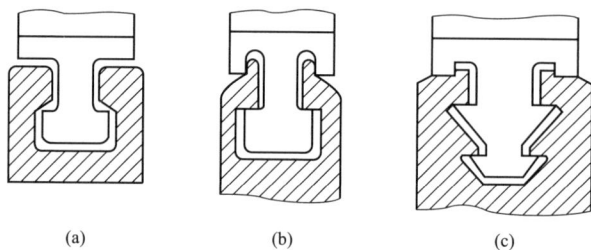

图 2-50 T 形叶根结构

（a）T 形叶根；（b）外包 T 形叶根；（c）双 T 形叶根

T 形叶根在轮缘上的装配采用周向埋入方式，安装时将叶片从轮缘上的一个或两个锁口处逐个插入，并沿周向移至相应位置，然后把锁口处的叶片用铆钉固定在轮缘上，如图 2-51 所示。这种装配方法比较简单，但在更换叶片时拆装工作量较大。

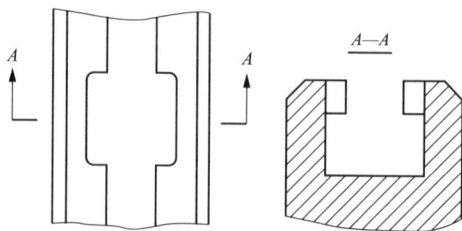

图 2-51 T 形叶根的封口结构

2. 外包形（菌形）叶根

外包形（菌形）叶根结构如图 2-52 所示。这种叶根和轮缘的载荷分配比 T 形叶根合理，强度较高，因而在大型机组上得到广泛应用。

3. 叉形叶根

叉形叶根结构如图 2-53 所示。叉形叶根安装时从径向插入轮缘上的叉槽中，并用铆钉固定。叉形叶根加工简单，强度高，适应性好，更换叶片方便，较多用于中、长叶片。但这种叶根装配时工作量大，且钻铆钉孔需要较大的轴向空间，从而限制了其在整锻式和焊接式转子上的应用。

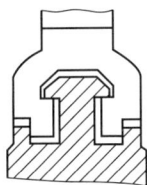

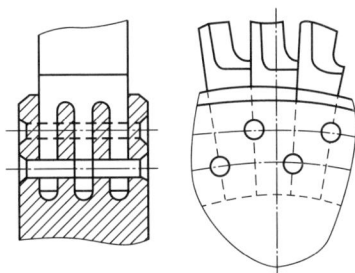

图 2-52　外包形（菌形）叶根结构　　　图 2-53　叉形叶根结构

4. 枞树形叶根

枞树形叶根结构如图 2-54 所示。枞树形叶根呈楔形，安装时叶根沿轴向装入轮缘上的枞树形槽中，底部打入楔形垫片（填隙条）将叶片向外胀紧在轮缘上；同时，相邻叶根的接缝处有一圆槽，用两根斜劈的半圆销对插入圆槽内的整圈叶根周向胀紧。这种叶根承载能力大，强度适应性好，拆装方便，但加工复杂，精度要求高，适用于载荷较大的叶片，主要应用于大功率汽轮机的调节级和末级叶片。

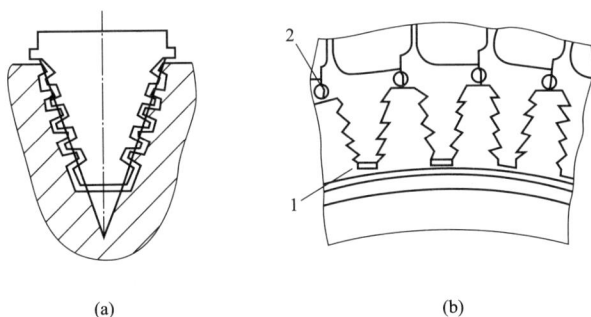

(a)　　　　　(b)

图 2-54　枞树形叶根结构
（a）剖面结构；（b）装配结构
1—楔形垫片；2—装销子的圆槽

（四）叶顶部分

汽轮机的短叶片和中长叶片通常在叶顶用围带连在一起，构成叶片组；

长叶片则在叶身中部用拉筋连接成组，或者围带、拉筋都不装而成为自由叶片。

1. 围带

围带的主要作用是：①增加叶片刚性，改变叶片的自振频率，以避开共振，从而提高叶片的振动安全性；②减小汽流产生的弯应力；③可使叶片构成封闭通道，并可装设围带汽封，减小叶片顶部的漏汽损失。

常用的围带有以下几种形式：

（1）铆接围带。由扁钢制成，用铆接的方法固定在叶片的顶部，如图 2-55（a）所示。通常将 4～16 片叶片连接成一组，各组围带间留有 1～2mm 的膨胀间隙。

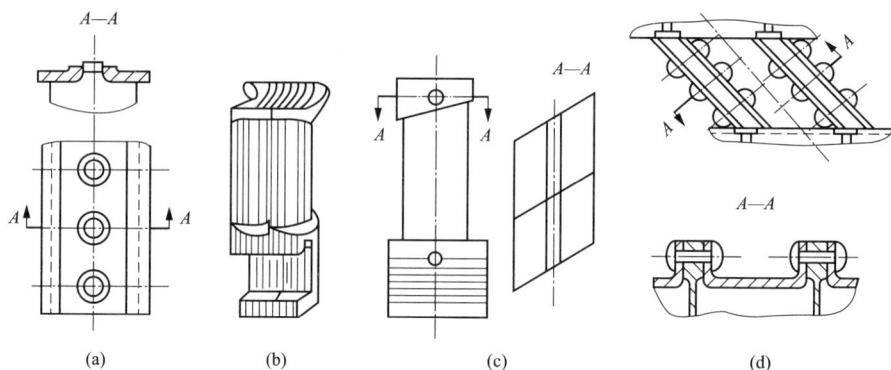

图 2-55　围带的形式

（a）铆接围带；（b）、（c）整体围带；（d）弹性拱形围带

（2）整体围带。这种围带与叶片为一整体，叶片安装好后，相邻围带紧密贴合或焊在一起，将汽道顶部封闭，如图 2-55（b）所示。图 2-55（c）所示为压力级叶片的整体围带形式，该围带为平行四边形并随叶顶倾斜 $30°$，在围带上开有拉筋孔，叶片组装后围带间相互靠紧，并用短拉筋连接起来。

（3）弹性拱形围带。将弹性钢片弯成拱形，用铆钉固定在叶片的顶部，形成整圈连接，如图 2-55（d）所示。这种围带可抑制叶片的 A 型振动和扭转振动。

2. 拉筋

拉筋的作用是增加叶片的刚性，以改善其振动特性。拉筋为 6～12mm 的实心或空心金属圆杆，穿在叶型部分的拉筋孔中。拉筋与叶片间可以采用焊接结构（焊接拉筋），也可以采用松装结构（松装拉筋或阻尼拉筋）。通常每级叶片上穿 1～2 圈拉筋，最多不超过 3 圈。常见的拉筋结构如图 2-56 所示，其中图 2-56（e）所示为意大利 320MW 汽轮机末级叶片采用的 Z 形拉筋，它与叶片一起铣出，然后分组焊接。这种拉筋节距较小，可提高叶片的刚性和抗扭性能，也有利于避免拉筋因离心力过大而损坏。

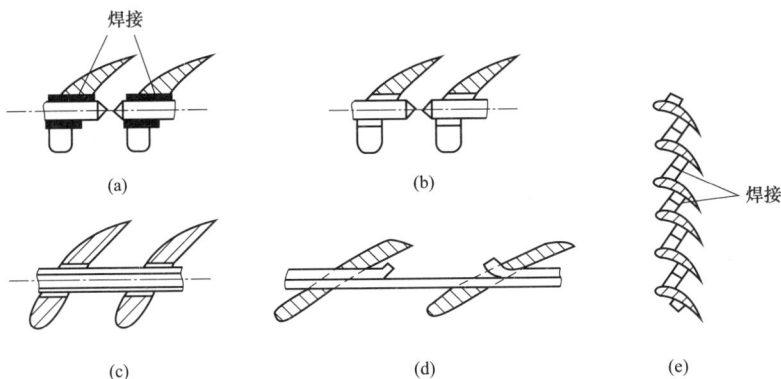

图 2-56　拉筋结构

（a）实心焊接拉筋；（b）实心松装拉筋；（c）空心松装拉筋；（d）部分松装拉筋；（e）Z 形拉筋

　　由于拉筋处于汽流通道之中，增加了蒸汽流动损失，而拉筋孔还会削弱叶片的强度，因此在满足叶片振动要求的情况下，应尽量避免采用拉筋，有的长叶片可设计成自由叶片。

　　（五）汽轮机末级叶片

　　在低压缸的末几级中，由于蒸汽的湿度较高，对末几级叶片会产生水冲击。在这个过程中，夹杂在蒸汽中的水滴（直径为 $50\sim400\mu m$）以很高的相对速度冲击在动叶上，对材料造成磨损。由于水滴不具备与汽流相同的绝对速度，因而将导致其圆周速度相同而相对速度分量不同。由于汽流沿叶片流道流动，因而水滴会对动叶的进汽边造成冲击。其中相当小的水滴是无害的，但直径大的水滴会侵蚀叶片。叶片发生水蚀的区域为顶部背弧，从而导致叶片出现蜂窝状组织，使叶片边缘呈现锯齿状，形成很多细小的裂纹，如图 2-57 所示。这些部位很容易使应力集中，抗疲劳强度降低，水蚀发展到一定程度还会改变叶片的振动特性，导致机组发生强烈振动等恶性事故，而且可使级效率下降。

图 2-57　低压缸末级叶片水蚀

67

为避免水冲击可采取以下多种措施：

（1）采用级间疏水措施，即在汽轮机内部装设水分离装置，将由离心力甩出的水滴收集在低压缸的缸壁上，通过级间疏水抽汽口排出。

（2）在汽缸及叶片结构方面采取预防措施，即采用细的叶片后缘，优化末级静叶外形，以防止有流动死区以及形成较大的水滴。静叶和动叶之间有足够大的轴向间隙，为大水滴的加速和雾化提供足够长的路径。

（3）提高再热蒸汽温度，限制末级叶片进入湿蒸汽区。

（4）加热末级静叶，以有效防止水冲击。通过加热末级静叶，使形成于静叶上的凝结水汽化。末级静叶是由金属薄板制成的空心静叶。为了改善质量流量分配和提高效率，末级静叶被设计成扭叶片。

考虑到防止末级叶片水滴侵蚀，末级叶片设计为空心静叶。末级空心静叶以两种方式防止水滴侵蚀：①空心静叶具有疏水槽，可以将表面形成的冷凝液膜（水珠）抽到凝汽器中；②空心静叶加热，使冷凝液膜（小水滴）蒸发，防止在叶片表面形成大的水滴。

五、汽封

汽轮机运转时，转子高速旋转，汽缸、隔板（静叶环）等静体固定不动，因此转子和静体之间需要留有适当的间隙，从而不相互碰磨。然而，间隙的存在就会导致漏汽（漏气），这样不仅会降低机组效率，而且会影响机组的安全运行。为了减少蒸汽泄漏和防止空气漏入，需要有密封装置，通常称为汽封。汽封按其安装位置的不同，可分为通流部分汽封、隔板（静叶环）汽封、轴端汽封。反动式汽轮机还装有高、中压平衡活塞汽封和低压平衡活塞汽封。

现代汽轮机均采用曲径汽封，或称迷宫汽封，它有梳齿形、J形（又称伞柄形）、枞树形几种结构形式，如图 2-58 所示。

迷宫汽封是在合金钢环体上车制出一连串较薄的环状轭流圈薄片，每一轭流圈后面有一膨胀室。当蒸汽通过轭流圈时，速度加快（但不可超过蒸汽参数所对应的声速），在膨胀室蒸汽的动能转变成热能，压力降低，比体积增大；蒸汽通过下一个轭流圈时，比体积再次增大，压力再次降低。依此类推，蒸汽在通过一连串的轭流圈时，每个轭流圈的前后压差就很小，其泄漏量就大大减小。

迷宫汽封的汽封片尖部厚度应尽可能薄一些，这样万一轴和汽封之间发生摩擦时，在轴几乎尚未被加热的情况下，汽封片尖部就已被擦掉。

（一）通流汽封

为了保证高的机组热效率，进入汽轮机的蒸汽应尽可能多地通过动静叶片，而不是从动静部分的间隙旁路通过，因此在动叶与汽轮机内缸之间、静叶与转子之间设置了汽封，如图 2-59 所示。为减少叶片尖端损失，在各汽封件之间的空间中，采用能使漏流涡流最佳的汽封结构。汽封件由静止部件与旋转部件中加工过的齿条与嵌缝的汽封片组成。如果因错误的操作条件引起磨损，耐磨汽封片磨损不会产生明显发热。这些汽封片方便更换，以恢复必要的间隙。

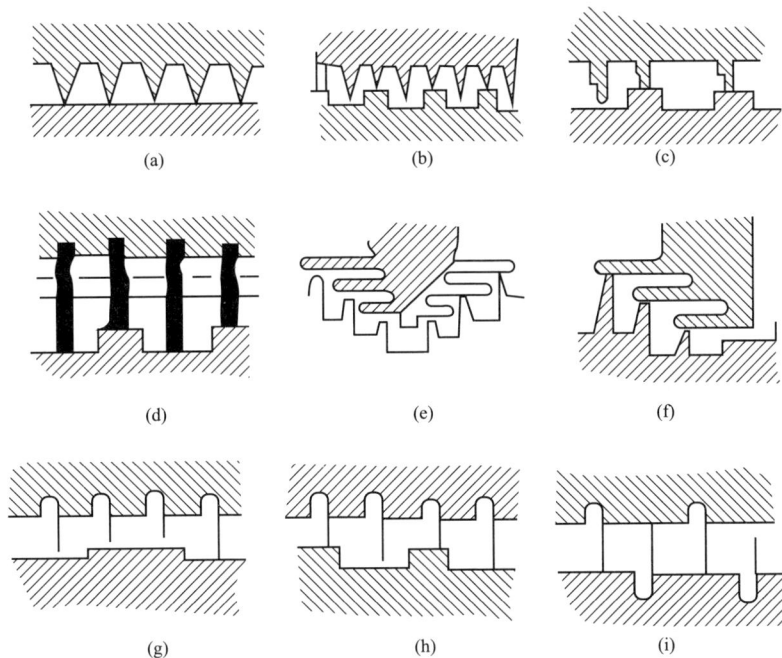

图 2-58 迷宫汽封的结构形式

（a）整体式平齿汽封；（b）、（c）整体式高低齿汽封；（d）、（g）～（i）镶片式汽封；
（e）、（f）整体式枞树形汽封

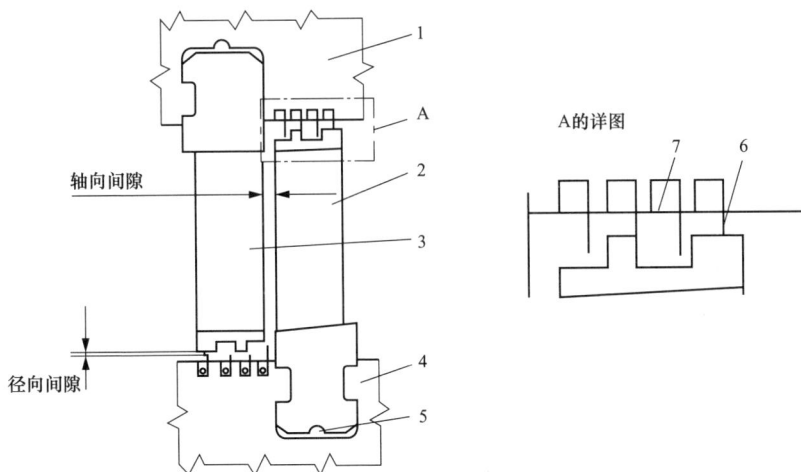

图 2-59 通流汽封结构

1—内缸；2—动叶片；3—静叶片；4—汽轮机轴；5—压紧件；6—密封条；7—压紧件

在高压缸和中压缸部分，动叶和缸体之间、静叶和转子之间的密封采用联锁迷宫汽密，这种密封方式最有效，且膨胀最小。在高压缸的内部还设置了平衡活塞汽封。在低压缸部分，采用齿对齿密封，这些汽封齿具有堵塞空隙而不会造成损坏的优点。

（二）轴端汽封

在汽轮机的高、中、低压缸中，汽缸内外压差较大。正常运行时，高压缸轴封要承受很高的正压差，中压缸轴封次之，而低压缸轴封则要承受很高的负压差。因此，这三个汽缸的轴封设计有较大的区别。为实现蒸汽不外漏、空气不内漏的轴封设计准则，除通过结构设计减小通过轴封的蒸汽（或空气）的通流量外，还必须借助外部调节控制手段阻止蒸汽的外泄和空气的内漏。因此，汽缸轴封必然设计成多段多腔室结构。为阻止蒸汽不外泄到大气，避免轴承的润滑油中带水，应使与大气交界的腔室处于微真空状态；为防止空气漏入汽缸，应使与蒸汽交界的腔室处于正压状态。

轴与汽缸之间采用轴流、非接触式密封。大型汽轮机轴封采用两种形式，即交错汽封片联锁密封、汽封齿式非联锁迷宫密封，如图 2-60 所示。在相对膨胀较小的区域（即推力/径向联合轴承附近区域）采用交错汽封片联锁密封，在相对膨胀较大的区域（低压缸区）则采用汽封齿式非联锁迷宫密封。轴封蒸汽的压力一直保持在 3.5kPa（表压）的水平。

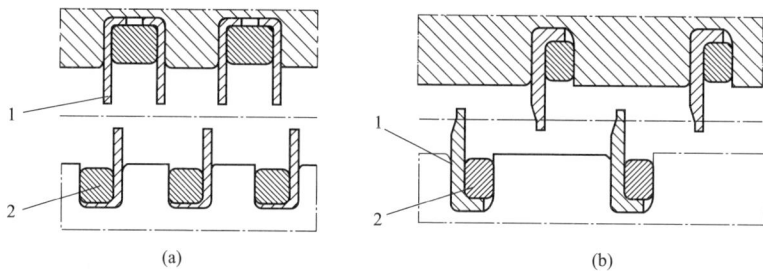

图 2-60　大型汽轮机轴封结构形式
（a）交错汽封片联锁密封；（b）汽封齿式非联锁迷宫密封
1—密封条；2—压紧件

大型汽轮机的轴封比较长，通常分为若干段，相邻两段之间有一环形腔室，可以布置引出或导入蒸汽的管道。机组轴封包括高压缸、中压缸和低压缸两端汽封。

六、轴承及轴承座

轴承是汽轮机的重要组成部件之一，分为支持轴承（又称径向轴承或主轴承）和推力轴承两种类型。支持轴承用来承担转子的重量和旋转的不平衡力，并确定转子的径向位置，以保持转子旋转中心与汽缸中心一致，从而保证转子与汽缸、汽封、隔板等静止部分的径向间隙正确。推力轴承承受蒸汽作用在转子上的轴向推力，并确定转子的轴向位置，以保证通流部分动静部分间正确的轴向间隙。因此，推力轴承被看作转子的定位点，或汽轮机转子对定子的相对死点。

汽轮机是高速旋转机械，转子的质量和轴向力都很大，轴承不仅起着转子的径向和轴向定位作用，而且要承受较高的转子径向和轴向载荷，所以汽轮机的轴承都采用以液体摩擦为理论基础的滑动轴承，借助具有一定压力的润滑油在转子（轴颈）与定子（轴瓦）的承载面之间建立起润滑隔离油膜，建立液体摩擦，防止动静部件直接接触，并带走摩擦产生的热量，使汽轮机安全稳定地工作。

滑动轴承采用循环供油方式，由供油系统连续不断地向轴承供给压力、温度合乎要求的润滑油。转子的轴颈支承在浇有一层质软、熔点低的巴氏合金（俗称乌金）轴瓦上，并做高速旋转。为了避免轴颈与轴瓦直接摩擦，必须用油进行润滑，使轴颈与轴瓦间形成油膜，建立液体摩擦，从而减小其间的摩擦阻力。摩擦产生的热量由回油带走，使轴颈得以冷却。滑动轴承运行的稳定性与轴承的结构形式、载荷大小、润滑油的性能和瓦基材料等紧密相关。

（一）滑动轴承原理

支持轴承中，轴颈直径总是比轴瓦内径要小一些。转子在静止状态时，轴颈处于轴瓦底部，轴颈和轴瓦之间形成楔形间隙，如图 2-61（a）所示（以圆筒形轴承为例）。若连续向轴承供给一定压力和黏度的润滑油，当转子旋转时，黏附在轴颈上的油层便随之一起转动，并带动以后各层油旋转，从而把润滑油从楔形间隙的宽口带向窄口。间隙进口油量大于出口油量，因此润滑油便堆积在狭窄的楔形间隙中而产生油压。当这个油压超过轴颈上的载荷时，就把轴颈抬起。轴颈被抬起后，间隙增大，产生的油压又降低一些，直到楔形间隙中的油压与轴颈上的载荷达到平衡时，轴颈便稳定地在一定的位置上旋转。此时，轴颈与轴瓦完全由油膜隔开，建立了液体摩擦。显然，轴颈转速越高，润滑油黏性越大，则油膜内压力越大，将轴颈抬得越高，轴颈中心就处在较高的偏心位置。当转速为无穷大时，理论上轴颈中心便与轴承中心重合。也就是说，随着转速的升高，轴颈中心的偏心位置也不相同，其轨迹近似于一个半圆曲线，如图 2-61（b）所示。

综上所述可知，要想使得有负载作用的两表面间建立稳定的油膜，就必须满足以下三个条件：①两滑动面之间构成楔形间隙；②两滑动面之间必须充满具有一定油性和黏性的润滑油；③两滑动面之间必须具有相对运动，而且其运动方向是使润滑油由楔形间隙的宽口流向窄口。轴颈在轴承中的旋转完全具备形成油膜的三个条件。但是，在开扩区（间隙由小到大）中，油膜的形成缺乏有利因素。一般认为，从最大间隙附近开始形成油膜至最小间隙前的某处油膜压力为最大，在最小间隙后的某一点将发生油膜破裂，在油膜破裂区中部分区域处于真空状态，使油膜不连续。轴承的承载区指形成连续油膜的区域。在正常工况下，轴承的油膜是稳定的。

油楔中的压力分布如图 2-61（b）所示。在径向，楔形间隙进口处润滑油压力最低，然后逐渐增大，经过最大值 p_{max} 后逐渐减小，在楔形间隙

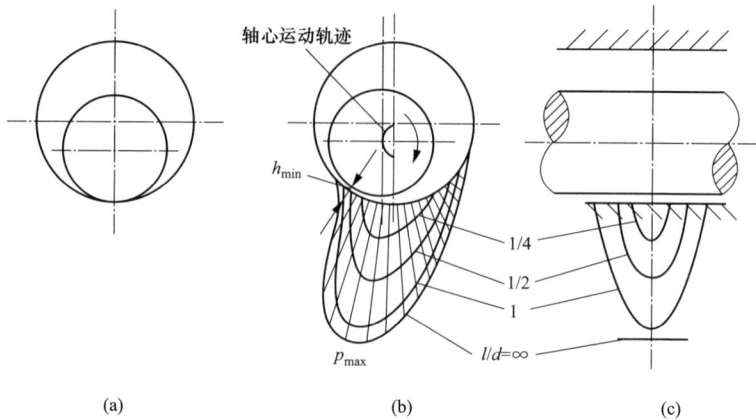

图 2-61　轴承中油膜及油楔的形成原理示意图
（a）轴颈和轴瓦之间形成楔形间隙；（b）轴心运动轨迹及油楔中的压力分布（径向）；
（c）油楔中的压力分布（轴向）

后（即最小间隙后）下降为零。在轴向，因为轴承有一定宽度，润滑油要从两端流出，使得润滑油压在轴承宽度方向上从中间往两端逐渐降低，到端部为零，如图 2-61（c）所示。由此可以看出，轴承宽度（也可称长度）也影响着它的承载能力。当载荷、转速、轴瓦内径、轴颈直径以及润滑油等条件都相同时，轴承越宽，产生的油压越大，承载能力越大，轴颈抬得越高；轴承越窄（越短），承载能力越小。但是，轴承太宽将不利于轴承的冷却，且会增加汽轮机的轴向长度，因此必须合理选择轴承尺寸。

（二）关于油膜振荡

机组容量的不断增加，导致轴颈直径的增大和轴系临界转速的下降，这两者都会直接影响轴承的正常工作。轴颈直径增大后，轴颈表面线速度增大，摩擦损失相应增加，当线速度达到一定数值（一般认为圆筒形轴承为 $50\sim60\text{m/s}$）后，轴承内润滑油流将从层流变为紊流，引起功耗的显著增加，机组效率降低，并引起轴瓦巴氏合金温度和回油温度升高。轴系临界转速的下降则直接影响轴承工作的稳定性，即可能发生油膜振荡。

1. 油膜振荡现象

为了说明油膜振荡现象，观察一个受一定载荷的轴承（以柔性大、轻载转子的轴承为例），当转速从零逐渐增大时，其轴颈中心的运动情况如图 2-62 所示，其中横轴代表轴颈速度，纵轴代表轴颈中心的振动频率和振幅。当转速由零开始升高时，起初没有振动，只是随着不同的转速，轴颈中心处于不同的偏心位置。当转速升高到 A 点时，轴颈中心开始出现振动，但振动较小，振幅也不大，振动频率约等于 A 点转速的一半。继续升速时，振幅基本不变而频率总保持为当时转速的一半。当转速升高到转子第一临界转速 ω_{c1} 时（A_1 点），振动加剧，振幅突然增大，频率等于 ω_{c1}。超过第一临界转速后，振幅降低，频率也恢复为当时转速的一半。当转速升高到两倍的第一临界转速时（A_2 点），振动又加剧，振幅增大，频率等于当时转速的一半，即等于 ω_{c1}。此时，转速继续升高，振幅不再减小，频率始终保持第一临界转速不变。由于转速升高到 A 点后，轴颈开始失去稳定，因此 A 点对应的转速称为失稳转速。在 A 点到 A_2 点间，轴颈中心发生的频率等于当时转速一半的小振动，称为半速涡动。A_2 点以后，轴颈中心发生的频率等于转子第一临界转速的大振动，称为油膜振荡。当油膜振荡发生后，在较大的转速范围内，涡动频率将保持转子第一临界转速不变，振幅也始终保持在共振状态下的大振幅。因此，油膜振荡不能用提高转速的方法来消除。

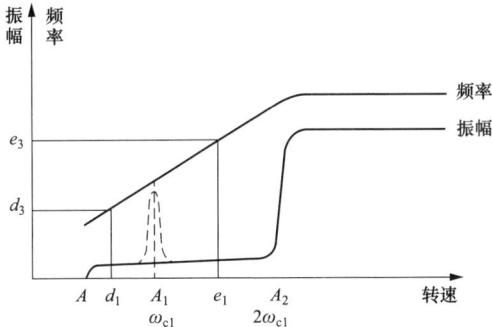

图 2-62　轴颈中心振动频率、振幅与转速的关系

2. 油膜振荡发生的原因

从轴承工作原理可知，在一定的转速和载荷下，轴颈中心将处于某一偏心位置而达到平衡状态，如图 2-63 所示。这时载荷 p 和油楔中油膜对轴颈的作用力 p_g 大小相等，方向相反，且作用在同一条直线上，即两者的总合力为零，轴颈中心稳定在 O' 点不动。如果轴颈受到一个干扰，使其中心从 O' 偏移到 O''，即发生了偏心变化，如此油楔也就改变了，油膜产生的作用力的大小、方向也发生了变化，从 p_g 变为 p_g'。这时载荷 p 与油膜作用力 p_g' 的总合力不再为零，而是力 F。如图 2-63 所示，力 F 可以分解为沿油膜变形方向的弹性恢复力 F_τ 和垂直于油膜变形方向的切向分力 F_t，而切向分力 F_t 将破坏轴颈稳定的旋转，引起轴颈中心在轴承内的涡动，称为失稳分力。这时轴颈不仅围绕其中心高速旋转，轴颈中心还围绕动态平衡点 O' 涡动。若失稳分力小于轴承阻尼力，涡动是收敛的，轴颈中心受到扰动而偏移后将自动回到平衡位置，此时轴承的运行是稳定的；当失稳分力大于轴承阻尼力时，涡动是发散的，属于不稳定工作状态，油膜振荡就是这种情况；当失稳分力等于轴承阻尼力时，轴颈产生小振幅涡动。理论和实践证明，涡动频率接近当时转速的一半，称为半速涡动。半速涡动一旦产生，就不再自行消失。如果半速涡动的角速度正好达到或超过转子的第一临界转速，轴颈就失去了稳定性，故称这个转速为失稳转速。当轴颈转速继续增大时，半速涡动的振动频率也增大，当振动频率增大到等于转子的第一临界转速的两倍时，涡动被共振放大，振幅增大，转轴产生剧烈跳动，

这就是油膜振荡。由此可见，只有当转子的工作转速高于转子的临界转速两倍时，才有可能发生油膜振荡。最典型的油膜振荡现象常发生在汽轮发电机组的启动升速过程中。

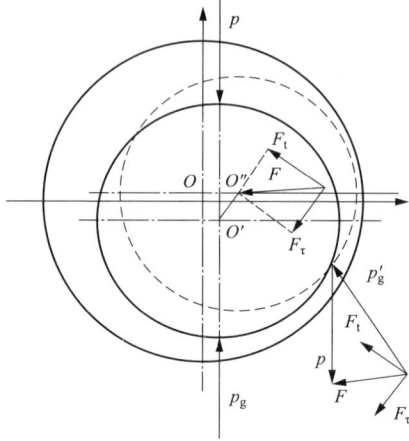

图 2-63 油膜振荡的产生

3. 油膜振荡的防止和消除

发生油膜振荡时轴颈振幅很大，会引起轴承油膜破裂、轴颈与轴瓦碰撞甚至损坏。另外，因其振动频率刚好等于转子的第一临界转速，称为转子的共振激发力，其使转子发生共振，可能导致转轴损坏。半速涡动虽然振幅不大，不会破坏油膜，但由于振动会产生动载荷，长期工作条件下，会引起零件的松动和疲劳损坏进而酿成事故。因此，应设法消除油膜振荡和半速涡动。防止和消除油膜振荡的基本方法是提高转子的失稳转速和第一临界转速。

刚性转子和第一临界转速高于额定转速一半的挠性转子，在其工作转速范围内，只可能发生半速涡动，而不会发生油膜振荡。但对于大功率机组，转子第一临界转速较低，可能低于工作转速的一半，此时只能通过提高失稳转速，即将失稳转速提高到工作转速之上，以避免油膜振荡的发生。但对于发电厂已投运机组来说，第一临界转速一般是难以改变的。

由油膜振荡产生的原因分析可知，轴颈在轴承中运行不稳定的根本原因是轴颈受到扰动后产生了失稳分力。扰动越大，轴颈偏离其平衡位置的距离就越大，失稳分力也越大，越容易产生半速涡动和油膜振荡。在同一扰动强度下，轴颈稳定运行时的偏心距越大，其相对偏移就越小，失稳分力也越小，越不容易产生半速涡动和油膜振荡。也就是说，轴颈在轴瓦中平衡位置的偏心距越大，失稳转速越高，转子工作越稳定。而偏心距的大小总是在相对的点上才有意义，因此上述结论是指轴颈在轴瓦中的相对偏心率而言的。相对偏心率即轴颈与轴瓦的绝对偏心距 OO' 与它们的半径差 $(R-r)$ 的比值，以 K 表示，即 $K=OO'/(R-r)$，如图 2-64 所示。K

越大，失稳转速越高，越不容易产生半速涡动和油膜振荡；反之，K 越小，转子工作越不稳定。通常认为 $K>0.8$ 时，轴颈在任何情况下都不会发生油膜振荡。因此，可通过降低轴心位置以增大轴颈相对偏心率来提高轴承工作的稳定性，防止和消除油膜振荡。

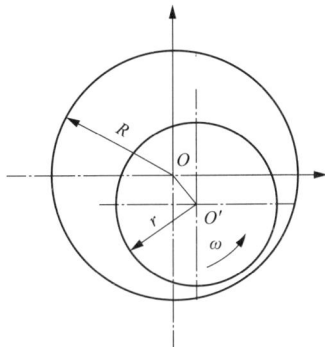

图 2-64　相对偏心率示意图

防止和消除油膜振荡的常用措施有以下几种：

（1）增加比压。所谓比压，就是轴承载荷与轴承垂直投影面积（轴承长度×直径）之比。显然，比压越大，轴颈浮得越低，相对偏心率越大，轴承稳定性越好。增加比压可以通过缩短轴承长度以及调整轴瓦的中心等措施来实现。前者除减小轴瓦投影面积外，还可使轴瓦两端的泄油量增加，使轴颈浮得低，相对偏心率增大；后者主要是增大负载过小的轴承的比压。

（2）降低润滑油黏度。润滑油黏度越大，轴颈旋转时带入油楔中的油量越多，油膜越厚，轴颈在轴瓦中浮得越高，相对偏心率越小，轴颈就越容易失去稳定。因此，降低润滑油的黏度有利于轴承的稳定工作。降低润滑油黏度的办法主要是提高油温或者更换黏度小的润滑油。

（3）调整轴承间隙。对于圆筒形及椭圆形轴承而言，一般认为减小轴瓦顶部间隙可以增加油膜阻尼，产生（圆筒形轴承）或加大（椭圆形轴承）向下的油膜作用力，从而增大相对偏心率，特别是在加大轴瓦两侧间隙时（相当于增大椭圆度，即增大相对偏心率）效果更为显著。

（4）在轴承结构上采取措施抑制轴颈涡动漂移。例如，采用椭圆瓦轴承，因为上轴瓦所产生的油膜压力会增大轴颈的偏向率，减小涡动幅度；又如，采用多油楔轴承，使油楔完全收敛。

综上所述，为了防止和消除油膜振荡的发生，应当从设计制造上着手考虑，如尽量提高机组中各转子及轴系的第一临界转速，并使它超过额定转速的一半；选择稳定性好的轴瓦结构形式与参数等。当新机组投运或运行机组大修后发现油膜振荡时，应检查润滑油温、转子中心、轴承间隙、轴承紧力等是否合适，以便采取相应措施予以消除。除上述防止和消除油膜振荡的措施外，还应尽量做好转子的动静平衡，以充分降低转子在第一临界转速下的共振放大能力，减小振动的振幅。

此外，转子轴颈在轴瓦内高速旋转，造成油膜内的液体摩擦，所消耗的能量将转变成热能。因此，每个轴瓦应有足够的润滑油流量，以便及时把轴瓦内的热量带走，如此才能保证轴瓦金属温度始终保持在允许的范围内（在 70～90℃ 为正常状况，极限温度为 100～110℃）。这就要求轴颈与轴瓦间要有足够的间隙，也就是说，在运行状况下，要有足够的油膜厚度。轴瓦供油还要有足够的压力，才能保证轴瓦的供油量。轴承的轴颈直径和载荷比各不相同，轴颈的线速度也各不相同，油膜内的液体摩擦所产生的热量也各不相同，所需的润滑油量也就各不相同。因此，各轴承的进油口应设置油量调整设施，使各轴承的进油量合理分配。润滑油供油压力太低和轴瓦金属温度太高都是危险的，必须予以处理。

（三）支持轴承

支持轴承的主要形式有圆筒形、椭圆形、多油楔及可倾瓦等。

1. 圆筒形支持轴承

圆筒形支持轴承轴瓦内孔呈圆柱形，在静止状态下，轴承顶部间隙约为侧面间隙的两倍，工作时轴颈下形成一个油膜。圆筒形支持轴承按支持方式可分为固定式和自位式（又称球面式）两种。

图 2-65 所示为固定式圆筒形支持轴承，轴瓦由上、下两半组成，它们用螺栓和止口连接起来。下轴瓦支持在三块垫块上，垫块用螺栓与轴瓦固定

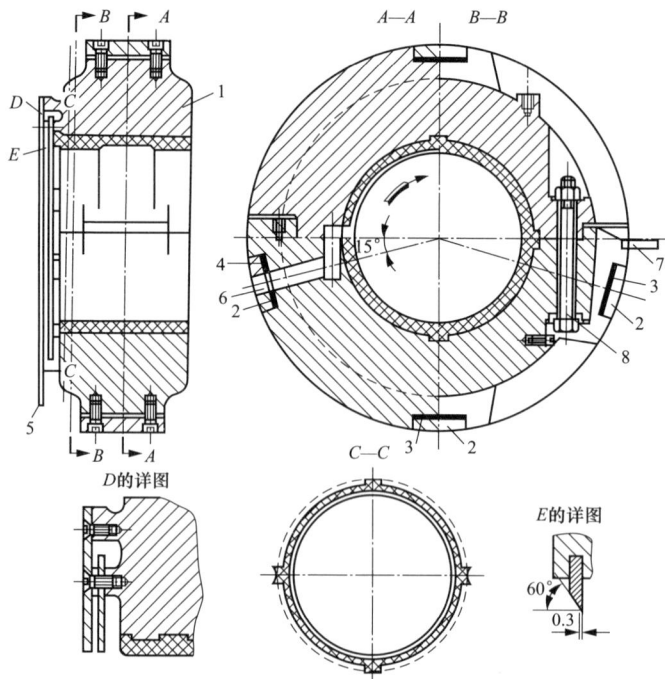

图 2-65　固定式圆筒形支持轴承

1—轴瓦；2—调整垫块；3—垫片；4—节流孔板；5—油挡；6—进油口；7—锁饼；8—连接螺栓

在一起。中间的垫片用来为轴瓦找中心，通过增减它的厚度就可以调整轴瓦的径向位置。上轴瓦顶部的垫块和垫片则用来调整轴瓦与轴承盖之间的紧力。

润滑油从轴瓦侧下方垫块的中心孔引入，经过下轴瓦内的油路，由轴瓦水平接合面处流进。由于轴的旋转，使油先经过轴瓦顶部间隙，再经过轴和下轴瓦之间的间隙，从轴瓦两端泄出，由轴承座油室返回油箱。下轴瓦进油口处的节流孔板用来调整进油量。水平接合面处的锁饼用来防止轴瓦转动，轴承在其面向汽缸的一侧装有油挡，以防止油从轴承座中甩出。轴瓦一般用优质铸铁铸造，在轴瓦内部车出燕尾槽，浇以 ZChSnSb11-6 锡基轴承合金（巴氏合金）。

图 2-66 所示为自位式圆筒形支持轴承，其结构与固定式圆筒形支持轴承基本相同，只是轴承体外形呈球面形。当转子中心变化引起轴颈倾斜时，轴承可以随之转动，自动调位，使轴颈和轴瓦的间隙在整个轴瓦长度内保持不变，但是这种轴承的加工和调整比较麻烦。

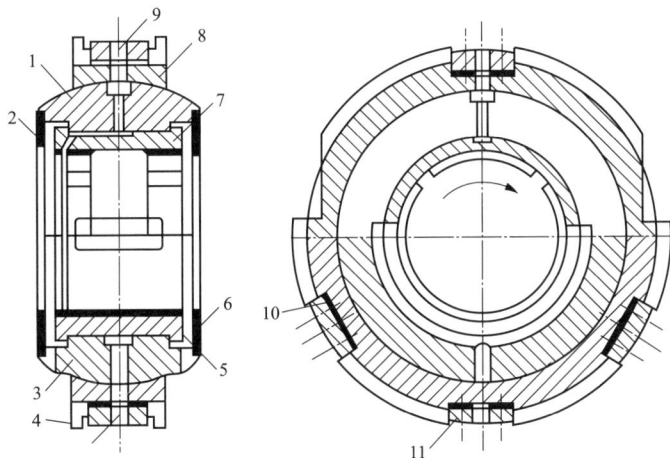

图 2-66　自位式圆筒形支持轴承

1—上轴承体；2、6—挡油环；3—下轴承体；4—进油孔；5—下轴瓦；
7—上轴瓦；8—球面座；9—油温计插孔；10—垫片；11—垫块

润滑油从下轴瓦底部垫块上的进油孔引入，顺上轴承体与下轴瓦内的槽道流动，在中分面两边分别流进轴瓦。上轴瓦和上轴承体之间开有油槽，从而使润滑油通过轴承体及球面座上的油孔到达油温计插孔内，以测量油温。

圆筒形支持轴承一般应用在容量不是很大的机组上，也有用在大功率机组的低压轴承上的。

2. 椭圆形支持轴承

椭圆形支持轴承的结构与圆筒形支持轴承的结构基本相同，只是其轴承侧边间隙加大了，轴瓦内孔呈椭圆形，如图 2-67 所示。椭圆形支持轴承轴瓦内顶部间隙 a 为轴颈直径的 $1/1000 \sim 1.5/1000$，轴瓦侧面间隙 b 约为顶部间隙的两倍。这时，轴瓦上、下部都可以形成油楔（因此又有双油楔轴承之称）。由于上轴瓦油膜力向下作用压低了轴心位置，以及轴瓦曲率半径增大使轴瓦中心与轴承中心不重合，增大了轴颈在轴瓦内的绝对偏心距，这些都使相对偏心率增大，因此椭圆形支持轴承具有较好的稳定性。这种轴承的比压一般可达 1.2～2MPa，甚至 2.5MPa。椭圆形支持轴承在中等容量和大容量汽轮发电机组中得到了广泛应用。

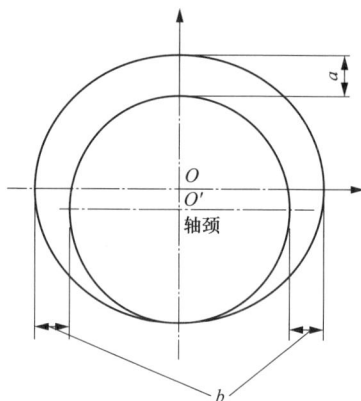

图 2-67　椭圆形支持轴承

3. 三油楔支持轴承

在大容量机组中，还采用一种支持轴承，即三油楔支持轴承，如图 2-68 所示。三油楔支持轴承的轴瓦上有三个长度不等的油楔，上轴瓦两个，下轴瓦一个，它们所对应的角度分别为 $\theta_1=105°\sim110°$，$\theta_2=\theta_3=55°\sim58°$，

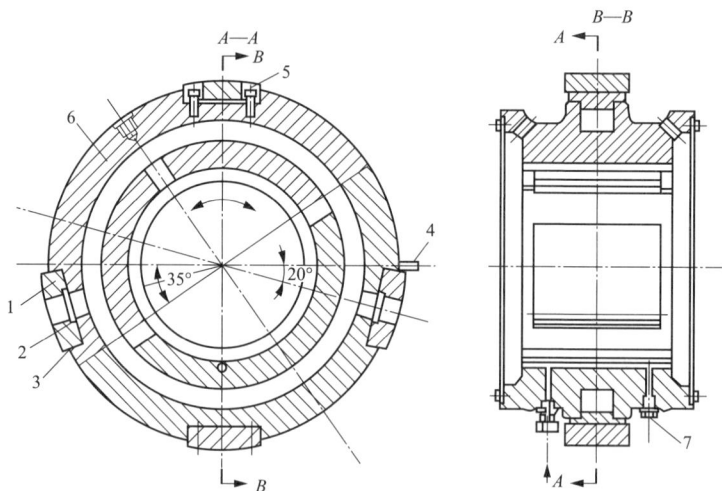

图 2-68　三油楔支持轴承

1—调整垫片；2—节流孔；3—带孔调整垫铁；4—止动垫圈；5—内六角螺栓；
6—轴瓦体；7—高压油顶轴进油

每个油楔入口的最大深度为 0.27mm。为了使油楔分布合理又不使上、下轴瓦接合面通过油楔区，上、下轴瓦接合面不是放在水平位置上，而是与水平面倾斜一个角度 φ，一般 $\varphi = 35°$，并用销子锁住。润滑油首先进入轴瓦的环形油室，然后从三个进油口进入三个油楔中；转轴旋转时，三个油楔中都建立起油膜，油膜力作用在轴颈的三个方向上，下部大油楔产生的压力起承受载荷的作用，上部两个小油楔产生的压力将轴瓦向下压，使转轴比较稳定地在轴瓦中旋转，具有良好的抗振性。又由于每个油楔所对应的工作瓦面的曲率半径都比轴颈半径大，因此对应轴颈中心在轴承内的每一个小位移都有一个较大的相对偏心率，所以又具有较好的稳定性，比压可达 3MPa。

三油楔支持轴承轴瓦的底部开有高压油顶轴装置的进油口和油池，机组启动时，利用从顶轴油泵打来的高压油将轴顶起。

三油楔支持轴承的加工制造和安装检修比较复杂，特别是安装时要将轴瓦反转 35°，给找中心带来不便。近年来，随着加工制造和安装、检修工艺水平的不断提高，已能保证轴承中分面在安装、检修过程中不会错位，而且其严密程度也不会影响油楔中油膜的建立及其压力的分布，因此已有厂家将其 35°安装角改成水平中分面而不必再反转。

4. 可倾瓦支持轴承

可倾瓦支持轴承又称活支多瓦轴承，通常由 3～5 块或更多块能在支点上自由倾斜的弧形瓦块组成，其原理如图 2-69 所示。瓦块在工作时可以随着转速或载荷及轴承温度的不同而自由摆动，在轴颈四周形成多油楔。若忽略瓦块的惯性、支点的摩擦阻力及油膜剪切摩擦阻力的影响，每个瓦块作用到轴颈上的油膜作用力总是通过轴颈中心的，故不易产生导致轴颈涡动的失稳分力，因而具有较高的稳定性，甚至可以完全消除油膜振荡的可能性。可倾瓦支持轴承的减振性能很好、承载能力较大（比压可达 4MPa）、摩擦功耗小，能承受各个方向的径向载荷，相对三油楔支持轴承，其结构好、制造简单、检修方便，因而越来越多地被现代大功率汽轮机所采用。

现在汽轮机各支持轴承中一般都设有高压油顶起装置，目的在于减小盘车的启动力矩以及防止启停过程中由于转子转速较低而油膜还没有建立时轴瓦的磨损。

图 2-70 所示为高压油顶起装置的油孔及油塘结构。其中，油孔直径为 4mm，顶轴油由此进入轴瓦巴氏合金表面的两个油塘中；塘深 0.02～0.04mm 或稍深些，呈扁圆形或近似矩形，其尺寸大小 l_1 为 50～60mm，l_2 为 35～40mm。当顶轴油泵将高压油打入油塘以后，建立起顶轴油压，使轴颈抬高 0.05～0.09mm。顶轴油泵通常采用轴向柱塞油泵，顶轴油压视各轴承的载荷大小而定，一般为 8～32MPa。

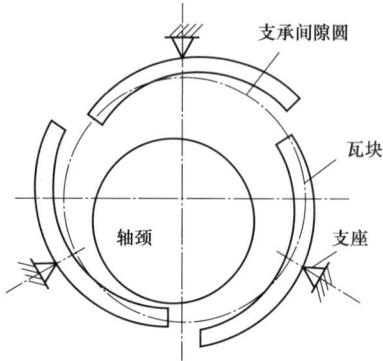

图 2-69　可倾瓦支持轴承原理

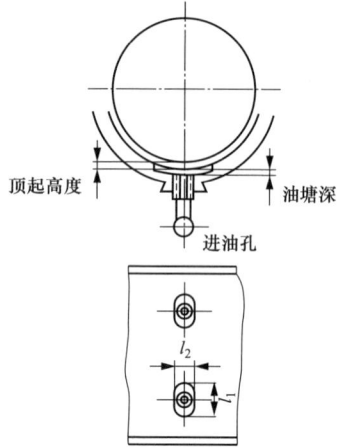

图 2-70　高压油顶起装置
的油孔及油塘结构

（四）推力轴承

推力轴承的作用是确定转子的轴向位置和承受作用在转子上的轴向推力。虽然大功率汽轮机通常采用高、中压缸对称布置以及低压缸分流布置等措施，轴向推力仍具有较大数值。

应用最广泛的推力轴承是米切尔式推力轴承，它是借助轴承上的若干瓦片与推力盘之间构成楔形间隙而建立液体摩擦的，其工作原理如图 2-71 所示。当转子的轴向推力经过油层传给瓦片时，其油压合力 Q 并不作用在瓦片的支承点 O 上，而是偏向进油口的一侧，如图 2-71（a）所示。因此，合力 Q 便与瓦片支点的支反力 R 形成一个力偶，使瓦块略微偏转形成油楔，随着瓦块的偏转，油压合力 Q 逐渐向出油口一侧偏移。当 Q 与 R 作用在一条直线上时，油楔中的压力便与轴向推力保持平衡状态，如图 2-71（b）所示，从而在推力盘与瓦片之间建立了液体摩擦。

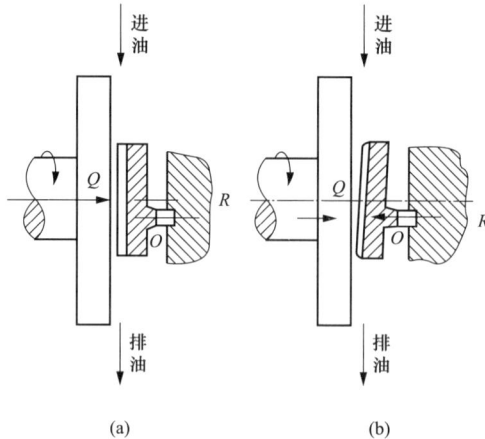

(a)　　　　　　　　　　(b)

图 2-71　推力瓦片与推力盘间油楔的形成
（a）初始状态；（b）工作状态

推力轴承经常与支持轴承合为一体，称为推力-支持联合轴承。图 2-72 所示为一种推力-支持联合轴承结构。为保证较均匀地将轴向推力分配到各个瓦片上，可选用球面形支持轴瓦。轴承的径向位置依靠沿轴瓦圆周分布的三块垫块及垫片来调整，轴向位置依靠调整圆环来调整。轴承的推力瓦片分为工作瓦片和非工作瓦片（又称定位瓦片），各有 10 片左右。工作瓦片承受转子的正向推力，非工作瓦片承受转子的反向推力。这些瓦片利用销子挂在它们后面的两半对分的安装环上，销子宽松地插在瓦片背面的销孔中。由于瓦片背面有一条突起的肋，使瓦片可以绕其略微转动，从而在瓦片工作面和推力盘之间形成楔形间隙，建立液体摩擦。推力瓦片如图 2-73 所示。

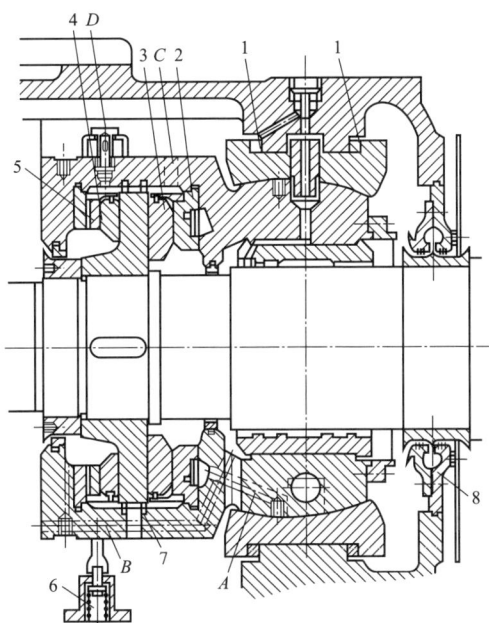

图 2-72　推力-支持联合轴承结构

1—圆环；2、5—安装环；3—工作瓦片；4—非工作瓦片；6—支承弹簧；
7—青铜油封；8—油挡；A、B—油孔；C、D—卸油孔

为减少推力盘在润滑油中的摩擦损失，用青铜油封来阻止润滑油进入推力盘外缘腔室中。油挡用来防止润滑油外泄以及防止蒸汽漏入。推力轴承前下部的支承弹簧支持着推力轴承的悬臂重量，以使支持轴承部分在轴颈全长上均匀受力。

润滑油从支持轴承下轴瓦调整垫片的中心孔引入，经过轴瓦上的环形腔室，一路沿中分面进入支持轴承，另一路经过油孔 A、B 流向推力盘两侧去润滑工作瓦片和非工作瓦片；然后两路油分别经过泄油孔 C、D 流回油箱，在泄油孔 D 上装有针形阀以调节润滑油量。

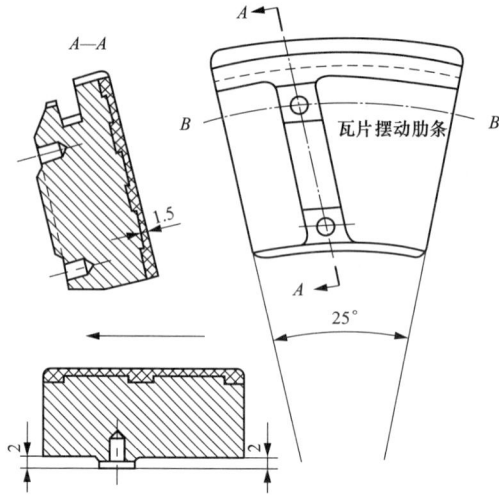

图 2-73　推力瓦片

七、盘车装置

（一）盘车装置的作用

汽轮机启动时，为了迅速提高真空，在冲动转子以前向轴封供汽。蒸汽进入汽缸后大部分滞留在汽缸上部，造成汽缸与转子上下受热不均匀。如果转子静止不动，便会因自身上下的温差而产生向上弯曲热变形，使转子重心与旋转中心不相重合，在机组冲转后产生更大的离心力，引起振动，甚至引起动静部分的摩擦。

对于中间再热机组，为减少启动时的汽水损失，在锅炉点火后，蒸汽经旁路系统排入凝汽器，这样低压缸也将产生受热不均匀现象。

汽轮机停机后，汽缸和转子等部件由热态逐渐冷却，其下部冷却快，上部冷却慢，转子因上下温差而产生热弯曲，弯曲程度随着停机后的时间而增大。对于大型汽轮机，这种热弯曲可以达到很大的数值，并且需要经过几十个小时才能逐渐消失，因此在热弯曲减小到规定数值以前，是不允许重新启动汽轮机的。

为了使转子受热均匀，避免转子的热弯曲，就需要一种设备，它能够在汽轮机冲转前和停机后使转子以一定的转速连续地转动，保证转子的均匀受热和冷却，以利于机组顺利启动。这种在汽轮机不进汽时拖动汽轮机转动的机构称为盘车装置。

盘车可搅和汽缸内的汽流，以利于消除汽缸上下温差，防止转子变形，有助于消除温度较高的轴颈对轴瓦的损伤。

盘车不但能使机组随时可以启动，而且能用来检查汽轮机是否具备正常运行条件（如动静部分是否有摩擦、主轴弯曲度是否符合规定、润滑系统工作是否正常等）。

对盘车装置的要求是它既能盘动转子，又能在汽轮机转子转速高于盘车转速时自动脱扣，并使盘车装置停止转动。

（二）盘车装置的驱动方式

盘车装置的驱动方式至少要备有自动和手动两种手段。不同的机组，自动盘车装置也有不同，有电动盘车、液动盘车、气动盘车等方式。盘车转速也有高低之分。盘车转速的高低各有利弊：一方面，高速盘车在支持轴承中较易建立动压油膜，可以减小轴颈与轴瓦之间的干摩擦力或半干摩擦力，达到保护轴颈、轴瓦表面的目的；另一方面，高速盘车可以加速汽缸内部冷热汽（气）流的热交换，减小上下缸和转子内部的温差，保证机组能再次顺利地启动。但是，高速盘车需要较大的启动转矩。上海汽轮机厂有限公司的 1000MW 汽轮机采用低速高扭矩的液压马达盘车装置，如图 2-74 所示。

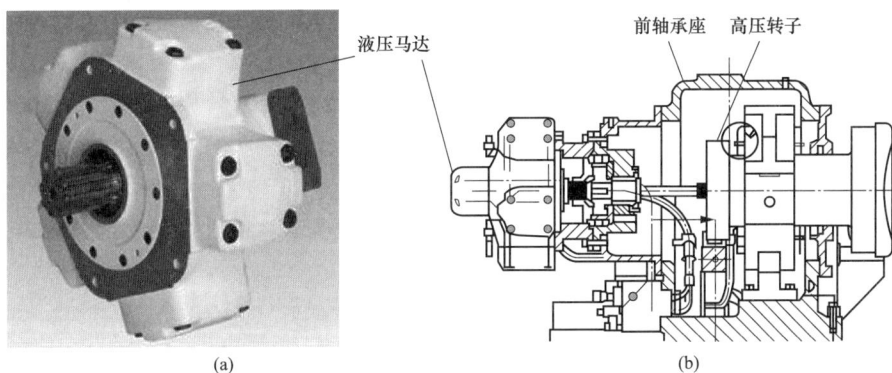

图 2-74　液压马达盘车装置

（a）三维图；（b）结构图

八、凝汽器系统设备

（一）凝汽器系统设备组成与作用

凝汽器系统设备通常称为火力发电厂热力系统的"冷端"（也称"冷源"），它由凝汽器、循环水泵、凝结水泵、抽气设备以及这些设备之间的连接管道和附件等组成。图 2-75 所示为最简单的凝汽器系统设备原则性系统。

汽轮机的低压缸排汽经凝汽器喉部进入壳体，与内部流动冷却水的管束接触后被凝结成水汇集在凝汽器热井内，然后由凝结水泵将凝结水抽出，经过回热系统，送往锅炉。

循环冷却水不断由循环水泵打入凝汽器，带走蒸汽凝结时放出的汽化潜热，将蒸汽冷凝成水。对采用闭式冷却系统的机组，温度升高后的循环冷却水经冷却塔冷却后再次进入凝汽器继续参加循环冷却工作。

由于凝汽器内形成高度真空，外界空气会通过处于真空状态下的不严

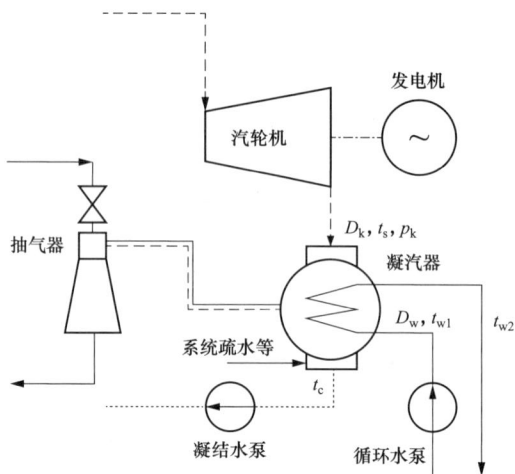

图 2-75　凝汽器系统设备原则性系统

密处漏入凝汽器的汽侧空间，抽气器的作用就是将凝汽器中的空气不断抽出，以避免这些不凝结的气体在凝汽器中逐渐积累从而致使凝汽器的压力升高，维持凝汽器所要求的高度真空。

凝汽器系统设备的主要作用是：①在汽轮机排汽口处建立并维持所要求的高度真空，使蒸汽中所含的热能尽可能在汽轮机中转变为机械能，以提高热力循环装置的热效率；②将汽轮机的排汽凝结成作为锅炉给水的凝结水，并回收工质，以满足锅炉对给水品质日益提高的要求。

（二）汽轮机凝汽设备的冷却方式

汽轮机凝汽设备的冷却方式主要有开式冷却系统（也称直流供水）和闭式冷却系统（也称循环供水）。

以江、河、湖、海和水库的水作为冷却水的供水系统是开式冷却系统；采用专门的冷却塔，冷却水在凝汽器与冷却塔之间进行循环的冷却方式是闭式冷却系统。

在寒冷地区，对于水源贫乏、地下水位较低，特别是与农田、草原争水的电站，则采用空气作为冷却介质，即通常所说的空冷机组。

发电站选用哪种冷却方式与冷却水源的状况有关。水源充足的地区，采用开式冷却方式的居多；水源不太充足的地区，则采用闭式冷却方式的居多。而对采用直流供水的冷却系统，在夏季高温季节，排水温度较高，对环境有污染，需要装设辅助冷却塔，将排水冷却后再排入水源，即混合冷却方式。

（三）凝汽器的分类

凝汽器按照汽轮机排汽凝结方式可划分为表面式凝汽器和混合式凝汽器两种。

1. 表面式凝汽器

汽轮机低压缸排汽经喉部进入壳体，与管束接触后被凝结成水汇集在热井内，再由凝结水泵打入回热系统。冷却水从前水室的进水管进入，在凝汽器管束内流经两个流程后，最后从出水管流出。温度升高后的冷却水，或打入冷却塔内冷却后再继续参加循环，或排至冷却水源。

2. 混合式凝汽器

混合式凝汽器也称直接接触式凝汽器，在其中两种温度不同的流体直接接触进行热交换。其工作原理为：汽轮机的高温排汽与低温的冷却水直接接触后，高温排汽在冷却水的液柱（或液面）上进行凝结，与冷却水混合后，继续参加汽水的热力循环。这种形式的凝汽器，由于它不是借助金属表面进行热交换，而是两种流体的混合，凝结水温度基本等于容器内真空下的饱和温度，即传热端差为零。从传热理论上讲，混合式凝汽器比表面式凝汽器具有更高的传热效率，而且其结构简单，造价低，运行方便；然而，由于其有丢失纯净凝结水的重大缺陷，因此在工程上很少采用。对系统进行改革后，可以把冷却水与凝结水混合成锅炉的给水使用，然而这样系统又会变得复杂。

混合式凝汽器又可分为液柱式、液膜式和喷射式三种，其中喷射式凝汽器属于液柱式和液膜式的组合式。

（四）常用表面式凝汽器的结构

用水冷却的表面式凝汽器，由于冷却工质与被冷却工质表面隔开而互不接触，冷却水（也称循环水）在管子中间流动，蒸汽在管外被冷却凝结，所以这种凝汽器能够在保持清洁且几乎不含氧的凝结水的条件下，达到高度的真空。同时，由于这种凝汽器的传热系数高，所需要的冷却面积小，一般都应用于大机组。

常用表面式凝汽器结构如图 2-76 所示。从中可见，它是由外壳、管子、水室等构成的，外壳通常是方箱形。在外壳的两端连接着形成水室的端盖，在端盖与水室之间装设有带孔的管板，通过管板上的孔装设数目很多的冷却

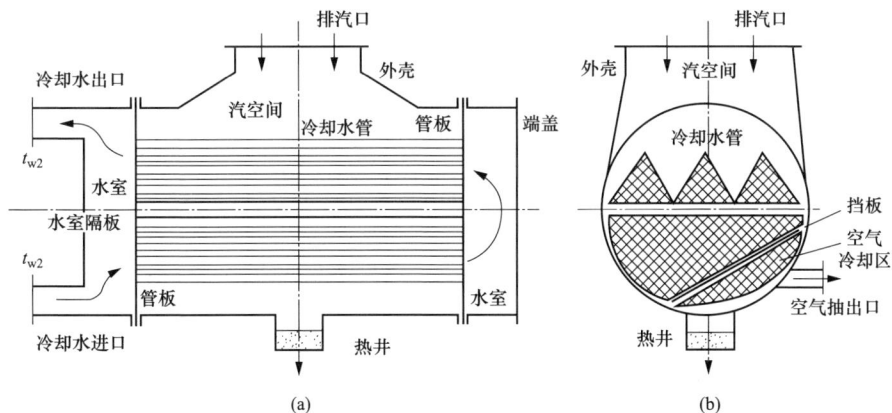

图 2-76　常用表面式凝汽器结构

（a）左视图；（b）前视图

管，管子的两端与水室相通。冷却水在管内流动，吸收管外蒸汽的热量，使排汽冷凝成水。这种凝汽器的内部空间被冷却管分隔成两部分：一部分是蒸汽空间（汽侧），另一部分是冷却水空间（水侧）。外壳上部的管口为排汽的进口，它直接或通过补偿器接到汽轮机的排汽管上。在外壳的下部有收集凝结水的汇集箱，通常称为凝汽器的热井。

如图 2-76 所示，冷却水从进口进入凝汽器的水室，沿箭头方向流经管子进入另一侧的水室，转向后从出水口流出。汽轮机的排汽从进汽口进入凝汽器的汽侧，在冷却管的外表面被冷却凝结成水，所有的凝结水最后汇集到热井，然后由凝结水泵抽出。

漏入凝汽器汽侧的空气通过空气抽出口被抽气设备抽出。为了减轻抽气设备的负荷，必须使空气（混有部分蒸汽）在抽出之前再经过一次冷却，以减小其容积（使部分蒸汽凝结下来）。所以，凝汽器中常常分出全部冷却管的 8%～10%，用隔板把它们与其他管束隔开，以形成专门的空气冷却区。与此相对应，其他管束就形成了主凝结区。由于不断地通过空气抽出管抽出空气，所以就使凝汽器中正在凝结的蒸汽和空气一起向抽气口流动。在凝结开始阶段，空气量和全部蒸汽量相比是很小的，但随着蒸汽不断凝结下来，蒸汽中空气的含量会逐渐增大；当蒸汽-空气混合物进入空气冷却区时，空气的相对含量就达到很大的数值，因为凝结大量蒸汽的主要凝结过程至此已基本结束；最后，有一小部分尚未被凝结的蒸汽就和空气一起被抽气设备抽出凝汽器。

（五）凝汽器设备的参数

1. 凝汽器的结构参数

表征凝汽器结构的主要特征参数有冷却水管内径 d_1、外径 d_2、长度 L、根数 n，以及冷却水的流程数 Z。在凝汽器设计水力计算时，这些结构参数不是孤立的，而是一个总体技术经济性最好的参数组合。但对已运行的凝汽器，冷却水管内径 d_1、外径 d_2、长度 L 以及冷却水的流程数 Z 是不变的，而凝汽器冷却水管根数 n 的变化对凝汽器的冷却面积、冷却水流速与流量有着一定的影响。

（1）冷却水管的有效长度 $L(\mathrm{m})$，其计算式为

$$L = \frac{A_c}{\pi} d_2 n Z \qquad (2\text{-}1)$$

（2）有效冷却面积 $A_c(\mathrm{m}^2)$，其计算式为

$$A_c = \pi d_2 L n Z \qquad (2\text{-}2)$$

（3）冷却水流速 $v_w(\mathrm{m/s})$，其计算式为

$$v_w = D_w \frac{Z}{900} \pi d_1^2 n \qquad (2\text{-}3)$$

（4）冷却水流量 $D_w(\mathrm{m}^3/\mathrm{h})$，其计算式为

$$D_w = 900 \pi d_1^2 v_w \frac{n}{Z} \qquad (2\text{-}4)$$

（5）冷却倍率 m：凝结 1kg 蒸汽所消耗的冷却水量，其计算式为

$$m = \frac{D_w}{D_k} \qquad (2-5)$$

（6）汽阻 Δp_s（Pa）：蒸汽入口与空气抽出口处静压力之差，包括管束进口截面处、主管束区和空气冷却区的阻力。

（7）水阻 H_w（Pa）：冷却水进出口间整个回路中由于流动摩擦涡流所引起的压力损失，包括沿程、进出口端部和进出水室的阻力。

2. 运行中的监视参数

（1）排汽量 D_k（t/h）。

（2）排汽压力 p_k（kPa）/排汽温度 t_s（℃）。

（3）凝结水温度 t_c（℃）。

（4）循环冷却水进口温度 t_{w1}（℃）/出口温度 t_{w2}（℃）。

（5）循环冷却水进口压力 p_{w1}（MPa）/出口压力 p_{w2}（MPa）。

（6）凝汽器空气抽出口温度 t_{kck}（℃）/出口压力 p_{kck}（kPa）。

（7）循环水泵工作电流 I_{xb}（A）/出口压力 p_{xc}（MPa）。

（8）凝结水泵工作电流 I_{nb}（A）/出口压力 p_{nc}（MPa）。

（9）凝汽器水位 H_{nsw}（mm）。

（10）低压轴封供汽压力 p_{dzf}（MPa）。

（11）凝结水含氧量 C_{O_2}（μg/L）/硬度 C_{ph}（μmol/L）等。

3. 运行中的计算分析参数

（1）真空 H（kPa）：当地大气压力 p_{amb} 和凝汽器内绝对压力 p_k 的差值，即

$$H = p_{amb} - p_k \qquad (2-6)$$

（2）真空度 B（%）：凝汽器真空值和当地大气压力比值的百分数，即

$$B = \frac{H}{p_{amb}} \times 100\% \qquad (2-7)$$

（3）循环冷却水温升 Δt（℃）：凝汽器冷却水出口温度与进口温度之差，即

$$\Delta t = t_{w2} - t_{w1} \qquad (2-8)$$

（4）凝汽器传热端差 δ_t（℃）：进入凝汽器的饱和蒸汽温度与冷却水出口温度之差，即

$$\delta_t = t_s - t_{w2} \qquad (2-9)$$

（5）凝结水过冷度 θ_t（℃）：凝汽器压力对应的饱和温度与凝结水温度之差，即

$$\theta_t = t_s - t_c \qquad (2-10)$$

（6）真空系统严密性 G_a（kPa/min）：通过系统严密性试验计算，即

$$G_a = \frac{H_1 - H_2}{t_{min}} \qquad (2-11)$$

式中　　H_1、H_2——试验前、后凝汽器的真空值；

$t_{\min}$——试验时间。

（六）凝汽器内真空值的确定

凝汽器是一个放热工质存在相变的换热器。凝汽器的真空只是相对外界大气压力而言的，实质上真空值就是一种表征压力值的方式。因此，凝汽器内真空的形成这一问题，实际上就是换热器内汽液共存侧压力如何确定的问题。

由热力学可知，在换热器的汽液共存空间（即通常所说的汽侧），其工质的压力就是工质凝结温度的饱和压力。对换热器而言，工质的凝结温度取决于热平衡条件和换热端差。

凝汽器中的压力最小值取决于冷却水温度。在冷却水量为无限多的理想凝汽器中，冷却水各处温度都相等，且等于冷却水的进口温度；无非凝结气体存在时，蒸汽与冷却水的温差为零，这时可根据饱和温度决定其"理想"压力。实际上，冷却水量是有限的，传热条件也不是理想的，蒸汽与冷却水的温差总是大于零的，故蒸汽的凝结温度总是大于冷却水的温度。

蒸汽和冷却水的温度沿冷却面积变化的规律如图 2-77 所示。凝汽器中蒸汽与冷却水的热交换流动形式可近似地看成对流流动（逆流）。沿冷却面积，冷却水的温度由进口温度 t_{w1} 上升到出口温度 t_{w2}。汽轮机排汽进入凝汽器，在管束的进口处蒸汽中空气的相对含量很小，凝汽器压力 p_k 等于蒸汽的分压力 p_s，进口处的蒸汽温度等于凝汽器压力 p_k 相对应的饱和温度 t_s。如果忽略凝汽器的汽阻，凝汽器压力沿冷却面积不变，相对应的饱和温度也不变；但在接近凝结终止时的空气冷却区，由于该区域蒸汽已大部分被凝结，蒸汽中空气的相对含量却大大增加，相应蒸汽分压力 p_s 显著地低于凝汽器压力，与此对应的饱和温度也明显地下降。

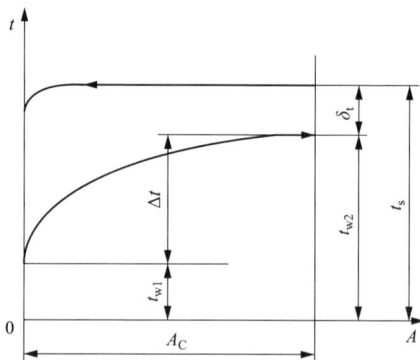

图 2-77　蒸汽和冷却水的温度沿冷却面积变化的规律

如图 2-77 所示，与凝汽器压力 p_k 相对应的饱和蒸汽温度 t_s 可表示为

$$t_s = t_{w1} + \Delta t + \delta_t \tag{2-12}$$

凝汽器中的蒸汽压力与其饱和温度是相对应的，而且它们是可以直接

测量的。凝汽器所能达到的压力值与冷却水进口温度、冷却倍率有关，即与冷却条件有关。在其他条件不变的情况下，如果冷却水温度越低、冷却倍率越大，凝汽器内能够达到的压力也越低（真空越高）。对表面式凝汽器，蒸汽温度 t_s 总是要比冷却水出口温度 t_{w2} 高一个 δ_t 值，即

$$t_s = t_{w2} + \delta_t \tag{2-13}$$

冷却水进口温度由环境温度决定，一般情况下，远小于大气压力下水的饱和温度；由于凝汽器的循环倍率很大，一般为 $50\sim100$，故冷却水温升一般为 $5\sim10℃$；凝汽器换热面积极大，传热端差一般为 $5\sim10℃$。因此，一般凝汽器内冷凝温度为 $25\sim45℃$，对应的饱和压力为 $3.2\sim9.6\text{kPa}$。这样就使凝汽器中的蒸汽压力远小于大气压力，即产生了高度真空。即凝汽器内压力（饱和压力）由排汽的冷凝温度确定，该温度由热平衡和换热器端差决定，当该温度低于当地大气压力下水的饱和温度时，凝汽器内就会产生真空，反之则不会产生真空。

九、多背压凝汽器

大功率汽轮机都具有两个以上的低压缸，每个低压缸都有两个排汽口，把每一个或每一对排汽口与一个凝汽器的壳体相连接，每个壳体又互不相通，则每一个排汽口或每一对排汽口都具有各自的背压，从而使汽轮机多背压运行。双背压凝汽器如图 2-78 所示。

汽轮机多背压运行是通过凝汽器实现的。把汽轮机排汽口所对应的凝汽器壳体做成独立的汽空间，或把一个壳体分隔成几个独立的互不相通的汽空间。冷却水先流经第一个壳体（或腔室），而后依次流经下一个壳体，于是在壳体内形成了不同的压力区段，即由通常的并联运行方式改为串联运行方式。冷却水流经的第一个壳体所形成的压力最低，而后依次升高，冷却水最后流经的那个壳体压力最高，这就是多背压运行的凝汽器。

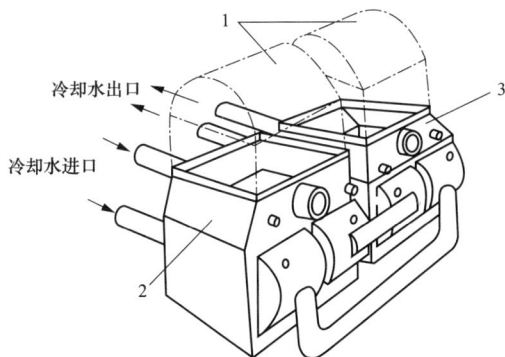

图 2-78 双背压凝汽器
1—汽轮机低压缸；2—低压凝汽器；3—高压凝汽器

由于凝汽器的布置方式不同，实现汽轮机多背压运行的方案也不同。图 2-79 所示为双背压凝汽器的布置方式。同一台多排汽口大功率汽轮机由

于凝汽器的冷却水流程数、壳体数和布置方式的不同而有不同的布置方式。

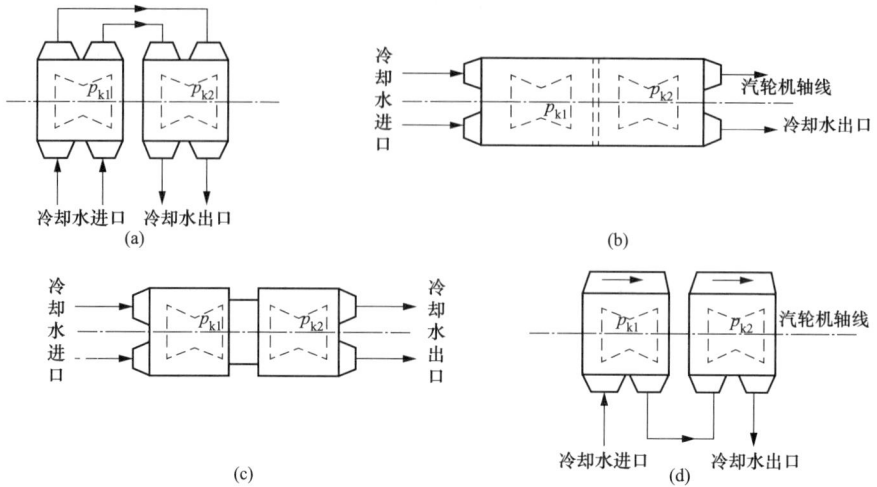

图 2-79　双背压凝汽器的布置方式

（a）冷却水双进双出、双壳体、横向布置；（b）冷却水双进双出、单壳体、纵向布置；
（c）冷却水双进双出、带有中间水室、双壳体、纵向布置；（d）冷却水双流程、双壳体、横向布置

从传热学分析，汽轮机排汽热量 Q 排到凝汽器的一个壳体内并为冷却水所吸收，冷却水的温度从 t_{w1} 上升到 t_{w2}。蒸汽是在 t_s 下凝结成水，与之相对应的饱和蒸汽压力为 p_k，这就是单背压凝汽器，如图 2-80（a）所示。如把同样的热量排到在汽侧用中间隔板密封为两个独立腔室的凝汽器，并认为两腔室的热量相等，都等于 $Q/2$。冷却水流经第一个腔室后，温度从 t_{w1} 上升到 $t_{w1,m}$；流经第二个腔室后，温度由 $t_{w1,m}$ 上升到 t_{w2}。排汽热量的一半在第一个腔室被冷却水带走，蒸汽在该腔室内的 t_{s1} 温度下凝结，与之对应的饱和蒸汽压力为 p_{k1}；另一半在第二个腔室被从第一个腔室流进来的冷却水带走，蒸汽在该腔室内的 t_{s2} 温度下凝结，与之对应的饱和蒸汽压力为 p_{k2}。由于冷却水先流经第一个腔室再进到第二个腔室，若两个腔室的冷却面积相同，则在第一个腔室蒸汽是在比单背压凝汽器内低的温度下凝结，即 $t_{s1} < t_s$，相应的 $p_{k1} < p_k$，形成低压侧凝汽器（冷端）；在第一个腔室吸收热量、温度上升到 $t_{w1,m}$ 的冷却水进入第二个腔室，则在第二个腔室蒸汽是在比单背压凝汽器内高的温度下凝结，即 $t_{s2} > t_s$，相应的 $p_{k2} > p_k$，形成高压侧凝汽器（热端），如图 2-80（b）所示。

多背压凝汽器因其汽侧压力腔室分为多个，所以沿冷凝管长度方向的放热量和单位冷却表面的热负荷更趋于均匀，使换热面能充分地被利用；单背压运行时冷却水温升曲线如抛物线状，而当分隔成无穷多个腔室时，冷却水的温升曲线就成为一条直线，使得各压力区的冷却水在很小的温差下进行热交换，沿冷凝管长度方向的吸热均匀，冷热介质传热端差面积加权平均值最大；同样的冷却面积，可以达到更大的换热量。

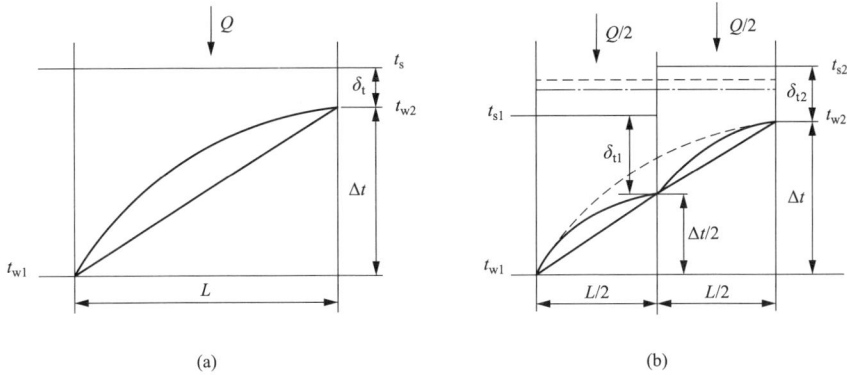

图 2-80　蒸汽温度和冷却水温度沿冷却管长度方向变化的规律
（a）单背压凝汽器；（b）双背压凝汽器

当换热量一定时，蒸汽在多背压凝汽器内比在单背压凝汽器内低的压力下凝结。这一结论可从凝汽器的传热方程式中得到证明。

对双背压凝汽器的冷端和热端分别列出传热方程式，有

冷端

$$Q/2 = K_1 A_1 \Delta t_{\mathrm{lm1}} \tag{2-14}$$

热端

$$Q/2 = K_2 A_2 \Delta t_{\mathrm{lm2}} \tag{2-15}$$

对单背压凝汽器列出传热方程式，有

$$Q = KA \Delta t_{\mathrm{lm}} \tag{2-16}$$

通过凝汽器的设计，有办法做到使热负荷为 Q、冷却面积为 A、冷却水量为 q_{m} 和冷凝管内水速为 v_{w} 的单背压凝汽器改造成具有相同上述技术参数的双背压凝汽器。由于进入双背压凝汽器冷端和热端的热量相等并等于 $Q/2$，且设冷、热端传热面积相等并等于 $A/2$，而管内的冷却水量都为 q_{m}。由于冷却水吸热量与排汽的放热量相等，冷却水温升可表示为

$$\Delta t_1 = \Delta t_2 = \frac{h_{\mathrm{k}} - h_{\mathrm{c}}}{4.187} \frac{q_{\mathrm{m}}/D_{\mathrm{k}}}{2} = \frac{\Delta h}{2} cm = \frac{\Delta t}{2} \tag{2-17}$$

式中　h_{k}、h_{c}——排汽及凝结水的焓，kJ/kg；

D_{k}——进入凝汽器的排汽量，kg/s；

q_{m}——冷却水的流量，kg/s；

m——冷却倍率（凝结 1kg 蒸汽所消耗的冷却水量），为 $q_{\mathrm{m}}/D_{\mathrm{k}}$；

c——冷却水（淡水）的比热，取 4.187kJ/(kg·K)。

双背压凝汽器冷端和热端的端差可分别写为

$$\delta_{\mathrm{t1}} = \frac{\Delta t_1}{\exp\left(K_1 \dfrac{A_1}{q_{\mathrm{m}}} c \times 10^3\right)^{-1}} = \frac{\Delta t}{2\exp\left(K_1 \dfrac{A_1}{2} q_{\mathrm{m}} c \times 10^3\right)^{-1}} \tag{2-18}$$

$$\delta_{t2} = \frac{\Delta t_2}{\exp\left(K_2\dfrac{A_2}{q_m}c\times10^3\right)^{-1}} = \frac{\Delta t}{2\exp\left(K_2\dfrac{A_2}{2}q_m c\times10^3\right)^{-1}} \tag{2-19}$$

双背压凝汽器冷端和热端汽侧的饱和温度可分别写为

$$t_{s1} = t_{w1} + \Delta t_1 + \delta_{t1} = t_{w1} + \frac{\Delta t}{2} + \delta_{t1} \tag{2-20}$$

$$t_{s2} = t_w + \Delta t_1 + \Delta t_2 + \delta_{t2} = t_{w1} + \frac{\Delta t}{2} + \frac{\Delta t}{2} + \delta_{t2} \tag{2-21}$$

由 t_{s1} 和 t_{s2} 分别决定冷端和热端的压力 p_{k1} 和 p_{k2}。

单背压凝汽器的汽侧饱和温度为

$$t_s = t_{w1} + \Delta t + \delta_t \tag{2-22}$$

由 t_s 决定其压力 p_k。

由双背压凝汽器冷端和热端的饱和温度的平均值 $t_{s,m}$ 决定双背压凝汽器的当量压力 $p_{k,e}$，可表示为

$$t_{s,m} = \frac{t_{s1}+t_{s2}}{2} = t_{w1} + \frac{3}{4}\Delta t + \frac{\delta_{t1}-\delta_{t2}}{2} \tag{2-23}$$

单背压凝汽器饱和蒸汽温度 t_s 与双背压凝汽器饱和蒸汽的平均温度 $t_{s,m}$ 之差为

$$\Delta t_s = t_s - t_{s,m} = t_s - \frac{t_{s1}+t_{s2}}{2} = \frac{\Delta t}{4} + \delta_t - \frac{\delta_{t1}-\delta_{t2}}{2} \tag{2-24}$$

由 Δt_s 来评定单背压和双背压凝汽器的压差。

由上述可知，由于冷端传热系数 k_1 小于热端传热系数 k_2，于是有 $\delta_{t1} > \delta_{t2}$。$\delta_t$、$\delta_{t1}$ 和 δ_{t2} 在冷却水量一定的条件下与相应的传热系数 K、K_1 和 K_2 有关。

由具体工程的计算表明，冷却水温度 t_{w1} 越高，温差 Δt_s 越大，当冷却水温度超过某一数值时，Δt_s 为正值，双背压运行时的当量压力 $p_{k,e}$ 小于单背压运行压力 p_k，此时电站循环热效率有所提高。当 Δt_s 为正值时，冷却水温度的分界线与双背压凝汽器的工作参数和结构设计有关，可从设计计算中得到结论。

如某台功率为1150MW的汽轮机采用三背压运行，其汽轮机和凝汽器的主要技术参数见表2-3，汽轮机三背压运行特性曲线如图2-81所示。

表 2-3　某 1150MW 汽轮机及凝汽器的主要技术参数

名称	符号	单位	数据
汽轮机形式	—	—	五缸六排汽 6F787 凝汽式
功率	P	MW	1150
总排汽量	D_k	t/h	3995.24
凝汽器形式	—	—	纵向、单壳体、三背压、表面式
冷却面积	A	m^2	89186.9

名称	符号	单位	数据
冷却水流量	q_v	m³/h	143981
冷却方式	—	—	自然通风塔
最高冷却水温度	$t_{w1,max}$	℃	28.9
年平均冷却水温度	$t_{w1,avg}$	℃	25.25

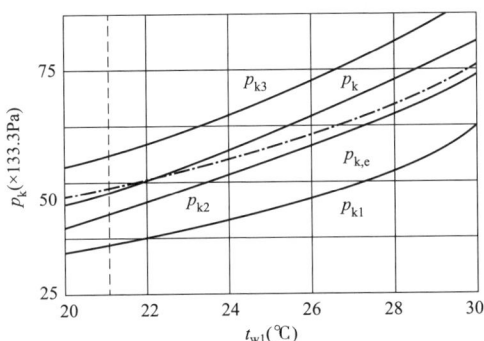

图 2-81 某 1150MW 汽轮机三背压运行特性曲线

从图 2-81 可以看出，当冷却水温度超过 21.1℃时，多背压凝汽器的当量压力 $p_{k,e}$ 才低于单背压凝汽器压力 p_k。电站的气象条件和冷却塔冷却水温度资料指出，在一年的 12 个月中，只有 1 月份的冷却水温度为 21℃，其余 11 个月的冷却水温度都高于 21℃，因而该汽轮机在这样的气象条件和冷却方式下，采用三背压运行对提高电站循环热效率有显著效果。

一台功率为 750MW 的汽轮机采用三背压运行，其汽轮机和凝汽器的主要技术参数见表 2-4。当冷却水温度 $t_{w1}=21$℃时，单背压运行和三背压运行的汽轮机低压缸和凝汽器的热平衡如图 2-82 和图 2-83 所示。

表 2-4 某 750MW 汽轮机及凝汽器的主要技术参数

名称	符号	单位	数据
热负荷	Q	W	8.88×10^8
冷却面积	A	m²	31771.8
凝汽器压力	p_k	MPa	0.0068
冷却水流量	q_v	m³/h	66553.44
冷却水流速	v_w	m/s	2.286
冷却水温度	t_{w1}	℃	21
冷凝管	—	mm	海军铜、$\phi25.4 \times 1.245 \times 24380$
清洁系数	β_3	%	85

该三背压凝汽器利用凝结水位标高差把凝结水从低压区疏到中压区，最后全部疏到高压凝汽器，并在那里被加热到高压凝汽器压力下的饱和温度。图 2-84 所示为功率收益与冷却水温度的关系。从中可以看出，只有当

冷却水温度超过 15℃时，才开始有功率收益；当冷却水温度超过 26℃时，功率收益有大幅度增加。

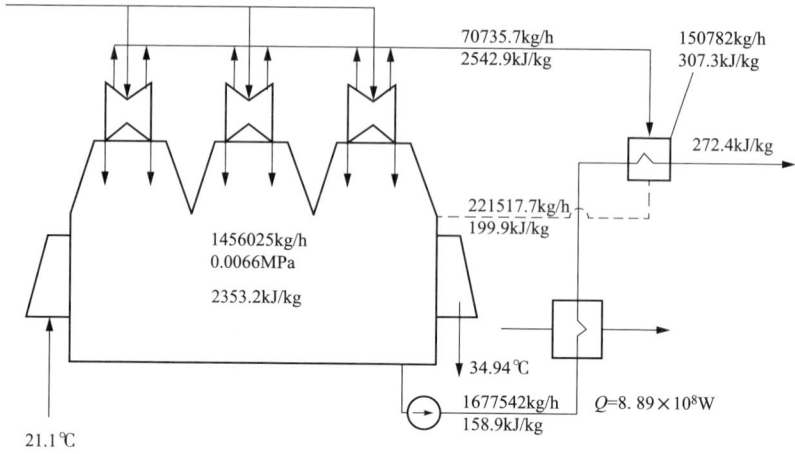

图 2-82　单背压运行时汽轮机低压缸与凝汽器的热平衡

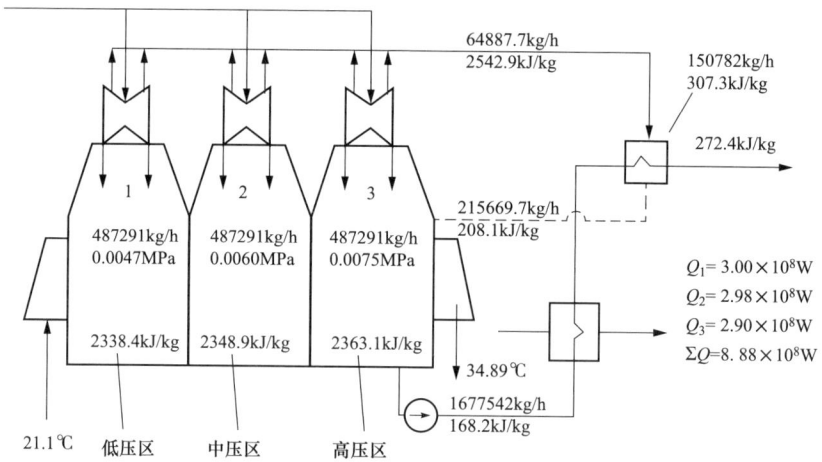

图 2-83　三背压运行时汽轮机低压缸与凝汽器的热平衡

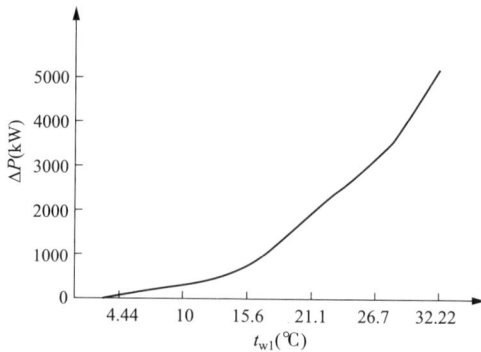

图 2-84　功率收益与冷却水温度的关系

三背压凝汽器冷却水温度对各压力区汽轮机功率收益的影响也不相同。如图 2-85 所示，在所有的冷却水温度范围内，都存在低压区和中压区的功率收益有一部分被高压区的功率损失所抵消的情况；而凝结水回热所带来的功率收益，在所有的冷却水温度范围内都是有效的，如图中虚线所示。

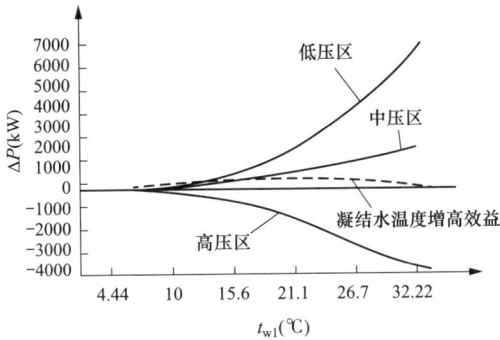

图 2-85　各压力区功率收益与冷却水温度关系

采用多背压运行的汽轮机，冷端压力与单背压凝汽器压差 $\Delta p_{k1} = p_{k1} - p_k$，热端压力与单背压凝汽器压差 $\Delta p_{k2} = p_{k2} - p_k$，前者使低压缸末级焓降增加 Δh_1，后者使低压缸末级焓降减少 Δh_2，且前者数值一般要大于后者数值，因而由焓降变化引起的功率变化 $\Delta P_1 = D_k(\Delta h_1 - \Delta h_2)$ 为正值，即由焓降变化引起的功率有收益；低压凝结水在高压侧被加热到与高压凝汽器相对应压力下的饱和温度 t_{s2}，凝结水泵出口温度高于单背压运行时凝结水泵出口温度 t_s，即有温差 $\Delta t_s = t_{s2} - t_s$，因而引起靠近凝结水泵压力的最低一级低压加热器抽汽量减少，相当于低压末级通流量增加 ΔD_k，引起末级功率增加 $\Delta P_2 = \Delta D_k h$。多背压凝汽器引起的功率收益为这两部分的总和，即 $\Delta P = \Delta P_1 + \Delta P_2$。

汽轮机多背压运行的功率收益除与多背压凝汽器的结构设计有关外，还与低压缸末级的级特性有关，即与背压变化对汽轮机功率的修正曲线有关。不能简单地说 Δt_s 越大，功率收益也越大，这要看单背压和双背压冷、热端的压力值落在背压变化对功率的修正曲线的哪个区段上。图 2-86 所示为某汽轮机背压变化对功率的修正曲线，并把该曲线划分为 ab、bc、cd 三个区段，其中 ΔP_1、ΔP_2 为压差 $\Delta p_{k1} = p_k - p_{k1}$ 和压差 $\Delta p_{k2} = p_{k2} - p_k$ 引起的汽轮机功率的变化。如果因汽轮机的冷却条件和单、双背压凝汽器的结构设计而使单、双背压运行的压力值 p_k、p_{k1} 和 p_{k2} 落在 cd 区段，则压力对功率修正后有 $\Delta P_1 > \Delta P_2$，导致汽轮机出力增加，属于功率收益区 D；如果压力值落在 bc 区段，受到汽轮机末级特性和排汽缸性能影响，单背压运行压力接近极限背压，采用双背压运行可能有功率收益，也可能没有功率收益，属于过渡区 C；如果压力值落在 ab 区段，已低于极限背压，这时再按双背压运行反而不利，属于单背压运行比多背压运行更有利的无益区 B；

如果压力值落在 a 点左边部分，单、双背压运行具有相同的经济性，属于等效经济性区 A。由此可以看出，当汽轮机低压缸形式一定，末级叶片气动特性已确定时，存在一个采用多背压运行的最佳区段，即存在一个电站热力系统"冷端"的最佳条件，超出这个条件，采用多背压运行是没有益处的。反之，在一个确定的冷却条件下，采用多背压运行的汽轮机，应该选定一个最好的低压缸，使其末级特性在该冷却条件下有一良好的适应性。这些都属于汽轮机热力系统"冷端"的最优化设计问题。

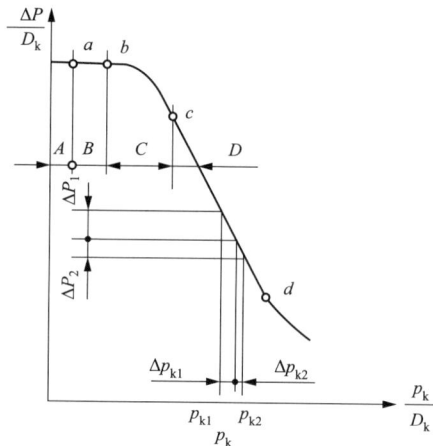

图 2-86　某汽轮机背压变化对功率的修正曲线

当然，多背压运行时凝结水在热端回热所带来的功率收益与低压缸末级特性无关，这是由凝汽器的结构设计所决定的。

从多背压运行的汽轮机和凝汽器的热平衡计算数据可知，末级焓降增加引起机组热耗的改善约为多背压运行总收益的 $80\%\sim90\%$，凝结水回热引起机组热耗的改善约为多背压运行总收益的 $20\%\sim10\%$。如不对凝结水在热端进行回热处理，凝结水过冷将降低总收益的 3%。

对大功率汽轮机采用多背压运行能使机组的热经济性提高 $0.2\%\sim0.3\%$。特别是对采用水塔冷却的机组，在冷却水温较高的地区，采用多背压运行功率收益更大；而对采用直流供水的机组，在冷却水温较低的地区，采用多背压运行只在个别月份有收益，全年不一定有好处。美国在建设新电站时有这样的意见：冷却水温度超过 $20℃$，单机功率在 $300MW$ 以上的汽轮机都要采用多背压运行。

汽轮机采用多背压运行，除提高电站的循环热效率外，还能为电站选址带来较大的灵活性，这表现在：

（1）燃料费贵的地区重在降低热耗。在维持与单背压凝汽器具有相同的冷却水流量和冷却面积时，采用多背压运行可降低当量压力，减小汽轮机热耗。

（2）水源不丰富的地区重在减少冷却水量。在维持与单背压凝汽器具有相同的当量压力和冷却面积时，采用多背压运行可减少冷却水量，解决水源不足的困难。

（3）材料费贵和电站布置有特殊要求的地区重在减小冷却面积。在维持与单背压凝汽器具有相同的当量压力和冷却水流量时，采用多背压运行可减小冷却面积，既节省昂贵的金属材料，又减小设备体积和电站布置空间。

第五节　机组的热力系统及给水泵组

一、热力系统

（一）朗肯循环

火力发电厂热力系统以朗肯循环为基础，朗肯循环的工作过程如图 2-87 所示。

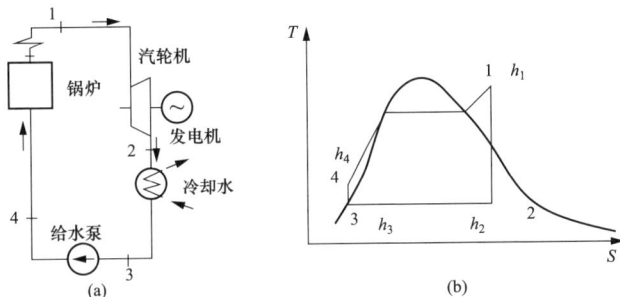

图 2-87　朗肯循环的工作过程

（a）系统结构图；（b）工质温熵图

工质在锅炉中定压加热、汽化和过热（4—1），蒸汽在汽轮机中等熵膨胀做功（1—2），排汽在凝汽器中定压凝结放热（2—3），在水泵中等熵压缩后进入锅炉（3—4）。

（二）设置中间再热

为了提高大型发电机组的循环热效率，广泛采用中间再热循环。从锅炉过热器出来的主蒸汽在汽轮机高压缸做功后，送到再热器中再次加热以提高温度，然后送入汽轮机中压缸继续膨胀做功，称为一次中间再热循环，其可相对提高循环热效率 4%～5%。采用中间再热，可以减小低压末级排汽湿度，提高汽轮机的效率，延长末级叶片的寿命。中间再热温度对经济性的影响与蒸汽初温的影响一致。在材料允许的前提下，再热温度高对经济性有利。通常，再热温度与初温选择在同一水平上。在蒸汽初参数和再热温度一定时，再热压力对经济性有一最佳值。通常，再热压力取为初压的 18%～22%。目前，国内先进的二次再热机型采用二次中间再热循环，可以使循环热效率进一步得到提高，如图 2-88 所示。

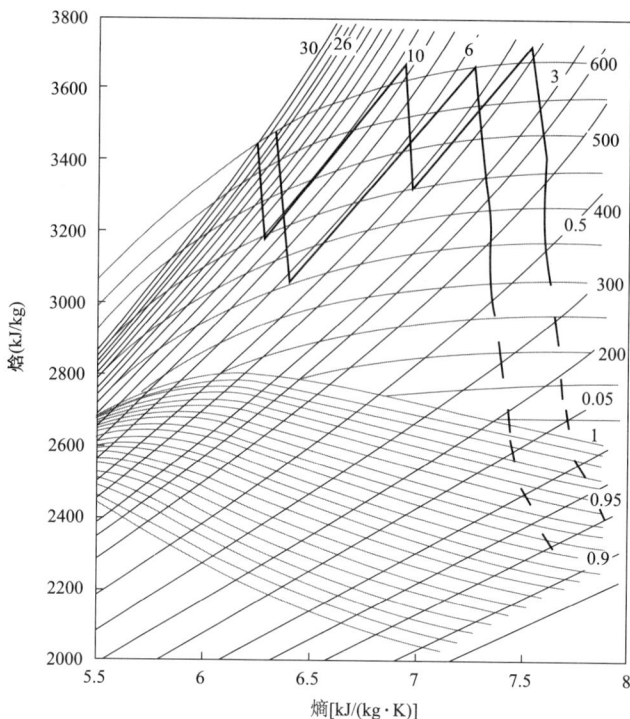

图 2-88　一次再热和二次再热的蒸汽热力膨胀曲线

（三）采用抽汽回热系统

抽汽回热系统是减少冷源损失的重要手段。从汽轮机的不同中间级后抽出部分蒸汽，逐级加热给水，使其最终达到合适的给水温度后进入锅炉或蒸汽发生器。

回热系统设置与优化的主要内容有给水温度、加热器级数、各级加热器间的温升分配、加热器的压损与端差。一般而言，选用较多加热器数目、较低的加热器压损和端差、较高的给水温度会降低热耗，但投资费用也会相应增加，具体需分析比较整个电厂的投资及收益后确定。目前，火力发电湿冷机组的抽汽级数为 8～9 级，空冷机组的抽汽级数为 7～8 级，二次再热机组的抽汽级数为 10 级。

（四）考虑管道损失

在热力系统中，常涉及的管道损失有主汽水管道压损、再热压损和回热抽汽管道压损。通过优化管道设计，减少压损，可以提高汽轮机热力系统的经济性。

（1）主汽水管道压损。主汽水管道主要包括凝结水泵出口至给水泵进口管道，给水泵出口至省煤器入口管道，以及锅炉水冷壁、过热器管道、主蒸汽管道等。一般来说，汽轮机进口主蒸汽压力为给水泵出口压力的 80%。

（2）再热压损。再热管道主要包括冷再热管道、锅炉再热器、热再热管道等。目前，工程常用再热压损值为：一次再热机组 7%～9%，二次再

98

热机组一次再热 6%～7%，二次再热 10%～11%。

（3）回热抽汽管道压损。回热抽汽管道主要为各汽缸抽汽口至加热器进口管道，一般压损取值为高压 3%、低压 5%。

（五）增加余热利用装置

在汽轮机热力系统中，低温省煤器、冷渣器、烟气余热利用装置都是利用锅炉高温烟气或排渣热量来加热凝结水、提高凝结水温度、减少加热器的回热抽汽量、提高系统循环热效率的。设置低温省煤器，按 7 号低温加热器出口水温提高 20℃计算，可以降低机组热耗约 50kJ/kWh，经济效益可观。该系统简单可靠，投资小，对汽轮机的影响也很小，已应用于多个电厂。

（六）热电联产

热电联产是指电厂对用户同时供应电能和热能，并且生产的热能取自汽轮机做过部分功或全部功的蒸汽。

（七）配置驱动给水泵、引风机汽轮机

锅炉给水泵和引风机都可以采用小汽轮机驱动，以减小厂用电率。小汽轮机的汽源来自主汽轮机回热抽汽。

（1）驱动给水泵汽轮机。正常运行工况下，通常采用主汽轮机四段抽汽作为低压汽源；在机组启动或低负荷工况下，可以采用再热冷段、热段，或主蒸汽作为高压汽源。小汽轮机采用凝汽式，通常与主汽轮机共用凝汽设备，也可以单独设置凝汽器。在我国 300MW 容量以上机组属于常规配置，少量直接空冷机组也采用电动给水泵。

（2）驱动引风机汽轮机。汽源通常采用高排（一级再热器出口）或四抽，小汽轮机采用背压或凝汽式。背压式小汽轮机的排汽可作为供热，也可排至除氧器、低压加热器。目前，新建的空冷超临界 350、660MW 机组大多采用该配置，部分超超临界机组也有应用，运行业绩较少。

二、给水泵组

（一）给水泵组简介

供给锅炉用水的泵叫给水泵。其作用是把除氧器储水箱内具有一定温度、除过氧的给水提高压力后输送给锅炉，以满足锅炉用水的需要。由于给水温度高（为除氧器压力对应的饱和温度），在给水泵进口处容易发生汽化，会形成汽蚀而引起出水中断。因此，一般都把给水泵布置在除氧器水箱以下，以增加给水泵进口的静压力，避免汽化现象的发生，保证水泵的正常工作。

给水泵的出口压力主要取决于锅炉的工作压力。给水泵的出水还必须克服以下阻力：给水管道以及阀门的阻力、各级加热器的阻力、给水调节门的阻力、省煤器的阻力、锅炉进水口和给水泵出水口间的静给水高度。根据经验估算，给水泵出口压力最小为锅炉最高压力的 1.25 倍。

给水泵的拖动方式常见的有电动机拖动和专用小汽轮机拖动两种。此外，还有燃气轮机拖动及汽轮机主轴直接拖动等。

用小汽轮机拖动给水泵有如下优点：

（1）小汽轮机可根据给水泵的需要采用高转速（转速可从 2800r/min 提高到 5000～7000r/min）变速调节，高转速可使给水泵的级数减少，质量减轻，转动部分刚度增大，效率提高，可靠性增加；通过改变给水泵转速来调节给水流量比节流调节经济性高，消除了阀门因长期节流而造成的磨损，同时简化了给水调节系统，调节方便。

（2）大型机组电动给水泵耗电量约占全部厂用电量的 50％左右，采用小汽轮机拖动给水泵后，可以减少厂用电，使整个机组向外多供 3％～4％的电量。

（3）大型机组采用小汽轮机拖动给水泵后，可提高机组的热效率 0.2％～0.6％。

（4）从投资和运行角度看，大型电动机加上升速齿轮液力联轴器及电气控制设备比小汽轮机还贵，且大型电动机启动电流大，对厂用电系统运行不利。

给水泵在启动后，出水阀还未开启时或外界负荷大幅度减小时（机组低负荷运行），给水流量很小或为零，这时泵内只有少量水通过或根本无水通过，叶轮产生的摩擦热不能被给水带走，使泵内温度升高，当泵内温度超过泵所处压力下的饱和温度时，给水就会发生汽化，形成汽蚀。为了防止这种现象的发生，就必须使给水泵在给水流量减小到一定程度时，打开再循环管，使一部分给水流量返回除氧器，这样泵内就有足够的水通过，把泵内摩擦产生的热量带走，使温度不致升高而使给水产生汽化。总之，装设再循环管可以在锅炉低负荷或事故状态下，防止给水在给水泵内产生汽化而造成泵振动和断水事故。

制造厂对给水泵运行都规定了一个允许的最小流量值，一般为额定流量的 25％～30％。规定允许最小流量值的目的是防止因出水量太少而使给水发生汽化。现代高速给水泵普遍采用变速调节，其在小流量时为低转速，而低转速时不容易发生汽蚀现象，所以允许的最小流量要比定速给水泵小得多。

给水泵出口止回阀的作用是当给水泵停止运行时，防止压力水倒流，引起给水泵倒转。高压给水倒流会冲击低压给水管道及除氧器给水箱，还会因给水母管压力下降，影响锅炉进水；如给水泵在倒转时再次启动，启动力矩增大，容易烧毁电动机或损坏泵轴。

大型机组配套的给水泵一般都有独立的强迫供油系统，主要由主油泵、辅助油泵、滤网、冷油器、油箱及其管道、阀门等组成。正常运行时由主油泵供油，启动和停泵时由辅助油泵供油。油流回路为：油箱→主油泵（辅助油泵）→过滤器→冷油器→压力油管→各轴承→回油管→油箱。

现代大功率机组为了提高经济效果，减少辅助水泵，往往从给水泵的中间级抽取一部分水作为锅炉的减温水（主要是再热器的减温水），这就是给水泵中间抽头的作用。

（二）给水泵的汽蚀性能

汽蚀是水泵工作中的不正常现象，当水泵叶轮吸入口处的水流速度过大，使水泵吸入口处的压力低于工作水温所对应的饱和压力时，一部分水便会蒸发形成汽泡。这些汽泡沿着叶轮被水流带入压力较高的区域后，又受到压缩，于是突然凝结，导致汽泡破裂而产生水冲击。此外，在低压区水中所溶存的自由气体从水中逸出形成气泡，到高压区时气泡被压缩，压缩到一定程度（到不能再压缩）时就爆炸破裂，也产生水冲击。这种水冲击力很大，不断地击打着金属表面，使得叶轮很快遭到破坏。尤其是现代给水泵，它是在吸取高温饱和水的情况下运转的，为了提高其运转可靠性和延长其使用寿命，彻底地避免汽蚀尤为重要。

锅炉给水泵设置在一定压力的除氧器水箱下面，它吸取的是饱和水，如图 2-89 所示。那么，用来防止汽化的有效汽蚀余量 $NPSH_a$ 为

$$NPSH_a = \frac{p_d - p_v}{\rho g} + H_g - h_1 \qquad (2\text{-}25)$$

式中　$NPSH_a$——有效汽蚀余量，m；

　　　　p_d——除氧器水箱内压力，Pa；

　　　　p_v——给水泵入口水温对应的饱和压力，Pa；

　　　　ρ——给水泵进口水的密度，kg/m^3；

　　　　g——重力加速度，m/s^2；

　　　　H_g——除氧器水箱内水位到给水泵中心线的高度，也称倒灌高度，m；

　　　　h_1——吸水管内的流动损失压头，m。

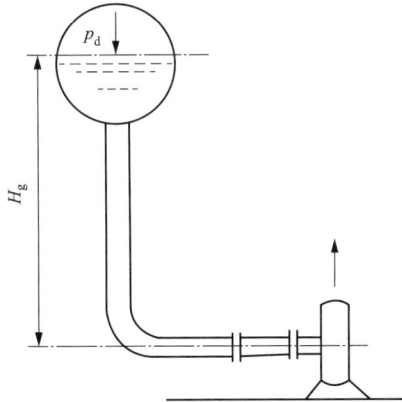

图 2-89　给水泵吸取饱和水时的有效汽蚀余量

（三）给水泵的工作方式

在实际工程中，有时需将两台或多台泵并联或串联在一个共同管路系统中联合工作，其目的在于增加系统中的流量或压头。联合工作的方式，

101

可分为并联或串联两种。联合运行的工况需根据联合运行的机器总性能曲线与管路性能曲线确定。

1. 并联运行

给水泵并联运行可以提高系统运行的可靠性以及检修灵活性。当一台泵组故障或者需要在线检修时，可以降低机组负荷，将其退出隔离。

根据泵与风机运行原理，并联运行时单泵的流量分别小于单泵运行时泵的流量，而压头则高于单泵运行时的压头。并联运行时，管路特性曲线越平坦，并联后的流量就越接近单泵运行时的流量之和，工作就越有利。如果管路特性曲线越陡，陡到一定程度时是不能并联的。

应当注意的是，几台泵并联运行时的最高压头（扬程）H_G，不会超过并联泵组中任何一个单泵的最高运行压力，否则该泵将出现倒灌现象。

2. 串联运行

当管路特性曲线较陡，单泵不能提供所需的压头时，就应再串联一台，以增加压头或扬程。这时，第一台的出口与第二台的入口相连接，其特点是流量相等、压头相加。两台泵串联运行时，联合特性曲线由在同一流量下进行的各单泵的扬程或全压叠加而成。

一般来讲，联合运行比单泵运行效果差，运行工况复杂，调节困难；但在特殊工作场合，需要设置串联泵组，以保证系统运行，如对给水泵一般需要设置前置泵。

（四）设置前置泵的目的

给水泵用于向锅炉输送经除氧器除去气体的给水，由于除氧器出口的给水是其除氧器压力下的饱和水，所以给水泵吸入管路系统的有效汽蚀余量 $NPSH_a$ 为泵的吸入口与除氧器水箱水面的高度差产生的静压头减去流动阻力。为保证给水泵的安全运行，使泵内的水不致汽化而产生汽蚀，则给水泵必须设置在除氧器水面以下足够的距离，该距离称为倒灌高度。倒灌高度产生的水柱静压力必须大于泵的汽蚀余量 $NPSH_r$ 与吸入管路阻力之和，以保证给水泵不产生汽蚀。

但是，现代大容量锅炉给水泵的转速均较高，根据汽蚀相似定理，同一台泵的汽蚀余量与转速的平方成正比，即：

$$\frac{NPSH_{r1}}{NPSH_{r2}} \propto \frac{n_1}{n_2} \tag{2-26}$$

式中　$NPSH_{r1}$——转速为 n_1 时泵的汽蚀余量；

　　　$NPSH_{r2}$——转速为 n_2 时泵的汽蚀余量。

由此可见，当泵的转速升高后，泵的汽蚀余量就大为增加，泵的汽蚀性能恶化，再加上机组的滑参数运行，除氧器必须在给水泵轴中心线以上很高的位置，才能满足需求。这给厂房的布置和设计带来很大的困难。

鉴于以上原因，目前普遍在高速给水泵前设置低速的前置泵。由于前置泵转速较低，根据式（2-26）可知，泵的汽蚀余量大为降低，而设置前置泵时又充分考虑到抗汽蚀的要求，所以前置泵本身具有较好的抗汽蚀性能。由于前置泵与给水泵串联工作，使给水泵进口的给水压力比给水的汽化压力高出许多，设置前置泵后给水泵一般不太容易发生汽蚀，而前置泵可使除氧器标高位置不至于太高，因此设置前置泵是有必要的。

（五）给水泵最小流量

根据汽蚀余量的计算，一般都为给水泵规定一个允许的最小流量值。给水泵不能在低于最小流量值以下工作。给水泵在小流量工况下运转，泵供给的扬程较大，而泵的效率却较低，所以泵内损失较大。给水泵内机械能的损失转变成热能，除少量与外界进行热交换以外，绝大部分的机械能损失使泵内水温升高。同时，给水经过平衡鼓与平衡座间隙处，压力降较大，给水放出的热量也较大。另外，给水泵在小流量工况下工作，叶轮进口与出口处产生旋涡，也会产生热量。但是，此时给水泵内通过的流量较小，经过平衡鼓间隙处的流量更小，显而易见，泵内的热量就不易被带走，结果造成泵内水流的温度升高，升高了温度的水流容易产生空泡，影响泵的安全工作。容易产生空泡的地方是多级泵的首级叶轮进口处、平衡鼓间隙出口处等。

若忽略给水泵轴承及外壳向外界传出的热量，把给水泵视为与外界是绝热的，则液体的温升为

$$\Delta t = \frac{1-\eta}{427\eta} \qquad (2\text{-}27)$$

式中 η——流量为 Q 时泵的效率；

Δt——流量为 Q 时泵内水温的升高值，℃；

H——流量为 Q 时泵的扬程，m。

分析式（2-27）可知，给水泵在小流量工作时，泵的效率较低，而泵的总扬程 H 却较大，此时泵内的水温增高值就较大。由于装置系统有效汽蚀余量的限制，给水泵内水温不能超过允许值，所以锅炉给水泵都设定一个最小流量值。

最小流量值根据给水泵的汽蚀余量计算确定，一般最小流量值是给水泵额定流量的 1/5～1/3。在给水泵的安全工作区域，其流量应该小于最大流量，而大于最小流量。给水泵的最大、最小流量值，都是由汽蚀余量决定的。如果给水泵的工作流量小于最小流量值，就应该开启再循环门，使多余的流量通过再循环管路回到除氧器给水箱，这样一方面满足了锅炉的需求，另一方面保证了泵的工作流量大于最小流量。

第六节 发电机、变压器的工作原理及分类

一、发电机工作原理及分类

发电机是利用电磁感应原理将机械能转变为电能的机械设备。它由水

轮机、汽轮机、柴油机或其他动力机械驱动，将水流、汽流、燃料燃烧或原子核裂变产生的能量先转换为机械能，再将机械能转换为电能。发电机在工农业生产、国防、科技及日常生活中有广泛的用途。

（一）发电机的工作原理

图 2-90 所示为同步发电机的工作原理。在同步发电机的定子铁芯内，对称地放着 A-X、B-Y、C-Z 三相绕组。所谓对称三相绕组，就是每相绕组匝数相等，三相绕组的轴线在空间互差 120°电角度。在同步发电机的转子上装有励磁绕组，励磁绕组中通入励磁电流后，产生转子磁通；当转子以逆时针方向旋转时，转子磁通将依次切割定子 A、B、C 三相绕组，在三相绕组中感应出对称的三相电动势。对确定的定子绕组而言，假若转子开始以 N 极磁通切割导体，那么转过 180°电角度后又会以 S 极磁通切割导体，所以定子绕组中的感应电动势是交变的，其频率取决于发电机的磁极对数和转子转速。

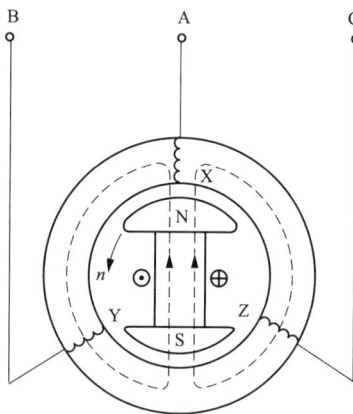

图 2-90　同步发电机的工作原理

（二）发电机的分类

（1）根据工作原理的不同，发电机可分为直流发电机和交流发电机。交流发电机又可分为同步发电机、异步发电机、单相发电机和三相发电机。

（2）根据驱动装置的不同，发电机可分为汽轮发电机、水轮发电机、风力发电机、柴油发电机等。

（3）根据转子结构的不同，发电机可分为隐极式发电机和凸极式发电机。

（4）根据冷却方式的不同，发电机可分为空冷发电机、氢冷发电机、水氢氢冷发电机和双水内冷发电机。

发电机的型号表示该发电机的类型和特点。我国发电机的型号采用汉语拼音标注法。以下是几种常用符号的含义：T（位于第一字）——同步；Q（位于第一字或第二字）——汽轮机；Q（位于第三字）——氢冷；F——发电机；N——氢内冷；S 或 SS——水冷。

例如，TQN 表示氢内冷同步汽轮发电机；QSF 表示双水内冷同步发电机；QFQS 表示定子绕组、转子绕组氢内冷、铁芯氢冷的汽轮同步发电机；QFSN-660-2 则表示定子绕组水冷、转子绕组氢内冷、铁芯氢冷的汽轮同步发电机，额定功率为 660MW，生产序列号为 2。

二、变压器工作原理及分类

（一）变压器的工作原理

变压器是应用电磁感应原理来进行能量转换的，其结构的主要部分是两个（或两个以上）互相绝缘的绕组，套在一个共同的铁芯上。两个绕组之间通过磁场耦合，但在电的方面没有直接联系，能量的转换以磁场作为媒介。在两个绕组中，把接到电源的一个称为一次绕组（简称原边），而把接到负载的一个称为二次绕组（简称副边）。当一次绕组接到交流电源时，在外施电压作用下，一次绕组中通过交流电流，并在铁芯中产生交变磁通，其频率和外施电压的频率一致。这个交变磁通同时交链着一、二次绕组，根据电磁感应定律，交变磁通在一、二次绕组中感应出相同频率的电动势，二次绕组有了电动势便向负载输出电能，从而实现了能量转换。利用一、二次绕组匝数的不同及不同的绕组联结法，可使一、二次绕组有不同的电压、电流和相数。

（二）变压器的分类

（1）按相数来区分，变压器可以分为三相变压器和单相变压器。在三相电力系统中，一般应用三相变压器。当容量过大且受运输条件限制时，在三相电力系统中也可应用三台单相变压器，将其连接成三相变压器组。

（2）按绕组数目来区分，变压器可以分为双绕组变压器和三绕组变压器。所谓双绕组变压器，就是在一相铁芯上套有两个绕组，一个为一次绕组，另一个为二次绕组。升压变压器的一次绕组是低压绕组，二次绕组是高压绕组；降压变压器则相反。容量较大（5600kVA 以上）的变压器，有时可能有三个绕组，用以连接三种不同的电压，这种变压器称为三绕组变压器。在电力系统中，220、110kV 和 35kV 之间有时就采用三绕组变压器。

（3）按冷却介质来区分，变压器可以分为油浸式变压器、干式变压器（空气冷却式）和水冷式变压器。干式变压器多用在低电压、小容量或防火防爆的场所，而油浸式变压器则多用在电压较高、容量较大的场所。电力变压器大多采用油浸式变压器。

第七节　发电机、变压器的基本结构及保护

一、发电机结构

发电机主要由定子、转子、端盖及轴承、油密封装置、冷却器及外罩、出线盒、引出线及瓷套端子、集电环及隔声罩刷架装配等部件组成，如

图 2-91 所示。

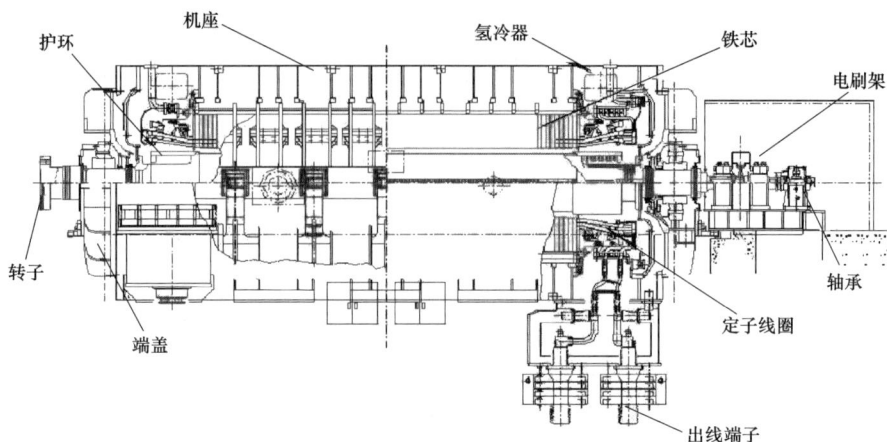

图 2-91　发电机结构

（一）定子机座

发电机定子机座为整体式，由优质钢板装焊制成。机座外皮在圆周方向采用整张钢板经辊压成圆桶状后套装在机座骨架上，其作用主要是支持和固定定子铁芯和定子绕组。此外，机座可以防止氢气泄漏和承受氢气的爆炸力。

机壳和定子铁芯之间的空间是发电机通风系统的一部分。由于发电机定子采用径向通风，将机壳和铁芯背部之间的空间沿轴向分隔成若干段，每段形成一个环形小风室，各小风室相互交替分为进风区和出风区。这些小风室用管子相互连通，并能交替进行通风。氢气交替地通过铁芯的外侧和内侧，再集中起来通过冷却器，从而有效地防止热应力和局部过热。

为了减弱由于磁拉力在定子铁芯中产生的倍频振动对基础的影响，发电机在定子铁芯与定子机座之间采用了弹性支承的隔振结构。所谓隔振结构，就是在出风区内定子铁芯与定子机座之间设置 6 组切向弹簧板。定子铁芯经夹紧环与弹簧板的一端相连接，弹簧板的另一端与机座隔板相连接。弹簧板分布在夹紧环的两侧和底部，底部弹簧板用来保持铁芯的稳定，并在事故状态下分担电磁力矩。发电机采用的隔振结构在强度上能承受至少 20 倍额定转矩的突然短路扭矩。

定子机座的两侧共设 4 个可拆卸的吊攀和 6 个供装配测量元件接线端子板的法兰。机座的汽、励两端顶部设有装配冷却器外罩的法兰，机座的励端底部设有装配出线盒的法兰，机座的汽端底部设有供铁路运输定子用的底座，机座的顶部设有人孔，机座的底部设有清理、探测和连接氢、二氧化碳及水控制系统的法兰接口。

发电机定子冷却水汇流管的进水、出水法兰均设在机座的侧面顶部，可保证在断水事故状态下定子绕组内仍能充满水。汇流管的排污出口法兰设在机座两端的底部。定子机座两侧沿轴向设有通长的底脚,在底脚上设有轴向定位键槽,用以装配机座与座板间的轴向固定键。定子机座的底脚具有足够的强度,以支承整个发电机的重量和承受突然短路时产生的扭矩。

（二）定子铁芯

定子铁芯是构成发电机磁路和固定定子绕组的重要部件。为了减少铁芯的磁滞和涡流损耗,发电机定子铁芯常采用磁导率较高、损耗小、厚度为 $0.35\sim0.50$ mm 的优质冷轧硅钢片叠装而成。每层硅钢片由数张扇形片组成一个圆形,每张扇形片都涂有耐高温的无机绝缘漆。

定子铁芯的叠装结构与其通风方式有关。采用轴向分段径向通风时,中段每段厚度为 $30\sim50$ mm,端部厚度小一些;定子铁芯沿轴向分成 96 段,铁芯段间设置 6mm 宽的径向通风道。为减少端部漏磁损耗和降低边段铁芯温升,边段铁芯设计成沿径向呈阶梯形状并黏接成整体,且在其齿部开槽,同时边段铁芯的厚度比正常段小。定子铁芯沿全长分成与机座相对应的 11 个风区,冷热风区相间隔。为防止风区间串风,在铁芯背部与机座风区隔板之间设置挡风板。

定子铁芯采用圆形定位螺杆、夹紧环、绝缘穿心螺杆、端部无磁性齿压板和分块压板的紧固结构。定子铁芯端部设有用硅钢板冲制的扇形片叠装而成的、内圆表面呈阶梯多齿状的磁屏蔽,可有效地将定子端部漏磁分流,以降低端部发热,保证发电机在各种工况下可靠地运行。

整个定子铁芯通过外圆侧的许多定位筋及两端的压指和压圈或压板固定、压紧,再将铁芯和机座连接成一个整体。为了使铁芯轭部和齿部受压均匀并减小压板厚度,铁芯除固定在定位筋上外,在铁芯内部还穿有轴向拉紧螺杆,再用螺母紧固在压板上。由于穿心螺杆位于旋转磁场中,各螺杆内会感生电动势,因此必须防止穿心螺杆间短路,形成短路电流。这就要求穿心螺杆和铁芯互相绝缘,所有穿心螺杆端头之间也不得有电的联系。

在端部压圈的外部加一个铜环即电屏蔽环,当定子漏磁通在铜环内变化时,铜环内感生电动势,产生涡流,该涡流的方向即可阻止漏磁通在其中通过。采用这种结构后,端压圈的发热是减少了,但该电屏蔽环的温度仍很高。这时发电机的附加损耗并不一定减少,只不过是把过热的部位往外移动罢了。采用这种结构以后,压圈和压指也采用无磁性钢,但定子铁芯端部靠近转子处仍有垂直于铁芯的磁通进来,此处仍然较热。为了限制该磁通在硅钢片上产生的涡流,在定子铁芯端部各阶梯段的扇形叠片的小齿上开有一两个 $2\sim3$ mm 宽的小槽,以增大电阻值,减小涡流。

显然,采用上述电屏蔽的方法仍然是消极的阻挡方法,为了更有效地解决定子端部的发热问题,可采用磁屏蔽的方法。

磁屏蔽的方法就是在定子铁芯的外面仍然用磁导率较好的硅钢片做成锥面,这样可使大部分从端部来的漏磁通转变为与定子轴线垂直的径向磁通,从而减少端部损耗,降低温度。

磁屏蔽区是由与有效铁芯一样的硅钢片叠制而成的。分组就是把内圆齿部剪去一部分。磁屏蔽区做到最外部的硅钢片内径与槽底圆的直径差不多即可。这样最外端虽然还可能有漏磁通，但由于离开线圈端部较远了，因此其数值也就小多了，作用也就不大了。

在实际应用中，制造厂还采取以下措施来降低端部发热：

（1）把定子端部的铁芯做成阶梯状，用逐步扩大气隙以增大磁阻的办法来减少轴向进入定子边段铁芯的漏磁通。

（2）铁芯端部的齿压板及其外侧的压圈或压板采用电阻系数低的非磁性钢，利用其中涡流的反磁作用，削弱进入端部铁芯的漏磁通。

（3）铁芯压紧不用整体压圈而用分块铜质压板（铁芯不但要用定位筋，而且要用穿心螺杆锁紧），这种压板本身也起电屏蔽作用，分块后也可减少自身的发热。有的还在分块压板靠近铁芯侧再加电屏蔽层。

（4）转子绕组端部的护环采用非磁性的锰铬合金制成，利用其反磁作用，减少转子端部漏磁对定子铁芯端部的影响。

（5）在冷却风系统中，加强对端部的冷却。

（三）定子绕组

发电机的定子绕组是由嵌在定子铁芯槽内的许多线圈按一定规律连接而成的。每个线圈用铜线制造成型后包以绝缘。一个线圈分为直线部分和两个端接部分。直线部分放在槽内，能切割磁力线而感应电动势，因此也称有效边；在铁芯槽外部连接两直线而不切割磁力线的部分，称为端接部分（简称端部）。

大型汽轮发电机由于直线部分之间跨距大，为了嵌线方便，将一个线圈分为两半，嵌入槽中后再将端部焊接起来，这种线圈称为半组式线圈。绕组每匝线圈的端部都向铁芯外圆侧倾斜，按渐开线的形式展开。端部绕组向外的倾斜角为 $15°\sim30°$，形似花篮，故称花篮形绕组。

发电机定子绕组线棒采用聚酯玻璃丝包绝缘实心扁铜线和空心裸铜线组合而成。发电机定子线棒的空心、实心导线的组合比为 1/2。图 2-92 所示为发电机定子线棒在定子槽中的剖面。其上层线棒的导电截面要比下层的大，上层由 4 排、每排 5 组空实股线组成，下层由 4 排、每排 4 组空实股线组成。

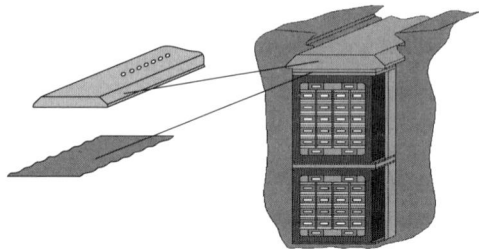

图 2-92　发电机定子线棒在定子槽中的剖面

线棒中的空心导线通水又通电。为了减少空心导线内的附加损耗,内孔高度常选为 2mm,壁厚为 $1.25\sim1.50$mm,导线高度为 $4.5\sim5.5$mm,导线宽度常比高度大 $1.5\sim2$ 倍,约为 $7\sim12$mm。国产 660MW 发电机线棒的空心、实心导线有两种规格(单位为 mm):空心线为 $4.7\times7.5/5.1\times7.9$,实心线为 $2.24\times7.5/2.6\times7.9$。

为了抑制趋表效应,使每根导体内电流均匀,减少直线部分及端部的横向漏磁通在各股导线产生环流及附加损耗,线棒各股线(包括空心线)要进行换位。发电机的定子线棒一般采用直线部分进行 $540°$ 编织换位的方法。

定子绕组绝缘包括股间绝缘、排间绝缘、换位部位的加强绝缘和线棒的主绝缘。主绝缘是指定子导体和铁芯间的绝缘,也称对地绝缘或线棒绝缘。主绝缘是线棒各种绝缘中最重要的一种绝缘,是最容易受到磨损、碰伤、老化和电腐蚀及化学腐蚀的部分。主绝缘在结构上可分为两种:一种是烘卷式,另一种是连续式。如果对绕组的槽内部分先进行绝缘处理,再对端部进行绝缘处理,则为套管式绝缘(烘卷式);如果把整个线圈用窄云母带交叠缠绕,则为连续式绝缘。大容量发电机多采用连续式绝缘。

发电机定子绕组的绝缘,采用以玻璃布为补强材料的、环氧树脂为黏合剂或浸渍剂的粉云母带,最高允许温度为 130℃。其优点是耐潮性高,老化慢,电气、机械及热性能良好,但耐磨和抗电腐蚀能力较差。

线棒的制作一般是首先将编织换位后的线棒垫好排间绝缘和换位绝缘,刷或浸 B 级黏合胶,再用云母粉、石英粉和 F 级胶配成的填料填平换位导线处和各股线间的空隙,并将其热压胶化成一个整体,再将端部成型胶化。其次用以玻璃布为底的环氧树脂粉云母带胶带沿同一方向包绕,每包一层表面需刷漆一次,直至包绕到绝缘要求的层数,再热压成型。最后喷涂防油、防潮漆,分段涂刷各种不同电阻率的半导体防晕漆。涂刷半导体防晕漆可以防止线棒表面处于槽口和铁芯通风槽处的电场突变。

发电机运行时,定子线棒的槽内部分受到各种交变电磁力的作用。上下层线棒之间的相互作用和定子铁芯的影响所产生的径向力起主要作用。短路时每厘米线棒上所受的电磁力可达几百千克,线棒若不压紧就会在槽内出现双倍频率的径向振动。线棒电流与励磁磁通的相互作用还会产生一个与转子旋转方向相同的切向力,使线棒压向槽壁。如果出现振动,就会使线棒与槽壁发生摩擦。这不仅会使绝缘磨损,而且会使绝缘产生积累变形、股线疲劳,导致绕组寿命降低。

大容量发电机在固定线棒的槽部时,在槽底、上下线棒间及槽楔下垫以半导体漆环氧玻璃布层压板或酚醛层压板,或垫以半导体适形材料制成的垫条;槽侧面用半导体弹性波纹板楔紧,也有用半导体斜面对头楔代替弹性波纹板的;在槽口处再用一对斜楔楔紧。对槽底、线棒间和楔下垫以加热后可固化的云母垫条或半导体适形材料,下好线后,先对其进行加热加压固化,使线棒和槽紧密贴合,然后在槽口打入斜面对头楔。

发电机定子端部绕组采用刚-柔绑扎固定结构，使发电机定子端部绕组固定良好。冷态下端部绕组模态试验的椭圆形固有振动频率合格的范围为不大于94Hz，端部绕组中的鼻端、引线、过渡引线的固有振动频率合格的范围为不小于115Hz。

发电机内设有进水母管和出水母管。按每匝线圈进出水方式及两半匝线棒的水流方向，定子绕组的水路连接可分串联双流水路和并联单流水路两种形式。

定子进出水汇流管均用不锈钢管制成。汇流管的进口位置设在机座励端顶部的侧面，出口位置设在基座汽端顶部的侧面。进出水汇流管之间通过设在机座外顶部的连通管连通，使之排气通畅，保证绕组在运行时充满水及水系统发生故障时不失水。在总进出水口设有与外部供水管连接的法兰。定子绕组汇流管及出线盒内的小汇流管均设有对地绝缘，并在接线端子板上设有可测量各汇流管对地绝缘电阻的端子，这些端子在运行时应接地。

在双水内冷的定子绕组中要既通水又通电，所以绕组端部的结构与空冷、氢冷的定子绕组有所不同。它必须有一个可靠的水电接头，使定子绕组按电路接通，又让水方便地引入和排出。因此，水电接头是水冷发电机的关键部件。绕组鼻端上下层线棒间的水电连接必须十分可靠，若发生渗水或漏水，则会严重影响发电机的安全可靠运行，甚至造成重大事故。

线棒的空、实心股线均用中频加热钎焊焊接在两端的接头水盒内，而在水盒盖上则焊有反磁不锈钢水接头，用作冷却水进出线棒内水支路的接口。套在线棒上或汇流管上水接头的四氟乙烯绝缘引水管，都用引进型卡箍将水管卡紧。上下层线棒的电连接由上下水盒盖夹紧多股实心铜线，用中频加热钎焊焊接而成，并逐一进行超声波焊透程度检查，这样就形成了上下层线棒水电的连接结构，如图2-93所示。采用中频加热钎焊焊接水盒的工艺和卡箍箍紧水管的结构，进一步提高了定子绕组水路的气密性。水电接头的绝缘采用绝缘盒作为外套，盒内塞满绝缘填料，并采用电位外移法逐一检验绝缘盒外的表面电压，保证水电接头的绝缘强度。

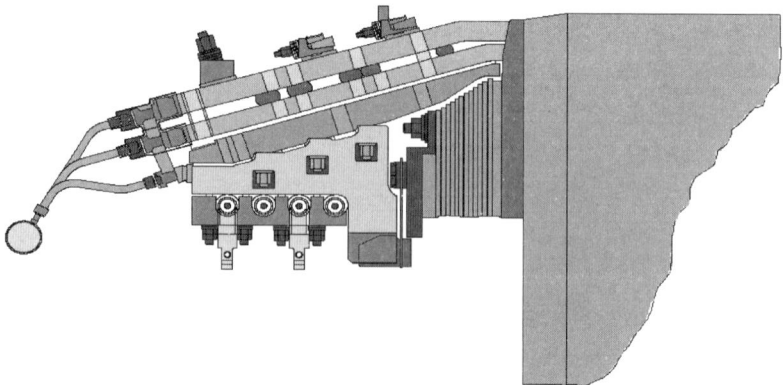

图 2-93 定子绕组水电接头

（四）发电机转子

发电机转子由转子铁芯、转子绕组、转子绕组的电气连接件、槽楔、护环、中心环、风扇、联轴器和阻尼装置等部件构成，如图 2-94 所示。

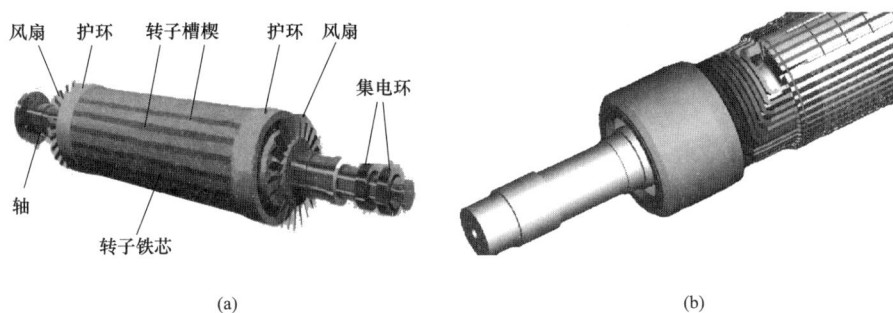

图 2-94 发电机转子结构

（a）结构图；（b）三维图

汽轮发电机的转速是很高的，达 3000r/min。当转子直径为 1m 时，转子圆周的线速度就达到 170m/s，相应的离心力就很大。因此，汽轮发电机的转子一般采用隐极式，而转子的直径由于受到离心力的影响，有一定限度。为了增大容量，就只能增加转子的长度，于是转子就形成了一个细长的圆柱体。当然，转子的长度同样受到转子刚度和振动等的限制。所以现代汽轮发电机要向大容量发展的主要困难之一，就是受到转子材料强度和刚度的制约。

1. 转子铁芯

发电机转子铁芯既要有良好的磁导性能，又要有足够的机械强度，是发电机的最关键部件之一。转子铁芯一般由整块钢锭锻制而成，材料采用高机械性能和良好磁导性能的 26Cr2Ni4MoV 合金钢。

转子轴中心沿轴方向有一个对穿的中心孔，精度达 D7。这是为了研究转子中心部分的材料结晶情况，以及消除中心部分由于锻冶不够而在运转时产生的危险应力。

在铁芯上开有两组对称的辐射式槽，槽与槽之间的部分称为齿。这些槽不是均匀分布的，有两个齿特别宽，称为大齿，其余的称为小齿。开槽的目的主要是安放线圈，为了尽量增加铜线截面，嵌线槽采用开口半梯形槽。

在转轴本体大齿中心沿轴向均匀地开有多个横向月形槽，又在励端轴柄的小齿中心线上开有两个均衡槽，以均衡磁极中心线位置的两个磁极引线槽。这些都是为了均匀转轴上正交两轴线的刚度，从而降低倍频振动幅度。在大齿上开有阻尼槽，使发电机在不平衡负载下可以减小横向槽边缘处的阻尼电流并减缓由此引起的尖角处温度的急剧升高，有效地提高发电机承受负序的能力。为削弱运行时近磁极中心的气隙磁通和转子轭部磁通局部饱和，改善磁场波形，对靠近大齿的两个嵌线槽分别采用了不等间距分布，而对 1 号线圈的 4 个嵌线槽同时采用了浅槽。在转轴上还开有小齿导风槽、供探伤用的半圆弧槽、供平衡用的平衡螺钉孔等。转轴用来固定转子绕组，以及电气连接件、护环、中心环、风扇、联轴器等部件。

2. 转子绕组

转子绕组是按一定规律绕制和连接起来的线圈组。转子线圈由冷拉含银无氧铜线加工而成，因此既抗蠕变又防氢脆。每一极有 8 组转子线圈，每匝线圈由上下两根铜线组成。其中，1 号线圈 6 匝，2～8 号线圈各为 8 匝，每圈导线由直线、弯角和端部圆弧所组成。直线部分有 8 种规格，端部有 12 种规格，总共有 20 种规格。这些零件都由采用精密加工成型的舌榫接头用中频钎焊拼接而成。为确保质量，在出厂前还要测试转子绕组在不同转速下的交流阻抗以检查转子有无匝间短路。加工过程中要用塞棒检查风道的深度，以防缺孔或堵孔。嵌线以后还要按国家标准规定的方法在套护环前和超速后各进行一次通风道检验，以检验转子通风道有无堵塞现象，防止运行中发生热不平衡事故。

转子本体采用了气隙取气斜流通风方式。线圈在槽内的直线部分沿轴向分成十多个进、出风区相间的区段，在宽度方向各为两排反方向斜流的径向风孔，它是用铣刀加工而成的。在转子线圈的槽楔上加工形成风斗，风斗有两种形式：放在进风区的为吸风风斗，放在出风区的为甩风风斗。来自定子铁芯径向风道的氢气，被转子进风区的风斗从气隙吸入转子线圈中两条反向的斜流风道（称为一斗两路），再从线圈底部穿过左右两条对称的斜流风路，相遇于一个甩风风斗后被甩出槽楔，排入气隙的转子出风区，最后进入定子铁芯的径向风道，这样就形成了与定子相对应的进、出风区相间的气隙取气斜流通风系统。国内实践证明，气隙取气通风的转子绕组在槽内的温度分布比较均匀，平均温度与最高温度都较低，特别适合大容量、长转子的发电机通风系统。

端部线圈采用轴向氢内冷，由两根冷拉成型的 Ⅱ 型铜线上下堆叠而成，中间形成冷却风道，迎风侧开有进风孔。为了降低端部绕组的最高温度，采用缩短风路的办法，将冷氢从迎风侧吸入风道后分成两路：一路沿轴向流向槽部的斜向出风道，再从槽楔经过甩风风斗排入边端出风区气隙；另一路沿端部横向弧形风道流向磁极中心，从极心圆弧段侧面的出风孔排入端部的低压热风区，然后从大齿两端的月牙形通风槽甩入边端出风区的气隙。这种端部的两路通风结构有效地降低了端部大号线圈的最高温度，使整个转子绕组温差较小而且温度较低。

发电机转子通风冷却方式如图 2-95 所示。

转子绕组在槽内的对地绝缘为高强度复合箔热压成型槽衬。匝间绝缘为特殊带状玻璃布板，粘贴在每匝导线的底部。护环下的绝缘由绝缘漆浸渍的玻璃布卷筒加工而成。在转子铜线与槽绝缘、护环绝缘和楔下垫条间

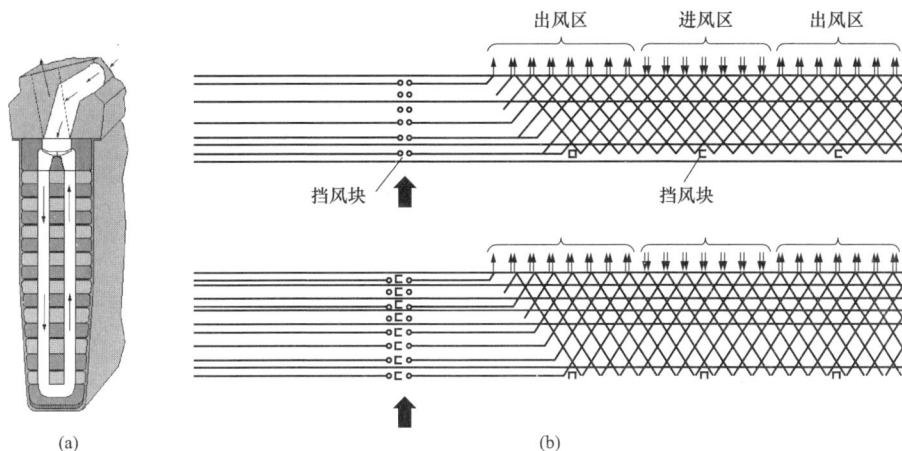

图 2-95 发电机转子通风冷却方式
（a）发电机转子通风冷却；（b）发电机转子通风区分布

均压粘有聚四氟乙烯滑移层，使铜线在离心力高压下能自由热胀冷缩，避免永久性残余变形，以适应调峰运行工况的需要。

转子绕组的电气连接件的设计充分考虑了减小循环应力以及密封可靠性的要求。

转子绕组的极间连接线由弯成两半圆的对扣凹形导线构成。两半圆之间由高强度含银铜箔构成柔性连接，这种结构有利于转子两极的重量均衡，具有良好的变形能力，从而减小应力。

转子磁极引线由开有凹槽的两半 J 型导线和 Ω 型的柔性连接线组成。引线的一端通过含银铜片组成 Ω 型柔性连接线与转子励端 1 号线圈底匝相连接，另一端与径向导电螺杆相连接。引线放置在线圈端部下的引线槽内，用槽楔和压板加以固定。引线采用柔性连接，使其具有良好的热变形能力和抗弯能力。

轴向导电杆、径向导电螺杆采用高强度的锆铜合金等材料，使其能承受结构件离心力所产生的高应力。导电螺栓外表面包环氧玻璃布绝缘，导电螺栓与转轴之间的密封采用人字形特制橡胶密封圈的压紧螺母，密封效果良好，可经受 1.4MPa 的气密性试验。轴向导电杆在励端轴端处形成 L 形由含银铜片钎焊焊接而成的柔性连接板，与无刷励磁机转子的 L 形引线构成电气连接。在导电杆中部分段也采用柔性连接结构，以吸收由于温度变化引起的变形，保护密封；在其 L 形端面连接螺孔内设置不锈钢衬圈，以防止损伤基本金属。

3. 转子槽楔、护环、中心环、风扇、联轴器

（1）转子槽楔由铝合金制成，在径向开通风道，并在顶部加工成风斗形，具有气隙取气进、出风斗的作用。槽楔上的风斗结合楔下垫条中特殊的风孔形成一斗两路，并采用两路流量均匀分配的通风方式。护环下端头

113

槽楔则由铍钴锆铜合金制成。

（2）转子线圈端部由护环来支承，护环是一个厚壁金属圆筒，用来保护转子绕组的端部，使其紧密地压在护环和转轴之间，不会因离心力而甩出。

由于转子高速旋转时，端部线圈的离心力全部作用在护环上，所以护环应具有特别好的机械性能；同时，为了降低端部的发热，护环不应具有磁导特性。护环采用具有良好的耐应力、耐腐蚀能力，由 18Mn18Cr 整体锻制的高强度反磁合金钢。

护环和转子之间采用护环与转子轴脱空悬挂。为了避免护环的轴向移动，护环与本体之间要用齿搭接，使运行中转子轴的挠度不会影响护环。大型汽轮发电机都采用这种方式。

（3）中心环则用来支持护环，使其与转轴同心。当转子旋转时，转轴的挠度不会使护环受到交变应力作用而损伤，还可防止转子绕组端部沿轴向移动。

（4）风扇有轴流式和离心式两种基本形式。轴流式风扇风压低、风量大、效率高，但制造工艺要求高，一般用于大型汽轮发电机中；离心式风扇风压高、风量小、效率低，但加工方便，一般用于小型发电机中。风扇环为合金钢锻件。采用轴流式风扇时，风扇叶片为铝合金锻件，单极螺桨式风扇对称布置在转子两端，向定子铁芯背部及转子护环内部送风。

（5）转子汽、励两端轴头处各设有与汽轮机和集电环小轴连接的联轴器。联轴器由高强度铬镍钼钒合金锻钢制成。联轴器与转轴间采用过盈配合。为防止联轴器与转轴之间发生相对转动，在联轴器和转轴配合处配装了轴向均布的圆锥形定位键。因此，联轴器在具有足够强度和刚度的同时，能传递最严重工况下的转矩。联轴器上设有轴向均布的用于连接的销孔和用于转子动平衡的平衡螺钉孔。

4. 转子的阻尼装置

转子本体大齿上月牙槽边缘处的负序涡流发热的温度最高，而发电机负序能力的大小主要取决于该部位的温升。为了解决负序电流在转子表面发热的问题，提高发电机承受不平衡负荷的能力，在大齿上开有阻尼槽。

在发电机转子本体大齿部分每极开有三个阻尼槽，两个大齿共有 6 个阻尼槽。槽内设有电导率高、耐高温、强度高的阻尼铜条，避免在横向槽周围形成过热点。同时，转子线圈槽楔采用对感应电流屏蔽效果良好的铝合金，并在各段槽楔间采用连接块搭接，使感应电流能顺利通过各段槽楔间的接缝处，防止在槽楔接缝处的齿部形成过热点。此外，与护环接触的端头槽楔采用热态导电性能良好的铍铜合金，使护环能与端头槽楔接触良好，并通过端头槽楔将各阻尼铜条、各线圈槽内槽楔并联在一起，形成可靠的笼式转子阻尼系统。

（五）端盖与轴承

发电机的轴承与密封支座都装在端盖上，这样可以缩短转轴长度并具有良好的支承刚度；由于轴承中心线距机座端面较近，使端盖在支承重量和承受机内氢压时变形最小，以保证可靠的气密性。

端盖与机座、出线盒和氢冷却器外罩一起组成"耐爆"压力容器。端盖由厚钢板拼焊而成，为气密性焊缝，焊后要进行气密性试验和退火处理，并要承受水压试验的考验。对每台端盖及其各种管道和消泡箱都要做气密性试验，以确保发电机整机的气密性指标。上、下端盖合缝面的密封及端盖与机座把合面的密封均采用密封槽填充密封胶的结构。为提高端盖合缝面的连接刚度，端盖合缝面采用双排连接螺钉。

发电机的轴承为分块式可倾瓦轴承，其上半轴瓦为圆柱瓦，下半轴瓦则为两块以纯铜瓦为基体的可倾瓦，抗油膜扰动能力强，具有良好的运行稳定性。分块式瓦下有瓦托（倾斜式轴瓦托块），瓦块与瓦托的支承点在45°的中心线上，作为轴瓦的摆动支点。轴瓦与其定位销均与下半轴承座绝缘；上半轴瓦与端盖之间也加设轴承绝缘顶块。在冷态时，上半轴瓦与绝缘顶块间留有 0.125～0.380mm 的间隙，为轴瓦热态膨胀留有余地。下半轴瓦的两块可倾瓦都设有供启动用的对地绝缘的高压进油管及顶轴油楔，以降低盘车启动功率和防止在低速盘车启动时在轴颈处造成条状痕迹。为防止轴电流，除轴瓦对端盖绝缘外，密封支座与端盖之间、端盖与轴承外挡油盖之间都设有绝缘。外挡油盖上的油封环用超高分子聚乙烯制成，可避免在轴上磨出沟槽，同时具有绝缘性能。发电机的励端端盖轴承、油密封及挡油盖均采用双重绝缘，即上半轴瓦顶部绝缘轴承顶块及下半轴承座的绝缘轴承座块和轴承外挡油盖均为双层式绝缘结构，并在密封支座与端盖之间增设一个对地绝缘的中间环，这样就加强了励端转轴对机座端盖的绝缘，又便于在运行过程中对转轴、轴承与油密封的绝缘电阻进行监测，有利于防止轴电流损伤转轴、轴承和密封瓦等。

单流环式密封油系统结构如图 2-96 所示。密封油系统主要是在系统中设置一套真空净油设备（由真空泵、再循环油泵和真空油箱组成）。密封油由汽轮机润滑油系统套装管直接供油，油已经过冷却，故不需要设置密封油冷却器。密封油中的空气和水分由真空净油装置分离并排出，因而发电机内氢气露点容易控制在－5℃以下，氢气纯度也得以保证。

单流环式密封油系统只需一路进油，即油泵从真空油箱中吸油，加压后经过滤器、压差调节阀调节油压后，进入密封瓦，回油仍分空侧和氢侧。空侧回油与轴承回油混合后流入空气抽出槽，氢侧回油则先流至扩大槽进行油氢分离，再流至浮子油箱（浮子油箱主要用来自动控制排油速度）。然后，氢侧回油也流入空气抽出槽（空气抽出槽相当于隔氢装置）。空气抽出槽中的油最终回至汽轮机主油箱，故单流环式密封油系统是一个开式系统。

（六）冷却器及其外罩

发电机在定子机座汽、励两端顶部分别横向布置了一组冷却器。冷却器由热传递效果好的绕片式（或穿片式）镍铜（或钛）冷却水管和两端的

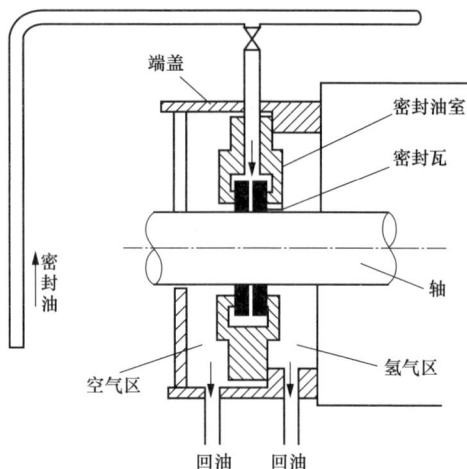

图 2-96 单流环式密封油系统结构

水箱组成。其功能是通过冷却水管内水的循环带走发电机内的氢气传递到冷却水管上的热量，使发电机内的氢气保持规定的温度。每组冷却器由两个冷却器组成。每个冷却器有各自独立的水路。当停运一个冷却器时，限制负载运行。

冷却器外罩由优质钢板焊接而成，具有足够的强度及气密性。冷却器外罩内设有通风需要的风道和对冷却器的位置进行调节并固定用的装置。冷却器外罩整体通过法兰与定子机座把合连接。

（七）出线盒、出线瓷套端子

发电机的出线盒设置在定子机座励端底部。出线盒由无磁性钢板焊接而成，其呈圆筒形，并具有足够的强度及气密性。出线盒采用法兰与机座把合。

发电机共有 6 个出线瓷套端子。其中，3 个设在出线盒底部垂直位置，为主出线端子；另 3 个设在出线盒的斜向位置，为中性点出线端子。发电机出线端子上设置有套管式电流互感器（TA），每个端子上套有 4 只，并采用无磁性紧固件固定在出线盒上。主出线端子通过设在其上的矩形接线端子（金具）与封闭母线柔性连接，中性点出线端子则通过母线板连接后封闭在中性点罩壳内并接地，连接用母线板也采用水冷方式。发电机的中性点罩壳为铝合金板焊接结构，它与基础的连接处设有绝缘措施。

（八）集电环及隔声罩刷架装配

集电环装配由装配在小轴上的集电环、集电环下的绝缘套筒、风扇、导电螺栓和导电杆等组成，并通过小轴端部联轴器与发电机转子连接。小轴采用高强度的铬镍铝钒整体合金锻钢制成，轴上设有装配导电杆的中心孔，并在端部设有与发电机转子连接的联轴器。集电环采用 50Mn 锻钢制成，其外圆表面设有螺旋散热沟，轴向沿圆周分布有斜向通风孔。风扇为离心式，风扇座环采用铬镍钼合金锻钢制成，风叶采用硬铝合金制成，铆接在风扇座环上。导电螺栓和导电杆采用锆铜锻件制成。每个集电环的两侧各设置 1 个导电螺栓，集电环通过两侧的导电螺栓与中心孔内的导电杆相连，而导电杆在中心孔内一直延伸到小轴的联轴器端面，并与发电机励端联轴器端面处的导电杆把合连接，从而构成励磁电路。集电环下的绝缘套筒和导电杆绝缘套筒以及填充用的绝缘垫块均为 F 级绝缘材料。

隔声罩刷架装配由装配在底架上的隔声罩、构成风路的隔板、刷架、组合式刷盒、导电板（引线铜排）、末端抑振轴承等组成。底架由优质钢板焊接加工而成，放置在基础预埋的座板上，通过基础螺杆固定在基础上。底架内隔有进出风路及设有导电板（引线铜排），底架底面上设有与基础风洞相接的进出风和连接导电板（引线铜排）用的接口。隔声罩采用玻璃钢制品，装配在底架上，罩内用隔板隔成进出风区。隔声罩与小轴的接触处设有气封环，以防止灰尘。为方便维修工作，隔声罩内空间设计得较为宽敞，留有检修通道；而且隔声罩两侧设有 4 个检修门，门上设有观察窗。刷架由隔板、导电板、组合式刷盒构成。每个刷盒内含 4 个牌号为 NCC634 的电刷。每个集电环轴向布置 2 个刷盒，集电环上部圆周分布 8 个刷盒，即每个集电环上共计设置 64 个电刷。刷盒为装卡式，可带电插拔，便于检查和更换电刷。刷盒上设有恒压弹簧，可径向压紧电刷，使电刷与集电环保持恒定压力接触。

集电环及隔声罩刷架装配除采用在集电环表面车螺旋散热沟、在集电环轴向钻斜向通风孔并在 2 个集电环中间加风扇，以及密闭循环通风冷却方式外，还通过控制集电环外径（为 $\phi380mm$）使线速度（为 59.69m/s）减小并远离电刷所能承受的 70m/s 极限，使摩擦损耗产生的发热大幅度降低，使电刷运行更安全；同时，通过控制电刷的电流密度（为 8.06A/cm²）在 8～9A/cm² 最佳运行范围、改进恒压弹簧与电刷的压点，以及电刷与集电环接触角度等，以确保集电环的安全稳定运行。

为防止集电环装配与发电机转子连接后形成的悬臂端在运行时摇摆引起振动过大，在集电环装配末端设有 1 个小直径的座式轴承，起支稳作用。座式轴承由轴承座、轴承上盖、轴瓦和挡油盖等组成，装配在隔声罩内的底架上。轴承座、轴承上盖采用优质钢板焊接加工而成，轴承座两侧均设有进出油管接口，轴承上盖上设有测轴承座振动用的平台和安装测轴振传感器的接口。挡油盖采用铸铝件，其与轴接触处采用迷宫加挡油梳齿的封油结构；轴瓦采用椭圆式，其上设有测温元件。

二、变压器结构

变压器一般由铁芯、绕组、油箱、绝缘套管和冷却系统等组成。铁芯和绕组是变压器进行电磁能量转换的有效部分，称为变压器的器身。油箱是油浸式变压器的外壳，箱内灌满了变压器油，变压器油起绝缘和散热作用。绝缘套管将变压器内部的高、低压引线引到油箱的外部，不但作为引线对地的绝缘，而且担负着固定引线的作用。冷却系统用来保证变压器在额定条件下运行时温升不超过允许值。

（一）变压器铁芯

铁芯是变压器的磁路。为提高变压器磁路的磁导率，铁芯材料采用高磁导性能的硅钢片。为减少交变磁通在铁芯中引起的涡流损耗，铁芯通常用 0.28～0.35mm 相互绝缘的硅钢片叠成。目前广泛采用磁导系数高的冷轧晶粒取向硅钢片，利用其可缩小体积和质量，也可节约导线和降低导线电阻所引起的发热损耗。

铁芯分为铁芯柱和铁轭两部分。铁芯柱上套有绕组，铁轭将铁芯柱连接起来，使之成为闭合磁路。

变压器铁芯的基本结构有芯式和壳式两种。由于芯式变压器结构比壳式变压器结构简单，且绕组与铁芯间的绝缘易处理，故电力变压器铁芯一般采用芯式。芯式单相变压器有两个铁芯柱，用上下两个铁轭将铁芯柱连起来，构成闭合磁路。两个铁芯柱上都套有高压绕组和低压绕组。通常将低压绕组放在内侧，即靠近铁芯；而将高压绕组放在外侧，即远离铁芯，这样更符合绝缘等级要求。

随着电力变压器单台容量的不断增大，其体积也相应增大，从而与运输的高度限制发生矛盾，解决的办法之一是采用三相五柱式铁芯。三相五柱式铁芯的上下铁轭的截面和高度比普通三相三柱式铁芯的小，从而降低了整个变压器的高度。它能将变压器的上下铁轭高度几乎各减去一半，即整个变压器降低了一个铁轭的高度，而高度降低后铁轭中的磁通密度仍保持原值。

由于三相五柱式铁芯各相磁通可经旁轭闭合，故三相磁通可看作是彼此独立的，而不像普通三相三柱式变压器各磁通互相关联，因此当有不对称负载时，各相零序电流产生的零序磁通可经旁轭闭合，故其零序励磁阻抗与对称运行时的励磁阻抗（正序）相等。

中小容量的三相变压器都采用三相三柱式铁芯。大容量三相变压器常受运输高度限制，故多采用三相五柱式铁芯。

芯式变压器结构比较简单，高压绕组与铁芯距离较远，绝缘较易处理。壳式变压器结构比较坚固，制造工艺较复杂，高压绕组与铁芯柱的距离较近，绝缘处理较困难。壳式结构有利于加强对绕组的机械支承，使其能承受较大的电磁力，特别适用于通过大电流的变压器。

在大容量变压器中，为节省材料和充分利用空间，铁芯柱的截面一般做成一个外接圆的多级阶梯形。随着变压器容量的不断增大，铁芯柱的直径随之增大，阶梯的级数也随之增加。为了使铁芯中发出的热量被绝缘油在循环时充分地带走，以达到良好的冷却效果，除铁芯的截面做成阶梯形外，铁芯上还设有散热沟（油道）。散热沟的方向可与硅钢片平行，也可与硅钢片垂直。铁芯的装配有直接接缝、半直半斜接缝和全斜接缝等方式。

在大容量变压器中，铁芯损耗的绝对值很大，实现全斜接缝的经济意义巨大，故目前已全力推广生产全斜接缝的低损耗电力变压器。全斜接缝的硅钢片叠积，其接缝都是斜接的，这样在磁力线改变方向时，损耗可降到最低。这种装配方式使芯柱和轭部无空心螺孔，从而减小了由于冲孔产生的铁损。由于硅钢片无孔，钢片的夹紧采用环氧玻璃粘带绑扎，减少了附加损耗。

SFP-720000/500型变压器采用三相五柱式结构，铁芯柱用浸环氧树脂的玻璃布带绑扎，铁轭用低磁钢带扎紧。铁芯的磁路部分通过安装在油箱顶盖上的套管接地，并通过铜母线引至油箱下部与接地板连接。

（二）变压器绕组

绕组是变压器的电路部分，由表面包有绝缘的铜或铝导线绕成。电力变压器的高、低压绕组在铁芯柱上按同心圆筒的方式套装，在一般情况下，总是将低压绕组放在里面靠近铁芯处以利于绝缘，把高压绕组放在外面，高、低压绕组间以及低压绕组与铁芯柱之间留有绝缘间隙和散热通道，并用绝缘纸板筒隔开。

按其结构的不同，绕组可分为圆筒式、螺旋式、连续式、纠结式、内屏蔽式等。

（1）圆筒式。圆筒式绕组一般用于三相容量在1600kVA以下、电压不超过15kV的电力变压器。容量稍大的变压器，其低压绕组匝数很少，但电流却很大，所以要求线匝的横截面大，通常用很多根（6根或更多）导线并联起来绕制。

圆筒式绕组是最简单的一种绕组，它是用绝缘导线沿铁芯高度方向连续绕制，绕制完第一层后，垫上层间绝缘纸后再绕第二层。这种绕组一般用于小容量变压器的低压绕组。

绕组是变压器运行时的主要发热部件，为了使绕组有效地散热，除在绕组纵向内、外侧设有油道外，对双层圆筒式绕组，在其内外层之间多用绝缘的撑条隔垫开，构成横向油道。纵向和横向油道是互相沟通的。

（2）螺旋式。螺旋式绕组每匝并联的导线较多，而且是沿径向一根压着一根地叠起来绕。并联的导线绕成一个螺旋，中间隔以沟道。当螺旋式绕组并联的导线很多（如12根）时，就把并联导线分成两组并排绕制，形成双螺旋式。为了减少导线中的附加损耗，绕制过程中要将导线换位。螺旋式绕组一般用于三相容量在800kVA以上、电压在35kV以下的大电流绕组。

（3）连续式。连续式绕组由多个线饼沿轴向串联而成。绕制时，先将若干线匝沿径向串联绕成一个线饼，然后采用"翻绕法"，使绕制连续地过渡到下一个线饼。由于采用特殊的绕制工艺，从一个线饼到另一个线饼，其接头交替地出现在绕组的内侧和外侧，但因为都用绕制绕组的导线自然连接，所以没有任何接头。由于这一特点，连续式绕组具有很高的机械强度和可靠性。连续式绕组应用范围较广，且机械强度高，散热条件好，一般用于三相容量在 630kVA 以上、电压在 3～110kV 的绕组。

为了减少大型电力变压器在采用多股导线并绕时所产生的附加损耗，绕组往往需要做换位处理，通常采用换位导线。所谓换位导线，就是将多股分散的并绕导线，在绕制前先按照一定的规律，360°连续地进行换位。在应用时，把换位导线当作一根导线来绕制。换位导线被广泛应用于大容量电力变压器。

（4）纠结式。纠结式绕组的外形与连续式的相似，两者的主要不同是：连续式绕组的每个线盘中电器上相邻的线匝是依次排列的，而纠结式绕组电器上相邻的线匝之间插入了绕组中的另一线匝，以使实际相邻的匝间电位差增大。纠结式绕组焊头多、绕制费时。采用纠结式绕组的目的是增加绕组的纵向电容，以便在过电压时，起始电压比较均匀地分布于各线匝之间。纠结式绕组一般用于三相容量在 6300kVA 以上、电压在 110kV 以上的高压绕组。

（5）内屏蔽式。SFP-720000/500 型变压器的外高压绕组为内屏蔽连续式结构，内高压绕组和低压绕组为螺旋式结构。绕组排列从铁芯向外依次为内高压绕组、低压绕组以及外高压绕组。

（三）变压器油

油浸式变压器中使用的变压器油，是从石油中提炼出来的矿物油，其具有介质强度高、黏度低、闪燃点高、酸碱度低、杂质与水分极少等特点。工程中用的经过净化的变压器油的耐电压强度一般可达 200～250kV/cm。它在变压器中既是绝缘介质又是冷却介质。在使用中要防止潮气侵入油中，即使进入少量水分，也会使变压器油的绝缘性能大为降低。

（四）油箱及附件

1. 储油柜

储油柜一般又称油枕，装于变压器箱体顶部，与箱体之间有管道连接相通，还装有油位计、放气塞、排气管、排污管、进油管及吊攀等附件，如图 2-97 所示。储油柜的主要作用是保证油箱内充满油，减小油与空气的接触面积，减缓变压器油受潮、氧化变质。储油柜具有与大气隔离的油室，油室中的油量可由构成气室的隔膜袋的膨胀或收缩来调节。气室通过吸湿型呼吸器与大气相通，进入气室的空气首先被呼吸器内的硅胶吸收其潮气，从而减缓储油柜内变压器油的变质。储油柜的容积一般为油箱容积的 8%～10%。油箱内部在套管升高座等处积聚的气体可通过带坡度的集气总管引向气体继电器。气体继电器的作用是当变压器漏油或内部轻微故障产生气体时动作，发出轻瓦斯报警信号；当内部发生严重故障时，气体继电器接通保护跳闸回路，使变压器各侧断路器跳闸，变压器停运，保证故障不再扩大。

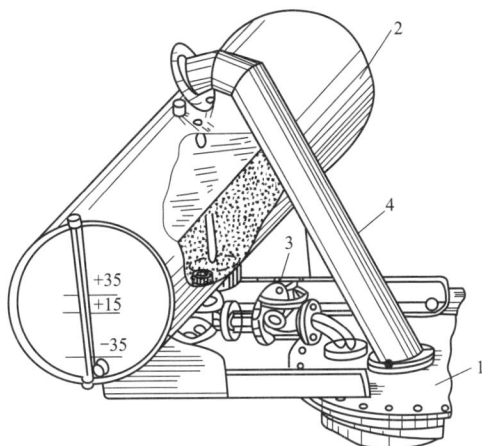

图 2-97　储油箱和排气管

1—主油箱；2—储油柜；3—气体继电器；4—排气管（防爆管）

绕组之间设置多层厚度为 3～4mm 的纸筒。铁芯包括芯柱和铁轭（接地），靠近芯柱的绕组与芯柱之间为绕组对地的主绝缘，其采用绝缘纸板围着圆柱形的铁芯构成，可根据电压的高低决定纸板的张数。纸筒的外径与绕组的内径之间用撑条垫开，以形成一定厚度的油隙绝缘。电压较高时可以采用纸筒—撑条重复使用的办法构成。油隙同时是绕组与芯柱之间、不同电压的绕组与绕组之间的散热油道。每相绕组的上、下两端，绕组与上部的钢压板、下部铁轭之间，存在着绕组端部的主绝缘，又称铁轭绝缘，其采用纸圈—垫块交叉放置数层构成。为改善绕组端部电场的分布，在 110kV 以上的绕组端部，都放置静电屏。同相不同电压的绕组之间或不同相的各电压绕组之间的主绝缘，采用薄纸筒小油隙结构，这种结构具有击穿电压值高的优点。

2. 油箱

变压器油箱即变压器的本体部分，其中充满油，并将变压器的铁芯和线圈密闭在其中。油箱一般由钢板焊接而成，顶部不应形成积水，内部不能有窝气死角。大中型变压器器身庞大、笨重，在检修时起吊变压器器身很不方便，所以都做成箱壳等可吊起的结构。这种箱壳好像一只钟罩，当变压器器身需要检修时，吊去较轻的箱壳，即上节油箱，器身便完全暴露出来了。

变压器能在其主轴线和短轴线方向的平面上滑动或在管子上滚动，油箱上有用于拖动的构件。油箱上设有温度计座、接地板、吊攀和千斤顶支架等。油箱上装有梯子，梯子下部有一个可以锁住踏板的挡板，梯子的位置便于在变压器带电时从气体继电器中采集气样。变压器油箱装有下列阀门：①进油阀与排油阀，在油箱上部和下部成对角线布置；②油样阀，采用取样阀的结构，其位置便于取样。

变压器装有带报警接点的压力释放装置，每台变压器至少有 2 个，直接安装在油箱两端。变压器油箱内安装有 3 只远方测温电阻（其中 2 只电阻接数字式温度显示仪，1 只电阻输出 4～20mA 信号并接至计算机），电阻采用 Pt100 热电阻，对应温度为 0～100℃，电阻接线为三线制。另外，变压器在就地设置上层油温的测量、显示装置。

3. 绝缘结构和绝缘套管

变压器的绝缘分主绝缘和纵向绝缘两大部分。主绝缘是指绕组对地之间、相间和同相而不同电压等级的绕组之间的绝缘；纵向绝缘是指同一电压等级的一个绕组，其不同部位之间，如层间、匝间、绕组对静电屏之间的绝缘。主绝缘应承受工频试验电压和全波冲击试验电压的作用，因此主绝缘结构应保证在相应等级试验电压作用下，具有足够的绝缘强度，并保持一定的裕度。

变压器内部的主绝缘结构主要为油—隔板绝缘结构，目前广泛采用薄纸筒小油隙结构。电压在 220kV 及以上时，增加纸板围屏来加强对地之间的主绝缘。变压器的绝缘套管将变压器内部的高、低压引线引到油箱的外部，不但作为引线对地的绝缘，而且担负着固定引线的作用。40kV 及以下电压等级的变压器绝缘套管一般以瓷质为主，由瓷套、导电杆和一些零部件组成，其特点是结构简单。

SFP-720000/500 型主变压器低压侧采用环氧树脂浸纸电容式大电流套管，其型号为 HETA-40.5/25000-3。套管由环氧树脂浸纸芯子、铜导电杆和铝法兰组成。套管通过铝箔形成局部电容平均电压，控制沿芯子厚度内和表面的电场强度，以形成紧凑有效的设计，避免芯子表面电场过分集中。套管的一侧在变压器油中，另一侧往往在封闭母线筒内，空气介质温度可高达 70～80℃。该套管在室温不低于 10℃、1.05 倍最高工作电压下测得的介质损耗（tanδ）不大于 0.007。套管在最高工作电压下的局部放电量小于 10pC。

SFP-720000/500 型主变压器高压侧采用 500kV 油纸电容式变压器套管。该套管由储油柜、磁套、法兰及电容芯子连接组成。主绝缘电容芯子是由绝缘纸和铝箔电极在导电管上卷绕而成的同心圆柱串联电容器，用以形成均匀电场。其经真空干燥、浸油处理后成为电气性能极高的油纸绝缘体。磁套为外绝缘，同时作为保护主绝缘的容器。套管的头部储油柜上设有磁性油位指示计，可以指示油位的变化。套管中间设有供安装连接用的法兰，法兰上设有变压器注油时放出变压器上部空气的放气塞及测量套管介质损耗（tanδ）的测量引线装置。套管采用全密封金属结构，其内部充以经特殊处理的优质变压器油，套管的电容芯子完全不与大气相通。这样可以避免阳光的照射和大气中的有害物侵入套管内部，使绝缘老化。该套管在室温不低于 10℃、1.05 倍最高工作电压下测得的介质损耗（tanδ）不大于 0.005。套管在最高工作电压下的局部放电量小于 10pC。

4. 压力释放阀

压力释放阀安装在变压器油箱盖上部，是用来保护油浸式电气设备如变压器、电容器、有载分接开关等的安全装置，可以避免油箱变形或爆裂。当油箱内发生事故，油箱压力升高到释放阀的开启压力时，压力释放阀在 2ms 内迅速开启，使油箱内的压力很快降低。当压力降到压力释放阀的关闭压力值时，阀又可靠关闭，使油箱内永远保持正压，有效防止外部空气、水汽及其他杂质进入油箱。

压力释放阀实质上是一种弹顶阀，它以独特的方法将驱动压力瞬间扩散。该装置由六角螺栓通过安装法兰固定到变压器上，用密封垫密封。动作盘由弹簧弹顶、顶部氰橡胶密封垫和侧向接触式密封垫形成密封。外罩将弹簧压缩并由六个螺栓保持在压缩位置。卸开固定外罩的螺栓要极度小心，切勿轻易卸开。当作用到顶部密封垫区域的压力超过弹簧产生的开启压力时，压力释放阀动作。一旦动作盘从顶部密封垫稍微向上移动，动作盘上的变压器内部压力马上扩展到侧面氰橡胶密封圈直径内的整个面积上，作用力得到极大增强，使位于弹簧闭合高度的动作盘突然打开。变压器内部压力迅速下降到正常值，弹簧使动作盘回到密封位置。

外罩中央有一个颜色鲜明的指示杆，它不固定在动作盘上，但在动作过程中会随动作盘上升，并由指示衬套夹紧在上升位置不下来。指示杆在远处清晰可见，表示压力释放阀已经动作。指示杆可用手推下去，落到复位的动作盘上，即复位。指示杆还可以供长臂扬旗，作为更远距离的直观指示。

压力释放阀还可以为密封防水提供报警开关，其安装在外罩上。报警开关包括一个单刀双掷开关，带有芯电缆，连接到远方报警或信号装置。报警开关受动作盘推动而动作后，该开关被卡在那里，只有手推复位杆才能复位。

5. 分接开关

变压器有载分接开关多为高速转换电阻式，共分 17 级。切换装置装于与变压器主油箱分隔且不渗漏的油箱里，其油室为密封的，并配备压力保护装置和过电压保护装置。其中，切换开关可单独吊出检修。

有载分接开关的分接过程如图 2-98 所示。假定变压器每相有三个分接抽头 1、2、3，负载电流 I 原来由抽头 1 输出，如图 2-98(a) 所示。当需要将分接抽头从 1 调整到 2 时，必须在分接抽头 1、2 之间接入一个过渡电路，分接抽头调整完毕后即切除该过渡电路。通常是用一个阻抗（电阻或电抗）跨接在分接抽头 1、2 之间，如图 2-98(b) 所示，于是在阻抗中流过一环流 I_c，阻抗的作用就是限制电流 I_c 的大小，避免在分接抽头 1、2 之间形成短路，因此该阻抗又称限流阻抗。

阻抗的接入，好像在分接抽头 1、2 之间搭设了一座临时的"桥"，这时动触头可以在"桥"上滑动，如图 2-98(c) 所示。于是负载电流可以在分接抽头切换时继续通过桥输出，不需要停电，直至分接开关的动触头到达位置 2 为止，如图 2-98（d）所示。当动触头到达分接抽头 2 时，搭接的阻抗已经失去作用，可以切除掉，如图 2-98（e）所示，切换过程结束，负载电流从分接抽头 2 输出。

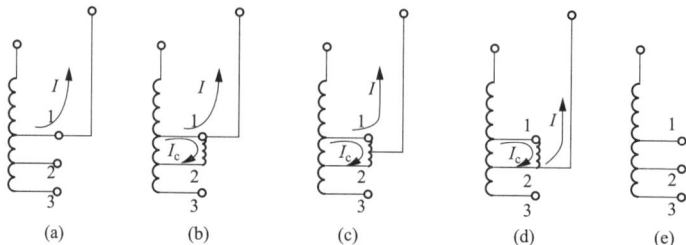

图 2-98　有载分接开关的分接过程
（a）开始位置；（b）过渡的分接抽头接入限流阻抗；（c）动触头开始在阻抗上滑动；
（d）动触头已经滑动到需要的分接抽头；（e）过渡用的阻抗切除

有载分接开关附有在线滤油装置，对开关油箱中的油能在带电情况下进行处理。有载分接开关油箱有单独的储油柜、呼吸器、压力释放装置和油流控制继电器等。驱动电动机及其附件装在耐全天候的控制柜内。有载调压装置的额定电流为 300A，调压范围为 $-10\%\sim+10\%$；装在变压器上后，具有与变压器相同的承受短路热稳定和动稳定的能力；应配有自身的保护装置。

启动备用变压器有载调压开关带负荷调节电压有三种方法，即遥控电动、近控电动、近控手动。正常运行时，应投"遥控"位置。当有载调压开关遥控调节失灵时，可切换到近控电动或近控手动调节。调压开关长期载流的触头，在 1.2 倍额定电流下，对变压器油的稳定温升不超过 20K。

调压开关的电寿命不少于 200000 次，机械寿命不少于 800000 次。变压器高压侧引接点的系统短路容量为 60000MVA，调压开关长期载流的触头应能承受变压器内部和外部故障时该短路容量所提供的持续短路电流 2s 和相应的短路冲击电流峰值而分接开关触头不熔焊、烧伤、无机械变形。

分接开关本体上下有两块绝缘板，每块绝缘板上装有 6 个绝缘套，焊有变压器分接引线的触头，两端穿入绝缘套的孔内。绝缘板、绝缘套和定触头装配后，形成开关本体的骨架。每台开关由于电流大小的不同，动触头的数量也不同。动触头通过穿钉和弹簧与触头支架连接，在触头支架上还固定有控制动触头运动轨迹的绝缘控制板，触头支架套在回动轴上。装配后的回动轴位于开关本体的骨架中间，并通过上、下绝缘板中间的轴套定位。通过回动轴的转动，使动触头与指定的定触头接通，并产生较大的接触压力。分接开关的本体通过绝缘筒压紧固定，并安装在变压器器身的木件上。绝缘筒起保护作用，且通过开孔可以观察触头的接触情况。

分接开关的驱动机构可以装在变压器的箱盖上，也可以装在变压器油箱的侧面箱壁上。驱动机构由主轴、控制板、齿轮、固定螺钉、定位件、法兰盘、数字牌、操作杆、接头等组成。在箱壁上安装的驱动机构，由于传动方向需要改变，因此在油箱内还装有一对锥齿轮。驱动机构与开关本体应连接在一起。分接开关调压时，只能按数字牌上的箭头方向转动主轴，而且调压的顺序是：以五分接为例，在箱盖上驱动的开关是 1—2—3—4—5—空位—1；在箱壁上驱动的开关是 1—空位—5—4—3—2—1；三分接的开关顺序与五分接的相同，只有三个空格。

分接开关从第二分接到第三分接需要经历以下过程：顺时针转动回动轴，触头支架连同绝缘控制板以定触头为支点反时针摆动，同时绝缘控制板的开口逐渐向定触头移动；当回动轴转到约 90°时，动触头从定触头间拔出，同时绝缘控制板的开口已经卡在定触头上，并且以定触头为支点带动动触头向定触头之间运动；当回动轴转到约 180°时，动触头进入定触头之间，绝缘控制板离开定触头；当回动轴转到约 220°时，动触头与定触头基本吻合，绝缘控制板跟随动触头离开定触头；当回动轴转到 300°时，动触头与定触头完全吻合，并紧密接触。这样当回动轴转动 300°，动触头就从接通定触头（第二分接）转到接通定触头（第三分接），即完成一个分接变换。

为保证开关接触良好，应及时清除开关触头接触部分的氧化膜及油污等，每年至少应转动两周。每次调压完毕都必须将开关帽盖紧，必要时在驱动机构的零件上涂一层薄薄的黄油，以防生锈。

分接开关检修时停放在空气中的时间，不得超过相同绝缘等级的变压器的规定，否则应按变压器使用说明书的规定进行干燥，并浸在干净的变压器油中（油的击穿电压不得低于 50kV）。对分接开关间隙进行工频 1min 耐压试验，不得有击穿和闪络现象。

检修时应注意检查以下方面：检查驱动机构的密封情况；将分接开关转动数周，检查有无异常现象，动作是否灵活；检查分接开关本体在绝缘筒中的固定是否牢固；在正常位置检查触头的接触压力，弹簧压缩至 19mm 时压力不得小于 80N，检查触头的磨损和烧损情况。

6. 电流互感器

电流互感器安装在由钢板或低磁钢板制成的升高座内，一个升高座内可以放置一个或数个电流互感器。这些电流互感器均浸没在变压器油中，以确保电流互感器不受潮、不污染。对于测量级（LR 型）电流互感器，如有仪表保安度数（即 FS 值）要求时，电流互感器二次出线端子并联一个有圆环形铁芯的分流电抗器。套管式电流互感器运行时，二次侧不得开路，否则有高压产生，会危害人身和设备安全，也会使互感器铁芯残存较大的剩余磁通，导致误差性能变坏。如果确实发生二次侧开路，使用前必须进行退磁处理，直至误差性能恢复到出厂值范围以内。安装在变压器上不使用的电流互感器，二次出线套管接线端必须短接。电流互感器在空气中的停放时间，从放油到注油浸没电流互感器为止，在空气相对湿度不超过65％的干燥天气不超过15h，在空气相对湿度不超过75％的潮湿天气不超过12h。套管式电流互感器的故障与处理方法见表2-5。

表 2-5　套管式电流互感器的故障与处理方法

故障特征	原因	处理方法
绝缘电阻值低	变压器油含水	更换新变压器油
	套管污染受潮	擦拭干净或用热风吹干
	互感器受潮	干燥
极性反	一次电流不是从引线方向流入	将仪表、仪器反向接于套管
误差不合格	二次接线错误	检查接线片与套管是否符合铭牌
	剩磁大	退磁
	导线匝间短路	找出短路处，重包绝缘
	导线与铁芯短路	找出短路处，重包绝缘
没有二次电流输出	断线，接线片开焊，接线片未接套管	重新焊接

LRBT-500套管式电流互感器适合安装在500kV变压器出线套管的升高座内，把变压器套管中导体的电流信息传递给测量仪器、仪表和保护控制装置。LRBT-500各部分代表的意义是：L代表电流互感器；R代表套管式（或称装入式）；BT代表具有暂态特性保护作用（B代表具有稳态特性保护作用；无BT或B则代表具有稳态特性测量作用）。

7. 气体继电器

气体继电器又称瓦斯继电器，它装在储油柜与主油箱之间的连接管路上。当变压器发生故障时，内部绝缘物气化产生气体，气体从油箱上升进入储油柜时，气体继电器的触点动作，发出信号，便于工作人员处理或使断路器跳闸。

常用的挡板式气体继电器，也称浮子式气体继电器，是目前使用最多的一类气体继电器。一种挡板式气体继电器的工作原理结构如图2-99所示。继电器内装有由浮球、浮球与挡板带动的上下两个开关系统：上部开关系统包括磁性开关、支架及上浮球，而磁性开关由永久磁铁和一对干簧触点（磁性触点）组成；下部开关系统包括磁性开关、支架、下浮球及挡板和磁铁。其工作原理如下：

变压器正常运行时，气体继电器中完全充满变压器油，浮力使两个浮球都处于最高的正常位置，挡板处于垂直向上位置，挡住主油道。

当变压器内发生轻微故障时，产生的气体向上途经气体继电器，会聚积在其壳内的上部空腔，迫使壳内油位下降，导致上浮球也下降，使与浮球连在一起的永久磁铁（在磁性开关内）接近干簧触点，当接近到一定限度时，便吸动干簧触点使其闭合，发出报警信号。此时，下浮球和挡板并不改变位置，因为油位降到一定程度后，产生的气体能够沿着管壁的上部排到储油柜。

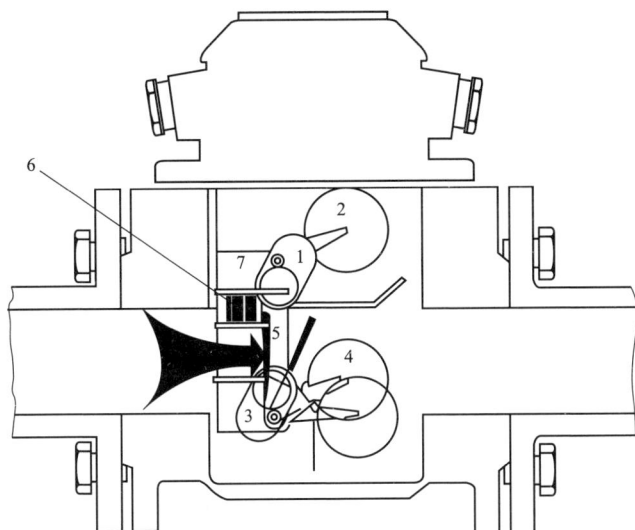

图 2-99　挡板式气体继电器的工作原理结构

1、3—磁性开关；2—上浮球；4—下浮球；5—挡板；6—磁铁；7—支架

当变压器内部发生严重故障时，产生大量气泡，急速的油流涌向气体继电器，当流速超过一定值，油流的冲力大于磁铁吸住挡板的吸力和下浮球的作用力时，便迫使挡板倒向油流动的方向，同时促使下浮球倒下，使相应的开关触点闭合，发出跳闸命令。

当油流速度降低时，因下浮球受到浮力的作用，挡板会自动恢复到原来的垂直位置。

当运行中变压器油面过分降低时，也会使下浮球下降，使相应的开关触点闭合，发出跳闸命令。

8. 油位计

指针式油位计适用于油浸式电力变压器储油柜和有载分接开关储油柜油面的显示以及最低和最高极限油位的报警，也适用于各种敞开式或内压力小于 245kPa 的压力容器液位的显示和报警。油位计的型号组成及其代表的意义：YZ 代表指针式油位计；1 代表结构形式（F 代表浮子型，S 代表伸缩杆型）；2 代表设计序号；3 代表盘面直径（mm）。油位计的允许工作温度为 $-30 \sim +95℃$。度盘式油位计主要由指针和表盘构成的显示部分，磁铁（或凸轮）和开关构成的报警部分，换向及变速的齿轮组、摆杆和浮球构成的传动部分组成，如图 2-100 所示。当变压器储油柜的油面升高或下降时，油位计的浮球或储油柜的隔膜随之上下浮动，使摆杆做上下摆动运动，从而带动传动部分转动，通过耦合磁钢使报警部分的磁钢（或凸轮）和显示部分的指针旋转，指针指到相应位置；当油位上升到最高油位或下降到最低油位时，磁铁吸合（或凸轮拨动）相应干簧触点开关（或微动开关）发出警报信号。

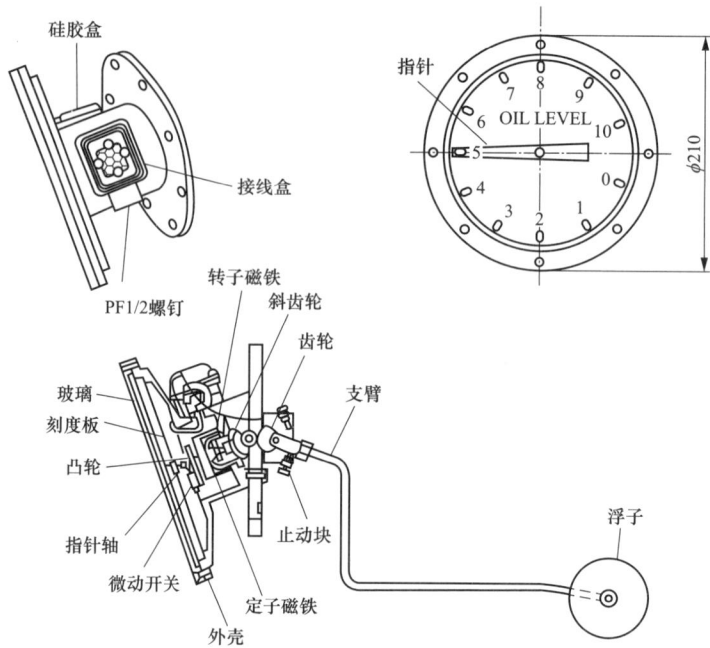

图 2-100　度盘式油位计结构

油位计使用时应该注意以下几个方面的问题：变压器设计中在选用储油柜的同时，应选用相应的油位计，特别是摆杆长度（浮球中心至油位计铰链点中心距），以保证油位计显示值与油面位置的正确性；油位计所测液面不得有剧烈波动，摆杆不得快速猛烈摇动；油位计在运行中应每年检查一次，检查引线和开关绝缘性能是否良好，密封垫圈是否需要更换。

9. 呼吸器

为了能使储油柜内的油面自由地升降，而又防止空气中的水分和灰尘进入储油柜内油中，中、小型变压器的储油柜通过一根管道，再经一个呼吸器（又称换气器）与大气连通。呼吸器内装有干燥剂（或称吸湿剂），通常采用硅胶。图 2-101 所示为一种小型的吸湿过滤式呼吸器，它包括硅胶容器、带油槽的过滤器和位于顶部的连接法兰。当变压器储油柜内的油位升降时，外界空气通过油槽和过滤器进入，滤除进入的空气中的灰尘，然后使清洁后的空气通过硅胶，被吸收掉所有的水分，仅使干燥的空气进入变压器储油柜内。利用油槽使硅胶与大气隔开，从而使硅胶仅吸收进入空气中的水分，这样可以延长硅胶的使用寿命。吸湿室内装的干燥剂是浸有氯化钴的硅胶，其颗粒在干燥时是蓝色的，但是随着硅胶吸收水分接近饱和，粒状硅胶就转变为粉白色或红色，据此可判断硅胶是否已失效。受潮后的硅胶可通过加热烘干而再生，当硅胶颗粒的颜色变成蓝色时，再生工作就完成了。

大型变压器为了加强变压器的绝缘保护，不使油与空气中的氧气相接

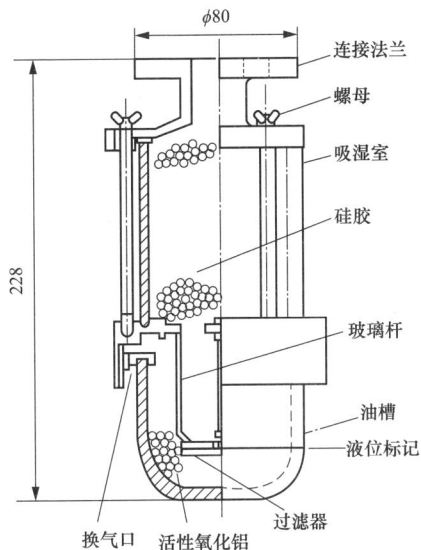

图 2-101　吸湿过滤式呼吸器（单位：mm）

触，以免氧化，常采用在储油柜中加装隔膜或充氮气等措施。隔膜式储油柜采用薄膜（隔膜）使油与大气隔离。储油柜为水平圆柱体，在中分面的法兰夹着一层薄膜，把储油柜内部空间分隔成上、下两部分，薄膜以下是变压器油，薄膜以上是空气。薄膜的材料是尼龙布上覆盖腈基丁二烯橡胶，其具有极低的透气性和较高的抗油性以及低温适应性（−43℃）。薄膜寿命，在 60℃油温驱动薄膜 10 万次后仍正常。储油柜的油箱能承受全真空，因此在储油柜安装好后，仍能实现真空注油。薄膜的空气侧接有一个呼吸器与大气相通。呼吸器内装有可再生的变色硅胶（吸湿剂），以吸收进入的空气中的潮气。呼吸器的下侧有空气过滤器，内装颗粒状的吸湿剂（活性氧化铝），以吸收空气中的灰尘。

储油柜内油的表面上侧空间使用一个合成橡胶制成的橡胶容器，橡胶容器内无油，而储油柜内的所有其余空间都充满变压器油。橡胶容器的形状使之能通过其形状变化适应油的热胀冷缩引起的油位变化。由于该橡胶容器由有优良的耐油性、耐气候作用的、机械强度高的腈系橡胶制成，所以该装置在长期运转中有足够的可靠性。在该储油柜的橡胶容器内，空气通过吸湿过滤式呼吸器与外界空气相通，以防容器变质，并在橡胶容器内始终保持大气压。此外，由于橡胶容器底部被制成与当时油量相符的水平状，所以其底部被油位计指示为油位。

三、发电机-变压器组的保护原理

（一）发电机差动保护

1. 保护范围

保护发电机定子绕组及其引出线的相间短路故障（发电机差动保护用

129

的两组电路互感器之间）。

2. 保护装置功能

（1）应具有防止区外故障误动的谐波制动和比例制动特性，防止发电机过励磁时误动。

（2）当电流互感器发生断线时，可选择发出报警信号或闭锁差动；当电流大于额定电流的 1.2～1.5 倍时，应自动解除闭锁。

（3）在同一相上出现两点接地故障（一点在区内，另一点在区外）时，可动作出口。

（4）动作电流的整定范围应为 0.1～1.0 额定电流。

（5）动作时间（2 倍整定电流时）不大于 30ms。

（6）差动保护动作后采用全停 1 出口动作于机组跳闸。

3. 比率制动原理

比率制动原理是传统保护原理在数字保护上的改进。它由两部分组成，即无制动部分和比率制动部分，如图 2-102 所示。它具有较高的灵敏度和抗电流互感器饱和的能力。该保护方法使用小波算法和神经元算法来达到快速安全可靠的目的。

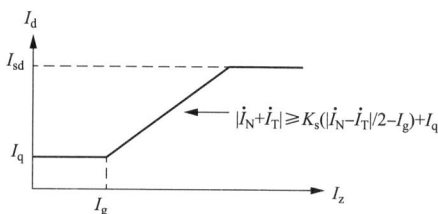

图 2-102　比率制动特性曲线

动作方程式为

$$\begin{cases} |\dot{I}_N + \dot{I}_T| \geqslant K_s(|\dot{I}_N - \dot{I}_T|/2 - I_g) + I_q \\ |\dot{I}_N + \dot{I}_T| \geqslant I_q \end{cases} \tag{2-28}$$

式中　I_g——曲线的拐点电流；

I_q——曲线的启动电流；

K_s——曲线的斜率。

发电机差动保护可采用单相差动方式和循环闭锁方式。这里介绍单相差动方式：任一相差动保护动作即出口跳闸。这种方式一般配有电流互感器断线检测功能。在电流互感器断线时瞬时闭锁差动保护，且延时发电流互感器断线信号。

4. 保护整定内容

（1）比率制动斜率 K_s，一般为 0.3～0.5。比率制动差动保护的斜率和比率制动系数 K_z 概念不同，两者之间有相应的转换关系，在整定计算时应予考虑。

它们之间的转换关系为

$$K_s = K_z \left(1 + \frac{I_g - I_q / K_z}{I_{max} - I_g} \right) \qquad (2\text{-}29)$$

式中　I_g——拐点电流；

　　　I_q——启动电流；

　　　I_{max}——可靠躲开区外短路时最大不平衡电流。

（2）启动电流 I_q，整定差动保护的启动电流，一般 $I_q = 0.5 \sim 2.0A$。为曲线无制动时的启动差电流门槛。

（3）拐点电流 I_g，整定差动保护的拐点电流，一般 $I_g = 4.0 \sim 6.0A$。当制动电流大于该值时曲线开始有制动。

（4）电流互感器断线解闭锁电流定值 I_{ct}，一般 $I_{ct} = 0.8 \sim 2 I_N$。当发电机电流大于该定值时，电流互感器断线闭锁功能自动退出。它是以发电机的额定电流为基准的。

（5）差动速断倍数 I_{st}，一般 $I_{st} = 3 \sim 8 I_N$。当发电机差电流大于该定值时，无论制动量多大，差动均动作。它是以发电机的额定电流为基准的。

（二）发电机定子接地保护

1. 发电机定子接地电流允许范围

由于定子绕组与铁芯之间绝缘的破坏而造成的定子绕组单相接地故障，是发电机常见故障之一。由于发电机中性点不接地或经高阻抗接地，定子绕组单相接地并不引起大的故障电流，过去很长一段时间内 100MW 以下发电机的定子接地保护只发信号而不立即跳闸停机。

多年的运行实践和事故教训表明，5A 的定子接地电流不能认为是安全电流。大型发电机定子接地故障电流必须限制在很小的范围内（如 $1.0 \sim 2.0A$），这对发电机定子铁芯的安全是十分有利的。过去认为这种要求会给继电保护带来困难，近年来由于继电保护技术的发展，单相接地电流很小的发电机定子接地保护已经完全可以实现。

在上述安全电流下，定子接地保护动作只发信号而不紧急跳闸，但应及时处理，不再继续运行，因为如果在另一点再次发生接地故障，发电机将面临灾难性后果。

2. 发电机中性点的接地方式

发电机中性点的接地方式与定子单相接地故障电流的大小、定子绕组的过电压、定子接地保护的实现等因素有关。尽管接地方式不同，但均要求单相接地电流应尽量小些、动态过电压倍数低些和易于实现高灵敏度的定子接地保护。我国目前应用的发电机中性点接地方式主要有三种：经单相电压互感器（TV）接地；中性点经配电变压器高阻接地；中性点经消弧线圈接地（欠补偿方式）。

（1）中性点经单相电压互感器接地。实际上这是一种中性点不接地方式，单相电压互感器仅用来测量发电机中性点的基波电压和三次谐波电压。

对于单相接地电容电流小于安全电流的发电机可采用这种接地方式，实现无死区的定子接地保护也没有困难，唯一应当注意的是所用的单相电压互感器铁芯工作磁密不应太高，一般宜选取其一次额定电压为发电机的额定电压。这样当发电机机端发生单相接地故障时，中性点电压互感器一次电压为相电压，铁芯不会饱和，二次电压将比较真实地反映一次电压，从而保证定子接地保护装置的正确工作。

值得注意的是，电压互感器的单相绕组在额定相电压 U_N 作用下的励磁电抗 X_{LN} 有可能与发电机每相对地容抗 X_{co} 发生谐振，从而引起过电压。试验研究表明，当 $X_{co}/X_{LN} < 0.01$ 时不会发生谐振现象，这就要求 X_{co}/X_{LN} 的数值尽可能减小。对此一般情况下都能满足，前提是电压互感器不能饱和，以免引起 X_{LN} 的急剧减小。

如果 X_{co}/X_{LN} 的大小落在谐振区，则应采取消振措施。最简单的办法就是在电压互感器的开口三角绕组接入消振电阻 R，R 越小，消振作用越大，一般 R 约为几十到几万欧姆，具体数值不难由实际试验确定。

对于 $6 \sim 10kV$ 的电压互感器，宜采用 $200W$ 的白炽灯泡作为非线性的消振电阻，这样既能有效消振，又不必增大电压互感器的容量。

（2）中性点经配电变压器高阻接地。这种方案在国外用得较多，它是靠调整中性点接地变压器二次侧的电阻来限制接地故障时的有功电流（如限制在 15A 以下认为是安全的）。采用这种接地方式的目的，主要是降低机端金属性接地时健全相发电机定子绕组的过电压，减小发生谐振的可能性。

对于中性点经配电变压器的接地方式，一旦定子绕组发生单相接地故障，接地电流必然增大，为保证发电机的安全，定子接地保护必须立即动作于停机。

（3）中性点经消弧线圈接地（欠补偿方式）。为减小单相接地故障电流，使之低于安全电流，选用 100% 无死区的定子接地保护，当发生接地故障时，定子接地保护应灵敏动作、发出警告、采取措施、转移负荷、平稳停机。可选择发电机中性点经消弧线圈接地方式。在定子绕组发生单相接地故障的状态下，消弧线圈将在零序电压作用下产生电感电流，补偿发电机电压系统的接地电容电流，使单相接地电流小于安全电流。

现在我国已能设计和制造连续平滑调整电感量的消弧线圈，直接接于发电机中性点与大地之间。

发电机中性点消弧线圈容量的选择不同于 35kV 等不接地系统所用的消弧线圈，因为后者要考虑系统配电线路的检修停运，以防发生电感电容的谐振现象。所以，35kV 等不接地系统的消弧线圈采用过补偿方式，而发电机组的三相对地电容始终保持固定不变，不存在改变的问题。为了减小高压侧接地故障对发电机的传递过电压幅值，应采用欠补偿方式。很多权威资料也介绍，对于采用单元件连接的发电机中性点的消弧线圈，为了降低耦合传递过电压以及频率变动等对发电机中性点位移电压的影响，一般采用欠补偿方式。

发电机中性点经消弧线圈接地后，可使接地故障电流减小到安全电流以下（300MW 及以上发电机一般都欠补偿到 1A 以下），从而有效地防止了接地故障发展成相间或匝间短路，使故障点电弧存在时间大为缩短，特别是在补偿良好时更是如此。这对构成无死区的 100% 定子接地保护没有任何困难，甚至比采用其他中性点接地方式的发电机定子接地保护具有更高的灵敏度。

3. 正常运行和单相接地故障时的基波零序电压

（1）正常运行时。当发电机中性点没有消弧线圈时，即使三相电动势完全对称相等，由于发电机电压系统三相对地电容不完全相等，中性点也有一定的不平衡电压存在。这个不平衡电压一般为额定电压的百分之几。当中性点接有消弧线圈（欠补偿）时，为降低定子接地保护零序电压的动作值，可适当改变串联电阻（视实际情况调整），使一般中性点的不平衡电压可降到规定值以内。

（2）单相接地时。发电机定子单相接地及接地时基波零序电压 U_0 与 α 的关系（α 为中性点到故障点的匝数占一相总数的百分数）如图 2-103 所示。

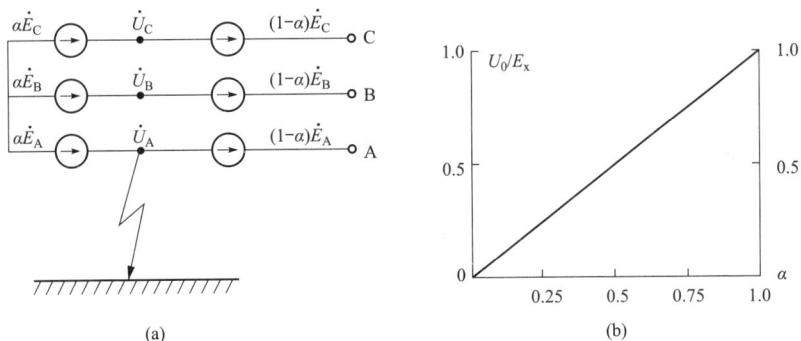

图 2-103 发电机定子绕组单相接地及接地时基波零序电压 U_0 与 α 的关系
(a) 单相接地；(b) 基波零序电压 U_0 与 α 的关系

对于金属性接地，假设三相电源电动势和三相对地电容完全对称，并设故障点位于定子绕组 A 相距中性点 α 处。由于接地电流非常小，定子绕组感抗又远小于对地容抗，所以完全可以忽略定子绕组感抗压降，这样零序电压 U_0 既是发电机中性点的位移电压，又是定子绕组任一相任一点的零序电压，即

$$|\dot{U}_0| = \frac{1}{3}|\dot{U}_A + \dot{U}_B + \dot{U}_C| = \frac{1}{3}|0 + (\alpha\dot{E}_B - \alpha\dot{E}_A) + (\alpha\dot{E}_C - \alpha\dot{E}_A)|$$

$$(2-30)$$

当在机端接地时，$\alpha = 1.0$，$U_0 = E_x$；当在中性点接地时，$\alpha = 0$，

$U_0 = 0$。

当故障发生在定子绕组任一相的任一点 α 时，零序电压 $U_0 = \alpha E$，U_0 与 α 成线性关系。

（3）减小正常运行时的不平衡电压。不平衡电压高一般是电压互感器质量不高或铁芯饱和所致。从不平衡电压高的波形中分析得知，主要是三次谐波成分较高，基波成分很小（一般基波电压小于 1V）。为减小接地保护的动作电压，简单而有效的办法就是将二次电压先经过三次谐波滤过比很高的阻波电路后再送入计算程序。通过这一措施，基波零序电压定子接地保护的动作电压一般可降到 5～10V，这是毫不困难的。

（4）主变压器高压侧为中性点直接接地系统，当高压系统发生接地故障时，若直接传递给发电机的零序电压超过定子接地保护的动作值，则可使定子接地保护的动作时限大于系统接地保护的动作时间，从时限上保证选择性。

综上所述，基波零序电压型定子接地保护简单可靠，可以在发电机单相接地电流很小的情况下采用。一般中小型机组都采用这种接地保护方式，其保护区为 80%～90%，但还须进一步寻求 100% 保护区的接地保护方式。

4. 发电机三次谐波电动势的分布特点

由于发电机气隙磁通密度的非正弦分布和铁磁饱和影响，在定子绕组中感应的电动势除基波分量外，还含有高次谐波分量。其中，三次谐波电动势虽然在线电动势中可以将其消除，但在相电动势中依然存在。因此，每台发电机总有约百分之几的三次谐波电动势，以 E_3 表示。

（1）如果把发电机的对地电容等效地看作集中在发电机的中性点 N 和机端 S，每端为 $1/2C_{0f}$，并将发电机端引出线、升压变压器、厂用变压器以及电压互感器等设备的每相对地电容 C_{0s} 也等效地放在机端，则正常运行情况下的等效电路如图 2-104 所示，由此即可求出中性点及机端的三次谐波电压，分别为

$$U_{N3} = \frac{C_{0f} + 2C_{0s}}{2(C_{0f} + C_{0s})} E_3 \tag{2-31}$$

$$U_{S3} = \frac{C_{0f}}{2(C_{0f} + C_{0s})} E_3 \tag{2-32}$$

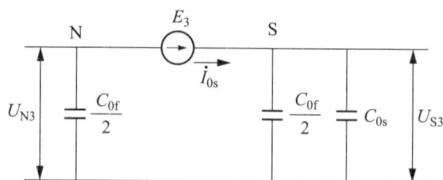

图 2-104　发电机三次谐波电动势和对地电容的等效电路

此时，机端三次谐波电压与中性点三次谐波电压之比为

$$\frac{U_{S3}}{U_{N3}} = \frac{C_{0f}}{C_{0f} + 2C_{0s}} < 1 \tag{2-33}$$

由式（2-33）可见，在正常运行时，发电机中性点侧的三次谐波电压 U_{N3} 总是大于发电机端的三次谐波电压 U_{S3}。极限情况下，当发电机出线端开路（即 $C_{0s}=0$）时，$U_{S3}=U_{N3}$。

（2）当发电机中性点经消弧线圈接地时，其等效电路如图 2-105 所示，假设基波电容电流得到完全补偿，则

$$\omega L = \frac{1}{3\omega(C_{0f} + C_{0s})} \tag{2-34}$$

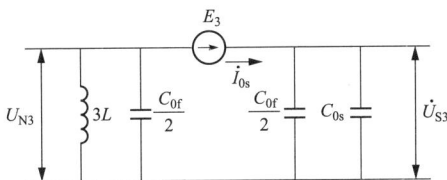

图 2-105　发电机中性点经消弧线圈接地时三次谐波电动势和对地电容的等效电路

此时发电机中性点侧对三次谐波的等值电抗为

$$X_{N3} = j\,\frac{3\omega \times 3L\,\dfrac{-2}{3\omega C_{0f}}}{3\omega \times 3L - \dfrac{2}{3\omega C_{0f}}} \tag{2-35}$$

将式（2-34）代入式（2-35）整理后可得

$$X_{N3} = -j\,\frac{6}{\omega(7C_{0f} - 2C_{0s})} \tag{2-36}$$

发电机端对三次谐波的等值电抗为

$$X_{S3} = -j\,\frac{2}{3\omega(C_{0f} + 2C_{0s})} \tag{2-37}$$

因此，发电机端三次谐波电压和中性点三次谐波电压之比为

$$\frac{U_{S3}}{U_{N3}} = \frac{X_{S3}}{X_{N3}} = \frac{7C_{0f} - 2C_{0s}}{9(C_{0f} + 2C_{0s})} \tag{2-38}$$

式（2-38）表明，接入消弧线圈以后，中性点的三次谐波电压 U_{N3} 在正常运行时比机端三次谐波电压 U_{S3} 更大。在发电机出线端开路（即 $C_{0s}=0$）时，则有

$$\frac{U_{S3}}{U_{N3}} = \frac{7}{9} \tag{2-39}$$

在正常运行情况下，尽管发电机的三次谐波电动势 E_3 随着发电机的结构及运行状况而改变，但是其机端三次谐波电压与中性点三次谐波电压的比值总是符合以上关系的。

（3）当发电机定子绕组发生金属性单相接地时，设接地发生在距中性

点 α 处，其等效电路如图 2-106 所示。此时不管发电机中性点是否接有消弧线圈，恒有

$$U_{N3} = \alpha E_3 \tag{2-40}$$

$$U_{S3} = (1 - \alpha)E_3 \tag{2-41}$$

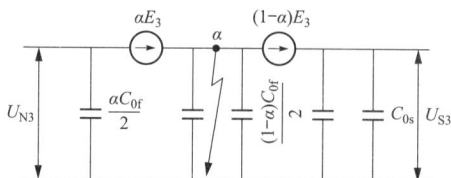

图 2-106 发电机定子绕组发生金属性
单相接地时三次谐波电动势分布的等效电路

U_{S3}、U_{N3} 随 α 变化的关系曲线如图 2-107 所示。当 $\alpha < 50\%$ 时，恒有 $U_{S3} > U_{N3}$。

因此，如果利用机端三次谐波电压 U_{S3} 作为动作量，而用中性点侧三次谐波电压作为制动量来构成接地保护，且当 $U_{S3} \geq U_{N3}$ 时为保护的动作条件，则在正常运行时保护不可能动作，而当中性点附近发生接地时，具有很高的灵敏性。利用这种原理构成的接地保护，可以反映定子绕组中性点侧约 50% 范围以内的接地故障。

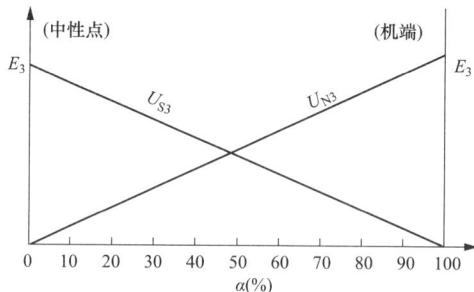

图 2-107 U_{S3}、U_{N3} 随 α 变化的关系曲线

5. 发电机定子接地保护范围

保护发电机定子及其引线的单相接地，保护装置有两套，其中一套为反映基波零序过电压保护，其保护范围为发电机机端侧 95% 左右绕组的接地故障，零序电压取自发电机中性点的接地变压器；另一套为通过比较发电机中性点的三次谐波电压和发电机机端产生的三次谐波电压来保护定子绕组中性点侧余下的 15% 的接地故障（三次谐波电压分别取自发电机机端电压互感器、发电机中性点的接地变压器）。综合上述两套保护，可构成对定子绕组的 100% 保护，也可由其他保护方式实现 100% 定子接地保护。

6. 发电机定子接地保护装置的功能

（1）保护范围应为定子绕组的 100%。

（2）能在启动过程中对发电机接地故障进行保护。

（3）固有延时不大于 70ms。

（4）发电机定子接地保护动作后经电流检定采用全停 1 动作出口继电器，其中三次谐波段应提供切换片供跳闸和信号选择出口压板。

（三）发电机负序电流保护

1. 负序电流的影响

当电力系统中发生不对称短路或在正常运行情况下三相负荷不平衡时，在发电机绕组中将出现负序电流。该电流在发电机气隙中建立的负序旋转磁场相对于转子为两倍的同步转速，因此将在转子绕组、阻尼绕组以及转子铁芯等部件上感应出 100Hz 的倍频电流，从而使得转子上电流密度很大的某些部位（如转子端部、护环内表面等）可能出现局部灼伤，甚至可能使护环受热松脱，导致发电机发生重大事故。此外，负序气隙旋转磁场与转子电流之间以及正序气隙旋转磁场与定子负序电流之间所产生的 100Hz 交变电磁转矩，将同时作用在转子大轴和定子机座上，从而引起 100Hz 的振动。

负序电流在转子中所引起的发热量，正比于负序电流的平方及所持续时间的乘积。在最严重的情况下，假设发电机转子为绝热体（即不向周围散热），则不使转子过热所允许的负序电流和时间的关系，可表示为

$$\int_0^t i_2^2 \mathrm{d}t = I_{2*}^2 t = A \tag{2-42}$$

$$I_{2*} = \sqrt{\frac{\int_0^t i_2^2 \mathrm{d}t}{t}} \tag{2-43}$$

式中　i_2——流经发电机的负序电流值；

　　　t——i_2 所持续的时间；

　　I_{2*}^2——在时间 t 内 i_2^2 的平均值，应采用以发电机额定电流为基准的标幺值；

　　　A——与发电机形式和冷却方式有关的常数。

关于 A 的数值，应采用制造厂所提供的数据。其参考值为：对凸极式发电机或调相机可取 $A = 40$；对于空气或氢气表面冷却的隐极式发电机可取 $A = 30$；对于导线直接冷却的 $100 \sim 300\mathrm{MW}$ 汽轮发电机可取 $A = 6 \sim 15$ 等。

随着发电机组容量的不断增大，它所允许的承受负序过负荷的能力随之下降（A 值减小）。例如，600MW 汽轮发电机 A 的设计值取为 4，其允许负序电流与持续时间的关系为反时限特性曲线，这就对负序电流保护的性能提出了更高的要求。

在微机型保护中，不仅可以模拟负序电流越限，此时反时限部分启动，并进行热累积；而且可以模拟负序电流小于下限，此时发电机的热积累通过散热过程慢慢减少。

针对上述情况而装设的发电机负序电流保护实际上是对定子绕组电流不平衡而引起的转子过热的一种保护，因此应作为发电机的主保护方式之一。

2. 保护原理

保护反映发电机定子的负序电流大小，防止发电机转子表面过热。保护由负序定时限过负荷和负序反时限过电流两部分组成。电流取自发电机中性点（或机端）电流互感器三相电流。

反时限特性曲线由上限定时限、反时限、下限定时限三部分组成。

当发电机负序电流大于上限整定值时，则按上限定时限动作；如果负序电流超过下限整定值，但不足以使反时限部分动作时，则按下限定时限动作；负序电流在此之间则按反时限规律动作，如图 2-108 所示。

负序反时限特性能真实地模拟转子的热积累过程，并能模拟散热，即发电机发热后若负序电流消失，热积累并不立即消失，而是慢慢地散热消失；如此时负序电流再次增大，则上一次的热积累将成为该次的初值。

反时限动作方程为

$$(I_{2*}^2 - K_{22})t \geqslant K_{21} \tag{2-44}$$

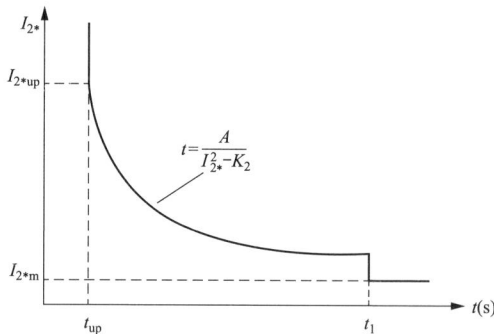

图 2-108　负序反时限过电流保护动作特性曲线

式中　I_{2*}——发电机负序电流标幺值；

　　　K_{22}——发电机发热同时的散热效应；

　　　K_{21}——发电机的 A 值。

发电机负序反时限过电流保护出口方式为发信或跳闸，出口逻辑如图 2-109 所示。

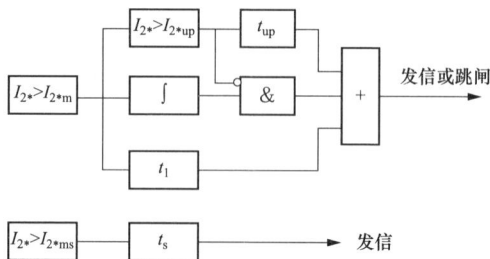

图 2-109　发电机负序反时限过电流保护出口逻辑

3. 保护的功能

负序电流保护由定时限和反时限两部分特性构成。

（1）定时限部分应具有灵敏的报警单元。

（2）反时限部分动作电流按照发电机承受负序电流的能力确定，保护应能反映负序电流变化时发电机转子的热积累过程。

（3）反时限特性的长延时应可整定到 1000s。

（4）反时限整体特性应由信号启动段、反时限段、速断段三部分组成。

（5）保护固有延时不大于 70ms。

（6）负序电流保护动作后采用全停 1 动作出口继电器。

（四）发电机逆功率保护

1. 保护作用

防止汽轮机主汽阀因某种原因突然关闭时，发电机将从系统吸收有功功率转变为电动机运行方式，从而使汽轮机尾部叶片受损。

2. 保护组成

逆功率保护分为两部分：一部分作为保护装置程序跳闸的启动元件；另一部分作为逆功率保护元件。

3. 保护原理

逆功率保护用于保护汽轮机。当主汽阀误关闭，或机组保护动作于关闭主汽阀而出口断路器未跳闸时，发电机将变为电动机运行，从系统中吸收有功功率。此时由于鼓风损失，汽轮机尾部叶片有可能过热，造成汽轮机损坏。因此，一般不允许这种情况长期存在，对此逆功率保护可很好地起到保护作用。在大型发电机组上一般装设两套独立的逆功率保护。

发电机逆功率保护反映发电机从系统吸收有功功率的大小。逆功率受电压互感器断线闭锁。电压取自发电机机端电压互感器；电流取自发电机中性点（或机端）电流互感器。

发电机逆功率保护出口方式为发信或跳闸，出口逻辑如图 2-110 所示。

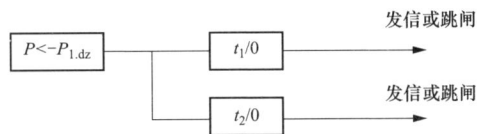

图 2-110　发电机逆功率保护出口逻辑

发电机程序逆功率保护用于当发电机正常停机时，将汽轮机中的剩余蒸汽通过发电机转换成电磁功率后，使汽轮机安全停机。

发电机程序逆功率保护反映发电机从系统吸收有功功率的大小。逆功率受电压互感器断线闭锁。电压取自发电机机端电压互感器；电流取自发电机中性点（或机端）电流互感器。

发电机程序逆功率保护出口方式为发信或跳闸，出口逻辑如图 2-111 所示。

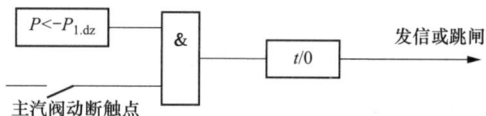

图 2-111　发电机程序逆功率保护出口逻辑

4. 主要功能

（1）作为程序跳闸启动元件，在汽轮机主汽阀关闭并且逆功率继电器动作的情况下，经较短延时启动跳闸；作为电动机运行方式保护元件，当发电机-变压器组在线运行时，逆功率继电器动作但未得到主汽阀关闭信号时经较长时延启动跳闸。

（2）有功功率测量原理应与无功功率大小无关。

（3）当电压互感器回路断线时应闭锁装置并发出报警信号。

（4）有功功率最小整定值不应大于 10W（二次的三相功率，额定电流为 5A）。

（5）返回系数不小于 0.9。

（6）固有延时（1.2 倍整定值时）不大于 70ms。

（7）逆功率保护动作后程序跳闸元件采用全停 4 动作出口继电器，保护元件采用全停 1 动作出口继电器。

（五）发电机失磁保护

1. 保护作用

防止发电机在发生失磁或部分失磁时，危及发电机安全及电力系统的稳定运行。

2. 保护原理

失磁保护由发电机机端测量阻抗判据、转子低电压判据、变压器高压侧低电压判据、定子过电流判据构成。一般情况下阻抗整定边界为静稳边界圆，如图 2-112 所示，但也可以为其他形状。当发电机须进相运行时，如按静稳边界整定圆整定不能满足要求，一般可采用以下三种方式之一来躲开进相运行区：

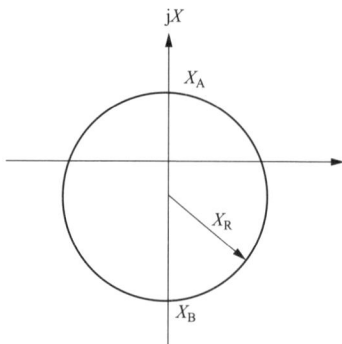

图 2-112　失磁保护阻抗边界特性

（1）下移阻抗圆，按异步边界整定。

（2）采用过原点的两根直线，将进相区躲开。此时，进相深度可整定。

（3）采用挖去包含可能的进相区（圆形特性）的方法，将进相区躲开。

转子低电压动作方程为

$$U_{fd} < U_{fl.dz} \qquad 当 U_{fd} < U_{fl.dz} \tag{2-45}$$

$$U_{fd} < \frac{U_{fdo}}{K_f S_N}(P - P_t) \qquad 当 U_{fd} > U_{fl.dz} \tag{2-46}$$

式中　U_{fd}——转子电压；

　　$U_{fl.dz}$——转子低电压动作值；

　　U_{fdo}——发电机空载转子电压；

　　K_f——转子低电压系数；

　　S_N——发电机额定视在功率；

　　P——发电机出力；

　　P_t——发电机反应功率。

下面以静稳边界判据为例说明失磁保护原理。

转子低电压判据满足时发失磁信号，并输出切换励磁命令，如图 2-113 所示。该判据可以预测发电机是否因失磁而失去稳定，从而在发电机尚未失去稳定之前及早采取措施（切换励磁等），防止事故扩大。

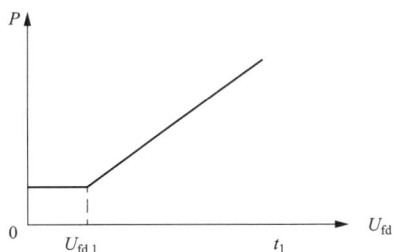

图 2-113　失磁保护转子低电压动作特性曲线

对于无功功率储备不足的系统，当发电机失磁后，有可能在发电机失去静稳之前，高压侧电压就达到了系统崩溃值。所以，转子低电压判据满足并且高压侧低电压判据满足时，说明发电机的失磁已经对电力系统的安全运行造成了威胁，经"与 2"电路发出跳闸命令，迅速切除发电机。

转子低电压判据满足并且静稳边界判据满足时，经"与 3"电路发出失稳信号。该信号表明发电机因失磁而失去了静稳。当转子低电压判据在失磁中拒动（如转子电压检测点到转子绕组之间发生开路时），失稳信号由静稳边界判据产生。汽轮机在失磁时允许异步运行一段时间，在此期间按过电流判据监测汽轮机的有功功率。若定子电流大于 1.05 倍的额定电流，表明平均异步功率超过 0.5 倍的额定功率，发出压出力命令，压低发电机的出力使汽轮机继续做稳定异步运行。稳定异步运行的允许时间 t_1 一般为

2～15min，所以经过 t_1 时间后再发跳闸命令。在 t_1 期间运行人员可有足够的时间去排除故障，重新恢复励磁，这样就避免了跳闸，对经济运行具有很大意义。如果出力在 t_2 时间内不能压下来，而过电流判据又一直满足，则发跳闸命令以保证发电机本身的安全。

失磁保护方案体现了这样一个原则：发电机失磁后，当电力系统或发电机本身的安全运行遭到威胁时，将故障的发电机切除，以防止故障扩大；当发电机失磁而对电力系统或发电机的安全不构成威胁时（短期内），则尽可能推迟切机，由运行人员及时排除故障，尽可能避免切机。

阻抗元件电压取自发电机机端电压互感器；电流取自发电机机端或中性点电流互感器。高压侧电压取自主变压器高压侧电压互感器；励磁电压取自发电机转子。

发电机失磁保护出口方式为发信或跳闸，出口逻辑如图 2-114 所示。

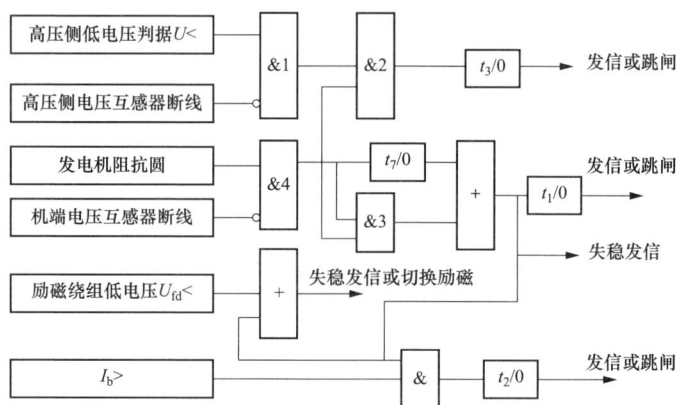

图 2-114 发电机失磁保护出口逻辑

3. 主要功能

（1）发电机失磁保护由双下抛圆特性的阻抗元件、主变压器高压侧和机端低电压元件及负序电压闭锁元件组成。

（2）能检测机组的静稳/异步边界，还能检测不同负荷下各种全失磁和部分失磁。

（3）应防止机组正常进相运行时和电力系统振荡时的误动，还应防止系统故障、故障切除过程中以及电压互感器断线时的误动，当电压互感器回路断线时应发出报警信号。

（4）固有延时不大于 70ms。

（5）失磁后当主变压器高压侧电压低于设定值时，经 t_1 延时后采用全停 1 或全停 4 动作出口继电器；失磁后当机端电压低于设定值后，经 t_2 延时后采用全停 1 或全停 4 动作出口继电器。低电压元件判据可用软件投退。

对发电机失磁、失步保护，要采取相应措施来防止系统单相故障发展为两相故障时失步继电器的不正确动作行为。在发电机进相运行的上限工况，防止发电机的失步、失磁保护装置的不正确跳闸。

（六）发电机过负荷保护

过负荷保护由定时限和反时限两部分组成。定时限部分用于启动报警信号；反时限部分与发电机定子绕组过载容量相匹配的特性，可以用于模拟定子绕组的热积累过程并启动全停 1 动作出口继电器。

（七）电压制动过电流保护

电压制动过电流保护是用于自并励发电机机端短路的后备保护，应能反映机端电流衰减而保护正确动作，保护动作后采用全停 1 动作出口继电器。

（八）频率异常保护

1. 保护作用

防止发电机在频率偏低或偏高时，使汽轮机的叶片及其拉筋发生断裂故障。

2. 发电机低频保护

发电机低频保护主要用于保护汽轮机不受低频共振的影响。汽轮机各节叶片都有一共振频率，当系统频率接近或等于共振频率时，将引起叶片的共振而损坏汽轮机。发电机低频保护反映系统频率的降低，并受出口断路器辅助触点闭锁，即发电机退出运行时低频保护也自动退出运行。

电压取自发电机机端电压互感器的某一线电压（如 U_{AB}）。

发电机低频保护出口方式为发信或跳闸，出口逻辑如图 2-115 所示。

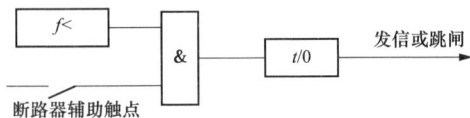

图 2-115 发电机低频保护出口逻辑

装置在运行时可实时监视低频保护定值和频率 f。

3. 发电机过频保护

发电机过频保护主要用于保护汽轮机不受过频共振的影响。发电机过频保护反映系统频率的升高情况，并受出口断路器辅助触点闭锁。

电压取自发电机机端电压互感器的某一线电压（如 U_{AB}）。

发电机过频保护出口方式为发信或跳闸。

4. 发电机频率积累保护

发电机频率积累保护是为了保护汽轮机不受低频/过频共振的影响。

低频/过频运行对于汽轮机而言是一个疲劳过程，一般汽轮机低频运行累积到一定时间将疲劳报废。保护装置停运不影响积累值。频率积累保护反映系统频率的降低情况，并受出口断路器辅助触点闭锁。

电压取自发电机机端电压互感器的某一线电压（如 U_{AB}）。

发电机频率积累保护出口方式为发信或跳闸，出口逻辑如图 2-116 所示。

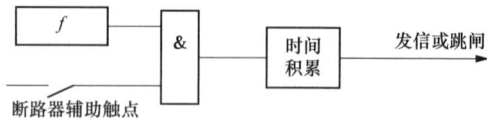

图 2-116　发电机频率积累保护出口逻辑

5. 主要功能

（1）保护能反映频率下降和持续低频运行的时间累计。

（2）根据汽轮机的频率-时间特性，按频率分段时间积累，时间积累在装置断电时应能保持。

（3）在发电机停机过程和停机期间自动闭锁频率异常保护。

（4）低频保护应在发电机-变压器组断路器合闸后投入运行。

（5）当电压互感器回路断线时闭锁装置并发出报警信号。

（6）频率测量范围为 40～65Hz，频率测量允许误差±0.01Hz。

（7）低频保护的第一时限动作于发信号，第二时限动作于全停 4 出口断路器。

（九）过励磁保护

1. 保护作用

保护发电机和变压器过励磁，即防止当电压升高和频率降低时工作磁通密度过高而引起绝缘过热老化。保护装置设低定值和高定值两个时限，低定值定时限动作于信号，低定值反时限及带延时的高定值动作于跳闸。

2. 保护原理

发电机（变压器）会因电压升高或者频率降低而出现过励磁。发电机的过励磁能力比变压器的过励磁能力要低一些，因此发电机-变压器组保护的过励磁特性一般应按发电机的特性整定。

过励磁保护反映的是过励磁的倍数。过励磁倍数定义为

$$N = \frac{B}{B_N} = \frac{U/f}{U_N/f_N} = \frac{U_*}{f_*} \tag{2-47}$$

式中　U、f——电压、频率；

U_N、f_N——额定电压、额定频率；

U_*、f_*——电压、频率标幺值；

B、B_N——磁通量和额定磁通量。

过励磁电压取自机端电压互感器线电压（如 U_{AB}）。

3. 保护出口方式

（1）定时限方式。发电机定时限过激励磁保护出口方式为发信或跳闸，出口逻辑如图 2-117 所示。

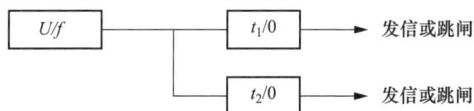

图 2-117　发电机定时限过励磁保护出口逻辑

（2）反时限方式。发电机反时限过激励磁保护出口方式为定时限发信、反时限发信或跳闸，出口逻辑如图 2-118 所示。

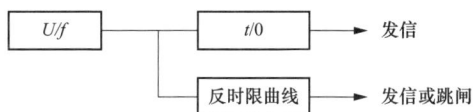

图 2-118　发电机反时限过励磁保护出口逻辑

发电机反时限过励磁保护动作特性曲线由上限定时限、反时限、下限定时限三部分组成，如图 2-119 所示。

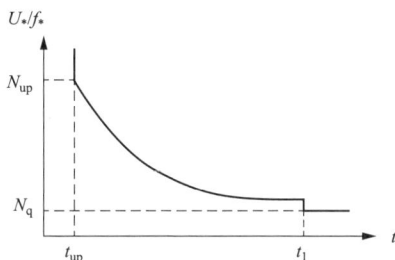

图 2-119　发电机反时限过励磁保护动作特性

当发电机（变压器）过励磁倍数大于上限整定值时，则按上限定时限动作；如果倍数超过下限整定值，但不足以使反时限部分动作时，则按下限定时限动作；倍数在此之间则按反时限规律动作。

4. 主要功能

（1）保护装置设有定时限和反时限两个部分，同发电机或变压器的过励磁特性近似匹配。

（2）在变压器出现励磁涌流时保护不应发生误动。

（3）当电压互感器回路断线时应闭锁装置并发出报警信号。

（4）装置适用频率范围为 25～65Hz，电压整定范围为 1.0～1.5 倍额定电压。

（5）过励磁返回系数为 0.97～0.98。

（6）装置固有延时（1.2 倍整定值时）不大于 70ms。

（7）反时限长延时应可整定到 1000s。

（8）采用全停 1 动作出口继电器。

（9）发电机-变压器组过励磁保护的启动元件、返时限和定时限应分别整定并要求其返回系数不低于 0.97，整定计算时应全面考虑主变压器及高压厂用变压器的过励磁能力。

（十）发电机过电压保护

1. 保护作用

防止发电机在启动或并网过程中发生电压升高而损坏发电机绝缘的事故。

2. 主要功能

（1）电压整定范围为 0～3 倍额定电压。

（2）返回系数为 0.97～0.98。

（3）固有延时不大于 30ms。

（4）采用全停 1 动作出口继电器。

（十一）启停机保护

保护装置由电流元件及零序过电压元件构成，动作于跳灭磁开关。主变压器断路器合闸后，保护退出。

（十二）突加电压保护

对于 600MW 及以上发电机组，一般都要求装设突加电压保护，以防止发电机启停机时的误操作。当发电机盘车或转子静止时发生误合闸操作，定子的电流（正序电流）在气隙产生的旋转磁场会在转子本体中感应工频或接近工频的电流，从而引起转子过热损伤。突加电压保护采用低频元件，瞬时动作延时返回，与电流元件组成与门。突加电压保护动作后采用全停 1 动作出口继电器。

突加电压保护分为两个阶段。以开机为例，第一阶段：开机→合磁场开关。在这期间，由于无励磁，发电机不可能进行并网操作，因此只要发电机断路器合闸和定子有电流，则必然为误上电，瞬时跳闸。第二阶段：合磁场开关→并网。在这期间，用阻抗元件来区分并网和误上电，误上电一般可做到在 0.5s 内跳闸，并且误上电情况越严重，跳闸越快。

突加电压保护在发电机并网后自动退出运行，解列后自动投入运行。

保护引入发电机三相电流和主变压器高压侧或者发电机侧两相电流和两相电压。

突加电压保护出口方式为 t_2 出口跳闸，t_3 出口启动失灵，出口逻辑如图 2-120 所示。

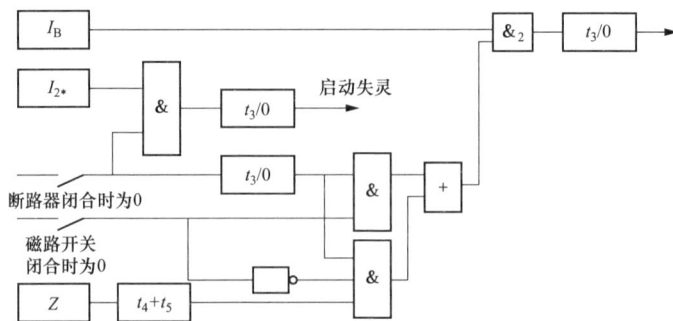

图 2-120 突加电压保护出口逻辑

（十三）发电机失步保护

1. 保护作用

防止发电机在发生失步时，造成机组受力和热的损伤及厂用电压的急剧下降，使厂用机械受到严重威胁，导致发生停机、停炉严重事故。

2. 保护原理

失步保护反映发电机机端测量阻抗的变化轨迹。

失步保护只反映发电机的失步情况，它能可靠躲过系统短路和稳定振荡，并能在失步开始的摇摆过程中区分加速失步和减速失步。动作特性为易于计算机实现的双遮挡器原理特性，如图 2-121 所示（图中整定部分忽略了线路电阻）。

R_1、R_2、R_3、R_4 将阻抗平面分为 0～4 共 5 个区：加速失步时测量阻抗轨迹从 $+R$ 向 $-R$ 方向变化，0～4 区依次从右到左排列；减速失步时测量阻抗轨迹从 $-R$ 向 $+R$ 方向变化，0～4 区依次从左到右排列。当测量阻抗从右向左穿过 R_1 时判断为加速，当测量阻抗从左向右穿过 R_4 时判定为减速。然后当测量阻抗穿过 1 区进入 2 区，并在 1 区及 2 区停留的时间分别大于 t_1 和 t_2 后，对于加速过程发加速失步信号，对于减速过程发减速失步信号。加速失步信号或减速失步信号作用于降低或提高原动机出力。若在加速或减速信号发出后，没能使振荡平息，测量阻抗继续穿过 3 区进入 4 区，并在 3 区及 4 区停留的时间分别大于 t_3 和 t_4 后，进行滑极计数。当滑极累计达到整定值 N，即出口跳闸。

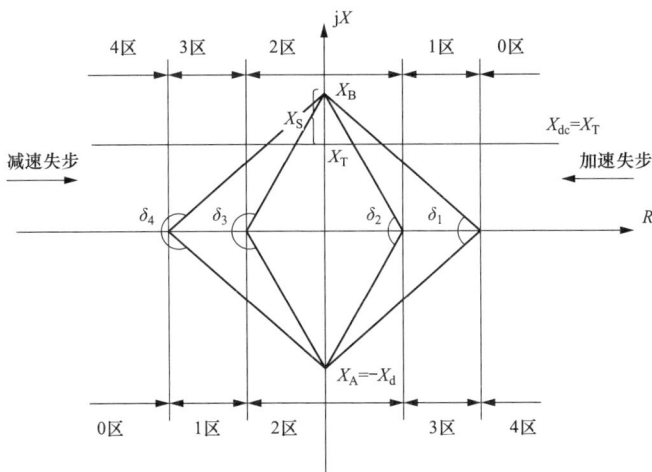

图 2-121　失步阻抗轨迹与失步保护整定

无论在加速过程还是在减速过程，测量阻抗在任一区（1～4 区）内停留的时间小于对应的延时时间（t_1-t_4）就进入下一区，则判定为短路。

当测量阻抗轨迹部分穿越这些区域后以相反的方向返回，则判定为可恢复的振荡（或称稳定振荡）。

阻抗元件电压取自发电机机端电压互感器；电流取自发电机机端或中性点电流互感器。

发电机失步保护出口方式为：对于加速失步信号，可发信或压低出力；对于减速失步信号，可发信或提高出力；对于失步，可发信或跳闸，出口逻辑如图 2-122 所示。

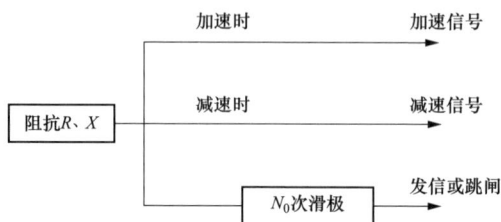

图 2-122　发电机失步保护出口逻辑

3. 主要功能

（1）检测加速和减速失步。

（2）能区分短路故障与失步、机组稳定振荡与失步。

（3）具有区分振荡中心在发电机-变压器组内部或外部的功能。

（4）能记录滑极次数。

（5）具有选择失磁保护闭锁或解除失步保护，以及当电流过大危及断路器安全跳闸时应闭锁出口的功能。

（6）当电压互感器回路断线时闭锁装置并发出报警信号。

（7）固有延时不大于 70ms。

（8）失步保护动作后采用全停 1 动作出口继电器。

（十四）发电机定子匝间保护

1. 保护作用

保护发电机定子绕组同相分支或同相不同分支间的匝间短路故障，能在一定负荷下反映双 Y 接线的定子绕组分支开焊故障。

对于定子绕组为星形接线、每相无并联分支但中性点有分支引出端子的发电机，装设零序电压保护装置。

2. 发电机负序功率方向闭锁式匝间短路保护

该保护反映发电机纵向零序电压的基波分量。零序电压取自机端专用电压互感器的开口三角形绕组。该电压互感器必须是三相五柱式或三个单相式，其中性点与发电机中性点通过高压电缆相连。零序电压中三次谐波不平衡量由数字傅里叶滤波器滤除。

为准确、灵敏地反映内部匝间故障，同时防止外部短路时保护误动，以负序功率方向作为特征量的变化来区分内部和外部故障。

为防止专用电压互感器断线时保护误动，采用可靠的电压平衡继电器作为互感器断线的闭锁环节。

保护分为两段：Ⅰ段为次灵敏段，动作值必须躲过任何外部故障时可能出现的基波不平衡量,保护瞬时出口;Ⅱ段为灵敏段,动作值可靠躲过正常运行时出现的最大基波不平衡量,并利用零序电压中三次谐波不平衡量的变化来进行制动。保护可带 0.1~0.5s 延时出口,以保证可靠性。

保护引入专用电压互感器开口三角绕组零序电压,以及电压平衡继电器用 2 组电压互感器电压。保护用负序功率方向的动断接点来区分发电机的内部短路和外部短路。

发电机定子匝间保护出口逻辑如图 2-123 所示。

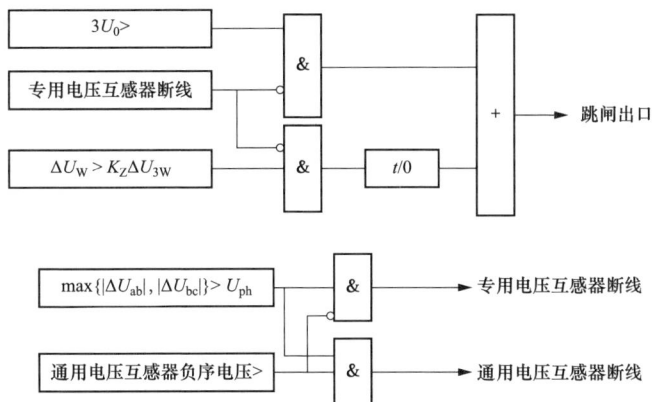

图 2-123 发电机定子匝间保护出口逻辑

3. 主要功能

(1) 区外发生故障时不应误动,区内发生故障时应有足够的灵敏度。

(2) 保护装置采用电压型,发电机中性点侧有专用的电压互感器。

(3) 保护装置带有负序功率方向闭锁。

(4) 动作时间(1.2 倍定值时)不大于 30ms。

(5) 当电压互感器断线时装置不应误动并应发出断线信号。

(6) 保护动作后采用全停 1 动作出口继电器。

(十五) 发电机转子接地保护

1. 发电机叠加直流式转子一点接地保护

该保护采用叠加直流方法,叠加源电压为 50V,内阻大于 50kΩ。它利用微机智能化测量克服了传统保护中绕组正负极灵敏度不均匀的缺点,能准确计算出转子对地的绝缘电阻值,范围为 0~300kΩ。转子分布电容对测量无影响。发电机启动过程中转子无电压时保护并不失去作用。

保护引入转子负极与大轴接地线。

发电机转子一点接地保护出口逻辑如图 2-124 所示。一般情况下保护动作于发信,如有跳闸或分段要求时须特殊说明。

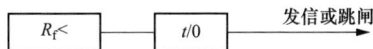

图 2-124 发电机转子一点接地保护出口逻辑

2. 发电机谐波序电压式转子两点接地保护

（1）保护反映定子电压中二次谐波的正序分量。该分量是由转子绕组发生不对称匝间短路时含二次谐波的磁场以同步转速正向旋转而在定子绕组中生成的。保护受一点接地保护闭锁，发生一点接地时保护自动投入。

保护引入机端三相电压。

发电机转子两点接地保护出口逻辑如图 2-125 所示。

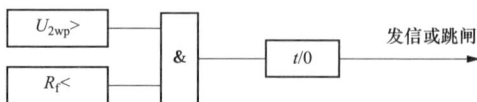

图 2-125　发电机转子两点接地保护出口逻辑Ⅰ

（2）保护反映发电机内参数变化。其标幺动作方程为

$$K_k |X_{ad} I_f| > |\dot{U} + j(X_c + X_{ad})| \qquad (2-48)$$

式中　X_c——发电机定子漏抗；

X_{ad}——发电机直轴反应电抗。

保护受一点接地保护闭锁，发生一点接地时保护自动投入。

保护引入发电机三相电流、三相电压及分流器毫伏级输出信号。

发电机转子两点接地保护出口逻辑如图 2-126 所示。

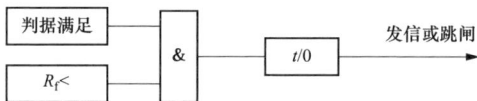

图 2-126　发电机转子两点接地保护出口逻辑Ⅱ

（十六）发电机轴电流保护

保护反映发电机的轴电流大小。轴电流取自发电机大轴电流互感器。

发电机轴电流保护出口方式为发信或跳闸，出口逻辑如图 2-127 所示。

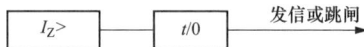

图 2-127　发电机轴电流保护出口逻辑

（十七）复合电压过电流保护

保护反映发电机（变压器）电压、负序电压和电流大小。电流、电压一般取自发电机（变压器）的电流互感器和电压互感器。

复合电压过电流保护出口方式为发信或跳闸，出口逻辑如图 2-128 所示。

（十八）阻抗保护

保护反映测量阻抗的大小，动作特性如图 2-129 所示。

当阻抗继电器的电压和电流取自变压器的高压侧电压互感器和电流互感器（简称"高压侧"方式）时，接线方式为 0°接线方式。

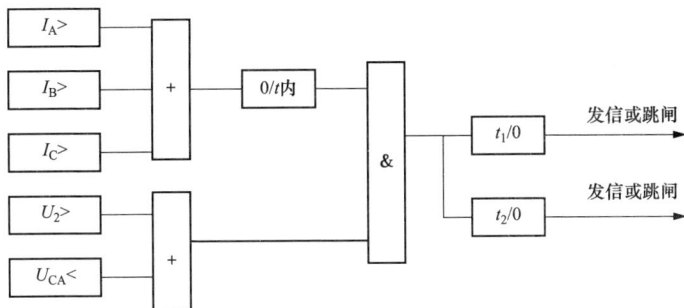

图 2-128　复合电压过电流保护出口逻辑

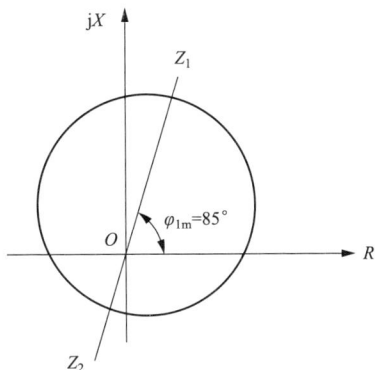

图 2-129　阻抗保护动作特性

0°接线方式：AB 相 U_{AB}，$I_A - I_B$；BC 相 U_{BC}，$I_B - I_C$；CA 相 U_{CA}，$I_C - I_A$。

当阻抗继电器的电压和电流取自变压器的发电机侧电压互感器和电流互感器（简称"发电侧"方式）时，若变压器为 Yd11 时，接线方式为 0°接线方式或同名相方式。

同名相方式：A 相 U_A，I_A；B 相 U_B，I_B；C 相 U_C，I_C。

当"发电侧"阻抗继电器采用同名相方式时，可准确测量线路的相间短路故障。

无论采用"发电侧"方式还是采用"高压侧"方式，阻抗圆灵敏角方向均可指向变压器或线路。

阻抗保护出口方式为发信或跳闸（也可为两段四延时），出口逻辑如图 2-130 所示。

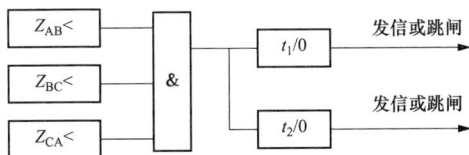

图 2-130　阻抗保护出口逻辑

（十九）变压器通风启动保护

保护反映变压器电流大小。电流一般取自变压器的发电机侧电流互感器。

变压器通风启动保护出口方式为启动通风，出口逻辑如图 2-131 所示。

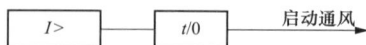

图 2-131　变压器通风启动保护出口逻辑

（二十）高压侧断路器启动失灵保护

当保护已发出跳闸命令且断路器拒跳和有电流时启动失灵。电流取自变压器高压侧电流互感器。

高压侧断路器启动失灵保护出口方式为启动失灵，出口逻辑如图 2-132 和图 2-133 所示。

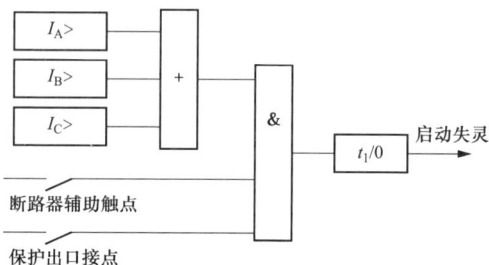

图 2-132　高压侧断路器启动失灵保护出口逻辑 I

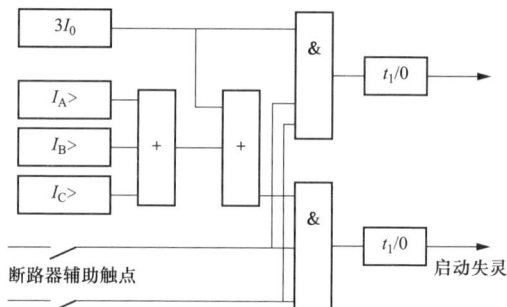

图 2-133　高压侧断路器启动失灵保护出口逻辑 II

一般非电量保护的出口接点不启动失灵。

（二十一）高压断路器非全相保护

当发生非全相合闸或跳闸时，由于造成三相负荷不平衡，负序电流在转子表面感应出涡流，保护转子不致发热损坏。500kV 断路器非全相保护采用负序电流和断路器三相位置不一致的辅助触点组成。该保护仅适用于分相跳闸的断路器。

电流取自变压器高压侧电流互感器。

高压侧断路器非全相保护出口方式为发信或跳闸，出口逻辑如图 2-134 所示。断路器辅助触点的不对应接点接法如图 2-135 所示。

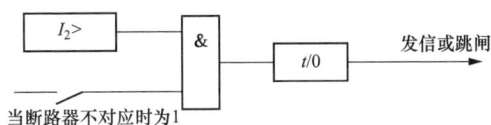

图 2-134　高压侧断路器非全相保护出口逻辑

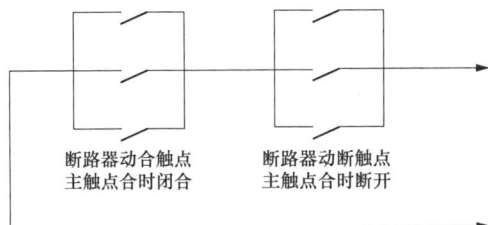

图 2-135　断路器辅助触点的不对应接点接法

（二十二）变压器本体保护（非电量保护）

变压器本体保护包括主变压器重瓦斯、轻瓦斯、压力释放、油位高低、油温过高、冷却系统故障、冷却器全停等保护，其主要功能和技术要求如下：

（1）主变压器重瓦斯、冷却器全停保护应动作于全停 2 出口继电器。

（2）主变压器轻瓦斯、压力释放、油位高低，油温高、绕组温度高、冷却系统故障和冷却器失电等保护动作于信号。

（3）励磁变压器温度高保护动作于信号。

四、发电机-变压器组的保护配置

（一）发电机-变压器组保护配置的特点

大型发电机-变压器组的微机继电保护装置按双重化配置（非电气量除外），其特点如下：

（1）两套发电机-变压器组的微机继电保护装置（包括出口跳闸回路）完整、独立地安装在各自的屏内，两者之间没有任何电气联系。当运行中一套保护因异常需退出或检修时，不影响另一套保护的正常运行。

（2）每套保护装置均配置完整的差动保护、后备保护及异常保护，能反映被保护设备的各种故障运行状态。

（3）每套装置的交流电压和交流电流分别取自电压互感器和电流互感器互相独立的绕组，其保护范围应交叉重叠，避免死区。

（4）非电量保护设置独立的电源回路（包括直流小空气开关及直流电源监视回路），出口跳闸回路应完全独立，在保护柜上的安装位置也应相对独立。

（二）发电机-变压器组保护的配置情况

1. 保护柜的配置

每台机组配 A、B、C、D、E 5 面发电机-变压器组保护柜。其中，A/B 柜为发电机、励磁变压器的保护，每个柜子各配有两套保护装置，分别为主保护、后备保护装置；C/D 柜为两台高压厂用变压器的电气量保护，每个柜子各配有两套保护装置；E 柜为发电机-变压器组的非电量保护。

2. 发电机-变压器组配置的保护

发电机-变压器组配置的保护包括发电机差动保护、发电机负序电流保护、发电机失磁保护、发电机逆功率保护、发电机过负荷保护、电压制动过电流保护、发电机定子接地保护、频率异常保护、过励磁保护、发电机过电压保护、起停机保护、突加电压保护、发电机失步保护、发电机定子匝间保护、阻抗保护、励磁系统保护、主变压器差动保护、主变压器复合电压闭锁过电流保护、主变压器高压侧零序方向过电流保护、主变压器过励磁保护、500kV 断路器闪络保护、500kV 断路器非全相保护、发电机-变压器组断路器失灵保护、励磁变压器速断保护、励磁变压器过电流保护、励磁系统过负荷保护、发电机转子一点接地保护、主变压器及高压厂用变压器本体保护（重瓦斯、轻瓦斯、压力释放、油位高低、油温过高、冷却系统故障和冷却器全停保护）、高压厂用变压器差动保护、高压厂用变压器差动速断保护、高压厂用变压器复合电压闭锁过电流保护、高压厂用变压器低压侧零序过电流保护、高压厂用变压器低压侧限时速断/过电流保护。

3. 保护装置电源

（1）保护装置的交流电源。保护装置的交流电源取自机组不间断电源（UPS），用于打印机使用。

（2）保护装置的直流电源。每面保护盘有两路直流电源，分别取自单元机组的 110V 直流 A、B 段。两套保护的直流电源不能取自同一直流母线。

4. 保护出口动作情况

（1）全停出口 1——全停并启动主变压器断路器失灵。

——跳主变压器断路器跳闸线圈 Ⅰ（A、B、C 相）。

——跳主变压器断路器跳闸线圈 Ⅱ（A、B、C 相）。

——自动电压调节器（AVR）逆变灭磁。

——关汽轮机主汽阀 1。

——关汽轮机主汽阀 2。

——跳 6kV 1A 段工作进线断路器。

——跳 6kV 1B 段工作进线断路器。

——跳 6kV 1C 段工作进线断路器。

——启动快切自投 6kV 1A 段备用进线断路器。

——启动快切自投 6kV 1B 段备用进线断路器。

——启动快切自投 6kV 1C 段备用进线断路器。

——闭锁 500kV 断路器合闸回路。

——闭锁磁场断路器合闸回路。

——闭锁 6kV 1A 段工作进线断路器合闸回路。

——闭锁 6kV 1B 段工作进线断路器合闸回路。

——闭锁 6kV 1C 段工作进线断路器合闸回路。

——启动 500kV 断路器失灵保护。

（2）全停出口 2——全停，不启动 500kV 断路器失灵。

——跳主变压器断路器跳闸线圈Ⅰ（A、B、C 相）。

——跳主变压器断路器跳闸线圈Ⅱ（A、B、C 相）。

——AVR 逆变灭磁。

——关汽轮机主汽阀 1。

——关汽轮机主汽阀 2。

——跳 6kV 1A 段工作进线断路器。

——跳 6kV 1B 段工作进线断路器。

——跳 6kV 1C 段工作进线断路器。

——启动快切自投 6kV 1A 段备用进线断路器。

——启动快切自投 6kV 1B 段备用进线断路器。

——启动快切自投 6kV 1C 段备用进线断路器。

——闭锁 500kV 断路器合闸回路。

——闭锁磁场断路器合闸回路。

——闭锁 6kV 1A 段工作进线断路器合闸回路。

——闭锁 6kV 1B 段工作进线断路器合闸回路。

——闭锁 6kV 1C 段工作进线断路器合闸回路。

（3）全停出口 3——不切换厂用电，启动断路器失灵保护。

——跳主变压器断路器跳闸线圈Ⅰ（A、B、C 相）。

——跳主变压器断路器跳闸线圈Ⅱ（A、B、C 相）。

——AVR 逆变灭磁。

——关汽轮机主汽阀 1。

——关汽轮机主汽阀 2。

——跳 6kV 1A 段工作进线断路器。

——跳 6kV 1B 段工作进线断路器。

——跳 6kV 1C 段工作进线断路器。

——闭锁 500kV 断路器合闸回路。

——闭锁磁场断路器合闸回路。

——闭锁 6kV 1A 段工作进线断路器合闸回路。

——闭锁 6kV 1B 段工作进线断路器合闸回路。

——闭锁 6kV 1C 段工作进线断路器合闸回路。

——启动 500kV 断路器失灵保护。

（4）全停出口 4——程序跳闸，先跳汽轮机主汽阀 1 和主汽阀 2，发电机-变压器组逆功率保护动作。

——跳主变压器断路器跳闸线圈Ⅰ（A、B、C 相）。

——跳主变压器断路器跳闸线圈Ⅱ（A、B、C 相）。

——AVR 逆变灭磁。

——关汽轮机主汽阀 1。

——关汽轮机主汽阀 2。

——跳 6kV 1A 段工作进线断路器。

——跳 6kV 1B 段工作进线断路器。

——跳 6kV 1C 段工作进线断路器。

——启动快切自投 6kV 1A 段备用进线断路器。

——启动快切自投 6kV 1B 段备用进线断路器。

——启动快切自投 6kV 1C 段备用进线断路器。

——闭锁主变压器断路器合闸回路。

——闭锁磁场断路器合闸回路。

——闭锁 6kV 1A 段工作进线断路器合闸回路。

——闭锁 6kV 1B 段工作进线断路器合闸回路。

——闭锁 6kV 1C 段工作进线断路器合闸回路。

——启动 500kV 断路器失灵保护。

五、发电机励磁系统

（一）发电机励磁系统简介

向同步发电机提供励磁电流的部件的总和称为励磁系统。发电机励磁系统的主要作用是为发电机转子提供励磁电流，并在汽轮机的转动下，使定子绕组切割磁力线，在发电机定子绕组中产生电压。同步发电机励磁系统一般由励磁功率单元和励磁调节器两个主要部分构成，如图 2-136 所示。励磁功率单元向同步发电机转子提供励磁电流，而励磁调节器则根据输入信号和给定的调节准则控制励磁功率单元的输出。励磁系统向同步发电机的励磁绕组供电以建立转子磁场，并根据发电机运行工况自动调节励磁电流以维持机端和系统的电压水平，决定电力系统中并联机组间无功功率的分配。励磁系统的自动励磁调节器对提高电力系统并联机组的稳定性有很大作用。尤其是现代电力系统的发展，会引起机组稳定极限降低的趋势。引起这种趋势的原因是：①大容量发电机惯性时间常数的降低和同步电抗标幺值的增大；②远距离传送大的功率。这种趋势迫使人们更加依赖快速大容量的励磁系统来提高系统运行的稳定性，也促进了励磁技术的发展。

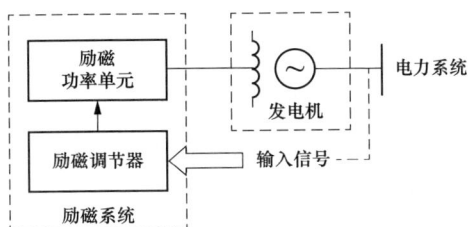

图 2-136　同步发电机励磁系统构成

（二）发电机励磁系统的分类

按励磁电源提供的方式，可将发电机励磁系统分为以下两大类。

1. 他励式励磁系统

采用与主发电机同轴的交流发电机作为励磁电源，经硅整流后，供给主发电机励磁。由于这类励磁电源与发电机本身的输出无直接关系，故称其为他励式励磁系统。与发电机同轴的用作励磁电源的交流发电机称为交流励磁机。

按整流器是静止还是随发电机轴旋转，他励式励磁系统又可分为他励静止硅整流和他励旋转硅整流两种方式。而旋转硅整流励磁方式，由于其硅整流元件和交流励磁机电枢与发电机主轴一同旋转，直接给主发电机励磁绕组供给励磁电流，不需要经过转子集电环及电刷引入，故又称无刷励磁方式。

2. 自励式励磁系统

采用接于发电机出口的变压器（称为励磁变压器）作为励磁电源，经硅整流后供给发电机励磁。由于励磁电源取自发电机本身或发电机所在的电力系统，故这类励磁系统称为自励硅整流励磁系统，简称自励系统。在这种励磁系统中，励磁变压器、整流器等都是静止元件，故又称全静态励磁系统。

自励系统也有几种不同的励磁方式：如果只用励磁变压器并联在发电机出口，则称为自并励方式；如果除了并联的励磁变压器外，还有与发电机定子电流回路串联的励磁换流器（或串联变压器），两者结合起来共同供给励磁电流，则构成所谓的自复励方式。

此外，还有一种较新型的励磁系统，其励磁电源不同于上述两类，而是利用在主发电机定子铁芯的少数几个槽中嵌入附加线棒构成的独立绕组作为励磁电源，经变压器整流后供给发电机励磁。这种新型励磁系统仍属于一种自励系统。

（三）对励磁功率单元的要求

励磁功率单元的任务是在励磁调节器的控制下迅速向发电机提供合适的励磁电流。因此，对励磁功率单元的要求如下：

157

（1）具有足够的容量，以适应发电机各种运行工况的要求。

（2）具有足够的励磁顶值电压和电压上升速度，以改善电力系统的运行条件和提高系统的暂态稳定性。

励磁顶值电压 U_{Fmax} 是指励磁功率单元在强行励磁时，可能提供的最高输出电压值。励磁顶值电压 U_{Fmax} 与额定工况下的励磁电压 U_{FN} 之比称为强励倍数，其值的大小涉及制造和成本等因素，一般为 1.5～2.0。

励磁电压上升速度是衡量励磁功率单元动态行为的一项指标，它与试验条件和所用的定义有关。通常在暂态稳定过程中，发电机功率角摇摆到第一个周期最大值的时间约为 0.4～0.7s，所以一般将励磁电压在最初 0.5s 内上升的平均速度定义为励磁电压响应比，作为励磁系统的重要性能指标之一。

（3）实质上是一个可控的直流电源，应具有一定独立性和可靠性，不受与发电机相联系的电力网络故障的影响。

（四）励磁系统的主要作用

励磁系统是发电机的主要组成部分，它对电力系统及发电机本身的安全稳定运行有很大的影响。励磁系统的主要作用有：

（1）在正常运行条件下，供给发电机励磁电流，并根据发电机所带负荷相应地调整励磁电流，以维持发电机机端电压在给定水平上。

（2）使并列运行的各台同步发电机所带的无功功率得到稳定而合理的分配。

（3）增加并入电网运行的发电机的阻尼转矩，以提高电力系统动态稳定性及输电线路的有功功率传输能力。

（4）在电力系统发生短路故障而造成发电机机端电压严重下降时，强行励磁，将励磁电压迅速提升到足够的顶值，以提高电力系统的暂态稳定性。

（5）在发电机突然解列、甩负荷时，强行减磁，将励磁电流迅速减到安全数值，以防止发电机电压过分升高。

（6）在发电机内部发生短路故障时，快速灭磁，将励磁电流迅速减到零值，以减少故障损坏程度。

（7）在不同运行工况下，根据要求对发电机实行过励限制和欠励限制等，以确保发电机组的安全稳定运行。

（五）励磁系统的暂态性能指标

评价励磁系统对严重的暂态过程（即设计到电力系统暂态稳定的过程）所表现的性能，常用的技术指标有强行励磁顶值电压倍数、励磁电压上升速度、励磁电压上升响应时间。

1. 强行励磁顶值电压倍数

强行励磁顶值电压倍数用于衡量励磁系统的强励能力，一般是指在强励作用下励磁功率单元输出的最大励磁电压倍数，可表示为

$$K_U = \frac{U_{Fmax}}{U_{FN}} \qquad (2\text{-}49)$$

式中 K_U——最大励磁电压倍数，又称强励倍数。

现在同步发电机励磁系统的强励倍数一般为 $1.5 \sim 2.0$。强励倍数越高，越有利于电力系统的稳定运行。强励倍数的大小，涉及制造成本等因素。大容量发电机受过载能力约束，一般承受强励倍数的能力较中小容量发电机低，但在电力系统稳定性要求严格的场合，即使是大容量发电机也应按需要选取较高的强励倍数。

2. 励磁电压上升速度

励磁电压上升速度是励磁系统的重要性能指标之一。随着机组容量的增大、励磁方式的改进和发展，衡量励磁电压上升速度的定义有所变化。

励磁电压上升速度定义为：当强励作用时，在时间间隔为励磁机等效时间常数 T_E 之内，顶值励磁电压与额定励磁电压差值（$U_{Fmax} - U_{FN}$）的 0.632 倍平均上升速度对额定励磁电压 U_{FN} 之比，也称励磁电压响应比，可表示为

$$R_P = \frac{0.632(U_{Fmax} - U_{FN})}{0.5 U_{FN} T_E} \qquad (2\text{-}50)$$

式中 T_E——励磁机等效时间常数。

对于励磁电压按指数规律上升的特性，励磁电压响应比的含义（用标幺值）为：在强励作用后第一个 T_E 的瞬时，励磁电压从 U_{FN} 已上升到差值（$U_{Fmax} - U_{FN}$）的 0.632 倍，直线 ab 的斜率 $\tan\beta$。

3. 励磁电压上升响应时间

励磁电压从额定值 U_{FN} 上升到 $95\% U_{Fmax}$ 的时间，称为励磁电压上升响应时间。对于响应时间不大于 $0.1s$ 的励磁系统，通常称为高起始响应励磁系统。

（六）自并励静止励磁系统简介

1. 自并励静止励磁系统组成

自并励静止励磁系统主要由机端励磁变压器、晶闸管整流装置、AVR、灭磁和过电压保护装置、启励装置，以及必要的监测、保护、报警辅助装置等组成。该励磁系统能够实现手动、自动升压，控制装置（励磁调节器）和功率柜均实现双倍冗余。

2. 自并励静止励磁系统工作原理

发电机的励磁电流直接由并联接在发电机出口的励磁变压器经静止晶闸管整流后供给，如图 2-137 所示。由于发电机启动并网前剩磁产生的电压很低，一般仅为（$1\% \sim 2\%$）U_N，不满足启励要求，因此必须先接入启励电源。

自并励方式取消了励磁机，缩短了机组长度，且结构简单，因而提高了可靠性。此外，晶闸管整流器设在发电机励磁绕组回路内，所以励磁调

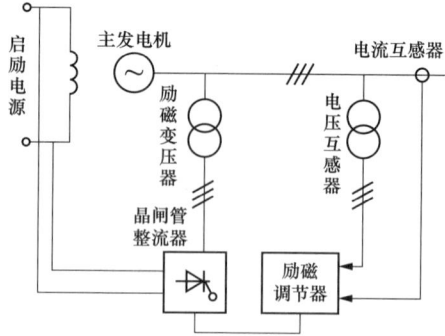

图 2-137　自并励静止励磁系统工作原理

节的反应速度很快且可实现逆变快速灭磁。这种励磁方式的缺点是，整流装置的电源电压在电力系统故障时将随发电机机端电压的下降而下降，可能影响暂态过程中的强励能力。其中，有两个问题值得研究：第一，发电机机端短路，机端电压突然降低很多时能否满足强励要求，机组是否会失磁；第二，由于强励减弱时短路电流迅速衰减，带时限的继电保护是否会拒绝动作。国内外的分析和试验研究表明：在其他条件相同的情况下，自励方式暂态稳定极限比他励方式约降低 2%～5%，为了使自并励系统和他励晶闸管励磁系统对电力系统暂态稳定有相同的效果，就要求其强励倍数提高 20%～30%；在短路刚开始的 0.5s 以内，自励方式与他励方式是很接近的，在短路 0.5s 以后才发生明显差别。因此，只要配合快速保护，完善转子阻尼系统，采用性能良好的励磁调节器和晶闸管整流装置，并适当提高励磁倍数，就足以补偿其缺点。至于带时限断电保护的问题，也可采用一些措施加以解决。

3. 晶闸管整流柜

一般晶闸管整流柜的输出电流为 3000A，输出电压为 1050V，做成每柜一个桥，共 4 个桥柜并联组成 $N-1$ 运行方式，即 N 组整流桥在其中一组整流柜故障的情况下仍能够产生最大励磁功率。

每柜桥臂无串并联元件，每柜的交直流侧均装设隔离开关，运行时如有元件损坏，可以完全退出故障桥（$N-1$）进行检修而不影响运行，不必停机后再进行检修。当运行中退出 1 个柜时，其余 3 个柜能满足强励在内的所有发电机运行工况；当运行中退出 2 个柜时，其余 2 个柜能满足额定励磁的要求，每柜均设均流限制电子板；当正常运行时，4 个柜并联输出的均流系数达 90%。

由于晶闸管换流器在运行中发热量很大，为保证其正常工作，还配备了两组风机。风机一般分主风机和备用风机。风机一路电源来自励磁变压器低压侧，另一路来自厂用电 380V 段，经电源切换装置后给风机供电。当励磁变压器低压侧电压低或电源回路有问题时自动切换至厂用电 380V 段，保证晶闸管换流器的正常通风散热。

4. 灭磁系统与过电压保护

（1）灭磁的作用和要求。同步发电机发生内部短路故障时，虽然继电保护装置能迅速地把发电机与系统断开，但如果不能同时将励磁电流快速降低到接近零值，则由磁场电流产生的感应电动势继续维持故障电流，时间一长，将会使故障扩大，造成发电机绕组甚至铁芯严重受损。因此，当发电机发生内部故障时，在继电保护动作快速切断主断路器的同时，要求将发电机的励磁电流迅速降低到接近零值，即快速灭磁。

（2）发电机的灭磁方式。所谓灭磁，就是把转子励磁绕组中的电流尽快地减小到零。灭磁方式通常可分为逆变灭磁和灭磁开关灭磁两种。发电机组正常停机时采用逆变灭磁；发电机组事故停机时，即当发电机发生内部故障，在继电保护动作切断主断路器时，要求迅速跳开灭磁开关灭磁；在发电机发生电气事故时，灭磁系统应迅速切断发电机励磁回路，并将储存在励磁绕组中的磁场能量快速消耗在灭磁回路中。

1）逆变灭磁。通过控制晶闸管整流装置工作在逆变状态，控制角 α 由小于 90°的整流运行状态，突然后退到大于 90°的某一适当角度，此时励磁电源改变极性，以反电动势形式加于励磁绕组，使转子电流迅速衰减到零，实现发电机逆变灭磁。这种灭磁方式将转子储能迅速地反馈到三相晶闸管的交流侧电源中去，不需要放电电阻或灭弧栅，是一种简便实用的灭磁方法。由于其无触点、不燃弧、不产生大量热量，因而灭磁可靠。

2）灭磁开关灭磁。将磁场回路断开，则磁场电流瞬间减小到零，完成灭磁。但磁场绕组具有很大的电感，突然断流会在其两端产生很高的感应过电压，可能将绝缘击穿。因此，在断开磁场电流的同时，应将转子励磁绕组自动接入放电电阻或其他消能装置上，使磁路中的储能迅速消耗掉。消除转子中的储能有两种方法：

第一，灭磁开关耗能型灭磁方式。直接将励磁回路断开，强迫转子回路的电流截断，使转子电流减小到零。灭磁开关跳开后，一方面切断供电电源回路，另一方面切断转子绕组的电流回路。但励磁绕组具有很大的电感，电感电流不能突变，如果没有其他通路和其他措施，直接通过直流回路中的开关断开电感电流，则会在断口两端产生很高的过电压。该过电压将会使断口开断所产生的电弧维持燃烧，直到磁场储能在电弧上全部消耗，转变为热能，最终因能量耗尽，断口电压下降，电弧不能维持燃烧，断口息弧开断。这种灭磁方式是利用开关断口上的电弧燃烧来消耗转子能量的。

这种灭磁方式对开关的要求较高：在分断转子电流时，要维持电弧的燃烧来消耗能量，并控制电弧电压在安全范围内。不能强力吹弧，否则转子回路会产生较高的过电压，威胁转子回路的安全。开关应具有足够的能容量。对于直接开断直流电感性负载回路的开关，其能够承受的最大而不会损坏开关的燃弧能量，称为开关的能容量。因磁场能量越大，电弧维持燃烧的时间就越长，当超过开关的能容量时，就可能烧损或烧坏断口的触

161

头，或烧坏开关的燃弧室。

这种开关灭磁方式存在的问题：开关的能容量有限，大容量的灭磁开关难以制造；灭磁开关在每次灭磁后，灭磁室的绝缘下降，绝缘水平的恢复需要一定的时间；小电流开断时，常常会造成吹弧失败而烧坏触头。

因此，对大容量的机组，一般不用这种灭磁方式。

第二，直流开关移能型灭磁方式。强迫转子电流流经一高阻值的灭磁回路，将转子能量消耗在灭磁回路上，直至转子能量降低到零，转子电流减小到零。这种灭磁方式也称灭磁电阻耗能型灭磁方式。

直流开关移能型灭磁方式接线原理如图 2-138 所示。

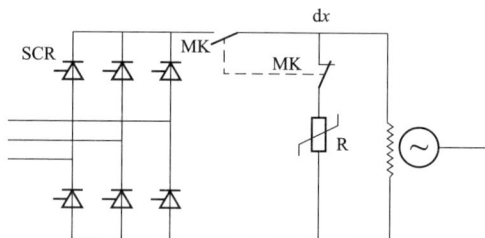

图 2-138　直流开关移能型灭磁方式接线原理
MK—灭磁开关；SCR—晶闸管装置；R—灭磁电阻

灭磁电阻可以为线性电阻，也可以为非线性电阻。一般地，直流灭磁开关总是配合非线性灭磁电阻使用，特别在自并励系统中。

直流开关移能型灭磁原理为：灭磁时，跳开灭磁开关，灭磁开关断口间产生电弧，电弧压降与晶闸管装置输出的电压共同加在灭磁电阻两端，即当灭磁两端电压 U_R 超过非线性灭磁电阻导通电压时，发电机励磁电流从灭磁开关转移到灭磁电阻中，灭磁开关断口间电弧随之熄灭，发电机励磁绕组能量主要消耗在灭磁电阻中。

5. 转子回路的过电压保护

发电机在励磁回路中装设有非线性氧化锌（ZnO）灭磁电阻，与并联的二极管、晶闸管相串联接在转子的正负极母线之间。发电机正常运行时，二极管处于反相截止状态，灭磁电阻上流过极微小的电流；发电机逆变灭磁开始后，转子极性改变，二极管导通，将灭磁电阻接入，因直流侧过电压倍数不高，灭磁电阻上也只流过小部分灭磁电流，直至磁场能量释放完。当发电机在正常运行中，转子回路发生过电压时，过电压保护动作，使灭磁回路的晶闸管导通，灭磁动作投入，以保护发电机转子。

6. 发电机启励

在发电机电压建立前，励磁变压器不能提供励磁电源，首先利用启励电源对发电机进行励磁，待发电机电压达到或大于 10% 额定电压时，通过切换装置自动退出启励回路，转换为励磁变压器提供励磁电源。启励装置由小型开关、二极管模块、接触器及限流电阻组成。其作用是当发电机在额定转速时，利用厂用220V直流电源短时向发电机转子绕组提供励磁，使之建立空载电压。当数字式励磁电压调节器（DAVR）检测到发电机机端电压到达一定值时，立刻断开接触器，输出脉冲触发晶闸管整流桥并使之输出电流，使发电机电压连续上升并达到设定值。发电机第一次启动及大修结束后，需要做发电机短路、空载试验，并且需要对励磁系统做全面检查，此时必须为自并励系统提供一个试验电源。

7. 转子接地保护

转子接地保护装置使用南京南瑞继保电气有限公司的PCS-985装置，采用直流双端注入式原理，注入48V的直流电压。该保护装置具有一点接地、两点接地保护功能，且具有故障录波功能，能实时查看转子正、负电压及接地电阻值。

发电机正常运行，发生转子一点接地时，转子接地保护装置直接发信至发电机-变压器组保护屏，动作于报警信号，并自动投入转子两点接地保护功能。

当转子一点接地保护发信后，应立即就地检查转子接地装置面板上R_g数值的变化和转子接地电刷的接触情况，并加强对发电机励磁系统参数的监视。

当接地电阻达20kΩ时，延时5s发一点接地信号；当接地电阻达1kΩ时，应申请停机。

在转子接地保护报警后查找原因时，运行人员应加强励磁电流、励磁电压、无功功率等电气量和机组振动情况的监视，如发现参数异常而保护未动作跳闸则应立即手动停机。

（七）自动励磁调节装置

1. 自动励磁调节装置的作用

自动励磁调节装置是自动励磁控制系统的重要组成部分，如图2-139所示。励磁调节器检测发电机的电压、电流或其他状态量，然后按给定的调节准则对励磁电源设备发出控制信号，实现控制功能。

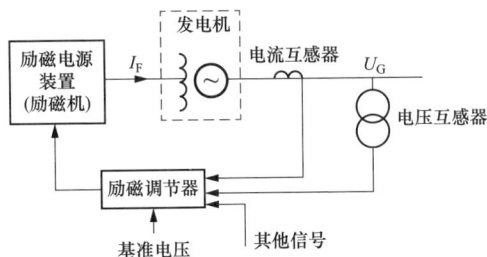

图 2-139　自动励磁控制系统框图

自动励磁调节器最基本的功能是调节发电机的端电压。自动励磁调节器的主要输入量是发电机机端电压。自动励磁调节器将发电机机端电压（被调量）与给定值（基准值或参考值）进行比较，得出偏差值 ΔU，然后按 ΔU 的大小输出控制信号，改变励磁机的输出（励磁电流），使发电机机端电压达到给定值。励磁控制系统（由励磁调节器、励磁电源装置和发电机一起构成）通过反馈控制（又称闭环控制）达到发电机输出电压自动调节的目的。

自动励磁调节器，除输入发电机机端电压进行反馈控制完成调压任务外，还可输入其他补偿调节信号，如在自复励系统中加入定子电流作为输入信号，以补偿由于定子电流变化引起的发电机机端电压的波动。此外，可以补偿输入电压变化速率（dU/dT）信号，以获得快速反应（时间常数小）的效果；也可以输入其他限制补偿信号、稳定补偿信号等。总之，励磁系统的作用要通过自动励磁调节器来参与完成。

正如前述，自动励磁调节器的基本任务是实现发电机输出电压的自动调节，因此通常又称其为 AVR。

2. 自动励磁调节器运行控制方式

（1）恒机端电压闭环方式：维持机端（母线）电压恒定运行。

（2）恒转子电流闭环方式：维持发电机转子电流恒定运行。

（3）试验开环运行方式：人为控制触发角度，便于试验。

（4）恒无功功率闭环方式（选用）：双环控制方式，机端电压为内环，无功功率为外环，使得无功功率与参考设定值相同。

（5）恒功率因数运行（选用）：双环控制方式，机端电压为内环，功率因数为外环，使得功率因数与参考设定值相同。

（6）系统电压跟踪方式（选用）：发电机空载时，控制发电机机端电压跟踪电网电压变化，提高发电机并网速度。

3. 励磁系统的限制和保护

（1）欠励瞬时限制。限制进相无功功率值不低于整定曲线所对应的值。当运行点无功功率低于限制曲线对应的值时，瞬时动作，调整励磁，将发电机拉回稳定运行区域。发电机允许进相范围与发电机机端电压成一定比例关系，为了保证发电机在任何时候都具有足够的安全裕度，欠励限制曲线也按照相似的关系，根据发电机电压进行调整。

（2）低励保护。低励保护曲线比欠励限制曲线低，当运行点低于保护曲线时，保护动作，执行主从切换，切除故障通道。

（3）过励延时限制。限制滞相无功功率值不高于整定曲线所对应的值。当运行点无功功率高于限制曲线对应的值时，开始计时，延时时间到即调整励磁，将发电机运行点拉回稳定区域。

（4）过励保护。过励保护曲线比过励限制曲线高，当运行点高于保护曲线时，保护动作，执行主从切换，切除故障通道。

（5）强励反时限制。反映转子热容量，防止转子绕组过热损坏。根据励磁电流与限制启动值的比较，计算发热时间以及冷却时间，以及确定相应的励磁电流的调节值，从而在保证励磁电流的同时保证转子绕组不因过热损坏。

（6）U/f 限制。限制伏赫比（U/f）不高于整定值，防止发电机及主变压器过励磁和过热。当 U/f 超过整定值时，延时动作，调整励磁，限制发电机机端电压幅值，控制发电机机端电压随发电机频率变化而变化，维持 U/f 在安全范围内；而当发电机频率低于一定值时（35Hz），机组已不允许继续维持机端电压，励磁系统逆变灭磁。

（7）U/f 保护。U/f 保护整定范围比 U/f 限制整定范围要大，其动作延时时间也比限制延时时间长。当 U/f 值高于 U/f 保护整定值时，保护启动并进行计时，延时时间到后，执行主从切换，切除故障通道。

（8）最大励磁电流限制。瞬时动作，空载工况与负载工况的整定值不同。当励磁电流超过整定值时立即动作，调整励磁，限制发电机最大励磁电流不超过整定值。

（9）最小励磁电流限制。限制发电机励磁电流不小于整定值。

（10）定子过电流限制。考虑机组运行工况、进相以及滞相整定值的不同，当定子电流超过整定值时，反时动作，调整励磁，使定子电流回到整定值内。

（11）空载过电压限制。空载工况下，定子电压超过过电压保护值时，延时一定时间后，保护动作，闭锁脉冲输出，逆变灭磁，保护定子绝缘。

（12）电压互感器断线保护功能。电压互感器断线判断逻辑涉及两路电压互感器测量值比较、定子电流变化速度的容错参考、同步电压幅值容错参考、定子电压及定子电流负序容错参考、转子电流容错参考和电压互感器熔断器信号容错参考。由此可判断出单电压互感器断线、双电压互感器断线、电压互感器断线与短路、电压互感器单相与多相断线。判断出电压互感器断线后，执行主从切换，同时转电流闭环；判断出两套电压互感器同时断线后，从自动通道切换至手动通道运行；具备可靠的防止空载误强励措施。

第三章 机组系统及附属设备

第一节 主蒸汽、再热蒸汽系统

一、蒸汽系统简介

锅炉与汽轮机之间的蒸汽管道及其附件称为发电厂主蒸汽系统,对于再热式机组还需要设置再热蒸汽系统。再热蒸汽系统包括冷再热蒸汽系统和热再热蒸汽系统。根据再热次数的不同,再热蒸汽系统又可分为一次再热蒸汽系统和二次再热蒸汽系统,如图 3-1 所示。广义的主蒸汽系统、再热蒸汽系统还包括旁路系统。旁路系统指高参数的锅炉蒸汽不进入汽轮机,而是经过旁路减温减压装置,经降温降压后直接送至低一级的蒸汽管道或凝汽器的系统。

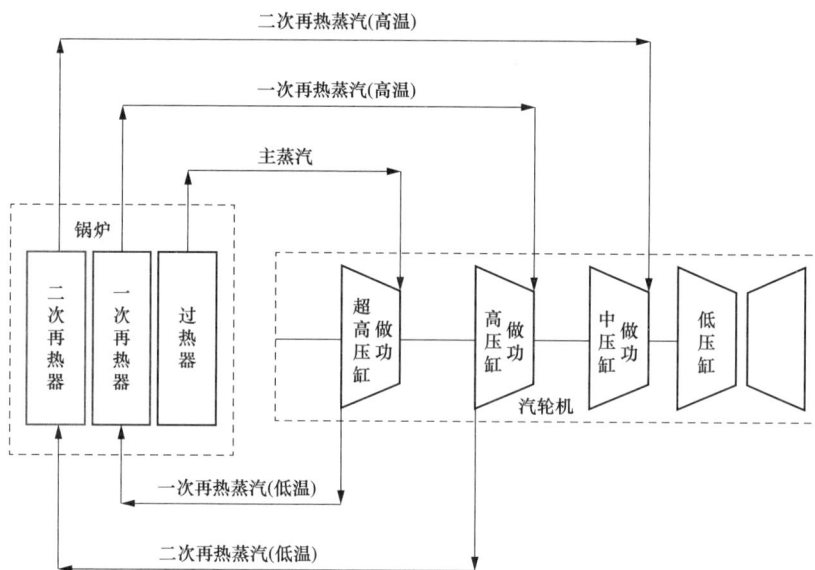

图 3-1 典型二次再热蒸汽系统

一般火力发电机组采用单元制系统,即一机配一炉,组成一个独立的单元,与其他机组之间无母管联系。单元制系统的优点是:系统简单,管道短,管道附件少,投资少,压力损失和散热损失小,系统本身事故率低,便于集中控制,有利于实现控制和调节自动化。与母管制系统相比,单元制系统的缺点是:因为相邻单元不能互相支援,锅炉之间也不能切换运行,单元内与蒸汽管道相连的主要设备或附件发生故障,整个单元都要被迫停止运行,单元内设备必须同时检修。发电厂主蒸汽管道输送的工质流量大,参数高，所以对金属材料要求也高，它对发电厂运行的安全性、可靠性和经济性影响很大。因此，主蒸汽系统应力求简单、安全、可靠和便于安装，并且使投资及运行费用最小。以某电厂二次再热 1000MW 机组为例，其主蒸汽系统、再热蒸汽系统设计特点如下：

（1）主蒸汽系统、再热蒸汽系统按汽轮发电机组 VWO 工况时的热平衡图中的蒸汽量设计。

（2）主蒸汽系统管道的设计压力为汽轮机进口压力＋5％超压（锅炉制造厂要求的高压旁路安全阀功能的起跳压力）＋5％管道压降；设计温度为锅炉过热器出口额定主蒸汽温度＋锅炉正常运行时允许温度正偏差 5℃。

（3）冷再热蒸汽系统管道的设计压力按锅炉再热器出口安全阀动作的最低整定压力＋锅炉再热系统压降设计；设计温度为 VWO 工况热平衡图中汽轮机高压缸排汽参数下相应的温度。机组采用 100％容量的高压旁路（带安全阀功能），选择旁路出口管至锅炉再热器进口管道的材质和壁厚时，考虑旁路在无减温水的事故工况运行的影响。

（4）热再热蒸汽管道系统的设计压力为锅炉再热器安全阀动作的最低整定压力；设计温度为锅炉再热器出口额定再热蒸汽温度＋锅炉正常运行时的允许温度正偏差 5℃。

（5）主蒸汽管道和再热蒸汽管道布置有利于机组的安全运行，可以减小锅炉两侧热偏差；选择合适的管道规格，节省管道投资。

（6）系统内的各种阀门（包括主汽阀、调节阀、止回阀、疏水阀、安全阀）控制可靠、开启灵活、关闭严密，能保证系统正常工作。

二、主蒸汽系统

主蒸汽管道从过热器出口集箱的两侧引出四根管道，分别在炉侧合并成两根管道后平行接到汽轮机前，接入高压缸左右侧主汽阀，即主蒸汽管道采用四/二连接方式。为了减小蒸汽的流动阻力损失，一般在主汽阀前的主蒸汽管道上不设任何截止阀，也不设置主蒸汽流量测量装置。汽轮机的进汽流量由主汽阀和调节阀调节。

过热器出口管道上设有水压试验隔离装置，锅炉侧管系可做隔离水压试验。

在锅炉房的四根主蒸汽管道上各设有高压旁路的引出口。由于高压旁路装设在锅炉房，距离主汽阀较远，在靠近汽轮机接口处主蒸汽管道上设有暖管排汽系统（也称暖管小旁路），两侧各有一根暖管排汽管至低温再热汽管（高压缸排汽止回阀后），每侧各有一只电动阀和一只气动减温减压阀，气动减温减压阀的减温水来自给水泵出口。它的作用为：由于高压旁路布置在锅炉房内，锅炉过热器到高压旁路引出口之间的主蒸汽管道内残存的固体颗粒可以通过高压旁路带走，而高压旁路引出口到汽轮机房的小旁路引出口之间的主蒸汽管道内残存的部分固体颗粒可以通过小旁路带走，防止这些固体颗粒对汽轮机高压缸叶片造成侵蚀。设置小旁路还有以下好处：一是可以加速高压旁路引出口到汽轮机房的主蒸汽管道的暖管速度，较快达到汽轮机冲转参数的要求，缩短启动时间；二是在启动时先开启小旁路，达到一定流量且持续一定时间后再开启高压旁路，从锅炉过热器到汽轮机房的主蒸汽管道内残存的固体颗粒可以通过小旁路带走一部分，从而减轻固体颗粒对高压旁路阀的侵蚀。需要注意的是，对于没有电动给水泵的机组，当两台汽动给水泵同时故障时，暖管小旁路将失去减温水。

在主蒸汽管道上设有畅通的疏水系统，两侧各有一根疏水管道，疏水管道都单独接到清洁水疏水扩容器，疏水经扩容后排入清洁水箱。每侧疏水管各有一只电动阀和一只气动调节阀。它有两个作用：一个是保证机组在启动暖管和低负荷或故障条件下能及时疏尽管道中的冷凝水，防止汽轮机进水事故的发生；另一个是在机组启动期间使蒸汽迅速流经主蒸汽管道，加快暖管升温，提高启动速度。疏水管的管径应选择合适，以满足设计的机组启动时间的要求。管径如果太小，会减慢主蒸汽管道的加热速度，延长启动时间；而管径如果太大，则有可能超过汽轮机的大气式疏水扩容器的承受能力。

三、再热蒸汽系统

再热蒸汽系统分为再热冷段和再热热段两部分。

（一）再热冷段

再热冷段是指从高压缸排汽至锅炉再热器进口集箱之间的蒸汽管道、阀门、疏水管等设备、部件组成的工作系统。

再热冷段管道由高压缸排汽口以双管接出，合并成单管，至锅炉前分为两路进入再热器进口集箱，即再热冷段管道采用二/一/二连接方式。这样既可以减小由于锅炉两侧热偏差和管道布置差异所引起的蒸汽温度和压力的偏差，有利于机组的安全运行；又可以选择合适的管道规格，节省管道投资。

在高压缸排汽再热冷段支管上，装有高压缸排汽管气动止回阀，用以防止再热冷段蒸汽倒入汽缸。在高压缸排汽总管的端头有蒸汽冲洗接口，以供管道安装完毕后进行冲洗，在管道冲洗完成后用堵头堵死。再热冷段支管上各设有一个减温器，用于在事故状态下调节再热器出口蒸汽温度。减温水来自主给水泵中间抽头。

为避免汽轮机进水，除在再热冷段管道的最低点设置疏水外，在靠近高压缸排汽口等处的疏水管上还设有疏水袋，疏水袋上设有气动疏水阀，以自动控制疏水及时输入疏水扩容器。

从再热冷段蒸汽主管上引接一根管道至给水泵汽轮机，以备机组在启动和低负荷时供给给水泵汽轮机工作蒸汽。该管最低点和进汽电动阀前设有疏水点，疏水管上设有气动疏水阀，疏水引入凝汽器疏水扩容器集管。

再热冷段蒸汽管上还接有至 2 号高压加热器、辅助蒸汽系统等的蒸汽管道。

（二）再热热段

在靠近再热器出口集箱处的再热热段蒸汽支管上，各装有一个水压试验隔离阀，以便锅炉再热器在做水压试验时，压力水不致进入再热热段管道。接近锅炉再热器出口集箱的再热热段蒸汽支管上，各装有一个弹簧安全阀，以便超压时先于再热器进口安全阀开启，保证安全阀动作时有足够的蒸汽流经再热器，防止再热器管束超温。

再热热段蒸汽的温度高，比体积大，所以再热热段蒸汽管道较粗，在机组启动时有较多的凝结水需要排出；此外，在启动暖管期间，特别是热态启动期间，为加速暖管升温，也应及时排放凝结水和冷蒸汽。故再热热段蒸汽管道靠近中压主汽阀进口的两支管的最低点设有疏水管，并设置了气动疏水阀，以便及时将疏水引入疏水扩容器。

再热热段蒸汽管道从再热器的出口集箱的两侧引出（有四根支管），在炉侧合并成两根管道后平行接到汽轮机前，接入中压缸左右侧再热关断阀。

第二节　凝结水及给水回热系统

一、凝结水系统

凝结水系统指凝汽器至除氧器之间的相关管路、设备及其附件。凝结水系统的主要功能是将凝汽器热井中的凝结水由凝结水泵送出，经精除盐装置、汽封冷却器（又称轴封加热器）、疏水冷却器、低压加热器输送至除氧器，其间还对凝结水进行加热、除氧、化学处理和除杂质。凝结水系统还向各有关用户提供水源，如有关设备的密封水、减温水，各有关系统的补给水，以及汽轮机低压缸喷水等。主凝结水系统还对凝汽器热井水位和除氧器水箱水位进行必要的调节，以保证整个系统安全可靠运行。典型的凝结水系统如图 3-2 所示。

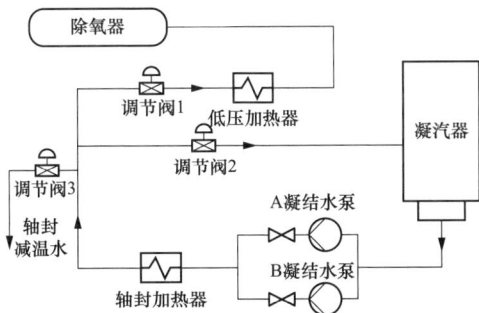

图 3-2　典型的凝结水系统

凝结水系统的最初注水及运行时的补给水来自机组的凝结水储存水箱，

储存水箱中的水是来自化学车间的合格除盐水。

凝结水系统主要包括凝汽器、凝结水泵、凝结水储存水箱、凝结水输送泵、凝结水精处理装置、轴封加热器、低压加热器以及连接上述各设备所需要的管道、阀门等。

凝结水泵是凝结水系统的核心设备，一般采用电动机拖动的离心式泵。凝结水泵所输送的是相应于凝汽器压力的饱和水，吸入侧是在真空状态下工作，很容易吸入空气和产生汽蚀，故凝结水泵的运行条件是泵的抗汽蚀性能和轴密封装置的性能良好。凝结水泵性能中规定了进口侧的灌注高度，借助水柱产生的压力，使凝结水离开饱和状态，避免汽化。因此，凝结水泵安装在热井最低水位以下，水泵入口与最低水位之间维持 $0.9 \sim 2.2\text{m}$ 的高度差。

凝结水泵轴的密封装置可采用普通的填料密封，也可采用机械密封。无论采用哪一种密封，在凝结水泵运转或停运处于备用状态时，都应保证密封水的供给，以防止空气漏入凝结水系统，影响凝汽器的真空度。

由于凝结水泵进口处在高度真空状态下，容易从不严密的地方漏入空气积聚在叶轮进口，使凝结水泵打不出水。所以，一方面要求进口处严密不漏气，另一方面在泵入口处接一抽空气管道至凝汽器汽侧（也称平衡管），以保证凝结水泵的正常运行。

凝结水泵接再循环管主要也是为了解决水泵汽蚀问题。为了避免凝结水泵发生汽蚀，必须保持一定的出水量。在空负荷和低负荷状态下，凝结水量少，凝结水泵容易出现汽蚀现象，凝结水泵工作极不稳定，这时通过再循环管，将凝结水泵中的一部分出水流回凝汽器，能保证凝结水泵的正常工作。

轴封冷却器、射汽抽气器的冷却器在空负荷和低负荷时也必须流过足够的凝结水，所以一般凝结水再循环管都从它们的后面接出。

大机组的凝结水泵通常采用固定水位运行，设置自动补水装置。为减少凝结水系统的功耗，凝结水泵往往采用变频调节，当机组负荷降低，凝结水需求量减少时，降低凝结水泵的转速，减少厂用电消耗。

二、给水系统

1. 给水系统的特点

给水系统的主要功能是将除氧器水箱中的主凝结水通过给水泵提高压力，经过高压加热器进一步加热之后，输送到锅炉的省煤器入口，作为锅炉的给水。给水系统还向锅炉再热器的减温器、过热器的一/二级减温器以及汽轮机高压旁路装置的减温器提供减温水，用以调节上述设备出口蒸汽的温度。给水系统按最大运行流量即锅炉最大连续蒸发量（BMCR）工况时相对应的给水量进行设计，按机组快速切负荷（FCB）工况时相对应的给水量进行校核。

给水系统的核心部件是给水泵,作用是提升给水压力,以便能在进入锅炉后克服其中受热面的阻力,在锅炉出口得到额定压力的蒸汽。理论上给水在锅炉中的吸热是一个定压过程,实际上由于存在压力损失,所以给水泵出口处是整个系统中压力最高的部位。给水泵传送的流体是高温饱和水,发生汽蚀的可能性较大。要使给水泵不发生汽蚀,必须使有效汽蚀余量大于必需汽蚀余量。给水泵的必需汽蚀余量随转速的平方成正比地改变,因此高速泵所需的汽蚀余量比一般泵所需的汽蚀余量高得多,其抗汽蚀性能大大下降,当滑压运行的除氧器工况波动时极易引起汽蚀。为防止给水泵汽蚀,电厂除氧器的安装高度一般高于给水泵,且每台给水泵前都安装一台前置泵。前置泵的转速较低,所需的汽蚀余量大大减少,故给水不易汽化。

除氧器有两根出水管分别接至给水泵组的两台前置泵。汽动泵的前置泵由单独配备的电动机驱动,与给水泵不同轴。前置泵的进水管道上依水流方向分别设置了一个电动隔离阀和一个粗滤网。滤网可以防止在安装检修期间可能聚积在除氧器和吸水管内的焊渣、铁屑等杂物进入水泵。运行一段时间待系统干净后,可拆除滤网,以减小流动阻力。前置泵的入口水管上进口电动阀后还设置了泄压阀,以防止泵组备用期间进水管超压。在泵组停运期间,前置泵的进口阀关闭时,进水管可能由于备用给水泵出口的止回阀泄漏而超压。泄压阀的出口接管进入一个敞开的漏斗,方便运行人员监视。如果有泄漏,运行人员可以从泄压阀出口发现。

由于给水泵必须在前置泵运行正常后才能启动,因此在前置泵出口至给水泵进口之间的管道上不设隔离阀。这段管道上依次设有流量测量装置和精滤网,给水泵最小流量再循环控制阀的信号就取自这里。给水泵的出口管道上依次装有止回阀和电动隔离阀。给水泵出口设置止回阀是当给水泵停止运行时,防止压力水倒流,引起给水泵倒转。

给水泵是电厂中最大功率的辅机设备,为节约厂用电,一般采用给水泵汽轮机驱动。设置两台 50% 容量的汽动给水泵组或者单台 100% 容量的汽动给水泵组。也可以设置电动调速给水泵作为机组启动和汽动给水泵故障时的备用泵。汽动给水泵的正常运行汽源为主机的四段抽汽,机组启动和低负荷时由辅助蒸汽系统或再热冷段供汽。

2. 给水系统的分类

给水系统可分为低压给水、中压给水和高压给水三部分。

低压给水管道指从除氧器下水口接出至前置泵入口的管路水管道。管道上设置一个电动阀和一个粗滤网。

中压给水管道指从前置泵出口至主给水泵入口的管路。管道上设有流量测量装置,用以测量主泵入口的给水流量,以控制主给水泵出口最小流量装置的启、闭,保证主给水泵的安全。该管路上还设置了一个精滤网,以进一步保护主泵。

高压给水管道指主给水泵出口经高压加热器后送至省煤器入口集箱的管路。

主给水泵出口装设一只止回阀和一只电动阀。给水泵出口设有最小流量再循环管道并配相应的控制阀，以确保机组启动和低负荷工况流经泵的流量大于其允许的最小流量，保证泵的安全。每根再循环管都单独接至除氧水箱。另外，在气动最小流量调节阀前（按介质流向）装电动隔离阀，在气动最小流量调节阀后装一只手动隔离阀。各主给水泵中间抽头的给水管汇集一起，引至再热冷段热蒸汽管上的再热器减温器，作为事故减温水，以调节再热蒸汽的温度。过热器减温水从省煤器进口前引出，调节过热蒸汽温度。

给水总管通往高压加热器，进一步将给水加热，以提高循环经济性。高压加热器的水管承受给水泵出口压力，如果管子破裂，给水必然流向汽侧，使加热器水位迅速上升，甚至倒流入汽轮机，发生严重事故。因此，必须为高压加热器系统设置自动旁路保护装置。它的作用是一旦加热器故障，就及时切断加热器与给水管道的连接，这时给水经过旁路流向锅炉，保证不中断地向锅炉供水。

加热器给水旁路系统分为大旁路和小旁路两种。

大旁路系统是多台加热器共用一个旁路。这种旁路形式较为简单，管道附件少，设备投资小，安全性高，但是如果一台加热器故障，就必须同时切除高压加热器组，使给水温度大大低于设计值，降低机组的运行热经济性。

小旁路系统是指每台加热器都具有单独的给水旁路装置，包括进口阀、旁路阀和出口阀。小旁路系统复杂，阀门数量多，投资大；但它的突出优点是非常灵活，需要时只切除故障的加热器，而其他加热器仍可继续投用，对整个系统的热经济性影响较小。

高压加热器的给水压力较高，因此阀门须承受很高的压力，造价较高。如果采用小旁路系统，会使管系过于复杂，阀门增多，投资加大，可靠性降低。并且，目前高压加热器的质量提高，单台高压加热器的事故率减少，可用率增大。因此，大机组的高压加热器系统一般配置一套给水大旁路系统，3号高压加热器入口和1号高压加热器出口设置一个液动三通阀。当任何一台高压加热器发生故障时，给水经三通阀走旁路向锅炉省煤器直接供水。大旁路系统的优点是阀门数量少，系统简化，方便运行操作和维护。

高压加热器的出口管道上均装有一个安全阀。这是为了防止高压加热器停运后，由于汽轮机抽汽管道上的隔离阀关闭不严，漏入加热器的蒸汽使加热器管束内的给水受热膨胀，引起水侧超压。

给水系统的核心功能是调节锅炉给水流量，机组正常运行时给水流量通过控制给水泵汽轮机转速来调节。同时，在高压加热器出口至省煤器入口集箱之间的管道上，设置给水操作台及其旁路。给水主管路上设有止回阀和电动阀。在给水操作台旁路设有调节阀，以增加机组启动和低负荷时的流量调节灵敏度，还可在低负荷时对过热器减温水进行憋压。

三、回热系统

1. 回热系统的特点

回热作为一个最普遍、对提高机组和全厂热经济性最有效的手段，被当今所有火力发电厂的汽轮机所采用。回热系统既是汽轮机热力系统的基础，也是电厂热力系统的核心，它对机组和电厂的热经济性起着决定性的作用。

回热抽汽系统用来加热进入锅炉的给水（主凝结水）。回热抽汽系统性能的优化，对整个汽轮机组热循环效率的提高起着重大的作用。回热抽汽系统抽汽的级数、参数（温度、压力、流量），加热器（换热器）的形式、性能，抽汽凝结水的导向，以及系统内管道、阀门的性能，都应予以仔细分析、选择，才能组成性能良好的回热抽汽系统。

理论上回热抽汽的级数越多，汽轮机的热循环过程就越接近卡诺循环，其热效率就越高。但回热抽汽的级数受投资和场地的制约，不可能设置很多。在抽汽级数相同的情况下，抽汽参数对系统热效率有明显的影响。抽汽参数的安排应当是高品位（高焓、低熵）处的蒸汽少抽，而低品位（低焓、高熵）处的蒸汽则尽可能多抽。

2. 如何提升回热系统的性能

对回热抽汽系统中加热器的性能要求，可归结为尽可能地缩小蒸汽与给水（凝结水）之间的温差，即尽可能地缩小 $\Delta t = t_v - t_w$（其中 t_v 为加热器进口处饱和蒸汽的温度，t_w 为加热器出口处的水温）。为了实现这一目的，目前主要通过两种途径：

一种途径是采用混合式加热器，从汽轮机抽来的蒸汽在加热器内和进入加热器的给水（凝结水）直接混合，蒸汽凝结成水，其汽化潜热释放到给水中，两者成为统一体，压力、温度相同，$\Delta t = 0$。采用这种方式的每一台加热器，都必须相应地配备一台水泵来调整给水的压力和加热器的液位，使其与相应段的抽汽压力一致。须知水泵也要耗功，因此必须进行详细比较之后予以取舍。目前，除氧器采用这种方式。

另一种途径是仍然采用表面式加热器（换热器），但针对汽、水特点，在结构上采取必要措施，尽量提高加热器的加热效果。

一般来说，由汽轮机的高、中压缸抽出的蒸汽具有一定的过热度，在加热器的蒸汽出口处，可设置过热蒸汽冷却段（简称过热段）；经过加热器换热之后的凝结水（疏水），比进入加热器的主凝结水温度高，故可设置疏水冷却段。这样就可以充分利用抽汽的能量，使加热器进出口的（温度）端差尽量减小，有利于提高整个回热系统的效率。

表面式加热器的出口端差，又称上端差。端差等于加热器汽侧压力下的饱和温度 t_{sj} 与本级加热器出口水温 t_{wj} 之差，用 θ 表示，$\theta_j = t_{sj} - t_{wj}$，$j$ 表示汽轮机抽汽的段数（即加热器的编号）。显然，端差越小，换热不可逆损失越小，热经济性越高。但减小端差需要加大换热面积或改变加热器的结构，故合理的端差应通过综合比较后选取。对于高参数大容量再热机组的高压加热器和部分低压加热器，通常都配置蒸汽冷却段，就是利用了蒸汽的过热度，通常 $\theta = -2 \sim 2\text{℃}$。

在过热蒸汽冷却段内，过热蒸汽被冷却，其热量由主凝结水吸收，水温提高，而过热蒸汽的温度低至接近或等于其相应压力下的饱和温度。

在疏水冷却段内，由于疏水温度高于进水温度，故在换热过程中使疏水温度降低，主凝结水吸热而温度升高。疏水温度降低可导致相邻压力较低的加热器抽汽量增大，进水温度升高则导致本级抽汽量减小。其结果是高品位的蒸汽少抽，低品位的蒸汽多抽，这对提高回热系统的效率很有好处。设置疏水冷却段，没有像过热蒸汽冷却段的限制条件。因此，目前大机组的所有加热器都设置了疏水冷却段。

加热器设置疏水冷却段不但能提高经济性，而且对系统的安全运行有好处。因为原来的疏水是饱和水，在流向下一级压力较低的加热器时，必须经过节流减压，而饱和水一经节流减压，就会产生蒸汽而形成两相流动，这将对管道和下一级加热器产生冲击、振动等不良后果。经冷却后的疏水是欠饱和水，这样在节流过程中产生两相流动的可能性就大大减小。

此外，对于高压加热器来说，其疏水最后都是自流到除氧器去的。未经冷却的疏水所带的热量，将使除氧器的抽汽量大大减小，甚至造成除氧器的自生沸腾。而疏水冷却段的设置，使疏水温度降低，有利于保证除氧器的抽汽量，从而也降低了其自生沸腾的可能性。

加热器应具有足够的换热面积，选用导热性能良好的材料，这也是保证回热系统效率的必要条件，因为加热器具有足够的换热面积并选用导热性能良好的材料能够使加热器的端差尽可能地小一些，系统的效率就能高一些。抽汽的管道、阀门要有足够的通流面积，管道内表面尽可能平滑，以减小阀门、管道的流动损失。表面式加热器的汽水温度变化如图3-3所示。

目前大型火力发电机组回热系统典型配置为八级非调节抽汽，由三高、四低、一除氧，一台疏水冷却器以及相应的抽汽、疏水管道构成。其中，一、二、三段抽汽分别向3台高压加热器供汽，四段抽汽供汽动给水泵、除氧器和辅助蒸汽集箱，五、六、七、八段抽汽分别供4台低压加热器。为防止汽轮机超速，除了最后两级抽汽管道外，其余的抽汽管道上均装设强制关闭自动止回阀（气动控制）。凡是从抽汽系统接出的管道去加热设备都装有止回阀。抽汽止回阀的位置尽可能地靠近汽轮机的抽汽口，以便当汽轮机跳闸时，可以尽量降低抽汽系统能量的储存。该抽汽止回阀也作为防止汽轮机进水的二级保护。

3. 除氧器的工作方式与特点

除氧器是回热系统的重要设备，除了能加热给水外，还有一个作用是除去锅炉给水中的氧气和其他不凝结气体，以保证给水的品质。若水中溶解氧气，就会使与水接触的金属被腐蚀，同时在热交换器中若有气体聚积，

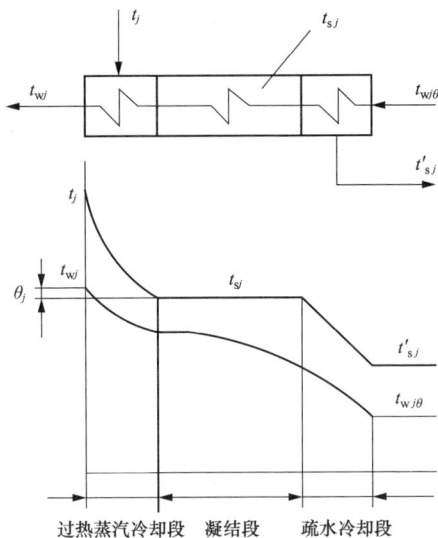

图 3-3 表面式加热器的汽水温度变化

将使传热的热阻增加，降低设备的传热效果。因此，水中溶解有任何气体都是不利的，尤其是氧气，它将直接威胁设备的安全运行。随着锅炉参数的提高，对给水的品质要求越来越高，尤其是对水中溶解氧量的限制更严格，对于超临界和亚临界的直流锅炉甚至要求给水彻底除氧。所以除氧器本身是给水回热系统中的一个混合式加热器，又是热力除氧的主要设备，还是一个汇集汽水的容器，各个高压加热器的疏水、化学补水及全厂各处水质合格的高压疏水、排汽等均可汇入除氧器加以利用，以减少发电厂的汽水损失。

除氧器采用热力除氧。当水和某种气体接触时，就会有一部分气体溶解到水中，用气体的溶解度表示气体溶解于水中的数量，以 mg/L 计值，它和气体的种类、该气体在水面的分压力及水的温度有关。在一定的压力下，水的温度越高，气体的溶解度越小，反之气体的溶解度就越大。同时，气体在水面的分压力越高，其溶解度就越大，反之其溶解度就越低。天然水中溶解的氧气可达 10mg/L。由于汽轮机的真空系统不可能绝对严密，空气通过不严密部分渗入系统，凝结水可能溶有大量氧气。补充水中也含有氧气及二氧化碳等其他气体。采用热力除氧的方法，可除去给水中溶解的不凝结气体。

除氧是要除去水中所有的不凝结气体，它采用的是热力除氧的方法，其依据是亨利定律和道尔顿定律以及传热传质定律。亨利定律指出：当液体表面的某气体与溶解于液体中的该气体处于进、出动态平衡时，溶于单位容积液体中该气体的质量 b（单位为 mg/L），与液面上该气体的分压力 p_b 成正比：

$$b = kp_b/p_0 \tag{3-1}$$

式中　k——该气体的质量溶解度系数，它与液体和气体的种类、温度有关；

　　　p_0——液面上的全压力。

由此可见，当水面上气体的分压力小于溶解该气体所对应的平衡压力 p_b 时，该气体就会在不平衡压力差 Δp 作用下，自水中离析出水面，直到新的平衡状态为止。因此，如果使水面上该气体的分压力一直维持零值，就可以使该气体从水中完全逸出而除去，这就是热力除气的基本原理。问题是，如何使水面上不凝结气体的分压力近似为零。

根据道尔顿定律：混合气体的全压力等于各组成气体的分压力之和。除氧塔空间的总压力 p 等于水中所溶解各气体在水面上的分压力 p_i 与水面上蒸汽分压力 p_s 之和，即

$$p=\Sigma p_i+p_s \tag{3-2}$$

在除氧器中，随着水流被蒸汽不断地加热，水会逐渐蒸发，水表面的蒸汽压力就逐步增大，其他气体的分压力就逐步减小，水中的气体分子逐渐脱出，并随余汽排出，水面内外气体分压均被减小而维持一定的压差 Δp；当水被加热到除氧器工作压力下的饱和温度时，水表面的蒸汽分压力等于除氧头的压力，也即蒸汽分压力等于总压力，其他气体的分压力近于或等于零，这就可能让水中的各气体完全脱出，水中气体溶解量接近零。加热除氧过程既是传热过程又是一个传质过程。气体从水中离析脱出的量与水的表面积 A、不平衡差 Δp 成正比例，即

$$G=K_mA\Delta p \tag{3-3}$$

式中　K_m——传质系数或称离析系数。

气体从水中离析的过程可分为两个阶段：第一阶段是初期除气阶段，水中所溶气量较多，不平衡压差较大，气体能以小气泡形式克服水的表面张力迅速逸出水表面，在此阶段可除去水中大部分的气体；第二阶段是深度除气阶段，因这时水中溶解的气量较小，不平衡 Δp 较小，气体只能依靠分子的扩散作用缓慢地从水表面逸出，于是就要设法造成大面积水膜，以减小水的表面张力，加强扩散作用，或者利用蒸汽在水面下的鼓泡作用，让气体附在水泡表面逸出。可见深度除气过程较缓慢，所以用加热的原理除气不容易做得很彻底。特别是水温没有达到除氧器压力对应的饱和温度时，水中含氧量急剧增加。对于除气要求很高的机组，一般要再辅以化学除氧措施。

在大型高参数的电厂中，除氧器的工作压力一般为 0.6～0.8MPa。采取压力较高的除氧器可以减少价格昂贵而运行不十分可靠的高压加热器的数量。另外，高参数锅炉的给水温度一般为 230～250℃，采用高压除氧器，在机组高压加热器故障停运时，进入锅炉的给水温度仍可维持在 150～160℃，对锅炉运行的影响就可以小一点。此外，提高除氧器的压力，避免高温疏水进入除氧器时，会产生自身沸腾现象而使除氧效果恶化。

早期的汽轮机组的除氧器多采用定压运行，机组负荷变化时，除氧器依靠其抽汽调节阀进行切换抽汽，维持其工作压力不变，以此来保证除氧效果和给水泵的安全（不被汽蚀）。但是，因为抽汽调节阀对蒸汽进行节流，机组的经济性会因此而降低。目前机组除氧器均改为滑压运行，即除氧器的抽汽管道上不再设置调节阀，其工作压力随机组的负荷变化而变化，为防止降负荷时除氧器返水至抽汽管道，在其进汽管道上设置汽平衡管，如图3-4所示。

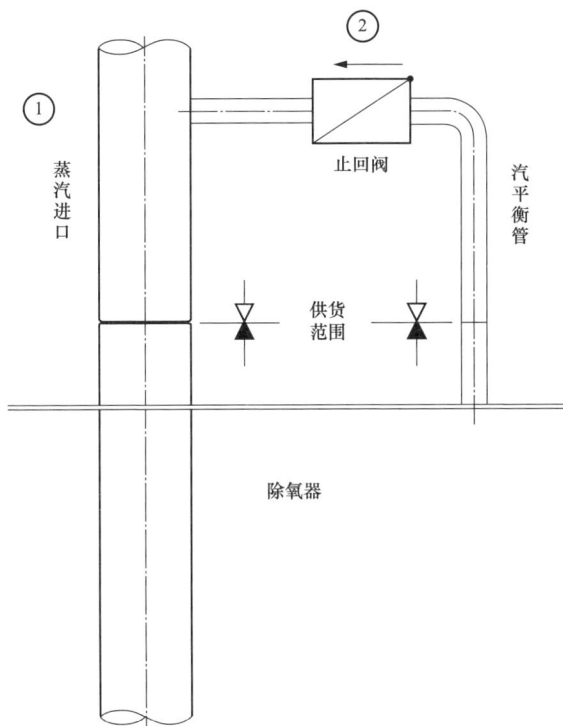

图 3-4 除氧器进汽管道示意图

第三节 锅炉风烟系统及设备

一、锅炉风烟系统概述

锅炉风烟系统采用平衡通风，即利用送风机和引风机来克服气流在流通过程中的各项阻力。送风机主要用来克服风道设备的系统阻力；引风机主要用来克服烟道的系统阻力，并使炉膛出口处保持一定的负压。平衡通风不仅使炉膛和风道的漏风量不会太大，而且保证了较高的经济性，还能防止炉内高温烟气外冒，对运行人员的安全和锅炉房的环境均有一定的好处。

（一）锅炉风烟系统设备

锅炉风烟系统主要由下列设备和装置组成：

（1）两台动叶可调轴流式送风机。

（2）两台动叶可调轴流式一次风机。

（3）两台动叶可调轴流式引风机。

（4）两台容克式三分仓空气预热器。

（5）热风再循环管。

（6）两台静电除尘器。

（7）两台交流火检冷却风机。

（8）两台密封风机。

（9）四角切圆布置的燃烧器及其风箱，以及燃烧器上部的附加风箱。

（10）连接管道、挡板或闸门。

输送至炉膛的空气，用于：①燃料燃烧所需要的二次风和燃尽风；②输送和干燥煤粉的一次风，由一次风机提供；③冷却火焰探测器的风，由火检冷却风机提供；④给煤机、磨煤机的密封风，由一次风机出口经密封风机提供。

无论是密封风还是冷却空气，最终均进入炉膛，构成燃烧所需的空气。供风系统包括一次风系统、二次风系统、火检冷却风系统和磨煤机密封风系统。

（二）风机的分类及特点

风机是风烟系统的核心设备。风机可以分为轴流式和离心式两种形式。动叶调节轴流式风机的变工况性能好，工作范围大。因为动叶片安装角可随着锅炉负荷的改变而改变，既可调节流量又可保持风机在高效区运行。轴流式风机对风道系统风量变化的适应性优于离心式风机。由于外界条件变化可使风机所需的风量、风压发生变化，离心式风机就有可能使机组达不到额定出力，而轴流式风机可以通过关小或开大动叶的角度来适应变化，对风机的效率影响小。轴流式风机质量小，飞轮效应值小，使得启动力矩大大减小。与离心式风机比较，轴流式风机结构复杂，旋转部件多，制造精度高，材质要求高，运行可靠性差。另外，轴流式风机噪声较大，需采取降噪装置。

（三）轴流式风机的工作原理

流体沿轴向流入叶片通道，当叶轮在电动机的驱动下旋转时，旋转的叶片给绕流流体一个沿轴向的推力（叶片中的流体绕流叶片时，根据流体力学可知，流体对叶片有一个升力，同时由作用力和反作用力相等的原理，叶片也给流体一个与升力大小相等方向相反的推力），该叶片的推力对流体做功，使流体的能量增加并沿轴向排出。叶片连续旋转即可使轴流式风机连续工作。

假设一较长的圆柱体静止在气体中，气流自左向右做平行流动，不计气体的黏性，即气体流动的阻力，那么气体会均匀地分上下绕流圆柱体。气流在圆柱体上的速度及压力分布完全对称，流体对柱体的总作用力为0，如图 3-5 所示。这种运行称为平行绕圆柱体流动。

若圆柱体做顺时针的旋转运动，则圆柱体周围的气体也一起旋转，产生环流运动。这时圆柱体上、下速度及压力分布也完全对称，流体对柱体的总作用力为 0，如图 3-6 所示。这种运动称为环流运动。

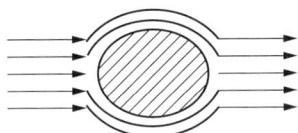

图 3-5　平行绕圆柱体流动　　　图 3-6　环流运动

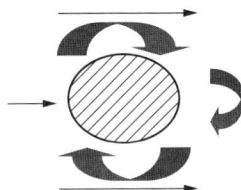

若流体做平行运动，圆柱体做顺时针旋转，这两种流动叠加在一起，圆柱体上部平流与环流方向一致，流速加快；圆柱体下部平流与环流方向相反，流速减慢。根据能量方程原理，圆柱体上部与圆柱体下部的总能量相等，而圆柱体上部动能大，压力小；下部则动能小，压力大。于是流体对圆柱体产生一个自下而上的压差，这个压差就是升力。

机翼上升力产生的原理与圆柱体上升力产生的原理相同，如图 3-7 所示。机翼上有一个顺时针方向的环流运动，由于机翼向前运动，流体对于机翼来说是做平流运动。机翼上部平流与环流叠加，流速加快，压力降低；机翼下部平流与环流叠加，流速减小，压力升高，此时就产生一个升力。同时，在流动过程中有流动阻力，机翼也受到阻力。

（四）轴流式风机的组成结构

轴流式风机的叶轮是由数个相同的机翼形成的一个环形叶栅，若将叶轮以同一半径展开，如图 3-8 所示。当叶轮旋转时，叶栅以速度 u 向前运动，气流相对于叶栅产生沿机翼表面的流动，机翼有一个升力 p，而机翼对流体有一个反作用力 R。力 R 可以分解为 R_m 和 R_u，力 R_m 使气体获得沿轴向流动的能量，力 R_u 使气体产生旋转运动。所以，气流经过叶轮做功后，沿轴向运动。

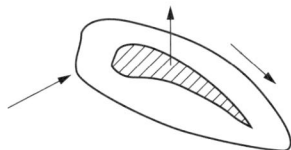

图 3-7　机翼的升力原理　　　图 3-8　气流经过叶轮沿轴向运动

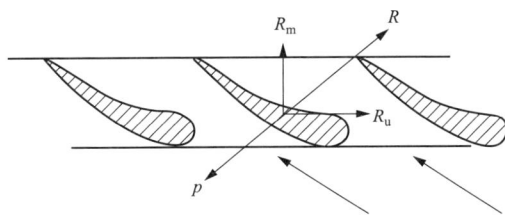

动叶可调轴流式风机主要由吸入烟风道（进气箱）、扩压筒、叶轮、支持轴承箱、挠性联轴器和操作机构等组成，辅助设备包括液压润滑站、罩壳和消声器等，结构如图 3-9 所示。

179

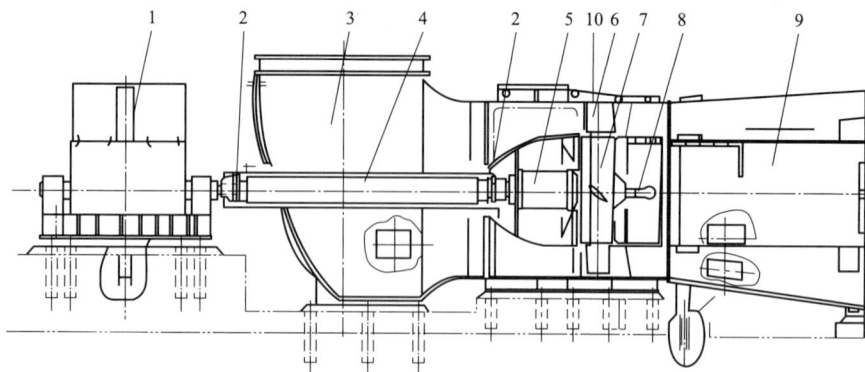

图 3-9 动叶可调轴流式送风机结构

1—电动机；2—联轴器；3—进气箱；4—主轴；5—主轴承；
6—叶片；7—轮毂；8—传动机构；9—扩压筒；10—叶轮外壳

（五）轴流式风机的调节机构

1. 叶片角度的调节

若将风机的设计角度视为 0°，把叶片角度转在 -5° 的位置（即叶片最大角度和最小角度的中间值，叶片的可调角为 +20°～+30°）。这时将曲柄轴心和叶柄轴心调到同一水平位置，然后用螺栓将曲柄紧固在叶柄上，按回转方向使曲柄滑块滞后于叶柄的位置（曲柄只能滞后而不能超前），全部叶片一样装配。当装上液压缸时，叶片角处于中间位置，以保证叶片角度开得最大时，液压缸活塞在缸体的一端；叶片角关得最小时，液压缸活塞移动到缸体的另一端。

2. 平衡块的工作原理

在每个叶柄上都装有平衡块，它的作用是保证风机在运行时产生一个与叶片自动旋转力相反、大小相等的力。在平衡块的设计计算中，叶片的应力总是按叶片全关时（-30°）来计算，因为叶片全关时离心力最大，即应力最大。所以，叶片在运行时总是力求向离心力增大的方向变化。有些未装平衡块的送风机关闭容易，启动时打不开就是这个原因。平衡块在运行中也是力求向离心力增大的方向移动，但平衡块离心力增加的方向正好与叶片离心力增加的方向相反而大小相等，这样就能使叶片在运行时无外力的作用，可在任何一个位置保持平衡，开大或关小叶片角度时的力是一样的。

3. 液压调节机构的工作原理

动叶片的角度采用液压调节。动叶片在运行时通过液压调节机构可以改变动叶片的角度，使风机的性能曲线移位。不同动叶角度风机特性曲线与风道特性曲线如图 3-10 所示，从中可以看到一系列工作点。若需要流量和压头增大，只需增大动叶安装角；反之，只需减小动叶安装角。轴流式风机的动叶调节，调节效率高，而且能使调节后风机处于高效率工作区。采用动叶调节的风机还可以避免在小流量工况下落在不稳定工况区内。但是，采用轴流式风机动叶调节会使风机结构复杂，且调节装置要求较高，制造精度要求也高。

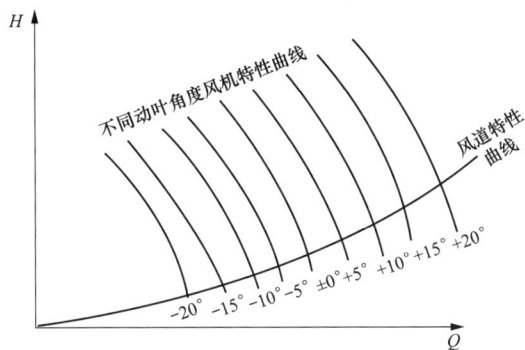

图 3-10　不同动叶角度风机特性曲线与风道特性曲线

如图 3-11 所示，液压调节机构从结构来看，可分为两部分：一部分为控制头，它不随轴转动；另一部分为液压缸。液压缸由叶片、曲柄、活塞、缸体、轴、主控箱（即控制阀）、带齿条的反馈拉杆、位置指示轴和控制轴

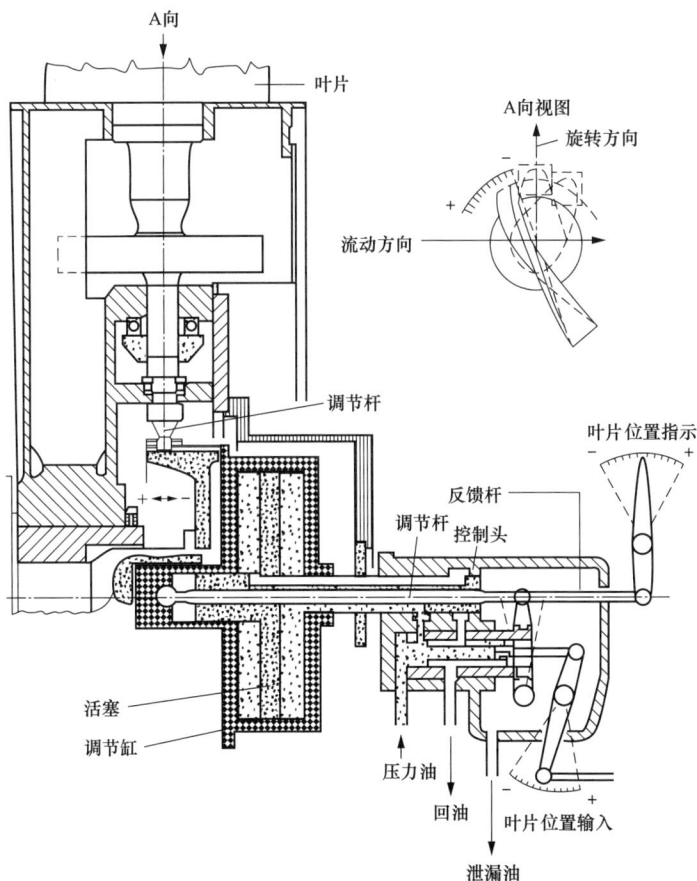

图 3-11　轴流式风机动叶液压调节机构

等组成。液压缸的轴线上钻有 5 个孔，中心孔是为了安装位置反馈杆，该反馈杆一端固定于缸体上，另一端通过轴承与反馈齿条连接。一方面，位置反馈齿条做轴向往返移动，反馈齿条带动输出轴（显示轴），输出轴与一传递杆弹性连接在机壳上，可显示叶片角度的大小，又可转换成电信号引到控制室作为叶片角度的开度指示。另一方面，反馈齿条又带动传动伺服阀（错油门）齿条的齿轮，使伺服阀复位。而液压缸中心周围的 4 个孔是使缸体做轴向往返运动的供油回路。叶片装在叶柄的外端，每个叶片用 6 个螺栓固定在叶柄上，叶柄由叶柄轴承支承。平衡块用于平衡离心力，使叶片在运转过程中可调。

液压缸的轴固定在转子罩壳上，并插入风机轴孔内随转子一同转动。轴的一端装液压缸缸体和活塞（固定于轴上），另一端装控制头（即控制阀，它和轴靠轴承连接）。在两轴承之间，被分割成两个压力油室。该轴和风机同步转动，而控制头则不转动。油室的中间和两端与轴间的空隙都靠齿形密封环密封，而轴与控制阀壳靠橡胶密封，使油不致大量泄出或从一油室漏入另一油室。伺服阀装在控制头的另一侧，压力油和回油管道通过伺服阀与两个压力油室连接。伺服阀的阀芯与传动齿条铰接，传动齿条穿过滑块的中心与装配在滑块上的小齿轮啮合，和小齿轮同轴的大齿轮与反馈牙杆相啮合。在与伺服机构连接的输入轴（控制轴）上偏心安装金属杆，嵌入滑块的槽道中。当轴流式风机在某工况下稳定工作时，动叶片也在相应某一安装角下运转，那么伺服阀恰好处在图 3-12 所示的位置，伺服阀将油道 1 与油道 2 的油孔堵住，活塞左右两侧的工作油压不变，动叶安装角自然固定不变。

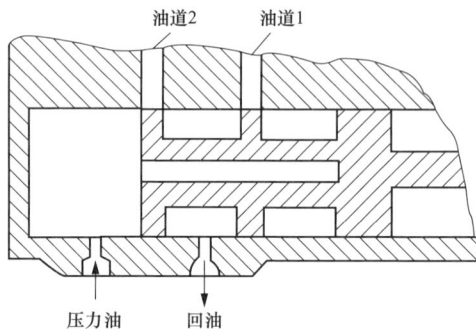

图 3-12 调节机构的伺服阀

当锅炉工况变化需要调节风量时，电信号传至伺服电动机使控制轴发生旋转，控制轴的旋转带动拉杆向右移动。此时，由于液压缸只随叶轮做旋转运动，而调节杆（定位轴）及与之相连的齿条是静止不动的。于是，齿套带动与伺服阀相连的齿条向右移动，使压力油口与油道 2 接通，回油口与油道 1 接通。压力油从油道 2 不断进入活塞右侧的液压缸容积内，使液压缸不断向右移动。与此同时，活塞左侧的液压缸容积内的工作油从油道 1 通过回油孔返回油箱。由于液压缸与叶轮上每个动叶片的调节杆相连，当液压缸向右移动时，动叶的安装角减小，轴流式送风机输送风量和压头也随之减小。当液压缸向右移动时，调节杆（定位轴）也一起向右移动，但由于控制轴拉杆不动，所以使伺服阀上齿条向左移动，从而使伺服阀将油道 1 与油道 2 的油孔堵住，则液压缸处在新工作位置下（即调节后动叶角度）不再移动，动叶片处在关小的新状态下工作。这就是反馈过程。

若锅炉的负荷增大，需要增大动叶角度，伺服电动机使控制轴发生旋转，于是控制轴上拉杆以调节杆（定位轴）上齿条为支点，将齿套向左移动，与之啮合齿条（伺服阀上齿条）也向左移动，使压力油口与油道 1 接通，回油口与油道 2 接通。压力油从油道 1 进入活塞的左侧的液压缸容积内，使液压缸不断向左移动。与此同时，活塞右侧的液压缸容积内的工作油从油道 2 通过回油孔返回油箱。此时，动叶片安装角增大，锅炉通风量和压头也随之增大。当液压缸向左移动时，定位轴也一起向左移动，使伺服阀的齿条向右移动，直至伺服阀将油道 1 与油道 2 的油孔堵住，动叶在新的安装角下稳定工作。

二、二次风系统

二次风系统的作用是供给燃料燃烧所需的空气。

其主要流程为：空气经滤网、消声器后，被垂直吸入两台轴流式送风机；由送风机提压后，经冷二次风道，进入两台容克式三分仓空气预热器的二次风分仓中预热；预热后的空气由热二次风道送至二次风箱，经燃烧器进入炉膛。从空气预热器的出口二次风道引出一路作为二次风的再循环热风。二次风再循环入口布置在消声器和送风机之间，其作用是提高进入空气预热器的二次风的温度，从而提高空气预热器的冷端温度，防止空气预热器冷端的低温腐蚀。

送风机 A、B 出口之间设有一联络通道，并装有一联络挡板，以实现风机的单侧隔离。在锅炉低负荷期间，可以通过联络风道只投入一组风机（送、引风机各一台），可以互换配置。

加热后的二次风，经热二次风总管分配到炉膛四角的燃烧器风箱后，被分成多股空气流，分别经过浓煤粉风室、淡煤粉风室、油风室、A 层辅助风室 AUX-3、油枪下辅助风室 AUX1-2、油枪上辅助风室 AUX1-1、燃烧器顶部燃尽风室和燃烧器上方的附加风室进入锅炉炉膛。燃尽风可以减小炉膛内形成 NO_x 的数量、降低 NO_x 的排放量，有利于减轻大气污染。

在燃烧器风箱内流向各个喷嘴的通道上设有调节挡板，用以完成各股风量的分配和各层喷嘴的投停。

锅炉二次风量由燃烧控制系统通过风箱风压与炉膛的压差控制，即通过送风机动叶的角度来实现。

送风机的流量取决于锅炉的负荷。送风机的出口压头取决于给定流量下流经空气预热器、风道、二次风箱和燃烧器的压降。送风机风压与流量通过风机的叶片角与二次风箱的挡板进行控制，指令来源于炉膛安全监控系统（FSSS）的一个子回路控制系统。

二次风控制系统由 FSSS 和模拟控制系统组成。FSSS 发出的信号被送往模拟控制系统的有关控制器，从控制器发出全开或关二次风挡板、燃尽风和附加风挡板的信号。FSSS 的信号只能关或全开有关挡板，也可发出将模拟控制器置于手动或自动的信号。当关和全开信号被撤销，模拟控制系统的控制器会返回自动操作状态，挡板被连续进行控制。

在选择送风机风量和压头时，遵循 GB 50660—2011《大中型火力发电厂设计规范》意见，在现有 1000MW 机组运行经验的基础上，留有适当的余地。送风机风量的质量流量裕量为 5%，压头裕量为 15%，另加温度裕量。某电厂一期工程送风机风量的质量流量裕量为 10%，压头裕量为 30%，另加温度裕量。

送风机主要由进口消声器、进口膨胀节、进口风箱、机壳、转子、扩压器、联轴器及其保护罩、调节装置及执行机构、液压及润滑供油装置和测量仪表、风机出口膨胀节、进出口配对法兰等部件组成。送风机采用挠性联轴器，用两个挠性半联轴器和一个中间轴相连接，即在电动机与风机之间装有一段中间轴，在它们的连接处装有数片弹簧片，其具有尺寸小、自动对中、适应性强的特点。主轴、轴承箱和动叶调节的液压缸全部位于风机的芯筒内。每台风机均有扩压器，使离开叶片的空气流更加均匀。风机机壳两端设置了挠性连接件（围带），在风机进气箱的进口和扩压器的出口分别设置了进、排气膨胀节。每台送风机都设有润滑液压油系统。风机的旋转方向为顺气流方向，为逆时针旋转。

送风机液压润滑联合油站有两个油泵，并联安装在油箱上。当主泵发生故障时，备用泵即通过压力开关自行启动，两个泵的电动机通过压力开关联锁。在不进行叶片调节时，油流经恒压调节阀至溢流阀，借助该阀建立润滑油压力，多余的润滑油经溢流阀流回油箱。液压润滑油系统组成如图 3-13 所示。该系统工作介质为 N46、N68 透平油。润滑油压力开关用于当压力油压力低于 0.5MPa 时发信给控制设备，自启备用油泵。液压油压力开关用于和主电动机联锁，即当压力大于 2.5MPa 时，才允许启动风机。液位开关用于监视油箱液面高度，当液位低于报警值时，接点闭合发信。双温度继电器用于监视油温，当油温低于 30℃时，发信给控制设备，自启电加热器；当油温高于 40℃时，发信给控制设备，自停加热器。流量继电器用于监视润滑油流量，当流量小于 3L/min 时发信报警。为便于接线，油站上还装有接线盒，对外接线从接线盒引出即可。带温度计的液位指示器，用于观察油箱油位和油温。

支持轴承箱的所有滚动轴承均装有温度计（热电阻/偶温度计），温度计的接线由空心导叶从内腔引出至风机接线盒。为了避免风机在喘振状态

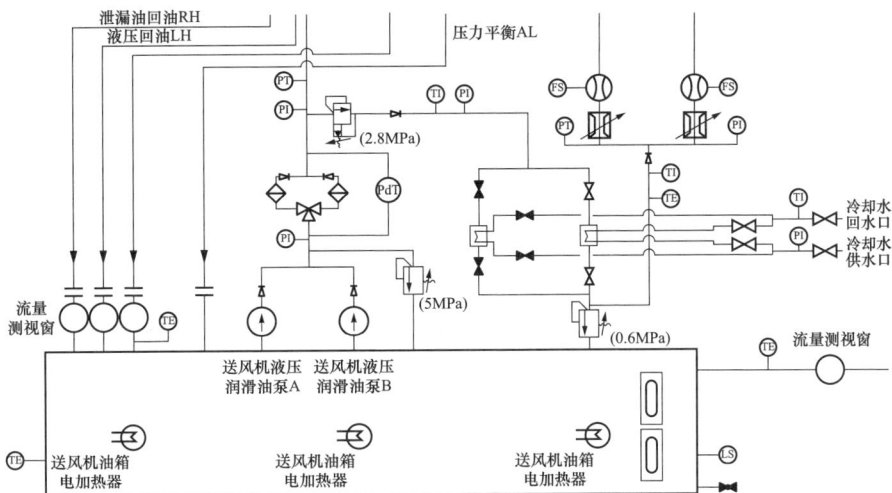

图 3-13　液压润滑油系统组成

下工作，风机装有喘振报警装置。在运行工况超过喘振极限时，通过一个预先装在机壳上位于动叶片之前的皮托管（失速探针）和压差开关，向 DCS 发出报警信号。要求运行人员及时处理，使风机返回正常工况运行。

三、一次风系统

一次风的作用是输送和干燥煤粉，并供给燃料燃烧所需的空气。

其主要流程为：电厂环境空气经滤网、消声器垂直进入两台轴流式一次风机，经一次风机提压后分成两路，一路进入磨煤机前的冷一次风管，另一路经空气预热器的一次风分仓加热后进入磨煤机前的热一次风管。热风和冷风进入磨煤机前混合，在冷一次风和热一次风管出口处都设有电动调节挡板和气动的快关门来控制冷热风的风量，保证磨煤机总的风量要求和出口温度。合格的煤粉流经煤粉管道送至炉膛燃烧。

因热一次风经过空气预热器，压头比冷一次风的压头低，要求冷一次风的挡板压降要大于热一次风的挡板压降。

一次风机的流量取决于燃烧系统所需的一次风量和空气预热器的漏风量。密封风机的流量尽管由一次风提供，但其最终会进入磨煤机成为一次风的部分。一次风的压头取决于风道、空气预热器、挡板、磨煤机的流动阻力和煤粉流所需的压头。其压头是随风量的变化而变化的，因此可以通过调节动叶的倾角来维持风道一次风的压力，适应不同负荷的变化。

由于在实际的运行过程中，一次风机的风量及风压受煤质变化及磨煤机运行数量的影响，波动范围较大，因此一次风机的风量及风压裕量也不能过小。综合考虑以上因素，工程上对一次风机的风量及风压裕量进行了一定的优化。一次风机的风量裕量为 30%，另加温度裕量（按夏季室外大气温度 38℃计算），压头裕量为 25%。

四、烟气系统

烟气系统的作用是将燃料燃烧生成的烟气经各受热面传热后连续并及时地排至大气，以维持锅炉正常运行。

锅炉烟气系统主要由两台静叶调节引风机、两台容克式空气预热器和两台电除尘器构成。锅炉采用平衡通风，出口要保持一定的负压。负压是通过送风机、一次风机和引风机的流量调节建立的。

引风机的进口压力与锅炉负荷、烟道通流阻力有关。其流量取决于炉内燃烧产物的容积及炉膛出口后所有漏入的空气量。其压头应与烟气流经各受热面、烟道、除尘器和挡板所克服的阻力相等。

两台空气预热器出口由各自独立的通道与两台电除尘器相连接，电除尘器的两室出口与引风机连接，电除尘器出口烟道之间还装有联络烟道，设有一联络挡板。在引风机的进出口设有电动挡板，以满足任一台风机停运检修的需要。

引风机采用动叶可调轴流式风机。引风机的风量裕量为10％，另加温度裕量（15℃），压头裕量为20％。

五、空气预热器

（一）回转式空气预热器概述

1. 主要构件及其作用

回转式空气预热器是热交换器，由上下连接板、刚性环、转子、传热元件、三向密封、外壳、主支座、副支座、传动装置、上下轴承和附件等组成。其允许瞬间进口温度不超过450℃，最大连续运行进口温度不超过430℃。

下连接板中的冷端中间梁、主支座和副支座，是支承整个预热器重量的主要构件。尤其是冷端中间梁，约支承整个预热器90％的重量。

转子由多个扇形模块组成，是装载传热元件的重要构件。

传热元件是成千上万张经过特殊加工的高效率的传热波形薄板，并由框架固定而成，是热交换的主要构件。

三向密封是指径向、轴向和周向密封。它们由径向密封片与扇形板、轴向密封片与轴向圆弧板以及旁路密封片与转子密封角钢组成，是阻止空气向烟气泄漏的主要构件。

上下轴承是指导向轴承和支承轴承。它们传递来自转子的径向力和重力，并产生滚动摩擦。

传动装置是维持转子旋转的动力构件。

上下连接板、刚性环和外壳构成烟、空气通道，防止工质外泄。

2. 空气预热器工作原理

空气预热器是通过连续转动的转子缓慢地载着传热元件旋转，经过流入预热器的热烟气和冷空气而完成热交换的。

传热元件从烟气侧的热烟气中吸取热量，通过转子的转动，把已加热传热元件中的热量不断地传递给空气侧进来的冷空气，从而加热空气。转子转动是通过传动装置的大齿轮带动转子外侧的围带销而完成的。从传动性质看，属于销轮传动，有较大的摩擦，所以对传动副的表面硬度有一定的要求。

预热器的密封有动密封和静密封之分。为阻止由于烟、空气压差而引起空气向烟气泄漏，在动静密封之间设置了动密封，即三向密封；在扇形板、轴向密封板与连接板、主支座之间设置了静密封，其形式多为迷宫式密封。

3. 空气预热器的漏风

空气预热器的漏风分直接漏风和携带漏风两种。

直接漏风就是由于烟、空气压差引起的空气向烟气的泄漏。减小引起漏风的密封间隙、空洞或压差，是减少预热器漏风的主要途径。例如，采用双道密封技术，就是把密封副两侧的压差降低，从而达到减少漏风的一种措施。

携带漏风是回转式空气预热器所固有的漏风，它是由于旋转的转子经过空气侧，再转到烟气侧，由转子的空腔携带空气而造成的。这部分漏风是不可克服的。

空气预热器漏风率：

漏风率＝(进入烟气侧的湿空气量/进入烟气侧的湿烟气量)×100％

(3-4)

（二）传动装置

1. 传动装置简介

传动装置是驱动转子转动的组件。传动装置由主辅电动机、气马达、磁力耦合器、减速箱、传动齿轮、支架等零、组件组成。

传动装置的传动过程为：由主电动机通过磁力耦合器将动力传至减速箱，然后依靠减速箱低速输出，轴端的大齿轮与装在转子外圆壳板上的围带销相互啮合，使转子得以转动。转子的转速随预热器的大小而异，一般为1～4r/min，过高的转速对传热无益，反而会因转子的旋转使带入烟气侧的空气量增加，使预热器的漏风增大。

2. 辅助传动作用

辅助传动有两个作用：

（1）当主电动机出故障时，立即投运辅助传动，使预热器的转子继续维持转动。

（2）当锅炉停运，需对预热器的传热元件进行水冲洗时，需投运辅助传动，以方便清洗。

3. 传动装置润滑

传动装置中需要加润滑油的主要部位有减速箱、气马达、联轴器等。

减速箱采用强制润滑或油浴润滑，油泵管路一般在箱外布置，便于输油管路的检修。减速箱输出轴的上、下轴承与传动轴的上轴承一般均采用油脂润滑。可以对箱体上的油杯注油脂，以满足这些轴承的润滑。

气马达首次启动时，应在压缩空气入口处加入适量规定的润滑油。减速箱输出轴与箱内的润滑油是用特殊橡胶密封隔开的，所以在正常情况下减速箱的输出轴是不会渗油的。

减速箱投运后，推荐的润滑油更换期约为 100 天。以后的换油期视油质、油温、气温等需要和运行条件的许可由用户自行确定，一般我国北方地区，夏、冬两季温差较大，建议采用同品质但不同黏度牌号的润滑油。设备运行时，应经常检查润滑油的油温、油位以及有无渗漏油。一般减速箱持续运转时，油的温升应在 40~45℃。设备一旦停运，就应该仔细检查油质、油位，根据需要加油或换新油。

（三）密封

在空气预热器投运期间，流经传热元件的空气和烟气存在着一定的压差。通常空气流的压力要比烟气流的压力高些，因此在空气预热器的热端和冷端均存在空气流入烟气的现象。

为了减少空气向烟气的泄漏量，在旋转的转子周围设置了径向、轴向和环向三向密封副。

在转子热端和冷端的空气和烟气流都被由扇形板和径向密封片组成的径向密封副隔开。而这些扇形板与热端连接板或冷端连接板又由静密封将其组成合件来把空气和烟气隔开。

在转子的圆柱面上，烟气、空气流被由圆弧板和轴向密封片组成的轴向密封副隔开。而这些圆弧板与外壳板又由静密封将其组成合件来把空气和烟气隔开。

在转子的热端和冷端的环向，由密封角钢与旁路密封片组成环向密封副，这些密封副不直接阻挡空气向烟气的泄漏。

为了控制空气预热器中由于烟气和空气压差产生的泄漏，每只预热器配备了一套密封装置。这套密封装置随着空气预热器的型号大小而变化。

（四）油循环系统

油循环系统是指为冷却和净化支承轴承和导向轴承的润滑油而设置的系统。整个系统由稀油站、管道以及阀门等组成，而稀油站又由油泵、网片式油滤器、列管式冷却器、安全阀、单向阀、双金属温度计和压力表等组成。该系统自身不带油箱，投运时由油泵将预热器轴承座内的润滑油吸出，经过过滤器和冷却器，再将润滑油送回轴承座内而完成循环。油循环系统中的主要构件三螺杆泵，其输送油液的最大运动黏度为 $378m^2/s$。如所输送的油液黏度超过最大值，就可能损坏油泵。为此，应规定油泵启动时油液的最低温度。

网片式过滤器为双筒式，投运时一筒工作，另一筒备用。当工作筒需要清洗时，可用手动转换阀使备用筒工作，从而可取出工作筒中的滤芯进行清洗或更换。

列管式冷却器的冷却面积为 $1.3m^2$，要求冷却介质为温度低于 30℃ 的工业用水，推荐的合适冷却水量为 3～4t/h。

系统运行时，最大安全工作压力为 0.49MPa，该压力由安全阀来保证。当系统的工作压力超过 0.49MPa 时，安全阀将自动打开卸荷，来保护系统构件的安全。

系统工作时，导向轴承的油温约为 60～70℃，支承轴承的油温约为 50～60℃。当导向轴承的油温高于 60℃，支承轴承的油温高于 50℃ 时，所对应的油泵投运。

泵出口装有压力表和温度计，以便现场巡视人员观察。

（五）吹灰器

空气预热器冷热端烟气侧均配置一台双介质吹灰器。空气预热器的吹灰介质一般有压缩空气和过热蒸汽两种。如果选用压缩空气，则其压力为 1.25MPa；如果选用蒸汽，则蒸汽温度要超过表 3-1 中的给定值。

表 3-1　蒸汽参数给定值

压力（MPa）	温度（℃）
0.90	310
1.10	332
1.38	352
1.52	362
1.72	376

六、除尘器

（一）除尘器简介

除尘器是把粉尘从烟气中分离出来的设备。除尘器的性能用可处理的气体量、气体通过除尘器时的阻力损失和除尘效率来表达。除尘器的价格、运行和维护费用、使用寿命长短和操作管理的难易也是考虑其性能的重要因素。除尘器按其作用原理可分为以下五类：

（1）机械力除尘器，包括重力除尘器、惯性除尘器、离心除尘器等。

（2）洗涤式除尘器，包括水浴式除尘器、泡沫式除尘器、文丘里管除尘器、水膜式除尘器等。

（3）过滤式除尘器，包括布袋除尘器和颗粒层除尘器等。

（4）静电除尘器。

（5）磁力除尘器。

（二）静电除尘器技术

1. 静电除尘器的基本原理与分类

静电除尘器是在两个曲率半径相差很大的金属阳极和阴极上，通过高压直流电，在两极间维持一个足以使气体电离的静电场。气体电离后产生的电子，阴离子与阳离子附着在通过电场的粉尘上，使粉尘带电。荷电粉尘在电场力的作用下，向极性相反的电极运动而沉降在电极上，从而使粉尘与气体分离。通过清灰过程把附着在电极上的粉尘振落，使其掉入灰斗中。在金属丝的一端施加负极性高压直流电，该金属丝位于接地的金属圆筒的轴线上。当外加电压达到一定值时，在金属丝表面上就会出现青蓝色辉光点，并发出嘶嘶声，这种现象称为电晕放电，因此常把放电极线称为电晕极。此时，若从金属圆筒极底部通入含尘气体，粉尘就会在电场中与负离子相碰撞而荷电，并在电场力作用下向圆筒极运动而沉降在圆筒的内壁上，于是粉尘被捕集。

在静电除尘器中，使尘粒带有足够大的电量是通过气体的电离实现的。空气通常状态下是不能导电的绝缘体，但是当气体分子获得足够的能量时就能使气体分子中的电子脱离而成为自由电子，这些电子成为输送电流的媒介，气体就具有导电的本领了。使气体具有导电本领的过程称为气体的电离。

设在空气中有一对电极，其中一极的曲率半径远小于另一极的曲率半径。由于空气（大气）受到 X 光、紫外线或其他背景辐射作用产生为数很少的自由电子，这些电子不足以形成电流，因而空气是不导电的。但当施加在极板上的电压升至一定值时，就可使原来空气中存在的少量自由电子获得足够的能量而加速到很高的速度。高速电子与中性的空气分子相碰撞时，可以将分子外层轨道上的电子撞击出来，形成正离子和自由电子。这些电子又被加速，再轰击空气分子，又产生更多的新电子和正离子。这个联锁过程发展得极快，使气体得以电离。自由电子快速形成的过程称为电子雪崩。这个过程伴有发光、发声现象，即所谓电晕放电现象。

出现电晕后，在电场内形成两个不同的区域。围绕放电极很小的范围，约为 1mm，称为电晕区。在这一区域，场强极高从而使气体电离，产生大量的自由电子和离子。当极线上施加负电压时，产生负电晕，这时所产生的电子向接地极运动，而正离子向电晕极运动。当极线上施加正电压时，产生正电晕，这时正离子向接地极运动，而电子向电晕极运动。在正电晕区狭小的范围内，电子雪崩现象起始于电晕区边缘，电极线表面场强最大，电子向内运动时，没有机会被空气分子吸收，因而不产生负离子。在电晕区以外称为电晕外区，它占有电极间的大部分空间，此区场强急剧下降，电子的能量小到无法使空气分子电离，电子碰撞到中性空气分子并附着其上形成负离子（负电晕放电情况）。粒子的荷电主要在这一区域进行。

由上述讨论可知，只有在曲率半径很小的电极产生非均匀电场的情况下，才会产生电晕放电现象，均匀电场不发生电晕，但场强高到一定程度会使空气击穿。如果产生的大量电子不能吸附到气体分子上形成负离子，则这些电子将直接奔向接地极，这样就会出现火花击穿，不能产生稳定的电晕。例如，惰性气体、氮等能吸收自由电子，难以实现负电晕运转。自由电子与硫的氧化物、氧气、蒸汽及二氧化碳有很好的亲和力。幸运的是，在工业烟气中，这类气体都有足够的浓度来维持负电晕的运转。

静电除尘器根据不同特点分管式和板式两种。

管式静电除尘器的收尘极由一根或一组圆形、六角形或方形的管子组成，管径通常为 $200 \sim 300mm$，长 $2 \sim 5m$。安装于管中心的电晕线通常呈圆形或星形。含尘气流自下而上从管内通过。

板式静电除尘器的收尘极由若干块平板组成，为减少二次扬尘和增强板极的刚度，板极一般要轧制成断面曲折的型板。电晕线安装在每两排收尘极板构成的通道中间，通道数可以是几个或几十个。极板的高度可以是几米或几十米。除尘器总长度根据除尘效率要求来确定。

静电除尘器根据粒子的荷电区及收集区空间布局的不同分单区和双区两种。

在单区静电除尘器中，粒子的荷电和捕集都在同一区内完成。单区静电除尘器在工业应用中较为广泛。

双区静电除尘器的粒子荷电部分和收尘部分是分开的。前区安装电晕极，粉尘在此区荷电；后区安装收尘极，粉尘在此区内被捕集。其优点是由于荷电区与收尘区分开后，在荷电区可以较灵活地调整电压，通过减小极间距，可以在较低的电压下使粉尘较充分地荷电，运行也更安全；在收尘区，可大大提高收尘电极的均匀性，有利于提高除尘效率。

静电除尘器根据清灰方式的不同分干式和湿式两种。

干式静电除尘器主要依靠静电力捕捉和收集粉尘。湿式静电除尘器是采用水喷淋或适当的方法在收尘极板表面形成水膜，使沉积在极板上的粉尘顺水一起流到除尘器的下部排出。湿式静电除尘器二次扬尘很少，除尘效率高，不需要振打装置，但会产生大量泥浆，如不适当处理，将导致二次污染。

2. 影响静电除尘器性能的主要因素

尽管静电除尘器是一种高效除尘器，但绝非在任何条件下都能达到最高的除尘效率，而是受许多因素的制约。因此，必须弄清影响静电除尘器效率的主要因素，并加以调整，才能获得满意的除尘效果。影响静电除尘器性能的因素很多，大致可分4个方面：

（1）粉尘特性，主要包括粉尘的粒径分布、黏附性和比电阻等。

（2）烟气性质，主要包括烟气温度、压力、湿度和含尘质量浓度等。

（3）结构因素，主要有静电除尘器的极配、收尘板的面积、电场长度、电场数、气流分布装置与供电方式等。

（4）操作因素，包括伏安特性、漏风率、气流短路、二次扬尘、收尘极板积灰和电晕线肥大。

3. 静电除尘器的选型

进行静电电除尘器的选型比设计要简单得多。我国现有的静电除尘器的规格品种繁多，有卧式静电除尘器系列、管式静电除尘器系列、宽极距静电除尘器等。根据运行条件查手册或说明书就能选取所需的静电除尘器。若确定以下基本参数，即可进行选型。

（1）处理烟气量，Q（m^3/h）。

（2）电场风速，v（m/s）。

（3）有效截面积，S（m^2）。

（4）收尘极板的总面积，A（m^2）。

（5）入口含尘质量浓度，c（g/cm^3）。

（6）设计效率，η。

（7）烟气温度及湿度。

（8）现场的占地空间条件。

（三）袋式（布袋）除尘技术

袋式（布袋）除尘技术是指利用滤袋进行过滤除尘的技术。袋的材质包括天然纤维、化学合成纤维、玻璃纤维和金属纤维等。

（四）电袋复合式除尘器

电袋复合除尘器是指在一个箱体内，前端安装一短电场，后端安装滤袋场，烟尘从左端引入，首先经过电场区，尘粒在电场区荷电并有80％～90％粉尘被收集下来。经过电场的烟气部分通过电场区后进入袋区，经滤袋外表面进入滤袋内腔，粉尘被阻留在滤袋外表面，纯净的气体从内腔排气烟道排出。电袋复合式除尘器结合了电除尘器及纯布袋除尘器的优点，是新一代除尘器。

第四节 锅炉制粉系统及设备

一、锅炉制粉系统概述

锅炉采用一次风机正压直吹式制粉系统，每台锅炉配6台中速磨煤机和电子称重式皮带给煤机。磨制设计煤种时，5台磨煤机运行能满足BMCR工况下约110％出力的要求，1台备用。某电厂设计煤种煤粉细度为$R_{90}=15.00％$、校核煤种1煤粉细度为$R_{90}=18.38％$、校核煤种2煤粉细度为$R_{90}=23％$。设计煤种燃烧器入口一次风温度为78℃，校核煤种1燃烧器入口一次风温为78℃，校核煤种2燃烧器入口一次风温为60℃。均匀性指数$n=1.0～1.1$。

1. 空气系统的流程

一次风用于输送和干燥煤粉，由一次风机从大气中抽吸而来，送入三分仓空气预热器的一次风分隔仓加热，在进入预热器前有一部分冷风旁通空气预热器,两路一次风各自汇集到冷、热风总管。再从总管上分别引出6根冷、热风支管,冷、热一次风通过隔离挡板和调节挡板,混合至适当温度、适当流量送到各磨煤机,作为干燥和输送煤粉的介质。一次风量根据预先设定的风煤比,由热一次风调节挡板进行控制;一次风温则根据磨煤机出口温度,通过冷一次风调节挡板进行调节。

2. 煤粉系统的流程

经破碎的原煤从原煤仓下来经过一个电动闸板门后,进入给煤机。在给煤机内,随着给煤机皮带的转动,煤从原煤仓落煤管的一端输送到磨煤机进煤管的一端,并在给煤机皮带上进行称重。煤从给煤机出来后,经过一个电动隔离闸板门后,从磨煤机中心落煤管进入磨煤机。由于磨碗转动的离心力,原煤被甩进磨辊和衬瓦之间进行研磨。经过研磨的干燥煤粉,被一次风带到磨煤机上部的旋转分离器,经过分离合格的细粉随气流通过分离器出口的4根煤粉管到煤粉燃烧器,再进入炉膛燃烧。共计48只直流式燃烧器分6层布置于炉膛下部四角(每两个煤粉喷嘴为一层),在炉膛中呈四角切圆方式燃烧。不合格的粗粉经分离器内筒掉入磨碗进行重新研磨。煤中的煤矸石等不易磨碎的杂质,因其颗粒大、质量重而从气流中掉入磨煤机底部的一次风室中,通过磨煤机刮板排入石子煤斗,待石子煤斗满后,人工排放至石子煤箱运走。

由于制粉系统采用正压运行,系统设置了共用的密封风系统,每台炉配两台100%容量的密封风机,一用一备。风取自一次风机出口。单台风机出力能保证所有磨煤机(磨辊、齿形密封、液压拉杆处)、给煤机及冷热一次风插板门和调节门运行时的密封风量要求。

二、原煤仓

每台锅炉设置6只钢制原煤仓,煤仓材料采用碳钢,锥体部分采用不锈钢内衬,锥斗的水平夹角不小于70°。原煤仓的开口为矩形,从上到下分别为长方体、方圆节和圆锥体。设计煤种按5只煤仓计算能满足BMCR负荷下11.3h的耗煤量,校核煤种1能满足5只煤仓BMCR负荷下10.2h的耗煤量,校核煤种2能满足5只煤仓BMCR负荷下8.5h的耗煤量,符合GB 50660—2011《大中型火力发电厂设计规范》中8h以上的要求。

三、给煤机

在制粉系统中,每台磨煤机配置了一台电子称重式皮带给煤机。给煤机安装于煤仓间给煤机平台上。给煤机需实现连续均匀地给煤、称重,且准确可靠。根据锅炉燃烧控制系统的要求,还需要无级、快速、准确调节给煤机出力,使实际给煤量与锅炉负荷相匹配。给煤机壳体、进出口闸板门、进出口落煤管、可调连接器均为耐压设计。给煤机及进出口采用防堵设计。与煤流接触的所有部件材质均采用不锈钢。机体上设置观察窗,内有隔爆式照明灯，以便观察设备的运行情况，且观察窗配有雨刷式清扫装置。给煤机具备断煤、堵煤及给煤不足等监测报警功能。给煤机下机体设有清扫装置。给煤机发生堵煤故障时，具有反转卸煤功能。密封风应均匀可调，能有效防止磨煤机内的热风粉返上，同时避免吹落胶带上的给煤。

电子称重式给煤机由机座、给料皮带机构、链式清理刮板机构、称重机构、堵煤及断煤信号装置、润滑及密封风系统、电气管路及微机控制柜等组成，如图 3-14 所示。

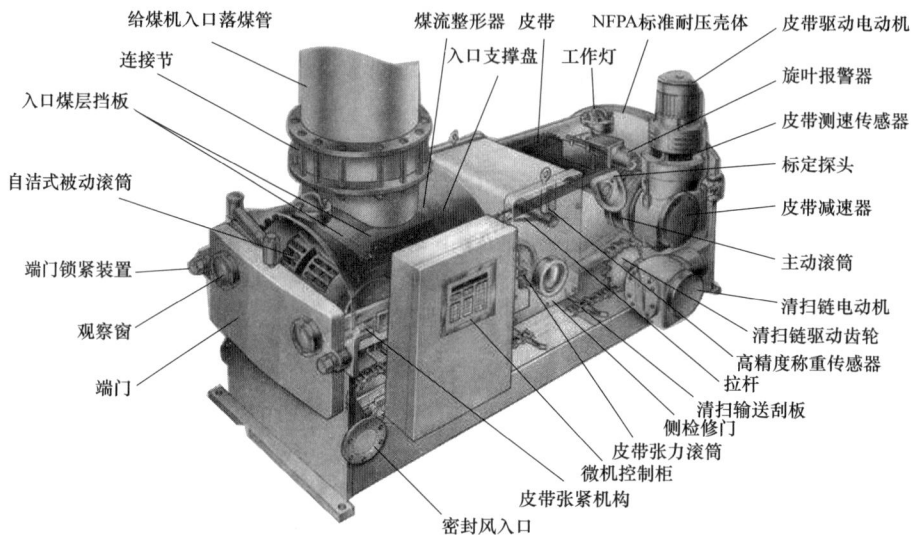

图 3-14 电子称重式给煤机

1. 机座

机座由机体、进料口和排料端门体、侧门和照明灯等组成。机体为一密封的焊接壳体，能承受 0.34MPa 的爆炸压力。机体的进料口使煤进入机器后能在皮带上引成一定截面的煤流，所有能与煤接触的部分均采用不锈钢制成。进料口、排料端门体用螺钉紧密压紧于机体上，以保持密封。门体可以选择向左或向右开启。在所有门体上，均设有观察窗，在窗内装有喷头及手动刮板，当窗孔内侧积有煤灰时，可以通过喷头用压缩空气或手动刮板予以清除。具有密封结构的照明灯，供观察机器内部运行情况时照明使用。

2. 给料皮带机构

给料皮带机构由变频电动机、减速机、皮带驱动滚筒、张紧滚筒、张力滚筒、皮带支承板（或托辊）以及给料胶带等组成。给料胶带带有边缘，并在内侧中间有凸筋。各滚筒中有相应的凹槽，使胶带能很好地导向。在驱动滚筒端，装有皮带外侧清洁刮板，以刮除黏结于胶带外表的煤。胶带中部安装的张力滚筒，可使胶带保持恒定的张力，从而得到最佳的称量效果。胶带的张力会随着温度和湿度的变化而有所改变，应该经常注意观察，利用张紧拉杆来调节胶带的张力。在机座侧门内装有指示板，张力滚筒的中心应调整在指示板的中心刻线位置。给料皮带机构的驱动电动机采用特制的变频调速电动机（含测速装置），通过变频控制器，组成具有自动调节功能的交流无级调速装置，它能在较宽广的范围内进行平滑无级调速。给料皮带减速机为专用减速器（也可采用通用减速器），其采用圆柱齿轮及蜗轮两极减速。蜗轮蜗杆采用油浴润滑，齿轮则通过减速箱内的摆线油泵使润滑油通过蜗杆轴孔后进行淋润。蜗轮轴端通过柱销联轴器带动皮带驱动滚筒。

3. 链式清理刮板机构

链式清理刮板机构在给煤机工作时，胶带上黏结的煤通过皮带清洁刮板刮落，胶带内侧如有黏结煤灰，则通过自洁式张紧滚筒后由滚筒端排除。密封风的存在，也会导致产生煤灰，这些煤灰堆积在机体底部，如不及时清除，可能引起自燃。链式清理刮板供清理给煤机机体底部积煤使用。刮板链条由电动机通过减速机带动链轮拖动。带翼的链条将煤灰刮至给煤机出口排出。链式清理刮板同步给料皮带的运转而连续运行。采用这种运行方式，可以使机体内积煤最少。

4. 堵煤及断煤信号装置

断煤信号装置安装在胶带上方，当胶带上无煤时，由于信号装置上挡板的摆动，使信号装置轴上的凸轮触动限位开关从而控制皮带驱动电动机，或启动煤仓振动器，或返向控制室表示胶带上无煤。断煤信号也可提供停止给煤量累计，以及防止在胶带上有煤的情况下定度给煤机。堵煤信号装置安装在给煤机出口处，其结构与断煤信号装置相同，当煤流堵塞至排出口时，限位开关发出信号，并停止给煤机。堵煤信号及断煤信号装置调整如图 3-15 所示。

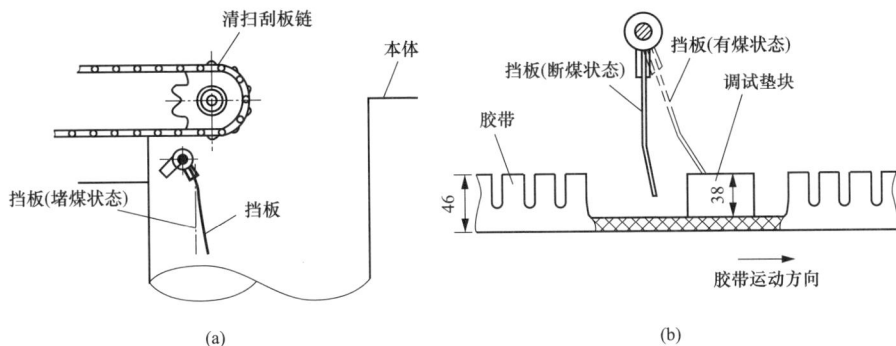

图 3-15 堵煤信号及断煤信号装置调整
（a）堵煤信号装置调整；（b）断煤信号装置调整

5. 称重机构

压式称重机构位于给煤机进料口与驱动滚筒之间，3 个称重托辊构成称重平台，中间一个称重托辊置于一对负荷传感器上，重量信号由负荷传感器送出。经标定的负荷传感器的输出信号，表示单位长度上煤的重量；而测速发电机输出的频率信号，则表示胶带的速度。微机控制系统把这两者综合，得到机器的给煤率。拉式称重机构位于给煤机进料口与驱动滚筒之间，3 个称重托辊其中一对固定于机体上构成称重跨距平台，另外一个称重托辊悬挂于一对负荷传感器上，胶带上煤重信号由负荷传感器送出。经标定的负荷传感器的输出信号，表示单位长度上煤的重量；而测速发电机输出的频率信号，则表示胶带的速度。微机控制系统把这两者综合，得到机器的给煤率。在负荷传感器及称重托辊的下方，装有称重校准块挂钩。机器工作时，对于校准块外挂式，应取下校准块，当需要定度时，手动将校准块悬挂在负荷传感器上，检查重量信号是否正确；对于标准块内挂式，校准块支承在称重臂和偏心盘上而与称重辊脱开，不需要定度时，转动校重杆手柄使偏心盘转动，称重校准块即悬挂在负荷传感器上，检查重量信号是否准确。由两根跨距托辊和一根称重辊组成轻巧型称重平台，配以双悬梁垂直式称重模块，能够对较低的皮重保持较高的灵敏度，从而能精确地称量单位长度上的煤重。校验砝码为挂码，置于机体内部。称重装置具有自动定度和标定功能，使得校验方便快捷。

6. 润滑及密封风系统

机器的润滑除减速机采用润滑油外，其余润滑均采用润滑脂。机器内部的润滑靠软管接至机体外，不需打开机器门体即可进行润滑。电气接管采用软管装置，电缆线在软管内进入机体，并保持机体的密封。

7. 微机控制柜

给煤机微机控制柜装在机器本体上，在柜内装有电源开关，可以切断机器电源。微机控制柜内除装有微机控制系统必需的微机控制板、电源板、信号转换板、变频控制器外，还装有变压器、熔断器与继电器等。微机控制柜柜门表面装有微机显示器键盘以及开关 SSC 和 FLS。

密封风的进口位于给煤机机体进口处的下方，法兰式接口供用户接入密封风用。在正压运行系统中，给煤机需要通过密封空气来防止磨煤机热风通过排料口回入给煤机。

四、磨煤机

以中速辊盘式磨煤机的代表 ZGM133G 磨煤机为例。

（一）磨煤机代号

磨煤机代号如图 3-16 所示。

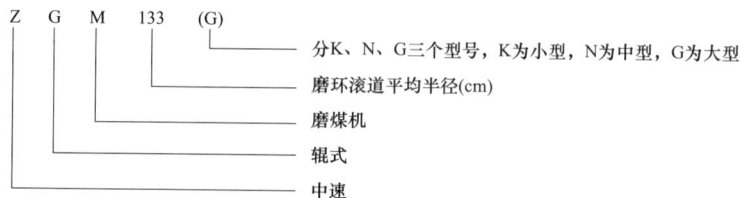

图 3-16　磨煤机代号

（二）煤种及技术数据

1. 煤种范围

煤种：烟煤、无烟煤、烟煤和无烟煤混合煤。

发热量：16～31MJ/kg。

表面水分：<18%。

可磨性系数：HGI=40～80（哈氏）。

可燃质挥发分：25%～40%。

原煤颗粒：0～50mm。

煤粉细度：R_{90}=15%～40%（静态分离器）；R_{90}=2%～12%（旋转分离器）。

2. 技术数据

标准研磨出力：95.8t（R_{90}=20%，HGI=50，M_t=10%）。

额定功率：844kW。

电动机功率：1000kW。

电动机电压：6000V。

电动机转速：992r/min。

电动机旋转方向：逆时针（正对电动机输入轴）。

磨煤机磨盘转速：22.3r/min。

磨煤机旋转方向：顺时针（俯视）。

通风阻力：≤7150Pa。

入磨一次风量：41.5kg/s。

磨煤机磨煤电耗量：≤12kWh/t（100%磨煤机出力）。

（三）工作原理

磨煤机碾磨部分由转动的磨环和三个沿磨环滚动的固定且可自转的磨辊组成。原煤从磨煤机的中央落煤管落到磨环上，旋转磨环借助离心力将原煤运动至碾磨滚道上，通过磨辊进行碾磨。三个磨辊沿圆周方向均布于磨盘滚道上，碾磨力则由液压加载系统产生。通过静定的三点系统，碾磨力均匀作用于三个磨辊上，这个力经磨环、磨辊、压架、拉杆、传动盘、齿轮箱、液压缸后通过底板传至基础。原煤的碾磨和干燥同时进行，一次风（热风）通过喷嘴环均匀进入磨环周围，将经过碾磨从磨环上切向甩出的煤粉混合物烘干并输送至磨煤机上部的分离器，在分离器中进行分离。粗粉被分离出来返回磨环重磨，合格的细粉被一次风带出分离器。

难以粉碎且一次风吹不起的较重石子煤、黄铁矿、铁块等通过喷嘴环落到一次风室，被刮板刮进排渣箱，由人工（或由自动排渣装置排走）定期清理。清除渣料的过程在磨煤机运行期间也能进行。磨煤机排渣系统如图 3-17 所示。

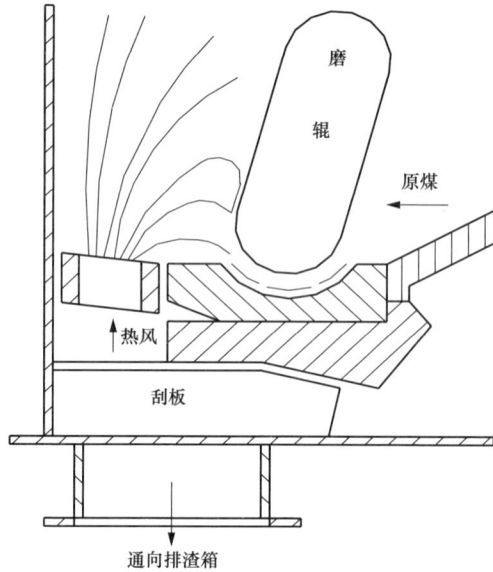

图 3-17　磨煤机排渣系统

（四）磨煤机部件

1. 台板基础

台板基础主要包括齿轮箱基础台板、电动机基础台板、地脚螺栓盒、拉杆座、盘车装置台板等。用于固定齿轮箱、拉杆及电动机的基础台板在二次灌浆前应调整好。电动机台板、齿轮箱台板、拉杆座通过地脚螺栓固定在基础中，盘车装置台板通过地锚固定在基础中。

2. 电动机

电动机为高启动转矩异步电动机，型号为 YMKQ630-6-10，额定功率为 900kW，额定电压为 6000V，转速为 992r/min，防护等级为 IP54 级，绝缘等级为 F 级。磨煤机启动前，先要检查旋转方向。

3. 联轴器

电动机与齿轮箱之间用联轴器传递功率。磨煤机启动前，先要检查旋转方向。

4. 齿轮箱

齿轮箱为 KMP400 立式伞齿轮行星齿轮箱。齿轮箱既传递磨盘的转矩又承担磨辊加载力及磨煤机振动产生的冲击力。

5. 机座

机座主要由机座本体、排渣箱组成，内部容纳齿轮箱，上部带有机座密封装置。机座主要承受磨煤机上部机壳和分离器等大型部件的重量和磨煤机工作中通过机壳导向装置传到机壳上的水平方向的扭转动载荷。

6. 排渣箱

排渣箱包括液压滑板落渣门和排渣箱体。排渣箱入口和出口各装有一落渣门。入口液动落渣门装在机座上，用于控制一次风室与排渣箱之间石子煤排放口的隔绝。出口落渣门与排渣箱体紧固在一起，用来控制石子煤向石子煤排运斗的排出。两套落渣门组成一组，根据现场情况实行手动排渣动作。两落渣门动作应一开一关。液压落渣门通过来自液压油站的高压油源提供动力，并通过安装在其上的行程开关将落渣门的位置传递给中控室。

7. 机座密封

机座密封装置由密封环壳体、碳精密封环和弹簧等组成。整个装置通过密封环壳体安装在机座顶板上。密封环壳体、碳精密封环和传动盘形成密封风室，由密封空气入口向内供气。碳精密封环内部由两圈石墨密封环组成，靠弹簧箍紧在传动盘上形成浮动式密封，以防止安装和运行中轴的偏心所引起的损坏。采用石墨材料制成的密封环，具有密封效果好、耐磨损等优点。此外，采用石墨密封环有利于现场维修更换，在一定范围内有自动补偿磨损的作用。

磨煤机正压运行时，为确保此处的密封作用，必须保证密封风室内密封风压高于一次风室内一次风压，且 $\Delta p \geqslant 2\text{kPa}$，该压差值是受监控的。密封风绝大部分经密封壳体上部间隙吹入一次风室，仅极少部分漏到大气中，这样即可防止一次风室中的一次风和粉尘向外泄漏，改善磨煤机周围环境。

8. 传动盘及刮板装置

传动盘与减速机采用刚性连接，用来传递扭矩。它装在减速机的输出传动法兰上，通过 30 条 M48 的螺栓和输出传动法兰紧固，上部装有磨盘。磨煤机运行时，减速机的输出力矩通过输出传动法兰和传动盘接触面间的摩擦力传递给传动盘，传动盘通过上部三个传动销带动磨盘转动。传动盘除了传递扭矩外，还承受上部的加载力和部件重量，并通过减速机的推力瓦把力传递给减速机机体和磨煤机基础。传动盘上对称装有两个刮板装置，随传动盘转动。刮板和一次风室底部正常间隙是 6～10mm，当刮板磨损后，间隙变大，可通过刮板的紧固螺栓进行调整。

9. 磨环及喷嘴环

磨环及喷嘴环由旋转部分和静止部分组成。旋转部分包括磨环托盘、衬板、锥形罩等，这些部件在传动盘的带动下转动。喷嘴叶片与磨环托盘通过螺栓连接成一体，跟随磨盘旋转。静止部分为喷嘴静环，其固定在机壳上。旋转部分与静止部分的间隙是 5mm。衬板嵌在磨环托盘内，通过楔形螺栓紧固。需要注意的是，衬板与磨环托盘的接合面、全部螺栓的螺纹部分要涂二硫化钼（MoS_2）脂。锥形盖板的作用是把从落煤管落下的煤均匀布到磨盘上，并可防止水和煤漏到传动盘下面的空间内。

10. 磨辊装置

磨辊装置由辊架、辊轴、辊套、辊芯、轴承、油封等组成。磨辊位于磨盘和压架之间，倾斜 15°，由压架定位。使用过程中辊套是单侧磨损，磨损达一定深度后可翻身使用，以合理利用材料。磨辊是在较高温度下运行，其内腔的油温较高（可达 120℃）。为保证轴承良好使用，润滑采用高黏度指数、高温稳定性良好的合成烃 SHC 高温轴承齿轮油，每个磨辊注油40L。油密封由两道油封完成，第一道油封密封外部环境，第二道油封密封内部润滑油。两道油封之间填有耐温较好的润滑脂，用来润滑第一道油封的唇口。

磨辊内有两个轴承：一个为单列圆柱滚子轴承，另一个为双列调心圆柱滚子轴承。两个轴承分别承受磨辊的径向力和轴向力。

辊架的作用是把通过铰轴的加载力传给磨辊。辊架通过磨辊密封风管与密封风系统连接，密封风通过辊架内腔流向磨辊的油封外部和辊架间的空气密封环，在此形成清洁的环形密封，防止煤粉进入而损坏油封，同时有降低磨辊温度的作用。在辊架处的辊轴端部装有呼吸器，它使密封风和内部油腔相通，可消除不同温度和不同压力下产生的不良影响，以保证油腔内的正常气压和良好环境。辊轴上设有测量油位的探测孔，用后拧上丝堵。

11. 压架装置

压架为等边三角形结构，其上装有导向块。液压加载系统通过拉杆加载装置将加载力加在压架三个角上。压架底部可安装铰轴座。压架上均设有导向定位结构，以便于工作时定位和传递切向力。导向块处间隙的调整应以三根拉杆轴线对正基础上的拉杆台板中心为准。

12. 铰轴装置

铰轴装置由铰轴座和铰轴两部分构成。铰轴座安装在压架底部，铰轴穿过铰轴座上的铰轴孔将磨辊辊架与压架连接起来。铰轴的作用是把液压加载力传给磨辊，并可使下面的磨辊绕着铰轴线在一定范围内自由摆动，以实现挤压和碾磨的运动，提高碾磨效率；同时，通过液压系统提升压架，可以实现提升磨辊的功能。

13. 机壳

机壳由机壳本体、防磨保护板、导向装置、热风口、拉杆密封、检修大门、各种检查门及机壳密封管路等组成。

机壳下部和机座焊在一起，上部通过螺栓和分离器连接。机壳内表面装有防磨板，以防止煤粉对机壳内壁的冲刷。机壳下部与机座顶板及传动盘、旋转喷嘴环一起构成一次风室。机壳上部三个凸出部位中装有压架导向装置，用于压架的垂直导向和限制压架随磨辊转动，以及压架对三个磨辊轴交会的几何中心的控制。机壳上有机壳人孔门（工作人员入磨煤机检修）、三个磨辊检查门（磨辊加油及安放检测元件）和两个一次风室检查门（检修刮板组件和事故排渣）。

拉杆从机壳穿出处有拉杆密封装置，以保证煤粉不外泄的同时拉杆可以自由地上下移动。一次风口是用于煤粉干燥和输送的一次风的进口，一次风口上有消防气体进口，在正常启停磨煤机或紧急停运磨煤机时，必须通过消防气体管路向磨煤机内喷入消防气体，以防止煤粉在磨煤机内自燃或爆炸。

14. 拉杆加载装置

拉杆加载装置由上拉杆、下拉杆、球面调心轴承、测量标尺、拉杆连接卡套、销轴等组成。拉杆分为上、下两段拉杆，上拉杆通过球面调心轴承连接于上压架上，经拉杆密封由机壳上引出，通过连接卡套与下拉杆连接，再通过连接卡套与加载油缸连接成一体；下拉杆上装有可显示磨煤机煤层深度及耐磨件磨损状况的测量装置，以方便在磨煤机操作运行期间从外部了解情况。

15. 加载油缸

磨煤机有 3 个加载油缸，按 120°均布，每个缸体上安装一个蓄能器。油缸上部与拉杆相连，下部装有关节轴承，用拉杆加载装置的销轴穿过关节轴承可将油缸与基础上的拉杆台板连接。油缸直径为 250mm，活塞杆直径为 160mm，活塞行程为 400mm，额定压力为 20MPa。

16. 旋转分离器

旋转分离器为动静组合式的，主要包括分离器壳体、静止百叶窗、转子、落煤管、驱动部、回粉锥、密封风管等部件。从研磨区送来的气粉混合物进入分离器，首先通过静止百叶窗产生一定的切向速度，大的颗粒由于质量较大，直接回到回粉锥返回研磨区；其余煤粉气流在曳引力带动下进入转子部分，通过调节转子的转速，使合格煤粉颗粒的离心力和气流的曳引力平衡，而不合格煤粉颗粒在离心力的作用下返回研磨区重磨。旋转分离器电动机转速设计保证在 $500\sim1500$r/min 时，煤粉的细度在 $R_{90}=3\%\sim35\%$ 内可调。驱动部由变频器带动电动机传动，通过齿轮、回转支承带动中心空心轴，从而带动转子转动。

（五）磨煤机联锁保护及报警的技术数据

1. 磨煤机启动的技术数据

密封风与一次风的压差：$\geqslant$2kPa。

磨辊油温：$\leqslant$100℃。

标准工况一次风量：38.51kg/s。

分离器出口温度：70$\sim$100℃。

减速机油温：$\geqslant$28℃。

减速机平面推力瓦：$\leqslant$50℃。

减速机进口油压：$\geqslant$0.13MPa。

2. 磨煤机快速停运技术数据

磨辊油温：$\geqslant$110℃。

给煤机给煤量：$\leqslant$20%。

减速机进口油压：$\leqslant$0.08MPa。

分离器出口温度：$\geqslant$100℃。

分离器出口温度：$\leqslant$60℃。

减速机平面推力瓦：$\geqslant$70℃。

电动机轴承温度：≥90℃。

电动机线圈温度：≥130℃。

3. 磨煤机紧急停运技术数据

分离器出口温度：≥120℃。

分离器出口温度：≤55℃。

磨辊油温：≥120℃。

一次风量：小于最低风量的85％。

（六）立式磨煤机齿轮箱

1. 技术数据

立式磨煤机齿轮箱技术数据如图3-18所示。

图3-18 立式磨煤机齿轮箱技术数据

立式磨机齿轮箱KMP是用于立式磨煤机传动设备的一种具有三功率分流结构的直交轴行星齿轮箱。由研磨而产生的轴向力经齿轮箱体传输到基础上。

2. 润滑

齿轮箱的润滑是通过一个单独安装的供油设备通过不间断油循环流动实现的。如果齿轮箱在运行过程中入口压力降低至50kPa以下，则供油设备应立即停机。

（1）液体动压润滑。在低环境温度时有必要对润滑油进行预热。如果在合同中已经商定，则可以在齿轮箱机箱中或油箱中安装浸渍式加热器，或者配置一个分立的加热环路。润滑油通过油泵抽出，在配置了光电污染显示的双切换过滤器中进行过滤，然后在冷却器中加以冷却并且输送至润滑部位。油流通过阀门或遮挡板分配给齿轮和可倾推力轴承进行润滑。单位体积的流量、压力和温度不间断地通过监控设备进行检验。为了避免振动和补偿热膨胀，在管道系统中配置了补偿器。

（2）液体动压润滑和液体静压启动支持。在采用液体动压润滑的同时在冷却器后直接将一部分润滑油通过一个支路输送到高压泵中。这些高压泵为径向活塞泵并且给每一个端口供给相同的油量。油输送到4个分布在周围的轴向滑动止推轴承的轴瓦中，在磨煤机启动前被输送到轴瓦和座圈之间并且立即形成油膜。在运行转速下运行2min之后可以将高压泵关断。压力开关监控着该运行阶段并且在轴瓦中安装的单向止回阀可阻止油的回流。

3. 振动测量

如果在运行状态下的齿轮箱上进行振动测量，则必须注意不要在旋转着的部件旁测量，以避免无意间接触旋转部件。

在图 3-19 中给出的测量点是标准测量点。其中，测量点 1、2 位于电动机轴承旁边。这种类型的齿轮箱均在这些测量点上进行测量。这样可以与相同类型、相同规格的其他齿轮箱进行直接比较。在振动测量中应特别注意以下各项：

（1）只能在图 3-19 中标出的测量点上进行测量。

（2）不要在共振体（如筋条、盖板、管道等）上进行测量。

（3）测量时应记录电动机功率，因为电动机功率的波动会导致不同的测量结果。

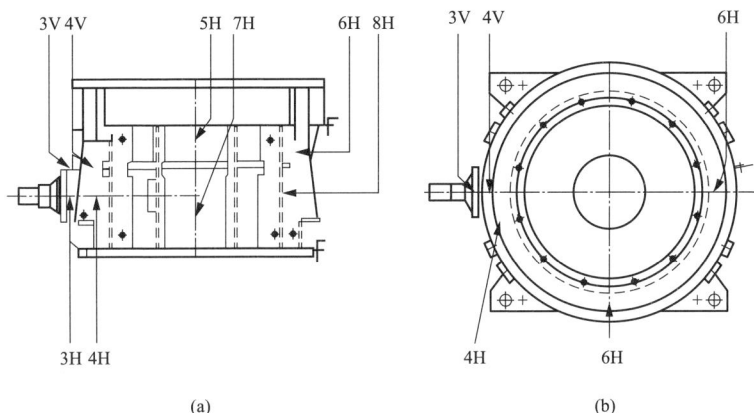

图 3-19　标准测量点

（a）左视图；（b）前视图

V—垂直测量点；H—水平测量点

在整个设备试运行和连续运行之后应进行基本测量，以掌握齿轮箱的振动情况。每个月进行一次的测量可以用来进行趋势分析。

（七）ZGM133G 型磨煤机稀油润滑站

1. 润滑站概述

ZGM133G 型磨煤机稀油润滑站由贺德克液压技术（上海）有限公司生产。润滑站系统由泵组、水冷却器、双筒过滤器及压力变送器等组成，用于提供系统所需的压力和流量，并控制系统的清洁度和温度。

润滑站不设油箱，系统以减速机下箱为油箱。

2. 主要技术参数

（1）工作压力：0.63MPa。

（2）工作流量：350L/min。

（3）电动机功率：7/11kW，380V/50Hz。

（4）防护等级：IP55。

（5）绝缘等级：F 级。

（6）阀用电压：直流 24V。

（7）油介质：N320 硫磷型极压工业齿轮油。

（8）冷却水温度：≤38℃。

（9）冷却水压力的正常运行值/最大值：0.3～0.7/1.0MPa。

3. 外形及接口尺寸

该润滑站进油口 S 的尺寸为 $\phi114\times6$（DN100），出油口 P 的尺寸为 $\phi89\times4$（DN80），冷却水进出口为 DN80。

4. 保护控制及维护说明

（1）温度控制回路。由水冷却器、温度表等组成。水冷却器的工作使油液循环冷却，保证液压系统能在适合的温度下正常工作。

冷却器：油侧设计压力为 1.0MPa（最高），水侧设计压力为 0.3～0.7MPa（正常）/1.0MPa（最高）。

入口水温：≤38℃。

入口油温：≤70℃。

出口油温：≤45℃。

水流量：26.25t/h。

（2）堵塞报警装置。该系统采用双筒过滤器，过滤器上装有压差发信器。若发出信号，表示进口与出口的压差已超过设定压力，滤芯已堵塞，需更换滤芯。

5. 操作与调整

开机前，应先检查各元件及电器接线，确保接线正常，元件无泄漏。启动电动机泵组，从电动机的风扇端看，其旋转方向应为顺时针方向，严禁反向运转。启动后，待电动机泵组运行平稳后，再执行后面的操作。

螺杆泵的出口工作压力已设定，可通过旋紧、旋松泵侧的调节螺钉来调整压力，除专业人员外不要轻易调整。工作时，油泵从减速器底部油池抽油，经油泵、双筒过滤器、冷却器进入减速器推力瓦油池，最后回到减速器底部油池，这样减速器就得到了润滑和冷却。从减速器底部油池出来的油液由水冷却器冷却，用温度表进行检测，以冷却减速器底部油池的油液温度。双筒过滤器起到过滤油液的作用。

（八）ZGM113G/Y16-TZ 型磨煤机变加载液压站

1. 液压站概述

液压系统为磨煤机的一个重要组成部分，其用途是通过加载液压缸给煤层施加压力，将煤在磨辊及磨盘间碾压成细粉。液压变加载系统的液压碾磨力是可调的，在不同工况条件下可调节到相应的最佳碾磨力。当煤质发生变化或负荷快速变化时，碾磨力可以快速调节，这样磨煤机会有更好的运行条件，并且随着煤质的改变能够进行快速调整。因此，具有液压变加载系统的磨煤机能适应发电厂锅炉运行负荷的快速变化。

液压加载系统由 3 个液压缸组成，每个液压缸带有一个拉杆平行地工作，拉杆向下拉动刚性加载架。这样连接于加载架上的磨辊对磨盘上的煤层施加压力。

在磨煤机运行过程中，由于煤中的大块材料导致系统超压，多余的压力储存在蓄能器中，系统压力低时再进行压力释放，使其返回系统中，如此靠蓄能器来减小由于意外负荷造成的冲击。

液压系统主要由电动机、齿轮泵、比例溢流阀、溢流阀、换向阀、流量控制阀、单向阀、冷却器、过滤器、压力变送器、油箱及油缸蓄能器组等元件组成。

2. 主要技术参数

液压系统主要技术参数见表 3-2，加载系统主要技术参数见表 3-3。

表 3-2　液压系统主要技术参数

序号	参数名称		单位	数值
1	工作介质		—	L-HM46 抗磨液压油
2	系统清洁度		—	NAS 1638 标准：8 级
3	油箱容积	总容积	L	800
		有效容积		600
4	过滤精度	高压过滤	μm	5

表 3-3　加载系统主要工作参数

序号	参数名称		单位	数值
1	工作压力		MPa	18
2	电动机	额定功率	kW	7.5
		额定电压	V	交流 380V/50Hz
		额定转速	r/min	1430
3	齿轮泵	排量	cm³/r	10
		最大压力	MPa	22
4	比例溢流阀	最小调整压力	MPa	0.7
		最大调整压力	MPa	21
		滞环	—	最大被调压力的 0.5%
		线性度	—	最大被调压力的 0.5%
		重复精度	—	最大被调压力的 0.1%
5	加载蓄能器	公称容积	L	13
		最大工作压力	MPa	33
		有效气体容积	L	12

第五节　机组冷却水系统及辅助蒸汽系统

一、机组冷却水系统

机组冷却水系统一般包括开式循环冷却水系统和闭式循环冷却水系统。发电厂中有许多辅助转动机械因轴承摩擦而产生大量的热量，发电机和各种电动机运行因存在铁损和铜损也会产生大量的热量。这些热量如果不能及时排出，积聚在设备内部，将会引起设备超温甚至损坏。为确保设备的安全运行，电厂中需要完备的冷却水系统对这些设备进行冷却。

一些对冷却水质要求低于凝结水品质、水温较低而水量较大的冷却设备（如真空泵冷却器等），采用开式冷却水系统，其水源一般直接取自循环水系统，经过开式冷却水泵升压后作为运行工质。一般开式循环冷却水也作为闭式循环冷却水的冷却工质。

对于冷却用水量小、水质要求高的一些设备，如各种转动机械的密封、轴承等，设置闭式循环冷却水系统。闭式循环冷却水系统采用除盐水作为冷却工质，可防止冷却设备结垢和腐蚀，以及防止通道堵塞并保持冷却设备的良好传热性能。在闭式循环冷却水系统中，工质水在各个冷却器中吸热后利用开式循环冷却水在水热交换器中进行冷却，然后循环使用。一般闭式循环冷却水系统的水温比开式循环水的温度高4～5℃。

闭式循环冷却水系统一般设置两路补水：一路用凝结水输送泵向闭冷水膨胀箱及其系统的管道充水；另一路来自凝结水泵的凝结水（位于精处理装置出口母管处的支管）作为系统正常运行时的补给水。

常用闭式循环冷却水系统由两台100％容量的闭式冷却水泵、两台100％容量的闭式水热交换器、一台闭冷水膨胀水箱、滤网，以及向各冷却设备提供冷却水的供水管道、关断阀、控制阀等组成。闭式循环冷却水系统如图3-20所示。

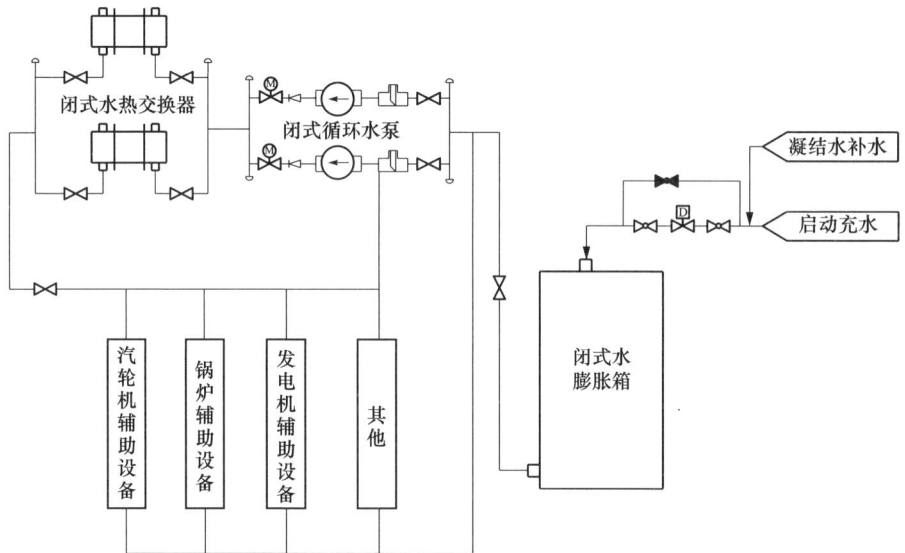

图3-20 闭式循环冷却水系统

闭式循环冷却水系统采用除盐水作为冷却介质，可减少对设备的污染和腐蚀，使设备具有较高传热效率；同时，可防止流道阻塞，提高各主、辅设备运行的安全性和可靠性，大大减小设备的维修工作量。

　　高位布置的膨胀水箱作为闭式循环冷却水的缓冲水箱，其作用是调节整个闭式循环冷却水系统循环水量的波动，以及吸收水的热膨胀，对系统起到稳定压力、消除流量波动和吸收水的热膨胀等作用。水箱高位布置，可为闭式循环冷却水泵提供足够的净吸入压头。水箱的正常水位只维持水箱容积的一半，使其有一定的膨胀空间。水箱水位由水位控制器和补充水管道上的流量调节阀来控制。水箱为大气式，顶部设有呼吸阀。闭冷水膨胀箱还设有无压放水管道，用于闭冷水膨胀箱溢流和事故放水。闭式循环冷却水系统的补水和启动前对系统的充水都通过膨胀水箱进行。在运行时，膨胀水箱的水位由补水调节阀进行控制，补水自凝结水系统中凝结水精处理设备出口接出。启动前系统的充水来自凝结水储水箱，由凝结水输送泵输入。

　　闭式循环冷却水先经闭式冷却水泵升压后至闭式水热交换器，被开式循环冷却水冷却之后，流经各冷却设备，然后从冷却设备排出，汇集到闭式循环冷却水回水母管后回至闭式冷却水泵入口。

　　闭式循环冷却水系统的正常补充水为凝结水，初次充水由补充水泵来的除盐水完成。补充水补入闭式膨胀水箱。每台闭式循环冷却水泵入口设置一只闸阀和滤网，出口设置一只止回阀和一只电动隔离阀。隔离阀的作用是在水泵检修时隔离水泵来水。正常运行时隔离阀应处于全开位置。出口的止回阀能够防止冷却水倒灌入备用泵中。闭式循环冷却水热交换器的作用是用循环冷却水冷却吸热后温度上升的闭式循环冷却水（凝结水）。热交换器的壳侧介质是凝结水，管侧介质是循环冷却水。为防止水质较差的循环水渗漏进水质好的凝结水中，设计时要保持凝结水压大于循环水压。热交换器进出口均设电动蝶阀。

　　对温度调节要求较高的冷却用户，如汽轮机和给水泵汽轮机的润滑油冷却器、发电机氢气冷却器、发电机水冷系统等，设有单独的温度调节阀。闭式循环冷却水系统均能分别向空气压缩机、锅炉取样冷却器等提供冷却水，互相满足事故供水。

二、辅助蒸汽系统

　　辅助蒸汽系统的主要功能有两方面：一方面，当本机组处于启动阶段而需要蒸汽时，它可以将正在运行的相邻机组（首台机组启动则为辅助锅炉）的蒸汽引送到本机组的蒸汽用户，如除氧器水箱预热装置、暖风器、厂用热交换器、汽轮机轴封、燃油加热及雾化装置、水处理室等；另一方面，当本机组正在运行时，它可以将本机组的蒸汽引送到相邻（正在启动）机组的蒸汽用户，或将本机组再热冷段的蒸汽引送到本机组各个需要辅助蒸汽的用户。辅助蒸汽系统为全厂提供公用汽源。辅助蒸汽系统的供汽能力按一台机组启动和另一台机组正常运行的用汽量之和考虑。

　　在整个辅助蒸汽系统中，温度、压力是有严格限制和规定的。为保证整个辅助蒸汽系统的安全运行和较高的整机经济效益，在主管道上设置了许多温度、压力表来随时监视辅汽的压力、温度。另外，为了确保安全，在辅助蒸汽系统中设置了一些止回阀和对空排汽阀；同时，为防止辅汽刚进入各管道暖管时产生积水，在辅助蒸汽系统中设置了许多疏水门和疏水器。

辅助蒸汽系统的所有疏水全部送至清洁水疏水扩容器。疏水扩容器出口分两路，当水质合格时排入凝汽器以回收工质，不合格时排入机组排水槽。

第六节　循环水系统

循环水系统是将冷却水送至高低压凝汽器去冷却汽轮机低压缸排汽，以维持高低压凝汽器的真空，使汽水循环得以继续的系统。循环水系统按照连接形式的不同，可分为单元制循环水系统和母管式水系统。

一、循环水系统供水方式

循环水系统供水方式有两种：

（1）直流供水方式（也称开式供水）。这种方式通常是循环水泵直接从江河的上游（或海中）取水，经过凝汽器后排入江河的下游。冷却水只使用一次即排出。这种供水方式，冷却水进水温度较低，有利于提高凝汽器真空，但对河水（或海水）有一定的加热作用，影响水体环境。

（2）循环供水方式（也称闭式供水）。这种方式通常是在电厂所在地水源不充足时或水源距离电厂较远时采用。它必须有冷却设施，如冷却水池、喷水池和冷却塔等。循环水泵从这些冷却设施的集水井中汲水，经凝汽器等设备吸收热量后再送进冷却设施中，利用水蒸发降温原理，使水降温后再送至凝汽器循环使用。典型带冷却塔的循环水系统工艺流程为：取水口→补给水泵房→输水管线→原水预处理站→冷却塔集水池→循环水回水沟→中央水泵房→循环水供水压力管→凝汽器/开式冷却水系统→循环水排水压力管→冷却塔→冷却塔集水池。

二、循环水泵分类及特点

循环水系统的核心设备是循环水泵。单元制供水机组一般设置两台或三台循环水泵，母管制供水机组可设置 1.5 台循环水泵。循环水泵按照其结构形式可分为离心式循环水泵、轴流式循环水泵和混流式循环水泵三种。

三种循环水泵各有其特点。离心式循环水泵的特点是扬程高，但流量较小；轴流式循环水泵的特点则是流量大，但扬程低；而混流式循环水泵则是综合两者的优点，其流量大，扬程比轴流式循环水泵的高，同时具有良好的抗汽蚀性能。尤其是立式的混流式循环水泵，更具有结构简单、占地面积小、布置方便的优点，同时符合大机组冷却水量大且扬程较高的要求。因此，立式的混流式循环水泵就成为 300MW 及以上机组循环水泵的首选。

三、循环水系统设计原理

随着单机容量的增大，供水系统的进、排水管（沟）的断面尺寸也相应增大，采用母管制供水系统已不完全适应，所以单机容量为 200MW 及以上的电站，宜采用单元制供水系统。循环水泵并联工作时，总的出水量并不等于在同一供水系统中各水泵单独工作时的出水量之和。因为在两台循环水泵并联工作而不是一台循环水泵单独工作时，凝汽器的水阻由于通过的冷却水量增多而增大，所以在这种情况下循环水泵就必须克服较大的系统阻力，水泵出口扬程增大，每一台循环水泵的出水量比起它单独工作时的出水量就减少了。循环水泵的特性应这样来选定：当一台循环水泵工作时，供给凝汽器的冷却水量约为两台循环水泵并联工作时总供水量的 60％。

国外设计、运行的电站大多常年采用同一冷却水量，以保证水泵在高效区运行，有利于防止水泵发生汽蚀以及维持凝汽器中冷凝管内水流速度为定值，保证其中不积垢和结垢。但除引进的个别机组外，我国自主设计的电站均视气象、水文条件等因素而采用变化的水量运行。冷却水量的改变关系到循环供水系统中水流速度的改变，同样会引起循环水泵克服系统阻力所需水头的改变。由于供水系统中水源水位的季节性涨落而引起吸水几何高度的改变，也影响总扬程数值的变化，因此循环水泵就有进行经济调节的必要。而调节的目的在于获得最经济的冷却倍率、最佳的冷却水流速，维持凝汽器中最有利的真空，保证向电力系统供应更多的电能。循环水泵的调节可以用以下方法来实现：①调节水泵出口阀门的开度；②调节工作水泵的台数（逐级调节）；③调节水泵的转速（特性调节）；④在轴流式水泵中调节工作叶片角度。

实践证明，用调节阀开度来改变水泵出水量，一般是没有效果的，因为此时随着水泵出水量的减少，虽然可减小水泵的耗功，但由于关小阀门开度会使水泵克服的局部阻力增大，进而增大水泵耗功，故被证明多半是不合算的。只有当可以显著降低凝结水的过冷却度时，用阀门调节才是合算的。改变转速是离心式循环水泵的最经济调节方法，实现这种调节方法需要采用无级变速或双速电动机，或者由液力联轴节使水泵接在普通的等速电动机上。在轴流式循环通过水泵中所采用的调节工作叶片安装角度的方法也是调节水泵出水量和扬程的方法。改变同时工作的水泵台数来调节水泵出水量的方法获得了广泛的应用，该方法不需要额外的投入，且简单有效，但需要专业的计算。

为了防止凝汽器冷却水管结垢，提高传热效果，保证凝汽器真空度，应给凝汽器装设胶球清洗装置。胶球清洗装置应保持定期运行，以减少循环水对凝汽器冷却水管的污染，保证冷却水管的清洁度。

第七节　发电机氢油水系统

发电机在运行中会发生能量损耗，包括铁芯和绕组的发热、转子转动时气体与转子之间的鼓风摩擦发热，以及励磁损耗、轴承摩擦损耗等。这些损耗最终都将转化为热量，致使发电机发热，因此必须及时将这些热量排离发电机。也就是说，发电机运行中必须配备良好的冷却系统。发电机定子绕组、铁芯、转子绕组的冷却方式，可采用水-氢-氢冷却方式，也可采用水-水-氢冷却方式，近年来还有采用空气冷却方式。大型火力发电机组发电机定子绕组用水进行冷却，而发电机的铁芯和转子绕组用氢气进行冷却。为避免氢气外泄，发电机两端采用密封油系统密封。

一、发电机氢冷系统

发电机内的氢气在发电机端部风扇的驱动下，以闭式循环方式在发电机内做强制循环流动，使发电机的铁芯和转子绕组得到冷却。其间，氢气流经位于发电机四角处的氢气冷却器，经氢气冷却器冷却后的氢气又重新进入铁芯和转子绕组做反复循环。氢气冷却器的冷却水来自闭式循环冷却水系统。

氢气与氧气或空气混合后，如果被点燃（如遇发电机内的闪电点），将会发生爆炸，后果不堪设想。因此，要求发电机内的氢气纯度不低于98%，氧气含量不超过2%；而且在置换气体时，使用惰性气体或二氧化碳气体进行过渡，也可采用真空置换，以避免氢气与空气直接接触、混合，防止发生爆炸。

氢冷系统的作用为：

（1）提供对发电机安全充、排氢气的措施和设备，用二氧化碳作为中间置换介质。

（2）维持发电机内正常运行时所需的气体压力。

（3）监测补充氢气的流量。

（4）在线监测发电机内气体的压力、纯度及湿度。

（5）干燥氢气，排去可能从密封油进入发电机内的水汽。

（6）监测漏入发电机内的液体（油或水）。

（7）监测发电机内绝缘部件是否过热。

（8）在线监测发电机的局部漏氢。

氢冷系统主要由氢气汇流排（供氢系统）、二氧化碳汇流排（供二氧化碳系统）、二氧化碳蒸发器（加热器）、氢气控制装置、氢气干燥器（氢气去湿装置）、发电机绝缘过热监测装置（发电机工况监测装置）、发电机漏液检测装置和发电机漏氢检测装置（气体巡回检测仪）组成，如图3-21所示。

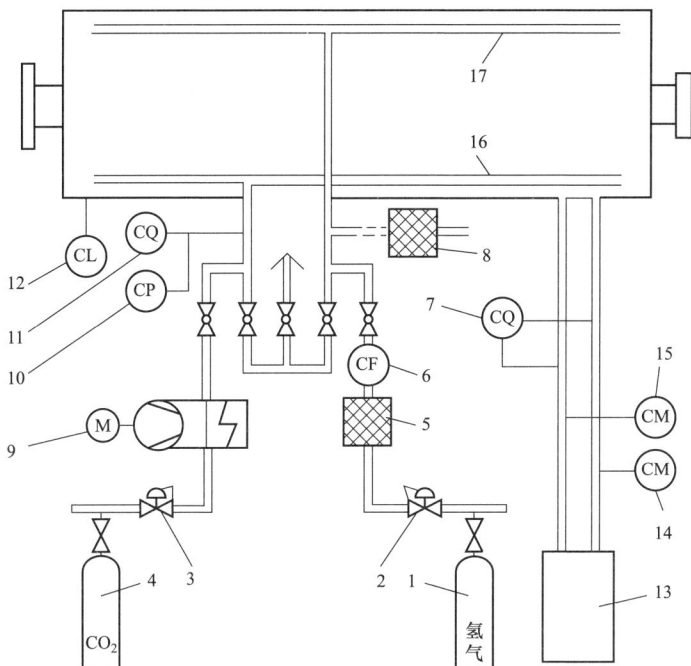

图 3-21　发电机氢冷系统

1—氢气瓶及氢气汇流排；2—氢气减压阀×2；3—CO_2 减压阀；4—CO_2 瓶及汇流排；

5—氢气过滤器；6—氢气流量仪；7—绝缘过热监测装置；8—空气过滤器；9—CO_2 蒸发器；

10—压力变送器；11—气体纯度分析仪×2；12—漏液检测装置×10；

13—双塔吸附式氢气干燥器；14—干燥器出口湿度仪；15—干燥器入口湿度仪；

16—发电机底部 CO_2 分流管；17—发电机顶部氢气分流管

二、氢冷系统的气体置换

发电机和氢冷系统的气密试验合格，且密封油系统也正常运行，则具备了向发电机充氢的条件。为了防止氢气和空气混合成爆炸性气体，在向发电机充入氢气之前，必须要用惰性气体将发电机内的空气置换干净。同理，在发电机排氢后，要用惰性气体将发电机内的氢气置换干净。目前在国内，惰性气体普遍采用二氧化碳。

发电机启动前，必须先将发电机内的空气置换为二氧化碳，然后再将二氧化碳置换为氢气，最后对发电机内的氢气加压，以达到其要求的工作压力。

（一）气体置换前注意事项

（1）汽轮机处于静止或盘车状态。

（2）有关表计和报警装置经校验合格，控制电源投入。

（3）发电机已全部封闭，气密性试验合格。

（4）密封油系统已投用。

（5）通知制氢站，准备足够的氢气，检查现场有足够的 CO_2 气体。

（6）确认氢气/CO_2 气体纯度合格。

（7）通知检修部门对发电机氢气/制氢站总门后滤网进行清洗。

（8）系统按检查卡检查无误。

（二）排除发电机内的空气

气体在爆炸范围的上限时，混合气体中氢气占70%，空气占30%，而空气中的氧占21%，所以在处于爆炸上限的混合气体中，氧的含量为$30\% \times 21\% = 6.3\%$。因此在充氢前，必须用惰性气体排除空气，使气体中氧气含量降低到小于6.3%。按此要求进行气体置换，发电机内将不存在爆炸性的混合气体。图3-22所示为不同的预定置换纯度对应所需充入发电机内的置换气体数量的曲线，其前提气体是充分混合的。

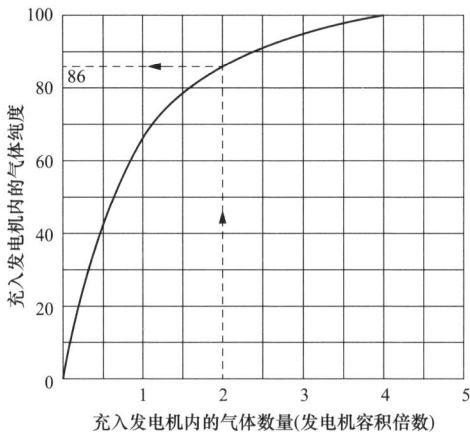

图3-22 充气数量（气体充分混合时）

可以看到，充入两倍发电机容积的二氧化碳气体，空气的含量将降低到14%，氧气的含量随之降为$21\% \times 14\% = 3\%$。在转子静止或低速盘车时，利用二氧化碳密度为空气的1.52倍的关系，把二氧化碳从机座底部充入发电机内而将氢从顶部排出，则充入约1.5倍发电机容积的二氧化碳就足以排除空气，此时发电机内只有极少量的空气与二氧化碳混合。从发电机顶部采样，二氧化碳纯度读数应为：置换空气时大于90%；置换氢气时大于95%。

二氧化碳必须在气体状态下充入发电机。在水冷定子中，应注意防止二氧化碳与水接触，因为水中溶有二氧化碳将急剧增加定子线圈冷却水的电导率。

（三）发电机充氢

氢冷发电机在正常运行时，氢气纯度应在95%或以上。在发电机旋转时（气体充分混合）进行气体置换，把3.5倍发电机容积的氢气充入发电机，则发电机内的氢气纯度将能达到95%，参看图3-22。然而在发电机静止或低速盘车情况下，从发电机顶部汇流管充氢，只需充入2.5倍发电机容积的氢气，发电机内就能达到95%的氢气纯度，此时取样管路接通到机座的底部汇流管。

（四）发电机运行时补氢

氢冷发电机在正常运行期间，氢气纯度保持在95％或以上。必须补氢的原因是：①氢气的泄漏，包括从密封油真空系统排出的氢气，因此需要补氢以维持氢气压力；②空气的渗入，因此需要补氢以维持氢气纯度。

图3-23所示为目标氢气纯度与补氢量的关系曲线。它表示发电机在运行时，机内每渗入1单位空气，为了保持一定的纯度，需要补入多少单位的氢气。例如，为了保持氢气纯度为95％，每补偿1单位的空气就需要补入约23.5单位的氢气。同理，如渗入1单位空气后，充入约100单位的氢气，氢气纯度可保持在98％。

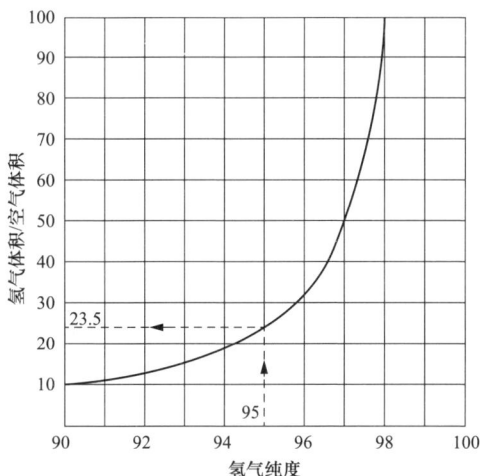

图3-23　目标氢气纯度与补氢量的关系曲线

（补充氢气纯度为95％）

（五）发电机排氢

发电机排氢是指通过从机座底部汇流管充入二氧化碳，使氢气从机座顶部汇流管排出去。为了使发电机内混合气体中的氢气含量降到5％或以下，应充入足够的二氧化碳。排氢应在发电机静止或低速盘车时进行，需要两倍发电机容积的二氧化碳。充二氧化碳时，纯度仪从发电机机座顶部汇流管采样，充入的二氧化碳应使二氧化碳纯度读数达到95％或以上。

（六）发电机排二氧化碳

发电机排氢后，二氧化碳不宜长时间封闭在机内。如发电机内需要进行检修，为确保人身安全，必须通入空气把二氧化碳排出去。可以通过转换氢气控制装置上的可移管道，向发电机内通入干净、干燥的压缩空气。由于空气比二氧化碳轻，可把压缩空气引入发电机内上方的汇流管，把二氧化碳从底部排出。如果须立即通过人孔观察或进入发电机内检查，应采取预防措施防止吸入二氧化碳。不允许用固定的压缩空气连接管来清除二氧化碳气体和氢气，因为如不小心使空气混入氢气内，会有产生爆炸性混合气体的可能性，给发电机及人身安全带来危害。

三、发电机密封油系统

（一）密封油系统功能

由于氢冷汽轮发电机的转子轴伸必须穿出发电机的端盖，因此这部分就成了氢内冷发电机密封的关键。密封环布置在密封环支座上，而密封环支座通过螺栓连接在支座法兰上并采取绝缘措施，防止轴电流流动。密封环沿轴线分成两半，这样不仅便于安装，而且能保证测量间隙和绝缘要求。发电机密封油系统的功能是向发电机密封瓦提供压力略高于氢压的密封油，以防止发电机内的氢气从发电机轴伸处向外泄漏。密封油进入密封瓦后，经密封瓦与发电机轴的密封间隙，沿轴向从密封瓦两侧流出，即分为氢侧回油和空侧回油，并在该密封间隙处形成密封油流，既起密封作用，又润滑和冷却密封瓦。从密封环的氢侧和空侧排出的油经定子端盖上的油路返回密封油系统。

（二）密封油系统设备

密封油系统主要由密封油供油装置、排油烟风机和密封油储油箱（空侧回油箱）、中间油箱（氢侧回油箱）、油压调节阀、平衡阀等组成，如图 3-24 所示。

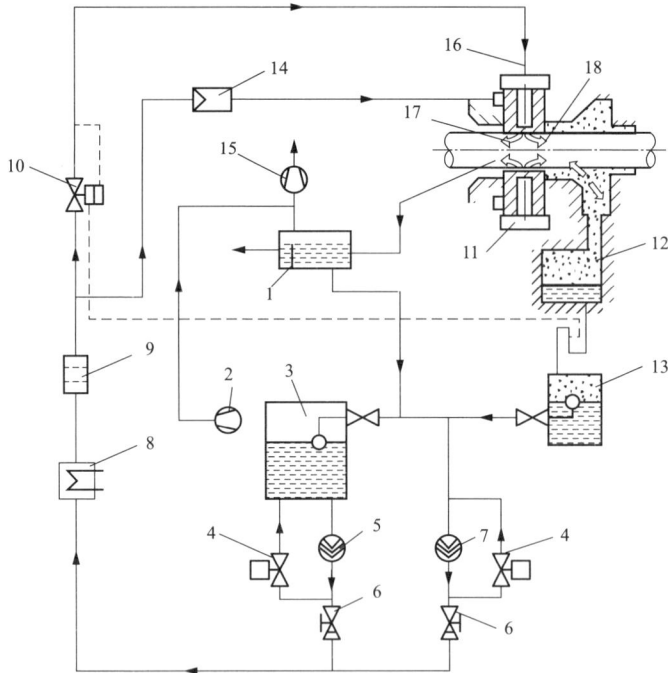

图 3-24　密封油系统

1—密封油储油箱；2—真空泵；3—真空油箱；4—压力调节阀；5—主交流油泵×2；
6—止回阀；7—备用直流油泵；8—油冷却器×2；9—过滤器×2；10—压差阀×2；
11—密封环；12—发电机消泡室；13—氢侧回油箱；14—浮动油流量阀×2；
15—排油风机；16—密封环进油；17—密封环空侧排油；18—密封环氢侧排油

1. 密封环

密封环在轴颈侧衬有巴氏合金。密封环和转子轴的间隙内充有密封油。密封油系统中的油与汽轮机、发电机轴承使用的润滑油是一样的。密封油从密封环支座上的密封环室通过环上的径向孔和环形槽注入密封间隙。为获得可靠的密封效果，应保证环形油隙中的密封油压力高于发电机中的气体压力。从密封环的氢侧和空侧排出的油经定子端盖上的油路返回密封油系统。在密封油系统中，油经过真空处理、冷却和过滤后返回密封环。密封环结构如图 3-25 所示。

在空侧，压力油通过环形槽通过数个径向孔进入密封环，以保证当发电机内气体压力较高时，密封环在径向仍能自由活动。在氢侧，密封环的二次密封能够减小氢侧的径向油流量，以保持氢气纯度的稳定。

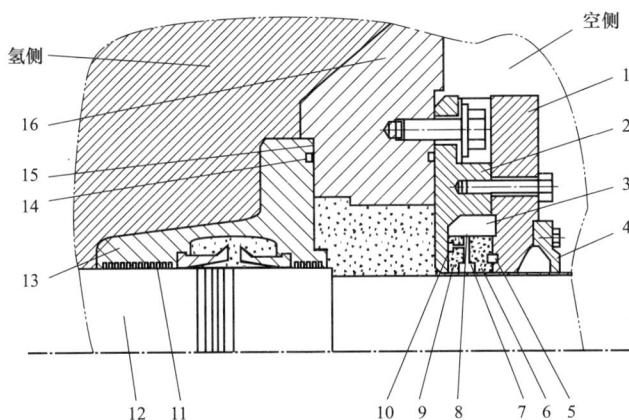

图 3-25　密封环结构

1—密封环支架（空侧）；2—密封环支架（氢侧）；3—密封环室；4—挡油环（空侧）；5—浮动油槽；
6—巴氏合金；7—密封油环槽；8—密封油进油孔；9—密封环；10—二次密封；11—迷宫式密封条；
12—发电机转子；13—迷宫密封环；14—密封槽；15—绝缘垫片；16—端盖

2. 密封油供油装置

发电机轴密封用油来自密封油供油装置。密封油供油装置由下列主要设备构成：①真空油箱（密封油箱），包括真空泵；②氢侧回油控制箱（氢侧回油箱或中间油箱）；③主密封油泵（2×100%）；④备用密封油泵；⑤油泵后压力控制阀；⑥密封油冷却器（2×100%）；⑦密封油过滤器（2×100%）；⑧压差调节阀（2×100%）。上述主要设备均组装在一个集装装置上。

正常运行期间，主密封油泵从密封油真空油箱中抽出密封油，然后通过冷却器和滤油器把密封油送到密封瓦。向密封瓦提供的密封油分别以大约相同的数量通过轴与密封环的间隙流向密封瓦的氢侧和空侧。从密封瓦的空侧排出的密封油直接流入轴承油回流管路，再返回密封油真空油箱；流向氢侧的密封油则首先汇聚到发电机消泡室（前室），然后到氢侧回油箱。提供三台密封油泵用于油的循环。如果 1 号主密封油泵因机械故障或电气故障不能运行，则 2 号主密封油泵就会自动工作。如果两台泵都出现故障不能工作，则密封油的供应由备用密封油泵完成，不会使供油间断。因此，密封油的供应是按独立系统设计的。

3. 真空油箱

真空油箱的油取自发电机轴承和空侧密封油的回油箱（密封油储油箱）。真空油箱中的浮球液位控制阀（浮球阀）能够将油箱中的油位保持在预先设定的位置。当油位较低时，该阀能够从密封油储油箱和氢侧回油箱中引出油进行补充。真空泵能够使真空油箱内的密封油保持在真空状态，还能够在抽出密封油与氢气和空气接触时吸收大部分气体，从而在很大程度上避免发电机内氢气纯度的降低。

4. 密封油泵

在发电机转子轴端安装密封环，以防止氢气从发电机泄漏到大气中。密封油泵用于向轴密封环提供密封油。系统中配置了三台密封油泵，其中两台为主密封油泵，并联连接、互为备用，还有一台为直流危急油泵。

两台主密封油泵在其入口侧相互并联并直接与真空油箱连接。当其中一台密封油泵处于运行状态时，另一台密封油泵保持待启动状态。若一台密封油泵不能使密封油达到规定压力，则备用密封油泵将自动启动。备用密封油泵直接与密封油储油箱相连。当相应的油泵工作时，各密封油泵后的密封油压力由各自的压力调节阀保持恒定。压力调节阀实质上是溢流阀。

5. 密封油压力调节

当密封油压力超过发电机气体压力时，为确保密封性能可靠及发电机稳定工作，应对密封油压力分两级进行调节。

（1）在密封油泵出口对密封油压力的调节。按溢流阀原理工作的自动压力控制阀负责保持各密封油泵出口的密封油压力的稳定，调节阀根据事先设定好的油泵出口压力调节密封油泵的旁路，即返回真空油箱的油量大小，以使在密封油泵后形成较稳定的密封油压力。

（2）在密封环上游对密封油压力的调节。在密封环上游设置了压差调节阀，以保持氢气密封的密封油压力由压差调节阀进行控制。为了确保达到更好的可靠性，系统安装了两个压差调节阀，并设置成不同的控制压力，一个比另一个略低。流入轴密封环的密封油流量的大小，视调节阀的压差设定值而定，以使在轴封处形成所要求的密封油压力。当流量为 100％ 时，备用压差阀应将轴封处的密封油压力维持在高于发电机中氢气压力（80kPa）的水平。当流量为 $20dm^3/min$ 时，备用压差阀所产生的压差值应等于主压差阀在流量为 100％ 时产生的密封油压差值。设定压差阀如图 3-26 所示。

6. 密封油冷却器

两个全容量密封油冷却器均设计为板式热交换器，一台冷却器工作时，另一台为备用。两台冷却器的转换不会影响系统的运行。备用冷却器的油侧

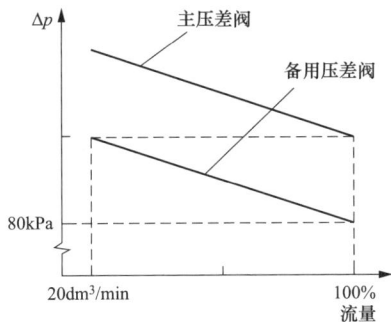

图 3-26　设定压差阀

必须要充满油，为此系统中设有旁路小阀门。在密封油系统正常工作时，有一小股油流过备用冷却器，以排出冷却器中可能存在的气体，使之充满油。

7. 密封油过滤器

密封油过滤器由两个 100% 容量的叠片自洁式过滤器及转换阀门组成。一个过滤器工作时，另一个过滤器为备用。两台过滤器的转换不会影响系统的运行。运行时可定时（如每天一次）转动过滤器上的清洁手柄 360° 或更多，以将滤芯上的杂质刮下，沉积在过滤器的底部，底部设有排污阀门。备用过滤器的油侧必须要充满油，打开过滤器的排气阀可将过滤器中的气体排出。

8. 密封油的回油

（1）氢侧密封油的回油。从密封环氢侧排出的油进入发电机消泡室（前室）。在消泡室中，油的流速将会减小，使残留气体中的气泡逸出，消除油中的泡沫。然后，密封油从发电机消泡室流入氢侧回油箱，氢侧回油箱起阻挡气体外泄的作用。氢侧回油箱中的浮球阀将真空油箱内的油位控制在预先设定的位置上，从而防止气体进入密封油系统。在正常运行时，氢侧油箱的浮球阀处于开启状态，将氢侧密封油返回密封油空侧。由于密封油真空箱处于真空状态，流出氢侧油箱的密封油将被吸入密封油真空箱。如流向真空油箱的流量过大，则从氢侧油箱流出的油会流向密封油储油箱。少量带有氢气的油流向储油箱，不会对环境造成危险，因为密封油储油箱与排油烟风机相连接，可将油中的氢气排入大气。

（2）空侧密封油的回油。从轴密封环空侧排出的密封油直接与轴承油混合后返回密封油储油箱。

9. 密封环的浮动油

为了保证密封环在较高的压力下能自由浮动，密封油系统中提供了密封环浮动油。浮动油作用于密封环的空侧端面，其油压可以抵消密封环氢侧端面的氢气压力的影响，防止因密封环卡涩而导致发电机转轴发生过大的振动。

浮动油的流量用流量调节阀来控制，流量调节阀后有一流量计，用来显示浮动油的流量。汽端和励端各有一流量调节阀和一流量计来控制浮动

217

油流量。当流量调节阀出故障时，可手动打开其旁路阀来临时人工控制浮动油流量。

10. 真空泵

真空泵在真空油箱中建立负压，并排除密封油产生的气体。在真空油箱发出高油位报警信号时，为防止密封油进入真空系统，应立即断开真空泵的运行。

真空泵是一油密封旋转滑片式泵，如图 3-27 所示。驱动电动机直接用法兰安装到泵壳上，真空泵和电动机轴通过弹性联轴结构连接，所有轴承均为滑动轴承，采用强制油润滑。真空泵的所有部件均为销定位安装式，以保证易于拆卸。泵转子的拆卸，不需要使用专用工具。真空泵由一安装在泵壳内的偏心转子组成。转子配有两个滑片，紧贴在泵壳孔的内表面，从而把泵室分成几个空间。每个空间的容积随着转子的转动周期性地改变。通过进气口和入口滤网吸入的气体经打开的进气口阀进入泵室。用滑片关闭进气口后，泵室内的气体被推进压缩。注入泵室的油用于泵室壁和滑片端部之间的润滑和密封，同时用来润滑和密封转子中的滑片。

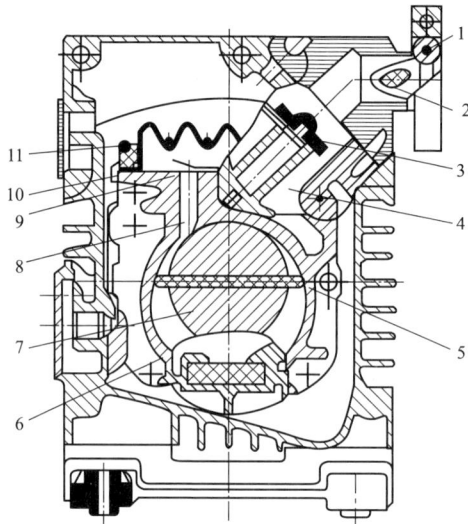

图 3-27　滑片式真空泵

1—进气口；2—进口滤网；3—进气口阀；4—进气通道；5—滑片；6—泵壳；
7—泵转子；8—排气通道；9—废气阀；10—滤油器；11—弹簧夹

真空室中被压缩的气体通过废气排放阀被排入废气管。具有过滤油和清除机械杂质功能的滤油器把压缩气体中所含的油与气体分离。为了防止蒸汽在泵室内凝结，在压缩周期开始时允许有预定量的空气（气体镇流），这将确保能够适合技术数据规定的蒸汽的要求。转动阀的手柄可打开或关闭气镇阀。

另外，有极少量的二次气体进入泵室，其可产生消声效果并且能防止达到极限压力时出现敲击噪声（油锤）。

真空泵停运时，用油压控制的真空安全装置把进气口阀的阀盘压在进气口的阀座上。关闭与待抽真空的系统相连接的空吸管，使泵排气。泵排气所需要的空气从泵的储气器中获得，这可避免外部空气进入真空系统。油压控制的进气口阀用于防止在关闭吸气管时空气漏入真空系统。内置式油位观察窗便于检查泵内的油位。

11. 排油烟风机

氢气的密度低，但挥发性、渗透性极强，而且由于不可能避免氢气泄漏到发电机轴承室内或在密封油储油箱内积聚，因此必须不断地将这部分氢气排出。排油烟风机的作用是防止氢气泄漏到汽轮机房内或汽轮机润滑油系统中去。废气从排油烟风机排出，然后经一条单独的直接穿过汽轮机房屋顶的排气管排入附近的空气中。排油烟风机的排气管道不能与氢冷系统共用一根管道，须有独立的排气管道。

排油烟风机产生的负压用来排除密封油系统内的废气，系统采用冗余结构，其功率满足连续运行的要求。排油烟风机的调试在密封油系统注油之前进行。调试工作结束后，一台排油烟风机可运行，另一台备用。发电机轴承室（励端和汽端）、密封油储油箱和真空泵连接到排油烟风机。

12. 密封油储油箱（空侧回油箱）

密封油储油箱是发电机轴承油和空侧密封油返回管路中的一个大直径管段。在轴承油供应系统投入运行之后，密封油储油箱将一直保持部分充满状态，以确保密封油系统连续运行。密封油储油箱和密封油真空油箱通过管道相连。

排油烟风机系统的排气装置能够使密封油储油箱保持轻度真空，从而将油中析出的氢气排出油箱。

（三）密封油系统的监控

密封油系统的主要监测装置有液位检测器、压力测量装置、温度测量装置和容积流量测量装置。如果由于密封环氢侧的密封油油量异常增加或回油不通畅，使得发电机消泡室内的油位升高，则会发出"液位高"报警信号。该信号提示密封油有可能流入发电机定子机座。报警信号因油位传感器被浸入油中而启动。如果监测到氢侧回油箱或密封油储油箱的油位降低而传感器不再浸入油中时，触发"液位低"报警信号。密封油真空油箱的油位升高时，真空泵应停止运行，以防止将密封油吸进真空泵而引起故障。为了防止主密封油泵1、2在密封油真空油箱的油位过低时发生干运转，真空油箱上安装了第二个传感器，在该传感器不再浸入油中时停止主密封油泵1、2的运行。

四、发电机定子冷却水系统

（一）系统组成与功能

定子绕组冷却水系统也称定子冷却水系统。发电机定子绕组采用冷却水直接冷却，可极大地降低最热点的温度，并可降低可能产生导致热膨胀的相邻部件之间的温差，从而能将各部件所受的机械应力减少至最小。定子线棒中用于通水冷却的导管采用不锈钢导管，其余回路也采用不锈钢或类似的耐腐蚀材料制成。

定子冷却水系统的主要功能为：①采用冷却水通过定子绕组空心导管，将定子绕组损耗产生的热量带出发电机；②用水冷却器带走冷却水从定子绕组吸取的热量；③系统中设有过滤器，以除去水中的杂质；④系统中设有补水离子交换器，以提高补水的质量；⑤使用监测仪表仪器等设备对冷却水的电导率、流量、压力及温度等进行连续监控；⑥具有定子绕组反冲洗功能，提高定子绕组冲洗效果。

发电机定子冷却水系统主要包括一个定冷水箱、两台100％容量的定冷水泵、两台100％容量冷却水的冷却器（采用 APV 板式冷却器）、一套10％容量的除离子器、压力调节阀、温度调节阀和水过滤器等设备和部件，以及连接各设备、部件的阀门、管道等。定子绕组冷却水供水模块化装置如图 3-28 所示。

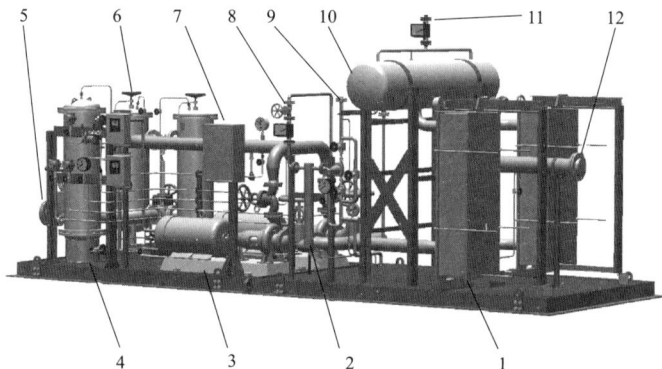

图 3-28　定子绕组冷却水供水模块化装置

1—冷却器×2；2—补水过滤器；3—水泵×2；4—离子交换器；5—冷却水出水；6—主过滤器×2；7—电气接线盒；8—补水入口；9—来定冷水箱；10—气水分离器；11—去定冷水箱；12—冷却水入口

（二）系统要求

1. 水质要求

定子冷却水中不得含有影响系统材料和系统安全运行的污染物，且透明纯净，无机械混杂物。因此，注入系统中的水必须符合如下要求（水温20℃时）：

电导率：≤0.5μS/cm。

pH：7.0～8.0。

硬度：≤2 微克当量/升。

如果使用的水不能满足上述质量要求，则必须进行检查和处理。注入的除盐水及循环定子冷却水不应含能积聚和阻流的颗粒。因此，主水路的水必须通过有一定过滤精度的过滤器。过滤器不需要也不能带任何旁路。过滤器受污染的程度可由过滤器两端的压差变送器来确定。主水路过滤器设有两台，每台都可承担100％的水量，运行时可通过置换阀门进行切换。

补水过滤器为单芯过滤器，位于补水系统的入口。系统设计为连续小流量补水，以弥补系统中可能存在的水渗漏损失，并可提高冷却水的水质。补充水取自除盐水系统，该系统的水电导率很小并能满足定子冷却水系统的要求。补给水进入主水路之前要通过一个细过滤器并从定冷水泵的上游补入。水流量可通过调节阀手动控制并能够就地指示。如果除盐水系统中无压力，则回流被一止回阀关闭，从而可避免除盐水的损失。补充水系统中设置了一个离子交换器，当补水的电导率达不到所规定的要求时，可打开离子交换器隔离阀，使补充水的电导率降到要求的水平。

2. 氮气要求

氮气用于吹扫系统中的空气。氮气的纯度推荐值应大于或等于99.99％（体积比），不小于99％。不得含有污染物（O_2、CO_2）。剩下的气体中不得含有腐蚀性污染物，也不得含有氨气（NH_3）和二氧化硫（SO_2）。发电机充氢前，定冷水箱内应维持一个压力略高于大气压的氮气环境，约15kPa。正常运行中，定冷水箱上部的氮气会逐渐被通过发电机定冷水TEFLON管扩散到定子冷却水中的氢气所取代，并通过一个U形管排出，保持不大于20kPa的压力。

3. 定冷水箱要求

定冷水箱与主回路连接。定冷水箱能吸收热胀冷缩导致的水的容积的变化，并排出多余的水，还能起到换气和除气的作用。在发电机投入运行的过程中，当向定子冷却水系统注水时，定冷水箱临时充当了补充水箱。通过定冷水箱的水流量很小，其作用是将主回路中的气泡带到水箱。水箱上设有液位计，以观察箱内的水位。当水位下降至最低水位以下时，报警信号被触发。由充水的U形管将放水和排气结合在一起。这样当箱中超压时，气体被排至排气口，使水可以在无压力的情况下被排放掉。该U形管始终从补充水箱中重新注入水。注水不需要维护和监测。在正常运行时，发电机内高压氢气通过绝缘引水管或由于少量泄漏渗入定子冷却水系统内，并聚集在定冷水箱内使箱内超压，压力将U形管中的水柱向下压至能使排气管排气的位置。以后进入的氢气经过脱气管排出，不会造成压力上升。初次充水时，可使用氮气通过水装置上气泡分离装置处的氮气接口对定冷水箱进行吹扫，以排出系统内的空气。

第八节　汽轮机油系统

一、汽轮机油系统功能及要求

汽轮发电机组的油系统对保证机组安全稳定运行至关重要。根据汽轮机油系统的作用，一般将油系统分为润滑油系统和调节（保安）油系统两个部分。

大型汽轮发电机组的油系统既有采用汽轮机油作为润滑油（包括发电机氢密封油）、采用抗燃油作为调节用油的系统，也有所有用油都采用汽轮机油的系统。前者为两个完全独立的油系统，而后者为一个系统。

二、汽轮机用油技术要求

汽轮机润滑油又称透平油。透平油是矿物油或含有增加抗侵蚀能力和稳定性的合成油。

透平油通常是基于石蜡矿物油并包含饱和烃的混合物。无法给出透平油中不同成分含量的限定值。透平油的技术要求：①包含的添加物不能对油系统材料造成任何副作用；②不能含有有机金属化合物成分（如有机锌化合物成分）；③必须能够在汽轮机部件（如轴承、联轴器）最高 120℃的温度和油箱最高 80℃的温度下物理化学性质不发生改变；④必须能与少量（最多 4%体积）的其他同类型（矿物或合成）的透平油混合，这种少量的混合不能使其发生任何变质；⑤不能对遵照常规工业卫生惯例进行操作的人员造成安全或健康上的危险。

三、汽轮机润滑油系统

汽轮机润滑油系统主要包括润滑和冷却系统、顶轴油系统以及排油烟系统。其主要功能为：一是在轴承中形成稳定的油膜，以维持转子的良好旋转；二是由于转子的热传导、表面摩擦以及油涡流会产生相当大的热量，为了始终保持油温合适，就需要一部分油量来进行换热；三是为主汽轮机盘车系统、顶轴油系统、发电机密封油系统提供稳定可靠的油源。常见的主汽轮机润滑油系统如图 3-29 所示。

主汽轮机的润滑油用来润滑轴承、冷却轴瓦及各滑动部分。根据转子的质量、转速、轴瓦的构造及润滑油的黏度等，在设计时采用一定的润滑油压，以保证转子在运行中轴瓦能形成良好的油膜，并有足够的油量冷却。若油压过高，可能造成油挡漏油、轴承振动；若油压过低，则会使油膜建立不良，易发生断油而损坏轴瓦。

主汽轮机润滑油系统的正常工作对于保证汽轮机的安全运行具有重要意义。如果润滑油系统突然中断流油，即使只是很短时间的中断，也将导致轴瓦烧损，从而可能引发严重事故。此外，油流的中断将使低油压保护动作，使机组故障停机，因此必须给予足够的重视。

由于不同制造厂的汽轮发电机组整体布置各不相同，所以相应的润滑油系统的具体设置也有所不同。但从必不可少的要求来看，润滑油系统主要由润滑油箱（及其回油滤网、排烟风机、加热装置、测温元件和油位计）、主油泵、交流电动（备用）油泵、直流电动（事故）油泵、冷油

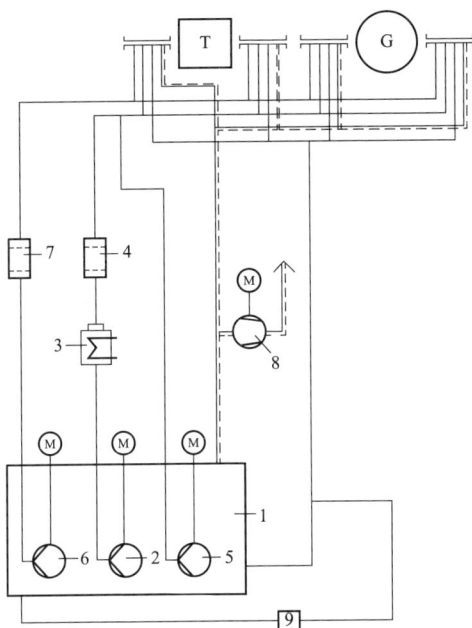

图 3-29 常见的主汽轮机润滑油系统

1—主油箱；2—主油泵；3—冷油器；4—过滤器；5—危急油泵；6—顶轴油泵；

7—过滤器；8—排油烟装置；9—油净化系统；T—汽轮机；G—发电机；M—电动机

器、油温调节装置（或油温调节阀）、轴承进油调节阀（或可调节流孔板）、滤油装置（或滤网）、油温/油压监测装置以及管道、阀门等部件组成。

设置汽轮发电机组的顶轴油系统，是为了避免盘车时发生干摩擦，防止轴颈与轴瓦相互损伤。目前大型汽轮机组多数设有顶轴油系统。在汽轮机组由静止状态准备启动时，轴颈底部尚未建立油膜，此时投入顶轴油系统，是为了使机组各轴颈底部建立油膜，将轴颈托起，以减小轴颈与轴瓦的摩擦，同时使盘车装置能够顺利地盘动汽轮发电机转子。

目前大型汽轮机组多数采用套管式和油箱低位布置的方案。油系统管道采用套管式，一般是在回油管内套装数根高压油管，所有管道（包括压力油管和回油管）除留个别供拆开检查用的使用法兰连接之外，其余全部通过短管采用角焊的方式连接，因此回油管就相当于一个密封的防爆箱。这种管路结构一般由前轴承箱垂直向下穿过基础大梁，直到与油箱油面相近的高度再水平引入油箱。一般情况下，高压油管法兰是一个薄弱环节，这种结构减少了法兰的使用，使法兰破裂或其垫料损坏的可能性大大减小，同时因压力油管套装在回油管内，即使油管破裂而漏油也不会外溢。这样不但解决了普通油系统管道的渗漏油问题，对油系统防火极为有利，而且油管道的布置极为紧凑，厂房美观整洁。但油管道采用套管式结构也带来了安装、检修和寻找内部压力油管漏油不便的缺点。油箱低位布置是将油箱布置于接近零米或零米稍上的标高。同时，将立式高压油泵及其出口止回阀、冷油器及其切换阀都布置于油箱内。这样一方面降低了回油管的标高，因而有可能使油管处于热力管道下方而远离热体，对防止火灾和火灾事故的蔓延是有利的；另一方面使油箱、高压油泵和冷油器之间的管路系统大为简化，系统和设备的布置更加紧凑，而且基本解决了油泵和阀门的漏油问题。

四、润滑油净化系统

保证汽轮发电机组安全运行的极其重要的条件之一是保证润滑油系统能正常地工作。润滑油系统的一个非常重要的任务，就是确保系统中润滑油的理化性能和清洁度符合使用要求（包括系统注油和运行期间）。对于润滑油的理化性能，在设计时就应注意并予以妥善安排。对于润滑油的清洁度，则应在安装、注油、运行、管理中均十分重视、仔细处理。为了保证系统中润滑油的清洁度，必须认真做好如下工作：

（1）安装时，各种设备、管道、阀门以及通油的所有腔室都必须清理干净，直到露出金属本色；不允许有落尘、积水（湿露）、污染物、锈皮、焊渣或其他任何异物。

（2）对系统中所有的容器进行油冲洗，直到冲洗油的油质合格。

（3）对注入系统的润滑油进行严格检查。

（4）清理干净和注油后的系统应保持全封闭状态，防止异物落入或水分渗入。

（5）设置润滑油净化系统，在运行中保持润滑油的清洁度。

设置润滑油净化系统的目的，是将汽轮机主油箱、润滑油储油箱（脏油箱）内以及来自油罐车的润滑油进行过滤、净化处理，以使润滑油的油质达到使用要求，并将净化处理后的润滑油再送回汽轮机主油箱、润滑油储油箱（脏油箱）。

第九节　供热系统

一、供热系统组成及分类

集中供热是以集中热源所产生的热水或蒸汽作为热媒，通过热网向一个较大区域的生产、供暖、通风、空调和生活热水等热用户供暖的方式。集中供热具有热负荷多、供热规模大、热效率高、燃料和劳动力节省、占地面积少等优点。

供热系统由热源（热媒制备）、热网（管网或热媒输送）及用户（热媒利用）三个主要部分组成。

（1）热源指提供具有合格压力、温度等参数的蒸汽或热水的设备。

（2）热网指把热量从热源输送到热用户的管道及换热站等系统设备。

（3）用户指使用热蒸汽或热水的用户。

按照用户类型的不同，可分为工业用户供热系统和民用集中供热系统；按热媒介质的不同，可分为蒸汽供热系统和热水供热系统；按热媒是否回收，可分为循环供热系统和不循环供热系统；根据供热管道的不同，可分为单管制、双管制及多管制供热系统。

二、供热系统基本术语

（1）热电联产：电厂同时生产电能和可用热能的生产方式。

（2）一级热网：由热源至换热站的供热管道系统。

（3）二级热网：由换热站至热用户的供热管道系统。

（4）供热半径：热源至最远换热站或热用户的沿程长度。

（5）供热能力：供热设备或供热系统所能供给的最大热负荷。

（6）热补偿：管道热胀冷缩时防止其破坏所采取的措施。

（7）热伸长：供热管道由于管内供热介质温度或环境温度升高而引起的管道长度增加现象。

（8）管损：供热管道中的介质在供热出口至热用户的输送过程中产生的损耗，即管损＝供热出口的供热量－各用户入口的用热量总和。管损分为质量损耗和能量损耗两类。

三、热源

（一）热源分类及参数

火力发电厂一般使用主汽轮机抽汽作为供热热源。根据用户用热参数要求，可使用汽轮机二抽（高压缸排汽）、四抽、六抽（中压缸排汽）等。也有电厂设置背压式小汽轮机驱动给水泵或引风机，以背压式小汽轮机排汽作为供热热源。汽轮机常用的抽汽方式分为非调整抽汽和可调整抽汽。

1. 非调整抽汽

抽汽压力将随负荷、抽汽量的变化而变化，适用于用汽压力范围不大、用汽量变化不大且工况较稳定的电厂。抽汽系统和设备布置都较为简单方便。

2. 可调整抽汽

通过加装阀门或其他压力调整设备对抽汽量和压力进行调整，确保蒸汽的压力稳定，对机组运行工况的要求比非调整抽汽方式宽松，适用于抽汽量大、要求用汽压力稳定的电厂。设置调整装置需要对汽轮机本体部分做较大的设计改动，并会影响机组运行的经济性，设备投资大，系统复杂，运行维护水平要求高。汽轮机调整抽汽装置一般有座缸阀、旋转隔板和中低压联通管蝶阀。

（1）座缸阀一般用于压力、温度较高的抽汽参数，抽汽压力大于

1.5MPa。

（2）旋转隔板用于压力较低的抽汽参数，抽汽压力不大于1.5MPa。

（3）中低压联通管蝶阀用于中低压分缸机组，抽汽压力较低（0.25～1.25MPa），对汽缸本体结构没有影响。

过去的热电联产机组，为保证供热参数，往往采用以热定电的调节模式。随着光伏、风电等新能源的增加，为提高电网消纳能力，鼓励火力发电厂热电解耦，火力发电机组既要满足电网负荷大幅度调节的需要，又要保持稳定的供热能力与供热质量。为此，火力发电机组往往采用多级抽汽配合使用，在电力低负荷时使用高等级的抽汽，在电力高负荷时使用低等级的抽汽，以保证供热压力、温度、蒸汽品质符合要求。随着热用户增多，热负荷增加，当火力发电厂汽轮机抽汽不能满足需求时，可以将主汽轮机改为背压式机组，以主汽轮机的排汽作为供热热源。

（二）供热热源管理

火力发电厂供热热源管理对供热系统的运行经济性及安全性极为重要。

1. 正常运行方面

（1）值长负责全厂对外供热系统的统一指挥，并对管辖区域内供热设备的安全经济运行负责。值长应做好机组消缺谋划、燃料加仓、制粉系统运行方式调整等方面的工作，根据近期电负荷曲线、供热流量曲线，统筹做好生产管理工作，保证机组运行中供热能满足热用户的需求。

（2）汽轮机盘值班员重点监视供热画面及热用户压力，关注供热用户流量变化趋势，提前预判，如图3-30所示。在用热量增加前，值班员应提前提高供热母管压力；在减供热前，适当降低供热母管压力。

（3）值班员要清楚机组供热系统的运行方式、参数控制要求；应精心调整，操作上要严格遵照运行规程执行，尽量保持负荷稳定；进行供热流量调整操作时要平稳、缓慢，严禁大起大落。

（4）运行时，如供热装置流量带至上限而供热压力仍不能满足要求时，首先应由邻机增加供热；如运行机组供热均接近上限时，应及时汇报值长，联系省调加负荷，确保供热压力、各用户压力在合格的范围内。

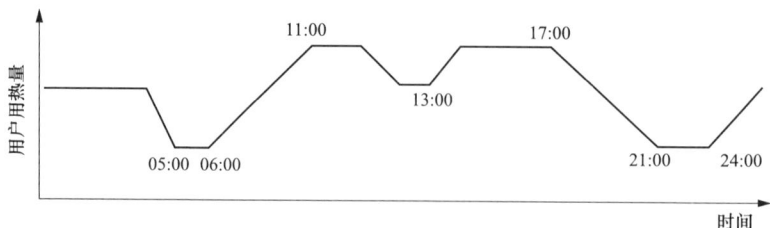

图3-30 每天用户用热量变化趋势

（5）供热协调原则为优先进行汽轮机低等级抽汽，以高等级抽汽供热做辅助调整。

2. 异常处理方面

（1）要经常进行反事故演习，提高事故处理能力。发生异常情况报告后，值长应立即协调各供热热源，对供热流量进行转移，必要时加负荷提高机组供热能力；加强机组供汽能力与外界热网负荷的比较，发现危及机组安全运行时，应按照规程要求果断处理。

（2）值班人员应熟悉当前各供热装置的缺陷和隐患，运行中加强对供热系统设备运行参数的检查，发现异常及时检查处理，严防由于系统上的误操作而影响运行机组的安全。

（3）机组或热网工况发生大幅度变化时，机组之间应加强联系沟通，掌握机组负荷和热网负荷变化规律，做好提前干预。

四、热网

热网主要设备为供热管道和换热站，换热站分为蒸汽-水换热站和水-水换热站。蒸汽-水换热站如图 3-31 所示。

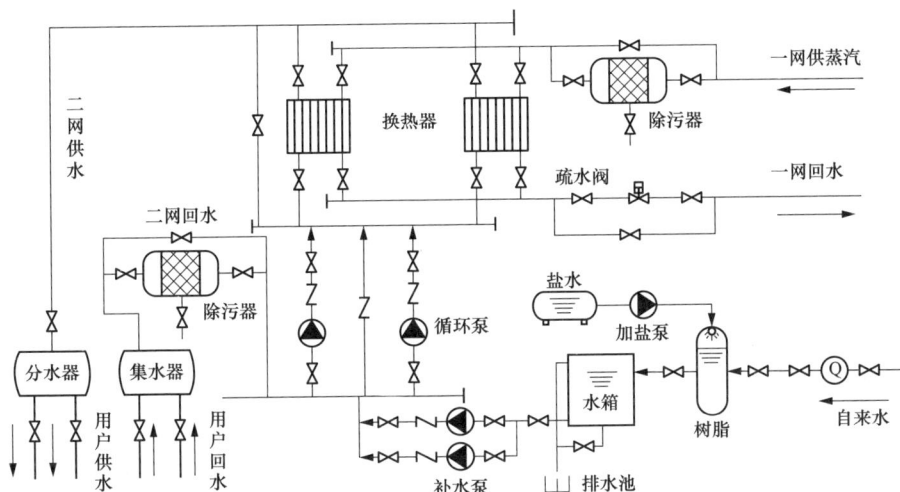

图 3-31　蒸汽-水换热站

当供热管道较长时，往往采用一个主干管道，再分出多个用户支管道。通过管网阻力特性分析可以判断下列问题：

（1）主干管道泄漏。主干管道泄漏相当于系统增加了并联环路，表现为系统总阻力系数减小，扬程略有下降，系统总流量增加，各用户流量均减少；同时，泄漏点上游段水力坡线变陡，下游段水力坡线变平缓。

（2）主干管道堵塞。当主干管道堵塞时，系统总阻力特性系数增大，循环水泵扬程增高，总循环水量减少；同时，堵塞点上游区段水体继续循环，下游区段水体停止流动。

（3）末端用户装设增压泵。末端用户装设增压泵是为了解决系统水力失调、末端用户压头不够的问题。在此情况下，系统总流量增加，水力坡

227

线变陡，末端用户循环水量增加，供暖效果得到改善；但其前面用户的自用压头和循环水量会有所减少，若末端用户加压泵选择过大就会出现"抢水"现象。若使用变频的调速泵，就可以消除这一不利影响。实践已经表明：合理配置末端用户增压泵，不但可以解决系统水平失调问题，而且有节省系统水泵运行电耗、降低系统压力和系统改造（建设）费用等优点。

第十节　厂用电系统及设备

一、厂用电负荷分配原则

（一）厂用电负荷分类

厂用电负荷，根据其用电设备在生产中的作用和突然中断供电所造成的危害程度，以及重要性可分为五类。

1. Ⅰ类厂用负荷

凡属于单元机组本身运行所必需的负荷，短时停电会造成主辅设备损坏、危及人身安全、导致主机停运及影响大量出力的负荷，都属于Ⅰ类厂用负荷。例如，给水泵、凝结水泵、循环水泵、引风机、送风机、一次风机、给粉机等。通常情况下，它们设有两套或多套相同的设备，一套运行，另一套备用。

2. Ⅱ类厂用负荷

允许短时停电（几分钟至几个小时），恢复供电后，不致造成生产紊乱的负荷，属于Ⅱ类厂用负荷。该类负荷一般属于公用性质负荷，不需要24h连续运行，而是间断性运行，如输煤、除灰、水处理系统等。一般它们也有备用电源，常用手动切换。

3. Ⅲ类厂用负荷

较长时间停电不会直接影响生产，仅造成生产上不方便的负荷，都属于Ⅲ类厂用负荷。例如，修配车间、试验室、油处理室等。通常由一个电源供电，在大型电厂中也常采用两路电源供电。

4. 不停电负荷

在机组运行期间，以及正常或事故停机过程中，甚至在停机后的一段时间内，需要进行连续供电的负荷，称为不停电负荷。例如，机组的计算机控制、热工保护、自动控制和调节装置等。

5. 事故保安负荷

在发生全厂停电时，为了保证机组安全地停止运行，事后又能很快地重新启动，或者为了防止危及人身安全等，需要在全厂停电时能够继续供电的负荷，称为事故保安负荷。其按负荷所要求的电源为直流还是交流，又可分为直流保安负荷（如汽轮机直流润滑油泵、直流密封油泵等）和交流保安负荷（如交流润滑油泵、密封油泵、盘车电动机、顶轴油泵等）。

（二）厂用电负荷分配原则

（1）各机组的厂用电系统应是独立的。厂用电接线在任何运行方式下，一台机组故障停运或其辅机的电气故障不应影响另一台机组的运行，并要求受厂用电故障影响而停运的机组应能在短期内恢复本机组的运行。

（2）全厂性公用负荷应分散接入不同机组的厂用母线或公用负荷母线。在厂用电系统接线中，不应存在可能导致发电厂切断多于一个单元机组的故障点，更不应存在导致全厂停电的可能性。

（3）厂用电的工作电源及备用电源接线应能保证各单元机组和全厂的安全运行。

（4）电动机电源的选择：200kW 以上电动机应由 6kV 母线供电；75kW 及以上电动机由动力中心（PC）段供电；75kW 以下电动机由电动机控制中心（MCC）段或就地控制箱供电。

（5）低压厂用电系统中变压器成对出现，采用暗备用方式时，所有低压厂用变压器都投入工作，母联断路器在冷备用状态；当有专门的备用变压器时，备用电源系统开关应处于联动热备用状态。

（6）锅炉或汽轮机的同一用途的两台高压辅机，不论正常情况下是一台工作、另一台备用（如凝结水泵等），还是两台同时工作（如引、送风机等），都应分别接在本机 6kV 厂用不同母线上。

（7）对于各机组在工艺上属于同一系统中的有两台以上的辅机，应接在本机同一分段厂用母线上，不得交叉接在二段母线上。

（8）对于每台机组仅有单台的辅机，其接引虽无特殊要求，但为了减少分裂绕组变压器正常运行时两段母线的电压差，要求两分裂绕组的负荷基本平衡，单台辅机的接引可按这一要求确定所接母线段。

（9）各机组低压厂用工作变压器分散接在本机组的各段高压厂用母线上，全厂性公用的低压厂用变压器接在公用母线上，向全厂所有电动辅助设备，包括电动机、除尘器、输煤装置、除灰装置和照明装置等提供启动、正常运行和停机所需的电源。

二、厂用电快切

厂用电系统的安全可靠性对整个机组乃至整个电厂运行的安全、可靠性有着相当重要的影响，而厂用电的切换则是整个厂用电系统的一个重要环节。

高压厂用电系统采用快切装置，可避免备用电源与母线残压在相角、频率相差过大时合闸而对系统造成的冲击。如失去快切的机会，则装置自动转为同期判别或残压及长延时的慢切。同时，在电压跌落过程中，可按延时甩去部分非重要负荷，以利于重要辅机自启动，提高厂用电切换的成功率。

（一）厂用电快切装置

1. 厂用电快切装置原理

厂用电系统在多种场合下，需要进行工作电源与备用电源的相互切换。

当工作电源侧发生故障时跳开工作电源开关，在备用电源还未合上的过程中，厂用母线将失去电源。作为厂用母线主要负荷的异步电动机，此时将进入"异步发电机"工况，机端电压并不会完全消失，而厂用母线电压为各异步电动机机端电压的合成，一般称为残压。在备用电源合上之前，残压的频率和幅值都在衰减，当到一定低值时，就可以合上备用电源开关，恢复厂用电。手动方式下，工作电源和备用电源可以双向切换。

2. 厂用电快切装置功能

（1）正常情况下实现工作电源与备用电源的双向切换。

（2）事故、母线低电压、工作电源开关偷跳情况下实现工作电源至备用电源的单向切换。

（3）具有快切、同期判别切换、残压切换、长延时切换四种切换条件。

（4）具有串联、并联、事故同时三种切换方式可供选择。

（5）支持两段式定时限低压减载。

（6）自带独立的备用分支后加速、过电流保护功能，也提供一副接点以启动备用分支保护。

（7）支持备用电源高压侧开关冷态（不带电）运行或热态（带电）运行。

（8）支持母线电压互感器手车检修闭锁母线低电压切换功能。

（9）支持电压互感器断线报警。

（10）具有多种闭锁功能。

（11）具有事故追忆、打印及完善的录波功能。

（12）支持多种通信方式和硬件 GPS 功能（GPS 接点为分脉冲，$U_{ce}<$300V）。

（二）厂用电切换启动方式

（1）保护启动。反应工作电源侧故障的发电机-变压器组保护，或在高压厂用变压器保护动作时，跳开工作电源开关，同时启动厂用电切换装置。

（2）低电压启动。厂用母线三相电压持续低于定值时启动厂用电切换装置。

（3）工作开关误跳启动。厂用母线由工作电源供电，工作开关误跳时启动厂用电切换装置。

（三）厂用电切换方式

1. 正常（手动）切换

正常（手动）切换均可以双向切换，分为并联自动、并联半自动、同时切换。

（1）选择并联自动切换时，手动启动，若并联切换条件满足，装置将自动合上备用（工作）开关，经过一定延时后自动跳开工作（备用）开关。如在这段延时内，刚合上的备用（工作）开关被跳开，则装置不再自动跳开工作（备用）开关。如启动后并联切换条件不满足，装置将闭锁发信，并进入等待复归状态。

（2）选择并联半自动切换时，手动启动，若并联切换条件满足，装置将自动合上备用开关，而跳开工作开关的操作由人工完成。如在规定的时间内，操作人员仍未跳开工作（备用）开关，装置将报警。如启动后并联切换条件不满足，装置将闭锁发信，并进入等待复归状态。

（3）当选择同时切换时，手动启动，先发跳工作（备用）开关命令，在切换条件满足时，发合备用（工作）开关命令。如要保证先分后合，可在合闸命令前加一定延时。同时切换有三种切换条件（任意一个条件满足即可）——快速、同期捕捉、残压，当快速条件不满足时转入同期捕捉或残压方式。

2. 事故切换

事故切换由保护出口启动，单向，只能由工作电源切向备用电源。

（1）事故串联切换。保护启动，先跳工作电源开关，在确认工作电源开关已跳开，且切换条件满足时，合上备用电源开关。切换条件与同时切换的条件相同。

（2）事故同时切换。保护启动，先发跳工作电源开关命令，切换条件满足时（或经用户延时）即发合备用电源开关命令。切换条件与同时切换的条件相同。

3. 不正常情况切换

不正常情况切换由装置检测到不正常情况后自行启动，单向，只能由工作电源切向备用电源。

（1）厂用母线失电启动。当厂用母线三相电压均低于整定值，时间超过整定延时时，装置将根据选择方式进行串联或同时切换。切换条件与同时切换的条件相同。

（2）工作电源开关误跳启动。因各种原因（包括人为误操作）造成工作电源开关误跳时，装置将在切换条件满足时合上备用电源开关。切换条件与同时切换的条件相同。

（四）装置报警及处理

（1）厂用电系统和装置本身运行正常时，不会有异常、闭锁信号。如有异常、闭锁信号，说明厂用电系统或装置运行有异常情况，需根据不同情况进行处理，处理完后按复归按钮，可复归信号。

（2）装置失电时，检查装置直流电源电压，包括快切柜直流电源进线空气开关是否合上、装置电源插件开关是否合上等。

（3）当装置发闭锁信号时，可能造成切换闭锁原因有：

1）开关位置异常闭锁。装置启动切换的必要条件之一是工作、备用开关任意一个合闸，而另一个分闸，同时电压互感器隔离开关必须合上。若正常监测时发现这一条件不满足（工作开关误跳除外），装置将闭锁切换。此外，若启动切换后检测到该跳开的开关未跳开或该合上的开关未合上，装置无法将切换进行到底时，装置将撤销余下的切换动作，进入切换闭锁状态。

2）装置自检异常。装置投入后即始终对重要部件（如 CPU、RAM、EEPROM、双口 RAM、AD 等）进行自检，如自检时发现异常情况，装置将闭锁切换。

3）保护闭锁（如工作分支过电流）。

4）电压互感器断线。

5）后备电源失电。

6）装置一旦启动切换，无论切换成功或失败，完成切换程序后，将置于闭锁状态。

（五）装置正常运行中的检查

（1）运行状态指示灯。"工作电源"和"备用电源"指示灯指示与实际运行方式相一致，正常时应只有一个亮；"装置运行"灯慢闪；"远方操作"灯应亮；"切换动作""切换闭锁"灯应不亮。

（2）保护压板。快切装置的保护压板在相应投入位置，位置正确。

（3）测量显示。显示出的电压、电流、频率、相位差、开关位置等均应与实际状态相一致。

（4）方式设置。各种方式设置应与整定情况相一致。

（5）定值设置。各定值应与整定值相一致。

（6）异常事件。当前应无异常事件发生。

（7）状态报告。当前应无异常状态。

（8）状态栏。时钟应能够显示，运行方式应与定值相一致，应没有闭锁图标。

（六）注意事项

（1）当工作电源（备用电源）在运行中进行备用电源（工作电源）开关的试验合分后，在"手动切换"或投入"保护启动"前应手动复归闭锁，否则装置将不能进行任何操作。

（2）除后备失电闭锁外，所有装置自行闭锁情况发生时，必须待异常情况消除，且发人工复归告警信号后，方能解除闭锁。

三、直流系统

（一）直流系统概述

（1）直流系统采用动力、控制相互独立的供电方式。每台机组及继电器室各设两组 110V 直流系统，两台机组各设一组 220V 直流系统。

（2）直流系统均采用单母线接线方式，两段直流母线之间设有联络开关，供两段母线并列运行。

（3）每段直流母线均有自己的充电机和蓄电池。

（4）直流系统的供电负荷：

1）直流供电网络采用辐射式供电方式。

2）控制负荷主要包括电气设备的控制、测量、保护、信号等，还包括热工专业的控制、保护等。

3）动力负荷主要包括直流油泵、交流不停电电源装置、事故照明及厂用电系统等。

（二）直流系统运行及操作规定

（1）控制、动力直流电源均按放射状供电，不存在环网供电的可能。

（2）直流母线分段运行即母线联络开关在断开状态。

（3）当运行中充电机故障时，可由蓄电池组短时供负载用电，但应尽快恢复充电机运行；故障充电机无法投入运行时，应投入备用充电机与蓄电池并列运行。

（4）直流母线不允许脱离蓄电池组由充电机单独运行，蓄电池采用浮充运行方式。蓄电池因故需退出运行时，应投入母联开关，由一组蓄电池带两段运行；直流母线倒换时，必须保证充电机运行正常，否则禁止倒换。

（5）直流系统的任一并列操作，必须在并列点处测量并确保极性正确和电压差满足条件（2~3V），且两组直流系统不存在同时接地后方可进行并列操作。当两组直流系统发生不同极接地时严禁并列。

（6）直流系统运行时，接地绝缘监测装置均应投入运行。

（7）直流油泵启动或停运后，应及时检查充电机输出电流，保持直流母线电压在允许范围内。

（8）充电机可"自动浮充"或"自动均充"。正常运行时对蓄电池组进行浮充电并带负荷运行。正常运行中可自动进行方式切换，不需要手动切换。

（三）直流系统运行方式

1. 220V直流系统正常运行方式

220V直流A段母线和B段母线分段运行。A充电机带A段母线及A蓄电池组运行，B充电机带B段母线及B蓄电池组运行，C充电机作为A、B充电机的备用。母联开关在断开位置，蓄电池组与母线间的开关在合闸位置，蓄电池处于浮充电运行状态，作为冲击负荷和事故供电电源。充电机供给直流系统正常的负荷电流和蓄电池浮充电电流。

2. 110V直流母线正常运行方式

每台机组及继电器室的两段110V直流母线分段运行。A充电机带A段直流母线运行，B充电机带B段直流母线运行，C充电机作为A、B充电机的备用。母联开关在断开位置，蓄电池组与母线间的开关在合闸位置，蓄电池处于浮充电运行状态，作为冲击负荷和事故供电电源。充电机供给直流系统正常的负荷电流和蓄电池浮充电电流。

3. 直流母线特殊运行方式

（1）工作充电机故障或检修时，启动备用充电机带相应直流母线及蓄电池组运行，两段母线仍分段运行；当工作充电机故障或检修且备用充电机又不能投运时，应由另一台工作充电机通过联络开关带两段直流母线运行，有充电机段母线的蓄电池组应切除。此时要加强对总直流负荷的监视，工作充电机不应超载。

（2）当运行的其中一组蓄电池因故退出运行时，应由工作蓄电池组带两段直流母线运行，合上直流母线联络开关。此时两台充电机并列运行，应将无蓄电池运行母线的绝缘监测装置退出运行。

（3）充电机均因故不能使用时，由蓄电池组带正常负荷运行。此时应注意其容量及负荷电流，母线电压不低于 $95\%U_N$，以防蓄电池组过放电。

4. 直流系统备用充电机的运行

110、220V 直流系统和继电器室 110V 直流系统的备用充电机，正常情况下在带电备用状态，充电机出口转换开关在停止位。

（四）蓄电池的运行

（1）单元控制负荷专用 110V 直流系统蓄电池容量为 1000Ah，共 52 只。动力负荷专用 220V 直流系统蓄电池容量为 1800Ah，共 104 只。继电器室负荷专用 110V 直流系统蓄电池容量为 600Ah，共 52 只。

（2）正常运行时，蓄电池浮充电运行，110V 浮充电电流为 0.8A，220V 浮充电电流为 1.5～2.0A，以补偿蓄电池的自放电。充电机正常工作在稳压状态，维持直流母线电压在设定值的 ±10% 范围内。

（五）直流系统的检查维护

1. 母线及装置的检查维护

（1）直流屏上各表计及信号指示正常，控制直流母线电压应保持在 110～120V，动力直流母线电压应保持在 225～235V。

（2）蓄电池组在浮充电运行状态下，应保持每个蓄电池的电压在 2.23～2.27V。

（3）绝缘监测装置工作正常，无接地报警。

（4）各运行指示灯亮且正确，无故障报警现象。

（5）直流屏上各断路器、隔离开关状态运行方式相符，各断路器、隔离开关位置正确，断路器、隔离开关等接触良好，无过热、振动过大、松动现象。

（6）电压、电流各参数指示正常。

（7）熔断器接触良好，无熔断现象。

2. 蓄电池的检查维护

（1）室内温度一般在 15～30℃，相对湿度不大于 80%。

（2）蓄电池电压正常。

（3）蓄电池室内应干燥，通风良好，照明充足。

（4）蓄电池室屋顶无渗漏水现象，地面无积水。

（5）蓄电池各接头接触良好，无腐蚀、发热、断裂现象。

（6）蓄电池无破裂、鼓胀、泄漏现象，压力释放阀关闭正常。

（六）充电机的运行

1.充电机投运前的检查

（1）充电机及有关设备工作结束，工作票已收回，具备送电条件。

（2）充电机内部及周围清洁无杂物。

（3）表计及一、二次回路完好，各接头紧固。

（4）交流侧、直流侧绝缘电阻不小于100MΩ。

2.充电机柜运行检查

（1）充电机柜各部清洁完好，无杂物、异味。

（2）充电机柜上的液晶显示值正确，无报警信号。

（3）各发光二极管运行指示正确。

（4）直流输出电流不超过额定值。

（5）充电机柜各元件运行良好，不发热。

（6）充电机输出模块显示信息正常，不平衡电流不大于5%。

（七）直流系统故障处理

1.查找直流接地时的注意事项

（1）发生直流接地时，应迅速进行处理，不得延误，并停止直流回路上的所有其他工作，以免造成两点接地或短路故障。

（2）支路进行试拉时，须经值长同意；应考虑相关的继电保护和热工自动装置，采取避免开关、保护装置误动的措施，防止运行机组因直流接地而停运，会同电气二次专业人员或热工人员一起进行处理；涉及电网保护的，电源停运前须征得调度同意。

（3）试拉负荷前，应通知有关值班人员；瞬停方式试拉后，不论设备是否接地，均应立即送电。

（4）在试拉直流油泵电源时，一定要确认油泵在停运状态。

（5）在试拉蓄电池或充电机时，应保证另一路电源系统正常，母线不会失去电源。

（6）直流系统接地应由二人进行处理，其中一人试拉，另一人严密监视绝缘监测装置变化情况，以判断接地是否由该支路引起。

（7）使用万用表测量母线对地电压时，要注意表挡位置，并防止第二点接地。

（8）找出接地支路后，联系检修人员共同处理；对故障支路上的负荷进行逐一试拉，直至找到接地点。

2.直流系统接地

（1）现象：

1）DCS画面上有母线接地报警。

2）微机绝缘监测仪显示屏上有"故障"显示，在监控器上查询有绝缘故障报警。

（2）处理：

1）检查微机直流绝缘监测仪，用其确定故障线路编号，判明接地极性及接地程度。

2）根据微机直流绝缘监测仪显示故障线路编号，顺着线路进行查找。

3）询问有关岗位该回路是否有人工作，若有则立即停止工作。

4）确认热机有无新启、停的设备，对有怀疑的设备系统应重点进行查找。

5）从次要负荷到重要负荷，从室外到室内，最后到保护、热控负荷的顺序依次瞬停查找。

6）试停电压表、变送器、绝缘监测装置，若仍接地，则说明充电装置、蓄电池及母线有接地点。

7）试拉蓄电池直流输出开关，若仍接地，则说明充电装置及母线有接地点。

8）试拉直流电源进线开关，如果接地消失，说明是直流电源进线接地；如果接地仍不消失，说明是直流母线接地，应将控制直流负荷切至非接地母线运行，根据值长命令将故障母线停电。

9）当查找出接地设备后，通知检修处理，处理完毕后，尽快恢复原方式。

3. 蓄电池出口熔断器熔断

（1）现象：

1）在监控器上查询有电池熔断器故障报警。

2）就地蓄电池出口熔断器熔丝熔断。

（2）处理：

1）检查充电装置是否跳闸，直流负荷是否过大。如充电机没有跳闸，直流负荷偏大，应及时调整充电机的浮充电，必要时停运一些不重要的负荷，以维持母线电压。如充电机动作跳闸，检查是否有短路现象，若未见异常，应立即重新开启，保证控制电源的供电。

2）拉开蓄电池组直流输出开关，取下熔断器，查找熔断器熔断原因；更换熔断器后，重新投入蓄电池组。若有短路现象，则联系检修处理。

3）若蓄电池组短时不能恢复，直流母线正常，则将该直流母线切至另一段供电。

4）若直流母线故障，短时不能恢复，则将该直流母线负荷切至另一段供电。

4. 直流母线电压高

（1）现象：

1）DCS 画面上有母线电压异常报警。

2）在监控器上查询有母线过电压报警。

3）母线电压超过报警值。

（2）处理：

1）检查蓄电池充电机浮充电电流是否过大，如过大则降低输出电流。

2）若由充电机异常引起，则将异常的充电机停运，切换至备用充电机运行，并调整运行充电机的输出电流。

5. 直流母线电压低

（1）现象：

1）DCS画面上有母线电压异常报警。

2）在监控器上查询有母线欠电压报警。

3）母线电压低于报警值。

4）蓄电池放电。

（2）处理：

1）若因直流母线负荷过大引起，则提高充电机的输出电流，维持母线电压至正常。

2）若由充电机异常引起，可切换至备用充电机运行。

3）检查蓄电池出口开关是否跳闸，若跳闸应立即检查，无异常后合上出口开关。

6. 充电机故障

（1）现象：

1）DCS画面上有模块故障或充电机交流电源消失报警。

2）在监控器上查询有模块故障或交流故障报警。

（2）处理：

1）如高频模块故障，则将故障模块退出，由检修处理，并检查各工作模块电流是否超限，必要时调整充电装置的输出电流。

2）如为交流输入断相或跳闸，应停运充电机，投用备用充电机，并检查柜内组件是否有短路现象，若有则通知检修人员进行处理。

四、柴油发电机组

（一）柴油发电机组概述

（1）柴油发电机组主要设备包括柴油机、发电机、控制盘、油箱、冷却水箱、冷却风扇、蓄电池、充电器等。

（2）柴油发电机组容量为1200kW，频率为50Hz，电压为400V，功率因数为0.8（滞后），发电机额定工况效率不小于96.2%，中性点接地方式为直接接地。

（3）发电机型号为PI734D，额定功率为1429kW，励磁方式为永久励磁，绝缘等级为H级。

（4）柴油机型号KTA-50GS8，额定功率为1287kW，额定转速为1500r/min，16缸，四冲程带涡轮增压。

（5）柴油发电机组的通风方式以轴向通风为主，发电机的冷却方式为自然风冷。

（6）柴油机采用闭式循环水冷却，一次采用水冷，二次采用散热器风冷，不需要外供水源。柴油机冷却水箱的容积为 315L，正常情况下 2～3 年可更换冷却液，比例为 50% 的软水、50% 的防冻液。

（7）柴油机日用油箱容积为 $3m^3$，发电机额定功率下的燃油消耗小于 345L/h。

（8）柴油机的燃油、润滑油：

1）燃油牌号为 S2B252-810，轻柴油。

2）润滑油牌号为 CD 级 15W30 或 15W40。

（二）柴油发电机组启动前检查

1. 柴油机启动前检查

（1）有关柴油发电机组的检修工作已完毕，工作票已收回，安全措施已恢复；设备完整良好，现场整洁，已经具备投运条件。

（2）柴油机燃油系统、冷却水系统各阀门位置正确。

（3）柴油机润滑油油位、油温正常，无渗、漏油现象。

（4）柴油机冷却水水位、水温正常，无渗、漏水现象。

（5）柴油机本体清洁、无杂物，电气回路正常且机组控制盘上无报警。

（6）柴油发电机及保安系统各开关位置正确，柴油发电机就地控制盘上"紧急停机"按钮位置应正确。

（7）柴油发电机各控制开关位置正确。

（8）蓄电池充电电源、控制和信号系统电源、冷却水系统、空气系统、燃油系统、润滑油系统投入正常。

（9）蓄电池充电电源投入，充电指示红灯亮且蓄电池电压为 24～30V。

（10）油箱油位正常，在上下线之间。

（11）柴油机室消防设施齐全、完好。

2. 发电机启动前的检查

（1）发电机的接线牢固，无松动。

（2）柴油发电机出口开关断开。

（3）发电机的控制、保护电源投入。

（4）发电机各保护投入。

（5）发电机电刷、集电环良好。

（6）采用 500V 绝缘电阻表测量绝缘，其值不低于 $0.5M\Omega$。

（三）柴油发电机组的启动

1. 柴油发电机组运行方式

柴油机运行方式选择开关有三个位置，即"RUN（运行）""OFF（停止）""AUTO（自动）"。柴油发电机就地控制盘设有运行工况选择开关，有"自动""试验""手动""关"四个位置，还设有"就地/远方"切换开关，可实现手动、试验工况下的"就地/远方"启动。

2. 柴油发电机组自动工况

柴油机本体运行方式选择开关在"AUTO（自动）"位置，将"远方/就地"选择开关切至"远方"位置，"工况选择开关"切至"自动"位置。

若 A（B）保安段母线失电，同时发出主电源开关跳闸、备用电源开关合闸及启动柴油机信号；若备用电源开关合闸成功，则柴油机自动停止运行；若备用电源合闸失败，则应发出柴油机出口开关及保安段柴油机电源开关合闸命令。电源 1、电源 2 可任意选择为主电源。

在柴油发电机组供电情况下，若保安段工作电源或备用电源来电，在接收到 DCS"电源 1 为主电源"或"电源 2 为主电源"指令后，柴油发电机自动与电源 1（或电源 2）检同期后并列。并列成功后，柴油发电机组自动减载、断开保安段柴油发电机来的电源开关，再断开柴油发电机出口开关，柴油机经空载保养运行 3min 后自动停机。

3. 柴油发电机组手动工况

（1）启动：分为柴油机本体启动和柴油发电机就地控制盘启动。

1）柴油机本体启动。柴油机在任何控制方式下，将柴油机本体运行方式选择开关切至"RUN（运行）"，柴油机启动空载运行。

2）柴油发电机就地控制盘启动。柴油机本体运行方式选择开关在"AUTO（自动）"位置，将"远方/就地"选择开关切至"就地"位置，"工况选择开关"切至"手动"位置。按"启动"按钮，机组启动。当柴油机达到额定转速、额定电压时，将柴油机出线柜上的"远方/就地"选择开关切至"就地"位置，按"合闸"按钮合柴油机出口开关，再合 A、B 保安段柴油机电源进线开关，给保安段送电。

（2）停止：工作电源来电，断开 A、B 保安段柴油机电源进线开关，恢复保安段工作电源供电后，按"就地"按钮分柴油机出口开关，再按"停机"按钮停柴油发电机组。

4. 柴油发电机组试验工况

（1）就地试验。柴油机本体运行方式选择开关在"AUTO（自动）"位置，将"远方/就地"选择开关切至"就地"位置，"工况选择开关"切至"试验"位置。按"启动"按钮，机组启动，空载运行待命。当柴油机达到额定转速、额定电压时，将"与 A 段（或 B 段）并网试验"选择开关切至"A 段（或 B 段）"位置，系统自动合柴油机出口开关后，机组自动与 A（或 B）保安段同期后合保安段柴油机电源开关，柴油发电机以设定功率与保安段工作电源并网运行向负载供电。柴油机同一时间只能与一个保安段并网试验。将"与 A 段（或 B 段）并网试验"选择开关切至"OFF"位置，发电机组自动将负载转移到保安段工作电源后断开柴油机电源开关。延时 0~10s 后再断开柴油机出口开关。按"停机"按钮，机组经空载保养运行 3min 后自动停机。

（2）远方试验。柴油机本体运行方式选择开关在"AUTO（自动）"

位置，将"远方/就地"选择开关切至"远方"位置，"工况选择开关"切至"试验"位置。在保安段工作电源正常情况下，当柴油机接收到 DCS "与保安 A 段（或 B 段）试验命令"后，机组启动。当柴油机达到额定转速、额定电压时，自动合柴油机出口开关，机组自动与保安 A 段（或 B 段）同期后合保安段柴油机电源开关，柴油发电机以设定功率与保安段工作电源并网运行向负载供电。柴油机同一时间只能与一段保安段进行并网试验。当柴油机接收到 DCS "保安 A 段（或 B 段）停止试验命令"后，发电机组自动减载，分保安段柴油机电源开关。延时 0～10s 后再分柴油机出口开关。空载保养运行 3min 后自动停机。

5. 柴油机本体启停

（1）启停。将柴油机本体运行方式选择开关切至"RUN（运行）"位置，柴油机启动运行；将柴油机本体运行方式选择开关切至"OFF（停止）"位，柴油机空载保养运行 3min 后自动停机。

（2）紧急停机。按下柴油机本体控制面板上的紧急停机按钮即可使柴油机立刻停运；使用紧急停机按钮停机，必须在人工复位后柴油机才能再次启动。

（3）复位方法。顺时针旋转紧急停机按钮，使按钮弹出，将柴油机本体运行方式选择开关切至"OFF（停止）"位置，再按柴油机本体控制面板上的复位键。

6. 柴油发电机紧急启动

集控室操作台上设有柴油发电机紧急启动按钮，按下该按钮后，不管柴油机处于哪种工况均能启动。如保安段母线失电，则跳开电源 1、2 进线开关，柴油发电机来的电源进线开关自动合闸接带负荷；否则，只启动柴油发电机，保安段电源开关不进行切换。

（四）柴油发电机组的运行

（1）柴油发电机组接到启动指令后 10s 内自启动。自启动成功后，发出加载指令，允许加载至满负载（感性）运行。

（2）柴油发电机能在功率因数为 0.8 的额定负载下，稳定运行的 12h 中，允许有 1h 的 1.1 倍过载运行，并在 24h 内，允许出现上述过载运行两次。柴油发电机允许 20s 的 2 倍过载运行。

（3）在负载容量不低于 20% 时，允许长期稳定运行。

（4）柴油发电机的空载运行时间不得超过 30min。当 30min 内柴油发电机不能接带负荷时，应手动停止其运行。

（5）运行中的柴油发电机，其三相不对称电流应小于额定电流的 25%，且最大一相的电流不超过额定值。

（6）电压的变化范围应在（400±20）V。空载状态下，突加功率因数不大于 0.4（滞后）、稳定容量为 $0.2P_N$ 的三相对称负载，或在已带 80%P_N 的稳定负载上再突加上述负载时，柴油发电机的母线电压在 0.2s 后不低于

$85\%U_N$。柴油发电机线电压的最大值（或最小值）与三相线电压平均值相差不超过三相线电压平均值的 5%。

（7）柴油发电机需要长时间运行时，如燃油箱油位低到 $1/2$，应手动开启补油门进行补油，如无油则联系汽轮机专业补油。

（8）柴油机运行中冷却水温度达到 $80℃$ 时，冷却风扇将自动启动；当温度低于 $40℃$ 时，自动停止运行。冷却水温度达到 $95℃$ 时，发报警信息；冷却水温度达到 $100℃$ 时，保护停机。

（9）柴油发电机运行中各部无异声，无水、油泄漏，无螺栓和螺母松动，无电路的断线、管路接头松动等情况；同时，柴油发电机组各参数正常，排烟颜色正常。

（10）柴油机润滑油油压、油位、油温正常。

（11）运行中的柴油发电机，振动应在允许值范围内，发电机轴承振动值不大于 $0.3mm$。

（12）运行中的柴油发电机，其电刷运行应良好，无卡涩、跳跃、无较大的火花，刷辫无发热、变色的现象，发电机无局部过热现象。

（13）当柴油发电机组的电压、电流、温度、转速、油压等表计失灵时，应禁止将其投入工作，运行失灵时应停机。

（14）正常运行中的柴油发电机转速应在 $1500r/min$，最大不能超过 $1725r/min$。当超过 $1725r/min$ 时，将由保护动作停机；如保护不能动作，则应手动紧急停机。

（五）柴油发电机组的停机

（1）柴油发电机停机方式分为远方手动停机、就地手动停机、就地紧急手动停机和自动停机。

1）就地手动停机。就地控制盘运行方式选择开关在"手动"位置，"就地/远方"切换开关在"就地"位置，按下柴油机可编程逻辑控制器（PLC）控制柜"停机"按钮，柴油发电机将停止运行。

2）远方手动停机。就地控制盘运行方式选择开关在"手动"位置，"就地/远方"切换开关在"远方"位置，远方 DCS 发出停止柴油发电机指令，可以实现手动遥控停止柴油发电机。

3）就地紧急手动停机。当柴油发电机需要紧急停机时，就地按下柴油发电机本体"停机"按钮，可以实现柴油发电机紧急停运。但必须注意，在紧急停机后，应当手动打开柴油机的空气进气阀门，以保证实现下次启动。

4）自动停机。就地控制盘运行方式选择开关在"自动"位置，"就地/远方"切换开关在"远方"位置，保安段电源 1 或电源 2 恢复送电后，在 DCS 上选择电源 1 或电源 2 为主电源，经检同期并列后，柴油发电机将自动减负载、解列停机。

（2）手动停止柴油发电机运行时，必须确认保安 MCC 段母线的工作电源已恢复。

（3）柴油发电机组停机时，应先拉开柴油发电机出口开关，柴油发电机空转 3～5min 后，再停止柴油机运行。

（六）柴油发电机组备用状态下的运行维护

（1）柴油机润滑油系统油位正常，无渗、漏油现象。

（2）柴油机冷却水系统水位正常，无渗、漏水现象，冷却水温度在 40℃左右，恒温加热器工作正常。

（3）柴油发电机本体运行方式选择开关应在"自动"位置，柴油发电机 PLC 控制柜运行方式选择开关应在"自动"位置，"就地/远方"切换开关应在"远方"位置，A（或 B）保安段检修压板应在退出状态。

（4）所有连接软管无磨损或接口脱落现象。

（5）启动用蓄电池正常，无腐蚀或漏液现象，电压在正常范围内，浮充装置工作正常，启动电动机送电并保持在良好备用状态。

（6）机组部件及周围无可燃物及杂物堵塞现象。

（7）空气过滤器无堵塞现象，指示正常。

（8）发电机出口开关在断开状态，储能正常。

（9）保安 PC 段至保安 MCC 段隔离开关合好。

（10）柴油发电机组室内无漏水、积水现象。

（11）保安 MCC 段三路电源开关工作正常，保护压板投入正确。

（七）柴油发电机组试验

1. 柴油发电机空载试验

（1）柴油发电机润滑油油温小于 60℃，油位在油标尺的上下刻度之间，如果高于或低于上下刻度，不得开机。

（2）水箱水位不低于水箱隔栅上边缘 10cm。如果没有发现水箱有漏水现象，正常不需要检查水箱水位。冷却水温度应大于 21℃、小于 95℃。

（3）油箱油位不低于油表警戒线。

（4）冬季时，水套加热要投入。

（5）检查并确认无报警信号。

（6）柴油发电机控制方式在自动方式，"远方/就地"切换开关切至"远方"位置，在 DCS 上选择"柴油机空载试验"按钮，启动柴油发电机运行。

（7）柴油发电机电压、频率合格后合上柴油机出口开关，机组保安 PC 段电压显示正常。

（8）保持柴油发电机空载运行 5min，并将相关参数记入表 3-4。

表 3-4　柴油发电机空载试验记录表

参数	数值
频率（Hz）	
转速（r/min）	
电压（V）	

参数	数值
电流（A）	
有功功率（kW）	
冷却水温度（℃）	
机油压力（Pa）	
机油温度（℃）	
排烟温度（℃）	
发电机振动值（μm）	

（9）记录完参数后，在 DCS 上手动停止柴油机运行，观察并确认柴油发电机出口开关断开，3min 后柴油发电机自动停运。

需要注意的是：柴油发电机空载试验每月至少 1 次。如果在试运行中，发现有危及机组安全的情况，可按下控制柜门上的紧急停机按钮。

2. 柴油发电机带负荷试验

柴油发电机带负荷试验应在机组检修后启动前进行，试验采用远方试验方式。

（八）柴油发电机组保护配置

1. 动作于跳闸的保护

（1）发电机过电流保护。

（2）发电机逆功率保护。

（3）发电机失磁保护。

（4）差动保护。

（5）过电压保护。

（6）单相接地保护。

（7）润滑油压低保护。

（8）超速保护。

（9）柴油机冷却水温度高保护。

2. 动作于信号的保护

（1）柴油机冷却水温度异常。

（2）柴油机润滑油压低保护。

（3）蓄电池电压异常保护。

（4）日用油箱油位低保护。

（5）水箱水位低保护。

（6）润滑油温高保护。

（7）自启动失败保护。

（8）发电机过负荷保护。

（九）柴油发电机组异常及事故处理

1. 柴油发电机开关跳闸

（1）现象：柴油发电机在运行中发生开关跳闸，就地控制盘及 DCS 上发出"柴油机故障"信号。

（2）原因：

1）超速。

2）冷却水温度高。

3）润滑油压低。

（3）处理：

1）检查保护动作情况，查明跳闸原因及故障点。

2）检查非故障母线上的设备是否联动。

3）隔绝故障点，通知检修人员立即处理。

4）设法恢复保安母线备用电源开关的供电，使母线尽快恢复运行。

5）如由母线故障引起，则应对母线进行抢修，恢复母线供电。

6）消除故障后，按跳闸复归按钮，是否再次启动根据值长令执行。

2. 柴油发电机就地仪表盘报警

（1）原因：

1）过电流、接地。

2）润滑油压低停机、油压过低报警。

3）冷却水温过高停机、水温高报警。

4）三次自启动失败。

5）逆功率分闸、逆功率停机。

6）开关合、分。

7）超速停机。

8）低油位。

（2）处理：

1）根据故障指示灯中指示的故障内容进行处理。

2）故障消除后，复归故障信号。

3. 柴油发电机组启动失败

（1）原因：

1）启动系统故障，蓄电池接触不良或电压低，启动齿轮卡住。

2）燃油箱手动截止阀未打开，无燃料供应。

3）润滑油温度过低，黏度太高。

4）燃料不能在燃烧室内充分燃烧。

5）进气道受阻。

（2）处理：

1）观察排烟色及排烟量，分析燃料燃烧情况。

2）检查燃油系统是否泄漏，油箱油位是否正常，手动截止阀是否已打开。

3）若润滑油黏度大，应设法加温或更换。

4）蓄电池启动电压低时，应设法提高，并检查传动齿轮是否卡住。

5）检查空气进口有无杂物堵塞。

6）查出故障后应尽快消除，无明显故障象征时应立即复归故障信号；手动启动一次，如仍不能启动，应隔离机组，汇报值长，联系检修人员检查处理。

4. 机组出力不足

（1）原因：

1）润滑油量不足，油压偏低，黏度太高，润滑油系统堵塞。

2）燃油供给不足，如燃料系统堵塞等。

3）燃料不良，如有渗水等。

4）喷嘴堵塞或空气量不足。

（2）处理：

1）检查排烟烟色。

2）检查润滑油量、油压、滤网。

3）检查燃油油质。

4）检查机组有无其他异常，如焦味、异声等，必要时通知检修人员处理，汇报值长。

5. 柴油发电机组振动

（1）现象：

1）启动后，柴油发电机振动。

2）机组的声音异常，可能会有撞击声。

（2）处理：

1）检查是否有地脚螺栓松动。

2）是否为供油情况不好。

3）可能燃油中带水，使活塞缸工作不良。

五、UPS 系统

（一）UPS 系统概述

（1）每台机组配置两套 PGP 80kVA 型交流 UPS 装置。其供电对象为电厂计算机监控系统、数据采集系统、协调控制系统、炉膛安全保护系统、汽轮机 DEH、紧急跳机系统、发电机-变压器组保护装置、火灾报警系统、厂内调度通信系统等。两套 UPS 装置输出端子之间不做电气连接。

（2）升压站继电器楼配置两套 PGP 15kVA 型交流不停电电源 UPS 装置。其供电对象为 500kV 网络控制监控系统、线路保护装置、线路测量/计量系统及通信系统等。两套 UPS 装置输出端子之间不做电气连接。

（3）UPS 装置包括整流器、逆变器、静态转换开关、旁路变压器、手动旁路开关、交流配电屏等。交流输入电压为三相三线 380V（1±10%）/50Hz。输出交流电压为单相 230V/50Hz。

（4）UPS 设备可以在无市电的情况下通过直流电源启动。

（二）UPS 装置控制面板功能介绍

UPS 装置控制面板如图 3-32 所示。

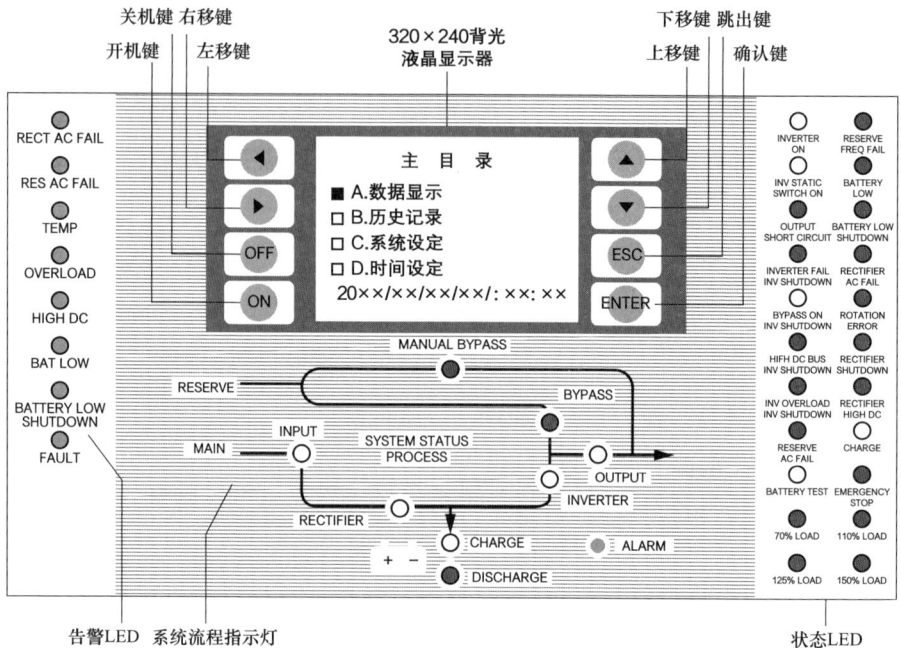

图 3-32　UPS 装置控制面板

1. LCD 显示器

LCD 显示器可显示许多系统重要信息、历史记录、系统参数、现在时间等系统信息。该系统的 LCD 显示器使用 320×240 像素背光型液晶显示器，内含背光 LED 灯可使画面更加清晰明亮。当系统操作按键超过 3min 未被使用时，系统会使 LCD 内的背光 LED 灯熄灭，以节省电源；而当操作按键再次被使用时，LCD 内的背光 LED 灯会立即恢复明亮，供使用者使用。

2. 流程指示灯

（1）输入 LED 灯（INPUT）。当输入无熔丝开关开启，有主路电源输入时，该 LED 灯会亮起，表示主电源已输入。

（2）整流器 LED 灯（RECTIFIER）。当整流器在正常情况下工作时，该 LED 灯会亮起，表示整流器工作正常。

（3）充电 LED 灯（CHARGE）。当整流器开启，可对直流进行充电时，该 LED 灯会亮起，表示有能力对直流充电。

（4）放电 LED 灯（DISCHARGE）。当系统无主路电源输入，由直流供电时，该 LED 灯会亮起，表示此时系统由直流供电。

（5）逆变器 LED 灯（INVERTER）。当逆变器启动时，该 LED 灯会亮起，表示系统输出由逆变器供应。

（6）输出 LED 灯（OUTPUT）。当输出静态开关（S5）开启时，该LED灯会亮起，表示端子台上系统已提供输出电源。

（7）旁路 LED 灯（BYPASS）。当系统由 BYPASS 电源提供输出时，该 LED 灯会亮起，表示此时系统输出并不是由逆变器提供，而是由 BYPASS 电源提供。

（8）维修旁路 LED 灯（MANUAL BYPASS）。当系统的维修旁路静态开关（S6）开启时，该 LED 灯会亮起，表示此时已在维修旁路状态，逆变器无法启动，输出静态开关（S5）关闭，系统将由旁路电源直接输出。

3. 操作键盘功能

UPS 装置控制面板提供八个按键，其操作说明如下：

（1）ON 按键：开启逆变器用键。

（2）OFF 按键：关闭逆变器用键。

（3）←按键：光标向左移位用键。

（4）→按键：光标向右移位用键。

（5）↑按键：光标向上移位或更换画面用键。

（6）↓按键：光标向下移位或更换画面用键。

（7）ESC 按键：离开目前画面用键。

（8）ENTER 按键：确认/执行用键。

4. 紧急停止按键

UPS 装置控制面板后方提供了一个紧急停止按键（EPO）及一个扩充插槽。EPO 按键用于紧急状况，需将系统立即停止时，可用该按键；通过扩充插槽可加装一按键于机箱外，供使用者方便使用。将 EPO 按键按下，即可关闭 UPS 系统；当关闭 UPS 后，整个系统将关闭锁住，所有状态停止，且不输出任何电压。若要重新启动系统，需将控制面板上的 OFF 键按下，再按 ENTER 键确认，即可进入重新启动程序。

5. 蜂鸣器

在 UPS 装置控制面板后方安置了一蜂鸣器，不需要打开机箱，即可听到蜂鸣器的鸣叫声。当使用者按下任一操作键时，蜂鸣器会发出一短鸣声，告知使用者按键已被系统所接收。其他状态的报警方式如下：

（1）放电：每隔 3.8s 报警，一次 0.3s。

（2）直流低压：每隔 1s 报警，一次 1s。

（3）故障警报：长 BEEP 声。

（4）事件警报：每隔 2s 报警，一次 2s。

6. 告警 LED 灯

当系统有较严重的异常状况发生时，告警 LED 灯会亮起。使用者可透过亮起的 LED 灯，查看对应的错误信息，将异常的状况排除。异常状况排除后，亮起的 LED 灯就会熄灭。各 LED 灯的错误信息如下：

（1）主路电源异常（RECT AC FAIL）。整流器的交流输入电源异常，可能是由主路电压超过所能承受的范围、频率超出范围或相序错误所引起，而导致整流器关闭，系统关机。

（2）旁路电源异常（RES AC FAIL）。旁路电源异常，可能是由旁路电压超过所能承受的范围、频率超出范围所引起。

（3）温度异常（TEMP）。机内温度过高。

（4）系统过载（OVERLOAD）。当系统输出容量超过额定容量110%（或105%）、125%、150%或以上时，该LED灯亮起。

（5）直流电压过高（HIGH DC）。直流电压超出范围时，该LED灯亮起。

（6）直流电压低（BAT LOW）。直流电压低于范围时，该LED灯亮起。

（7）直流电压过低关机（BATTERY LOW SHUTDOWN）。直流电压低于直流低压点，逆变器禁止工作，系统关机，该LED灯亮起。

（8）异常（FAULT）。系统有不正常情况发生时，如温度过高、过载、直流电压过高、输出短路、维修旁路开关开启或紧急停止按键被按下时，系统逆变器关闭。

7. 状态LED灯

LCD显示器右侧共有22个状态LED灯，可将系统当前状态信息提供给使用者。当系统有不正常情况发生时，LED灯会亮起，告知使用者，使用者可透过这22个状态LED灯所代表的状态信息，快速判定UPS的状况。各LED代表的信息如下：

（1）逆变器运转（INVERTER ON）。逆变器已启动，正在运转中。

（2）旁路电源频率异常（RESERVE FREQ FAIL）。交流旁路电源频率异常，超过额定范围。

（3）逆变器静态开关开启（INV STATIC SWITCH ON）。逆变器的静态开关开启。当该开关开启时，旁路电源的静态开关相对关闭，此时的输出电压由逆变器提供。

（4）直流低电压（BATTERY LOW）。直流电压低，接近直流低电压关机时，该LED灯亮起。

（5）输出短路（OUTPUT SHORT CIRCUIT）。系统输出短路。

（6）直流低电压逆变器关闭（BATTERY LOW SHUTDOWN）。直流电压低于直流低压点，低于逆变器最低工作电压时，逆变器强制关闭，该LED灯亮起。

（7）逆变器异常关闭（INVERTER FAIL INV SHUTDOWN）。逆变器的输出电压异常，导致逆变器关闭。

（8）整流器电源异常（RECTIFIER AC FAIL）。主路电源异常，可能是由电压超过整流器所能承受的范围、频率超出范围或相序错误所引起，而导致整流器关闭，系统关机。

（9）维修旁路开关开启逆变器关闭（BYPASS ON INV SHUT-DOWN）。当系统逆变器运转中，维修旁路无熔丝开关被开启时，系统逆变器将强制关闭，该 LED 灯亮起。

（10）输入相序错误（ROTATION ERROR）。系统交流输入相序错误。

（11）直流电压过高逆变器关闭（HIGH DC BUS INV SHUTDOWN）。系统运转中，直流电压超过额定值，系统逆变器关闭。

（12）整流器关闭（RECTIFIER SHUTDOWN）。整流器输入电源异常，导致整流器关闭。当异常状况排除后，系统会自动启动。

（13）逆变器过载逆变器关闭（INV OVERLOAD INV SHUT-DOWN）。系统输出负载量超过逆变器所能承受负荷的范围时，逆变器将自动关闭。此时负载将降低，系统会自动侦测负载量，若在允许的额定范围内，系统会再次启动。

（14）整流器直流电压过高（RECTIFIER HIGH DC）。直流电压超出范围，高于逆变器最高工作电压时，逆变器强制关闭，该 LED 灯亮起。

（15）旁路电源电压异常（RESERVE AC FAIL）。交流旁路电源电压异常，超过额定范围。

（16）均充中（CHARGE）。当该 LED 灯亮起时，表示系统对直流均充中。

（17）直流测试（BATTERY TEST）。当系统正在执行直流测试时，该 LED 灯会亮起。

（18）紧急关机按键激活（EMERGENCY STOP）。紧急关机按键被按下，系统逆变器强制关闭。

（19）70％负载（70％ LOAD）。系统输出负载量在额定值的 70％以上。

（20）110％负载（110％ LOAD）。系统输出负载量在额定值的 110％（或 105％）以上。

（21）125％负载（125％ LOAD）。系统输出负载量在额定值的 125％以上。

（22）150％负载（150％ LOAD）。系统输出负载量在额定值的 150％以上。

（三）UPS 系统运行与检查维护

1. UPS 系统运行方式

（1）UPS 装置运行方式共有以下四种：

1）正常运行方式。INPUT、RECTIFIER、CHARGE、INVERTER、OUTPUT 灯亮，其余熄灭。

2）旁路运行方式。BYPASS、OUTPUT 灯亮，其余熄灭。

3）直流运行方式。DISCHARGE、INVERTER、OUTPUT 灯亮，其

余熄灭。

4）维修旁路运行方式。S6 静态开关开启时，只有 MANUAL BYPASS 灯亮，其余熄灭。这表示系统已正确切换到维修旁路，待 S1、S2、S3（无熔丝开关）、S4（直流开关）、S5 关闭（OFF）后，再使用放电工具泄放直流电容器上的电压；完成后，MANUAL BYPASS 灯熄灭，此时可执行保养与维修工作。

（2）在正常运行方式下，整流器将主路电源转换为直流电源，然后提供给逆变器。在将主路电源转换为直流电源时，整流器能消除交流电中所产生的异常突波、噪声及频率不稳定等带来的干扰，从而确保逆变器能够提供稳定及干净的电源输出给负载。当主路电源发生异常时，直流电源可以迅速替代整流器为逆变器提供直流电输入，因此由逆变器转换的输出交流电将不会有任何中断，输出端所连接的负载可以得到保护。当逆变器处于不正常状况时，诸如过热、短路、输出电压异常或者过载超出逆变器所能承受的范围等，逆变器将自动停止工作以防损坏。若此时旁路电源正常，静态开关会转换至旁路电源输出给负载使用。当 UPS 设备需要维护而输出不能中断时，可以先让逆变器停止工作，闭合维修旁路空气开关，接着断开主路电源、直流电源和备用旁路空气开关。这样提供给负载的交流电在该切换过程中不会发生中断，但 UPS 内部除了输出端变压器以外，其他地方无交流或直流电存在。

（3）正常运行时，UPS 系统输出电压应维持在 230（1±1%）V 范围内；满载运行时，电压变化不超过 ±8%，频率变化不超过 ±2%，且在 40ms 恢复时间内达到静态稳定。

（4）运行环境温度：

1）温度：0～40℃（推荐值 25℃）。

2）相对湿度：＜95%（＋25℃时）。

2. UPS 启动前的检查

（1）检查各路电源输入电压是否符合 UPS 额定的输入电压范围。

（2）检查各路电源输入频率是否符合 UPS 额定的输入频率范围。

（3）检查各路电源输入相序是否正确。

（4）检查装置输出端所有负载开关是否断开。

（5）检查装置内所有的空气开关和电厂直流屏切换开关是否断开。

（6）检查是否有杂物留在 UPS 内。

3. UPS 装置运行中的检查

（1）检查并确认 UPS 装置运行方式正常，面板无异常报警信号。

（2）检查并确认 UPS 装置各路电源正常，电压、频率在允许范围之内。

（3）检查并确认 UPS 装置负载正常，无过载现象发生。

（4）检查并确认 UPS 装置风扇运转正常，无异声。

（5）检查并确认 UPS 馈电柜各负荷开关状态正确，无异常跳闸现象。

（四）UPS 装置操作

1. 首次开机送电操作程序

（1）主机内各开关及其功能：

1）S1 开关：直流缓启动开关。

2）S2 开关：旁路电源输入开关。

3）S3 开关：主电源输入开关。

4）S4 开关：直流输入开关。

5）S5 开关：主机输出开关。

6）S6 开关：主机维修时手动旁路开关。

（2）输入相序测试。首先将各路电源送至输入端端子排，用电表测量各点电压是否符合主机规格，再用三相相序检测器量测输入相序。如果相序正确，可继续下一步机器操作。如果相序相反，则关闭外部电源，交换输入端 S 与 T 两条线后，外部电源再次送电，并做三相相序检测，如正确方可继续下一步机器操作。

（3）设定系统时间及日期。首先按 LCD 控制面板 ESC 按键，由常态画面回到主目录，按↓、↑键到选项"D. 时间设定"，按 ENTER 键，可进入日期/时间设定画面。由→、←键选择要修改的位数，被选择到的位数底下会有一条黑线，然后由↑、↓键修改数值 0～9；修改完成后，按 ENTER 键则会将目前的时间设定到时间计数器（RTC）。当系统断电时，时间计数器会由控制面板上的锂电池持续供电，所以时间值不会消失；当下次开机时再将时间值读出，所以不必每次开机都重设时间。

（4）主机首次开机。首先须确定接于 UPS 的所有电源线均正确连接完毕；在未开启系统前，再次检查输入电压、频率是否在额定范围内；输出负载电源线全部拆除或关闭负载电源开关，所有开关均在切断状态。

依序开启 S1、S2 及 S3 开关，等待 5～10s，关闭 S1；接着立即开启 S4 直流电源开关及熔断器开关，打开 S5；然后按 LCD 控制面板上的 ON 键，LCD 会跳出确认画面，按 ENTER 键确认，逆变器启动，此时系统会做直流侦测约 30s；之后 UPS 系统由 BYPASS 转换到 INVERTER，此时使用电表量测端子台输出电压、频率是否正确，且量测端子台 B＋及 B－直流电压是否也正确。

2. 一般开机操作程序

当第一次开机完成后，如有做一般关机，需再次启动该系统时，操作程序为：开启 S2、S3 开关，按 LCD 控制面板上的 ON 键，LCD 会跳出确认画面，按 ENTER 键确认，数秒后系统会显示设定完成，且约 1min 之后 BYPASS LED 灯熄灭，转为 INVERTER 灯亮，即 UPS 由 INVERTER 供电。

3. 关机操作程序

（1）一般关机切至旁路工作的操作程序。当系统正常运转时，一般关机操作程序为：按 LCD 控制面板上的 OFF 键，LCD 会跳出确认画面，按 ENTER 键确认，此时 LED INVERTER 灯熄灭，转为 BYPASS 灯亮，即 UPS 已由 BYPASS 供电。

（2）UPS 由逆变器供电切至检修旁路供电（UPS 装置退出运行）的操作程序。当系统正常运转时，按 LCD 控制面板上的 OFF 键后，LCD 会跳出确认画面，按 ENTER 键确认，此时 INVERTER 灯熄灭，转为 BYPASS 灯亮，移除 S6 压板，合上 S6 开关，再依序断开 S5、S4、S3、S2 开关，待所有 LED 灯皆熄灭即可。

4. UPS 检修后恢复的操作程序

依序合上 S1、S2、S3 及 S5 开关，断开 S6 开关，此时 BYPASS LED 灯亮起；经过 5~10s 后，断开 S1 开关，然后合上 S4 开关，按 LCD 控制面板上的 ON 键，LCD 会跳出确认画面，按 ENTER 键确认，约 1min 后 INVERTER LED 灯亮；此时使用电表量测端子台 B＋及 B－直流电压是否正确，以及量测端子台输出电压、频率是否正确，如果正确则该系统表示开机成功，最后将 S6 压板锁回复原。

5. 紧急关机及恢复的操作程序

当 UPS 遇到一些特殊状况时，如系统无法控制时或遇到外来灾害时，可按 EPO 键，联动如下：

（1）逆变器立即停止动作。

（2）静态开关立即停止动作，系统无输出。

（3）整流充电系统立即停止作用。

除此之外，LCD 控制面板会保持作用状态，并记录 EPO 被动作时间及复原时间；同时，UPS 对外通信将保持畅通，并不受影响。

复原 EPO 时，按 LCD 控制面板上的 OFF 按键，LCD 会跳出确认画面，按 ENTER 键确认，系统由旁路提供输出；再按 LCD 控制面板上的 ON 键，LCD 会跳出确认画面，按 ENTER 键确认，系统逆变器启动，约 1min 后系统由 BYPASS 转换到 INVERTER，输出由 INVERTER 供电。

（五）UPS 装置异常情况处理措施

当 UPS 电源系统出现故障时，应通过 UPS 控制面板上的 OFF 开关，关闭 UPS 电源。有必要时可关闭用户负载，切断 UPS 的输入/输出空气开关，以保证 UPS 不会进一步损坏。

1. UPS 主机故障

应通过 UPS 控制面板上的 OFF 开关，关闭主机 UPS 电源，切换至旁路电源运行；同时，切断主机的主路电源开关及直流电源开关，通知检修人员进行维修。

2. UPS 装置过载

当发生超载（125％额定负载）时，跳到旁路状态，并在负载正常时自动返回。当发生严重超载（超过150％额定负载）时，UPS立即停止逆变器输出并跳到旁路状态，此时前面的空气开关也可能自动跳闸。消除故障后，只要合上开关，重新开机即开始恢复工作。

六、厂用电动机

电动机是一种旋转式电动机器，主要包括一个用以产生磁场的电磁铁绕组或定子绕组和一个旋转电枢或转子。电动机在定子绕组旋转磁场的作用下使转子转动，拖动机械设备做功，将电能转换机械能。

（一）电动机分类

（1）电动机按照工作电源种类可分为直流电动机和交流电动机。

1）直流电动机。直流电动机又分为无刷直流电动机和有刷直流电动机。有刷直流电动机分为永磁直流电动机和电磁直流电动机。电磁直流电动机分为串励、并励、他励、复励直流电动机。

2）交流电动机。交流电动机分为同步电动机、异步电动机和变频电动机。异步电动机分为单相异步电动机和三相异步电动机。

（2）电动机按照大小可分为大型电动机、中型电动机、小型电动机和微型电动机。

1）大型电动机：定子铁芯外径 $D>1000mm$ 或基座中心高 $H>630mm$。

2）中型电动机：定子铁芯外径 $D>500mm$ 或基座中心高 $H>355mm$。

3）小型电动机：定子铁芯外径 $D>120mm$ 或基座中心高 $H>80mm$。

4）微型电动机：定子铁芯外径 $D\leq120mm$ 或基座中心高 $H\leq80mm$。

（3）电动机按照安装方式可分为卧式电动机和立式电动机。

（4）电动机按照冷却方式可分为自冷式电动机和自扇冷式电动机等。

（5）电动机按照启动方式可分为直接启动电动机和降压启动电动机等。

（二）电动机运行

1. 电动机正常运行的条件

（1）正常情况下，电动机应按铭牌规范运行。

（2）电动机应运行在额定电压的95％～110％，可保持电动机的出力不变，长期运行。

（3）当运行中的电动机其电源电压超出上述范围时，应立即汇报值长并采取措施，将电压恢复到允许范围内。

（4）电压变化会引起电流的变化，其特点见表3-5。

表3-5　电压变化引起电流变化的特点

电源电压（$U_N\%$）	110	105	100	95
定子电流（$I_N\%$）	90	95	100	105

1）当电源电压降低时，定子电流升高，但最高不得超过额定电流的105%。

2）电动机在额定出力下运行时，相间电压不平衡度不应大于$5\%U_N$，三相电流不平衡度不应大于$10\%I_N$，且最大一相电流不超过额定值。

（5）电动机运行中，在每个轴承上测量的振动值不应超过表3-6中的值。

表3-6　测量振动值要求

额定转速（r/min）	3000	1500	1000	750及以下
振动值（mm）	0.05	0.085	0.10	0.12

（6）运行中的电动机，滚动轴承一般不允许窜轴，滑动轴承窜轴长度不应超过0.4mm。

（7）运行中的电动机各部的温度及温升，在任何情况下不得超出铭牌的规范。如无规范，则各部温度及温升按表3-7进行监视（35℃环境下）。

表3-7　电动机各部的温度及温升要求

部位名称	绝缘等级	允许温度（℃）	允许温升（℃）
定子线圈	A	95	60
	E	110	75
	B	115	80
	F	130	85
定子铁芯	—	100	65
集电环	—	105	70
滑动轴承		80	45
滚动轴承	—	95	60

如未标示绝缘等级，则按A级绝缘进行监视。

（8）运行中"A级绝缘"电动机外壳温度不得高于75℃，"E级绝缘"电动机外壳温度不得高于80℃，"B级绝缘"电动机外壳温度不得高于85℃"F级绝缘"电动机外壳温度不得高于90℃，超过时应采取措施或降低出力。

2.电动机的投运

（1）电气或机械回路上工作过的电动机，送电前的检查：

1）检修工作结束，所属设备工作票全部收回，安全措施拆除。

2）设备的名称及编号正确，开关编号与间隔相对应。

3）电动机周围清洁，无妨碍运行和维护的物件。

4）电动机接线良好，接线盒、电缆护套完好。

5）电动机外壳接地良好。

6）事故按钮正常，保护罩完好。

7）电动机A修后，预防性试验合格。

8）开关及二次回路传动良好。

9）电动机、开关、电缆绝缘合格。

（2）电动机启动前的检查：

1）电动机周围清洁，无妨碍运行和维护的物件。

2）电动机接线绝缘无损伤，接线盒、安全罩完好，外壳接地线牢固。

3）电动机润滑油系统正常，冷却水系统正常。

4）一次回路元件及所带机械设备完好，开关机构完好。

5）信号回路正常，保护投入运行，无任何异常报警。

6）仪表齐全，指示正常。

7）有集电环或整流子的电动机，其集电环表面清洁光滑，电刷无过短或卡涩现象，刷辫正常。

（3）电动机绝缘测量的规定：

1）新安装或检修后的电动机，投运前应测量绝缘。

2）电动机停运超过 15 天，重新投运前应测量绝缘。

3）处于恶劣环境下的电动机启动前，应测量绝缘。

4）电动机有明显的进汽、进水受潮现象或其他原因可能使绝缘下降时，应测量绝缘，合格后方可启动。

5）电动机事故跳闸后，应测量绝缘，合格后方可送电启动。

（4）电动机绝缘测量的注意事项：

1）测量电动机的绝缘应在停电的状态下进行，测量前必须验明无电压。

2）测量电动机绝缘前后均应进行放电。

3）额定电压为 6kV 的电动机应使用 2500V 绝缘电阻表测量，绝缘电阻值不小于 6MΩ。

4）额定电压为 0.4kV 及以下的电动机应使用 500V 绝缘电阻表测量，绝缘电阻值不小于 0.5MΩ。

5）直流或同步电动机的转子绕组绝缘使用 500V 绝缘电阻表测量，绝缘电阻不应小于 0.5MΩ。

6）对于带有变频器的电动机，必须将变频器隔离后才能测量电缆、电动机绝缘。

7）电动机的吸收比 (R''_{60}/R''_{15}) 不小于 1.3。

8）在相同环境及温度下测量的绝缘值比上次测量值低 1/3 时，应检查原因，且测量吸收比应大于规定值。

3. 电动机的启动

（1）启动大容量电动机前应调整好母线电压。控制 6kV 母线电压不低于 6.1kV，380V 母线电压不低于 390V，220V 直流母线电压不低于 230V。

（2）禁止在转子反转的情况下启动电动机。

（3）操作人员应监视整个启动过程，观察电流变化，若启动电流超过启动时间仍不返回或启动不正常，应立即断开电动机的开关，并进行检查。

（4）启动后，应检查电动机的转速和声音，确保无异常的振动。

（5）电动机试转向时，应脱开与机械的连接。

（6）正常情况下，电动机允许在冷态下启动两次，启动间隔时间如下：

1）启动时间小于 10s 时，启动间隔时间不少于 5min。

2）启动时间大于 10s 时，启动间隔时间不少于 10min。

（7）在热态（电动机线圈温度在 60℃以上）下，电动机允许启动一次；只有在处理事故时，或启动时间不超过 2～3s 的电动机，可以多启动一次，以后再启动时应间隔在 2h 以上。

（8）当进行平衡校验时，电动机启动时间间隔应遵循如下规定：

1）200kW 以下的电动机：＞30min。

2）200～500kW 的电动机：＞60min。

3）500kW 以上的电动机：＞120min。

4. 电动机运行的监视和检查

（1）电动机正常运行期间，应监视电流、各部件温升、温度等参数，确保其在正常范围内。

（2）就地做好如下检查：

1）电动机外壳温度、轴承温度、振动、轴向窜动值在规定范围内。

2）检查轴承的润滑油位，对强制润滑的轴承，检查其油系统和冷却水系统运行正常。

3）电动机的电缆接头无过热及放电现象；电动机外壳接地良好，接地线牢固，标示牌、遮拦及防护罩完整，地脚螺栓无松动。

（3）装有加热器的运行电动机，检查加热器在退出状态。

（4）直流电动机应注意：

1）电刷无过短、火花、跳动或卡涩现象。

2）电刷软铜辫完整，无碰触外壳及过热现象。

（三）电动机的异常及事故处理

1. 电动机紧急停运

遇有下列情况之一时，应立即停止电动机的运行：

（1）发生直接威胁人身安全的紧急情况。

（2）电动机冒烟、着火。

（3）电动机所带机械严重损坏。

（4）电动机强烈振动、窜轴或内部发生静转子摩擦、碰撞。

（5）电动机各部温度剧烈升高，超过规定值。

（6）电动机被水淹或附近着火危及电动机安全。

2. 先启动备用设备，再停止异常电动机

遇有下列情况之一时，可以先启动备用设备，再停止异常电动机的运行：

（1）各部温度有异常的升高且处理无效。

（2）电动机内部有异常声音或绝缘有焦味。

（3）定子电流异常增大，超过额定值且调整无效。

（4）电动机的电缆引线发热严重。

（5）定子电流发生周期性摆动。

（6）有集电环的电动机，整流子发生严重的环火。

（7）电动机缺相运行。

（8）电动机的开关或控制回路发生故障，需停电排除。

3. 电动机启动不良

（1）现象：接通电源后，电动机不转或达不到正常转速，并发出异声，电流表指示不正常，指向最大不返回或为零。

（2）处理：

1）立即断开电动机电源开关，检查电动机及电源：①检查电源是否缺相，熔丝是否熔断；②断路器、隔离开关是否接触不良；③机械部分是否卡涩或过载；④测量定子线圈是否断相。

2）经上述检查后，无问题后联系检修人员处理。

4. 运行中的电动机跳闸

（1）现象：开关黄闪，定子电流到零。

（2）处理：

1）电动机开关自动跳闸后，应立即检查备用泵联启情况，系统运行是否正常。对高压电动机跳闸，应检查保护的动作情况；对低压电动机跳闸，应检查开关跳闸原因，热电偶是否动作。

2）检查电动机回路是否存在接地或短路现象，开关机构是否良好，电动机及所带的机械有无卡涩，电源有无缺相。

3）如未发现异常，测量绝缘合格后，可试启动一次。如试启动不成功，则联系检修人员处理。

5. 电动机轴承温度高

（1）现象：电动机轴承温度显著升高，轴承声音异常，转子转动可能不均匀。

（2）处理：

1）检查轴承润滑油是否正常，冷却系统是否运转良好。

2）检查轴承是否过紧或中心不对称，轴承是否损坏。

3）经上述检查后，若无明显故障，温度接近允许值时，应倒换运行方式后停运，联系检修人员处理；若温度超过允许值，则应紧急停运电动机。

6. 电动机过热

（1）现象：电动机本体发热，可能会有绝缘烧焦的气味或冒烟。

（2）处理：

1）检查电动机是否过负荷。

2）检查电源电压是否过低。

3）检查电动机有无内部故障。

4）检查电动机冷却装置是否运行正常。

5）经上述检查后若未发现异常，应加强监视，温度接近允许值时，应倒换运行方式后停运，联系检修人员处理；若温度超过允许值或冒烟，则应紧急停运电动机。

7. 电动机着火

（1）现象：电动机冒烟着火，可能伴随有放电声，电动机周围有绝缘烧焦的气味。

（2）处理：立即断开电动机电源开关，迅速组织灭火，用二氧化碳（CO_2）、四氯化碳（CCl_4）干粉灭火器灭火，不可用沙子、水和泡沫灭火器灭火。

七、负荷开关

发电厂中厂用电系统的电压等级与电动机的容量直接相关。大容量电动机宜采用较高的电压，厂用电的电压与电动机电压相匹配。发电厂中电动机的容量差别很大，从几百瓦、几千瓦，到几千千瓦，不可能只采用一个电压等级的电动机，但要力求电压等级尽量少。对于大中型机组的火力发电厂，一般设置两个电压等级：厂用高压（10、6kV）和厂用低压（380V）。

（一）6kV 开关柜

1. 6kV 开关柜结构

6kV 开关柜由固定的柜体和开关手车组成，如图 3-33 所示。开关柜的外壳和隔板由覆铝锌钢板制成，具有很高的抗氧化、耐腐蚀功能，其刚度和机械强度高于普通低碳钢板。三个高压室的顶部装有压力释放板，出现内部故障电弧时，高压室内气压升高，由于开关柜门已可靠密封，高压气体将冲开压力释放板释放出来。

开关柜的柜体采用全组装式结构，断路器置于开关柜中部或中下部，开关柜的防护等级为 IP41。

开关柜内断路器小室的结构正面有铰链门，且开关在试验位置时也能关闭；在开关的背面有可拆卸的板，门上设有窥视孔。

开关柜内设有照明灯，照明灯的开关与开关柜门联锁，照明电压为 220V。

柜体中有工作位置、试验位置和断开位置，各位置均能自动锁位和安全接地。为保证检修安全，在一次插头上装有触头盒及挡板，并能自动进行开闭。

开关柜前门上应设有断路器或接触器机械的或电气的位置指示装置，在不开门的情况下应能方便地监视断路器或接触器的分合闸状态。

开关柜设有观察电缆及接地开关状态的观察窗。

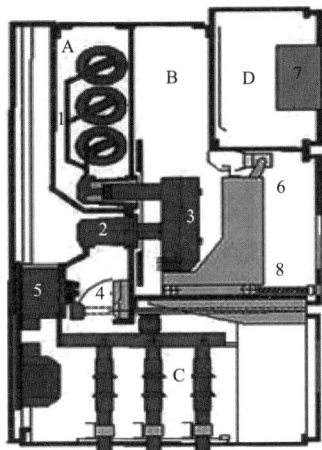

图 3-33　6kV 开关柜结构

1—主母线；2—分支母线；3—开关手车；4—接地开关；5—电流互感器；

6—二次插头、活门；7—继电器及小空气开关；8—手车操作；

A—母线室；B—开关室；C—电缆室；D—低压室

开关柜上有就地分合闸控制开关、远方/就地切换开关、保护动作复归按钮、跳合闸大容量继电器、跳合闸线圈监视继电器、跳合闸控制电源监视延时继电器、保护动作双位置继电器、断路器储能信号中间继电器和延时继电器、保护动作装置及各种预告报警信号灯等。开关柜上有保护动作、保护装置故障、控制回路故障等闭锁合闸回路并可复归等功能。对于装有风机的开关柜，有风机故障信号送 DCS。

开关柜每个回路配置一套智能操控装置，装置具备带电显示器和闭锁功能及可动态模拟一次回路图，可显示开关或接触器分合状态、开关柜运行试验状态、接地开关状态、开关的储能状态等，有开关回路合、分闸控制开关。装置提供自动温湿度控制装置，并配套提供相关加热器和温湿度传感器，可防止开关柜内凝露。状态显示辅助电源电压为直流 110V，温湿度控制辅助电源电压为交流 220V。

2. 机械联锁装置

所有电源及馈线回路柜具有满足"五防"要求的机械联锁装置：

（1）开关处于分闸位置时，手车才能拉出或推入。

（2）手车处于工作位置、试验位置、隔离位置时，断路器才能操作。

（3）手车处于工作位置，辅助电路未接通时，断路器不能合闸。

（4）接地开关在合闸位置时，手车不能从隔离/试验位置移至工作位置，后封板可以打开；当后封板打开时，接地开关不能分闸。

（5）手车未在隔离位置时，接地开关不能合闸。

（6）手车在工作位置时，二次插头不能拔出。

工作电源、备用电源柜与母线接地开关之间具有如下电气闭锁功能：工作电源及备用电源断路器未断开，手车未拉出，母线接地开关不能合闸；

母线接地开关未分闸，工作电源及备用电源断路器不能合闸。

测量电动机的绝缘电阻，在开关柜后部电缆室的部位有一个可开启的柜门（后门）。开启后门的钥匙固定在断路器手车内，只有当手车拉出时，操作人员才能取出钥匙开启后门。后门在开启位置时，钥匙不能抽出。当后门关闭，由操作人员抽出钥匙并插回手车上的固定锁孔后，断路器手车方能推进柜内，恢复工作状态。

为了在检修前确保母线接地手车的安全操作，在相应母线段的工作进线、备用进线（或母联）、变压器馈线、电源馈线等开关柜与接地手车之间配置工业安全锁，允许推进接地手车的钥匙。只有在工作进线、备用进线（或母联）、变压器馈线、电源馈线等开关柜手车拉出后，才能被操作人员取出。接地手车推进位置时，钥匙不能抽出。当接地手车拉出，操作人员才能取出相应的钥匙，插回工作进线、备用进线（或母联）、变压器馈线、电源馈线等开关柜手车上的固定锁孔后，这些手车方能推进柜内，恢复工作状态。

3. 防止误操作闭锁装置

F-C回路柜真空接触器柜体防止误操作闭锁装置：

（1）当接触器处于分闸状态时，手车才能推进或者拉出。

（2）当手车处于隔离、试验位置和工作位置时，接触器才能合闸，电气和机械双重闭锁。

（3）当接地开关在分闸位置时，手车才能由试验位置移至工作位置。

（4）手车在工作位置及工作和试验之间任一位置时，接地开关均不能合闸。

（5）手车只有在隔离、试验位置时，接地开关才能合闸。

（6）只有当手车处于隔离、试验位置时，手车室门才能打开。

（7）手车在工作位置时，二次插头被锁定不能拔除。

（8）接触器无论在工作还是试验位置，只要接触器合闸，手车就不能移动。

手车（断路器柜和F-C回路柜）在柜内有如下操作：①"工作位置"手车推入仓内，主回路和控制回路接通；②"试验位置"手车推入仓内试验位置，主回路断开，控制回路接通；③"隔离位置"手车由仓内拉出仓外，主回路和控制回路均断开；④"接地位置"断路器和F-C回路柜的"接地"装置有闭锁机构，保证手车不因外力的影响而移至工作位置。

所有位置均有明显的机械位置指示器。"工作"及"试验"位置行程开关装在手车的下部。

（二）6kV真空断路器

1. 6kV真空断路器的结构

6kV真空断路器主要由开断电流装置、绝缘支承、操作机构、传动机构、分闸储能机构、基座六部分构成，如图3-34所示。根据灭弧室和操作机构的相对位置，真空断路器分为落地式、悬挂式、综合式、中置式、全封闭组合式五种形式。操作机构分为电磁操作机构、弹簧操作机构、液压操作机构、气动操作机构、弹簧液压操作机构五种类型。真空断路器普遍采用中置式、电磁操作机构，本体呈圆柱状，垂直安装在做成托架状的操作机构外壳的后部。真空断路器本体的导电部分浇注在环氧树脂的极柱内。真空断路器在合闸位置时的主回路电流路径是：上连接端子→灭弧室→静触头→动触头→滚动触头→下连接端子。

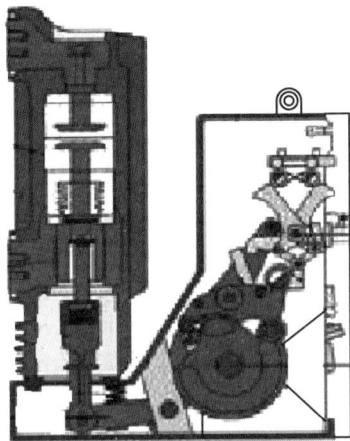

图 3-34　6kV 真空断路器结构

真空灭弧室的开合是依靠绝缘拉杆与触头压力弹簧推动的。真空灭弧室的绝缘外壳由高强度的氧化铝陶瓷材料构成，两端焊接不锈钢端盖形成密封腔室。灭弧室的内层为金属屏蔽罩，在触头开合过程中电弧产生的金属蒸气在很短的时间内就可以复合或凝聚在屏蔽罩上，使灭弧室内的绝缘介质强度快速恢复。同时，屏蔽罩也可以保护陶瓷（玻管）外壳免受金属喷溅物的损伤。可伸缩的不锈钢波纹管是灭弧室的关键部件之一，它使得动触头可以在完全密封的真空灭弧室内运动。波纹管的密封性能和寿命是决定真空灭弧室寿命的主要因素之一。动静触头是真空灭弧室的心脏，真空断路器一般采用铜铋、铜铬合金的触头材料。

真空断路器有储能操作机构，在任何状态都可以电气和机械跳闸。该机构控制电压为直流 110V，跳合闸控制回路电源电压为直流 110V。在 $65\%\sim120\%$ 额定操作电压下可靠分闸，在小于 30% 额定操作电压下不分闸，在 $80\%\sim110\%$ 额定操作电压下可靠合闸。

电气操作的真空断路器，均有就地跳、合闸的操作设施（无须打开断路器小室的门就可操作）。当真空断路器在就地试验和断开位置时，断路器的远方操作回路被闭锁。

真空断路器回路配备过电压吸收装置，以防止操作过电压。

真空断路器本体有可靠的"防跳"功能，在一次合闸指令下只能合闸一次，并设有电气"防跳"回路。

2. 高压开关柜的运行维护

高压开关柜的运行维护应注意以下事项：

（1）配电间应防潮、防尘、防止小动物钻入。

（2）所有金属器件应防锈蚀（涂上清漆或色漆），运动部件应注重润滑，检查螺栓是否松动，积灰须及时清除。

（3）观察各元件的状态，是否有过热变色、异常响声、接触不良等现象。

3. 真空断路器常见故障分析

真空断路器故障大体分为以下几种情况：

（1）真空灭弧室真空度下降，主要表现为耐压不合格。

（2）操作机构出现分合闸线圈烧坏、弹簧挂钩断裂、联板或扇形板移位、转动轴开口销断裂脱落等情况。

（3）传动轴出现连杆移位、弯曲变形、拐臂松动等情况。

（4）附件部分出现储能中间继电器烧坏、辅助开关失灵、行程开关移位或损坏等情况。

（5）合闸失灵时，须检查以下故障：电气方面可能是电源电压过低（压降太大或电源容量不够），合闸线圈受潮致使匝间短路，熔丝已断；机构方面可能是合闸锁扣扣接量过小，辅助开关角度调得不好，断电过早。

（6）分闸失灵时，须检查以下故障：电气方面可能是电源电压过低，转换开关接触不良，分闸回路断线；机械方面可能是分闸线圈行程未调好，铁芯被卡滞，锁扣扣接量过大，螺栓松脱。

（7）其他故障。例如，空气间隙变小，绝缘隔板受潮积灰，手车柜插头质量差，油缓冲器渗油等。

（三）F-C 开关

F-C 开关由熔断器座、熔芯、接触器、电缆和摇进机构五大部分组成。熔芯安装在由环氧树脂浇注而成的半封闭绝缘支架内，上下触臂均浇注在绝缘件内，触臂采用圆形结构，使磁场电场对称均匀，避免局部放电和发热。这种结构提高了设备的绝缘水平和机械强度。手车每相极柱上安装带弹簧触头，手车在柜内有试验、工作两种位置，每个位置都有对应的定位装置，以保证手车处于以上特定位置时不会随意移动。

6kV 真空接触器适用于频繁操作的设备，配合适当熔断器，能完成对电动机、变压器的控制和保护。其开断原理为：接触器的主触头在玻管或陶瓷的真空灭弧室中操作，灭弧室中的真空度水平高达 1.33×10^{-4} Pa。接触器分闸时，真空灭弧室中的动静触头快速开断。分闸过程中在高温触头之间产生的金属蒸气使电弧持续到电流第一过零点。在电流过零点时，金属蒸气迅速凝结，使动静触头之间重新建立起很高的电介质强度，维持很高的瞬态恢复电压值。F-C 回路负荷侧配备限制操作过电压保护。

操作电压和控制电压均为直流110V。在65%～110%额定操作电压下可靠分闸，在小于30%额定操作电压下不分闸，在80%～110%额定操作电压下可靠合闸。

F-C回路中接触器为机械保持型，即合闸后由机构闭锁，待接触器跳闸线圈励磁后才跳闸。对于熔断器断相，具有电气、机械保护和指示。

接触器回路具有"防跳"功能，在一次合闸指令下只能合闸一次。

（四）380V配电装置

1. 开关柜结构

开关柜采用标准模块化设计，由各种标准单元组成，相同规格的单元具有良好的互换性。一旦发生故障，可在系统通电情况下更换故障开关，迅速恢复供电。控制电源与一次电源可靠隔离。

开关柜体具备完善的"五防"闭锁功能，并具有接通、试验和断开三个位置，三个位置都有机械定位装置，不允许因外力的作用即从一个位置移到另一个位置。在接通、试验和断开位置，开关柜的门均能合上。

开关柜具有以下防护功能：

（1）防止误分、误合断路器。

（2）负荷开关应加锁。

（3）防止带负荷误分、误合隔离插头。

（4）防止误入带电间隔。

每个抽屉单元设机械联锁，只有当开关处于分闸位置时门才可打开。

2. 380V断路器

（1）框架断路器。框架断路器具有以下性能：

1）框架断路器有带微机型脱扣器和不带微机型脱扣器而采用外置保护装置两种。

2）框架断路器脱扣器额定电流（电流互感器额定电流）有较大的选择范围，框架断路器免维护，反向馈电不降容。

3）每台断路器分为三级，采用正面抽出型布置，具有接通、试验和断开三个工作位置。断路器具有机械指示装置，用以指示断路器的上述位置。

4）断路器具有储能操作系统。断路器在所有位置均可进行电气和机械自由脱扣。

5）电动操作断路器的合闸控制是"自保持"式的，所有电动操作的断路器均为快速合闸型断路器。

6）断路器跳合闸线圈能长时间带电，有辅助触点加以保护。断路器故障跳闸有指示，故障指示和故障接点为手动复归型，由个人计算机/微机保护测控装置实现。

7）额定值相同的断路器，其所有相同部件均能互换。所有断路器及其本体上的辅助开关均采用完全相同的接线。

8）可移动和插入断路器单元，并提供止挡和指示器，用以精确定位在接通或试验位置。

9）在一次隔离触头接通前，断路器的框架已经可靠接地，并且断路器在运行位置以及一次隔离触头分开一个安全距离以前的所有其他位置，其框架均保持可靠接地。

10）当断路器位于隔离位置时，断路器的远方操作回路断开。

（2）塑壳式断路器。塑壳式断路器具有以下性能：

1）塑壳式断路器的脱扣器采用热磁型脱扣器和电子式脱扣器，具有高分断性，开断能力和耐受短时故障电流能力应与对应母线段的水平相当。

2）塑壳式断路器保护灵活，具有过电流和过载长延时、短延时和瞬时特性，延时可整定。短路保护可调节，其整定倍数有一个较宽的调节范围，以便与回路实际故障电流相匹配。

3）塑壳式断路器提供故障指示触点，触头位置指示触点（2 动合和 2 动断），脱扣报警触点（1 动合和 1 动断）。

4）塑壳式断路器二次回路与一次回路完全隔离。

5）塑壳式断路器上下级断路器的级差大于 2.5 倍时，可实现完全选择性。

6）塑壳式断路器具有可靠的隔离功能和很强的限流特性。

7）塑壳式断路器的操作手柄在抽出单元门关闭的情况下能清晰地显示断路器是在合还是分状态，并能在抽出单元门外操作断路器。

（3）电磁启动器。电磁启动器具有以下性能：

1）电磁启动器单元为可抽出式。交流接触器与热继电器组成磁力启动器，以保护电动机可能发生的过载及断相。接触器符合每台负载的操作要求。

2）磁力启动器（接触器和热继电器）与断路器的组合用于电动机的控制、隔离和分支回路的过电流保护。当电压为 70%～110% 额定电压时，接触器应可靠动作。当电压为 66%～100% 额定电压时，磁力启动器可靠吸持。

3）直接或经由转换继电器操作的每一个磁力启动器，其控制回路电源取自本柜 380/220V 主母线，控制回路装有额定电压为 500V 的高分断熔断器。

4）当电动机控制中心的母线电压为 70% 额定值（380V 电动机控制中心应为 280V）以及在远端发出合闸信号时，接触器能成功地启动和自保持。

5）每相导线均配备一个热过负荷保护装置，热过负荷保护装置为环境温度补偿型和手动复归型。

（4）熔断器。熔断器宜为限流型，其开断容量不小于 400V 开关的额定开断容量。

3. 机械联锁

（1）功能单元与小室的门设置了机械联锁。当主开关（即框架开关或双投刀开关）处于分断位置时，门才能打开。

（2）当主开关在合闸状态时，可闭锁开关由试验位置移至运行位置，或者从运行位置移出试验位置。

（3）开关一次触头与母线触头分离至一个安全距离，以防止断路器合闸。

（4）能够指示开关的"分"和"合"状态，有机械动作指示牌。

（5）主开关的操作机构均能使用挂锁将其锁在分断位置上。

第十一节 500kV 母线系统

一、电气主接线概述

（一）电气主接线的定义

电气主接线是由多种电气设备（包括发电机、变压器、母线、断路器、隔离开关、线路等）通过连接线，按其功能要求组成的接受和分配电能的电路，并由其构成传输强电流、高电压的网络，故又称一次接线或电气主系统。

用规定的设备文字和图形符号将高压电气设备（包括发电机、变压器、母线、断路器、隔离开关、线路等）按工作顺序排列，详细地表示出电气设备或成套装置的全部基本组成和连接关系的单线接线图，称为主接线电路图。

主接线代表了发电厂或变电站电气部分的主体结构，是电力系统网络结构的重要组成部分。它直接影响电力系统运行的可靠性、灵活性，并对电气选择、配电装置布置、继电保护、自动装置和控制方式的拟定起着决定性的作用。因此，主接线的正确、合理设计，必须综合处理各个方面的因素，经过技术、经济论证比较后方可确定。

（二）电气主接线的基本要求

（1）保证必要的供电可靠性和电能质量；断路器、母线检修时是否影响供电；设备或线路故障或检修时，停电的范围、时间以及能否保证对重要用户的供电。

（2）力求简单明了，运行灵活，操作方便。

（3）维护及检修安全、方便。

（4）力求投资及运行费用低。

（5）要考虑远期发展及扩建要求。

（三）电气主接线的基本形式

电气主接线主要分为有母线接线和无母线接线两大类。

（1）有母线接线分为单母线接线、双母线接线、3/2 断路器接线。

（2）无母线接线分为单元接线、桥形接线和角形接线。

二、电气主接线方式

（一）单母线接线

单母线接线就是只有一组母线，所有电源及负荷回路全部接到这一组母线上运行，如图 3-35 所示。

单母线接线的优缺点：

（1）优点。接线简单、清晰，设备少，投资小，操作方便，便于扩建。

（2）缺点。母线、母线侧隔离开关检修时，所有回路必须全部停电；任一出线断路器检修时，该回路要停电；母线、母线侧隔离开关故障或断路器靠母线侧绝缘套管损坏时，所有回路必须全部停电。因此，单母线接线可靠性低。

为了提高供电的可靠性，可采取以下措施。

1. 单母线分段接线

将一组母线用分段开关分开，分成两段母线，如图 3-36 所示，它将电源与负荷平均分配到两段母线上运行。

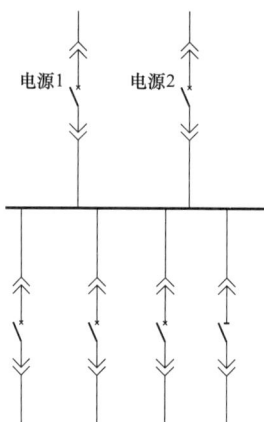

图 3-35　单母线接线　　　　图 3-36　单母线分段接线

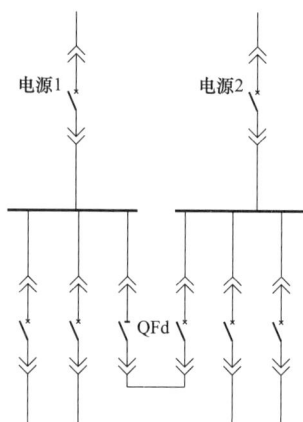

单母线分段接线的优缺点及适用场景：

（1）优点。任一段母线发生故障时，仅故障母线段停电，另一段母线所带负荷正常运行，缩小了停电范围；对重要用户可由两段母线共同供电，提高了供电可靠性。

（2）缺点。当一段母线故障或检修时，与该段所连的所有电源和出线均需要断开，单回供电用户要停电；任一出线断路器检修，该回路要停电。

（3）适用场景。$6 \sim 10kV$，出线 6 回以上，每段容量不超过 25MW 时；$35 \sim 66kV$，出线不超过 8 回时；$110 \sim 220kV$，出线不超过 4 回时；厂用电系统中成对出现的低压 PC 段，如汽轮机、锅炉 PC 段。

2. 单母线分段带旁路接线

对单母线分段接线增设旁路母线，如图 3-37 所示，它能解决出线断路器检修时的停电问题。

单母线分段带旁路接线的特点及适用场景：

（1）特点。为了节省投资，可不专设旁路断路器，而用母线分段断路器兼作旁路断路器。因为电压越高，断路器检修所需的时间越长，停电损失越大，因此旁路母线多用于 35kV 以上接线。

266

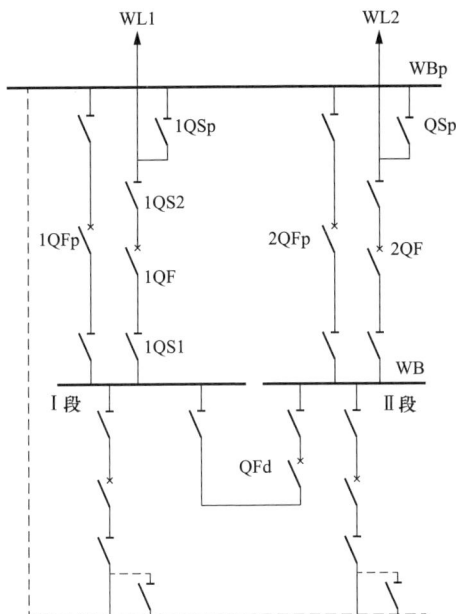

图 3-37 单母分段带旁路接线

（2）适用场景。6～10kV 接线一般不设旁路母线；35～66kV，可采用不专设旁路断路器的旁路母线；110kV 出线 6 回以上，220kV 出线 4 回以上，宜采用专设旁路断路器的旁路母线；出线断路器使用可靠性较高的六氟化硫（SF_6）断路器时，可不设旁路母线。

（二）双母线接线

1. 双母线接线的定义

双母线接线有两组母线，如图 3-38 所示，每回线路都经过一台断路器和两组隔离开关分别接至两组母线，母线之间通过母联断路器连接。

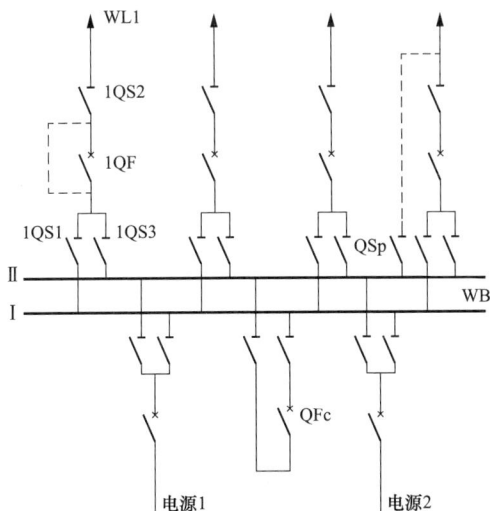

图 3-38 双母线接线

267

双母线运行的特点：两组母线同时工作，并通过母联断路器并联运行，电源和负荷平均分配在两组母线上。

2. 双母线接线的优点

（1）供电可靠。通过两组母线隔离开关的倒换操作，可以轮流检修一组母线而不致使供电中断；一组母线故障后，能迅速跳开故障母线上的线路、机组和母联断路器，确保非故障母线的正常供电；检修任一回路的母线隔离开关时，只需断开该隔离开关所属的一条线电路和与该隔离开关相连的一组母线，其他电路均可通过另一组母线继续运行，但其操作步骤必须正确。例如，欲检修Ⅰ母线，可把Ⅰ母线上的机组和线路倒换到Ⅱ母线上。其步骤是：先断开母联断路器的控制电源，确保其在倒闸操作时保持合闸状态，两组母线等电位。为保证不中断供电，按"先通后断"的原则进行操作，即先接通Ⅱ母线上的隔离开关，再断开Ⅰ母线上的隔离开关。完成母线转换后，再断开母联断路器及其两侧的隔离开关，即可使原Ⅰ母线退出运行进行检修。

（2）调度灵活。各电源和各回路负荷可以任意分配到某一组母线上，能灵活地适应电力系统中各种运行方式调度和潮流变化的需要，通过倒换操作可以组成各种不同的运行方式。当母联断路器闭合时，进出线适当分配接到两组母线上，形成双母线并列运行的状态。有时为了系统的需要，也可将母联断路器断开（处于热备用状态），两组母线各自运行。

（3）特殊功能。根据系统需要，双母线可以完成一些特殊功能。例如，用母联与系统进行同期或解列操作；当个别回路需要单独进行试验时（如发电机或线路检修后需要试验），可将该回路单独接到任一母线上运行。

（4）扩建方便。向双母线左右任何方向扩建，均不会影响两组母线的电源和负荷自由组合分配，在施工中也不会造成原有回路停电。

基于以上优点，双母线接线在大、中型发电厂和变电站中广为采用，并已积累了丰富的运行经验。

3. 双母线接线的缺点

双母线接线使用设备多（特别是隔离开关），配电装置复杂，投资较多；在运行中隔离开关作为操作电器，容易发生误操作，尤其当母线出现故障时，须短时切换较多电源和负荷；当检修出线断路器时，仍然会使该回路停电，必要时须采用母线分段和增设旁路母线系统等措施。

4. 针对双母线接线缺点的解决办法

（1）在断路器和隔离开关之间装设闭锁装置，以避免隔离开关的误操作。

（2）对双母线接线增设旁路母线，解决断路器检修时的停电问题。

每一回路的线路侧装一组隔离开关（旁路隔离开关）接至旁路母线上，如图 3-39 所示；而旁路母线再经旁路断路器及隔离开关接至两组母线上。

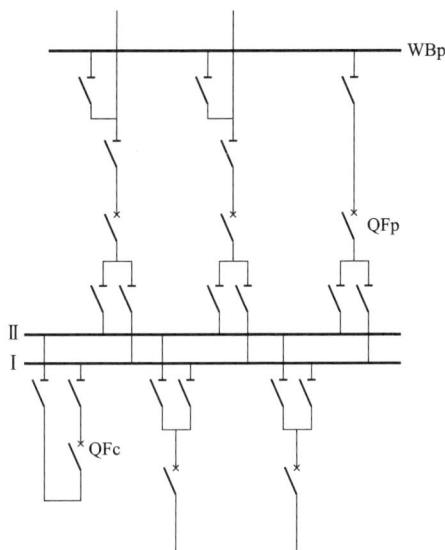

图 3-39　双母线带旁路接线

（3）采用双母线分段接线，以缩小母线故障的影响范围。

用分段断路器 QFc 把工作母线分成Ⅰ、Ⅱ两段，如图 3-40 所示。每段分别用母联断路器与母线Ⅱ相连。双母线分段接线较一般的双母线接线有更高的供电可靠性和灵活性，可减少母线故障的停电范围。

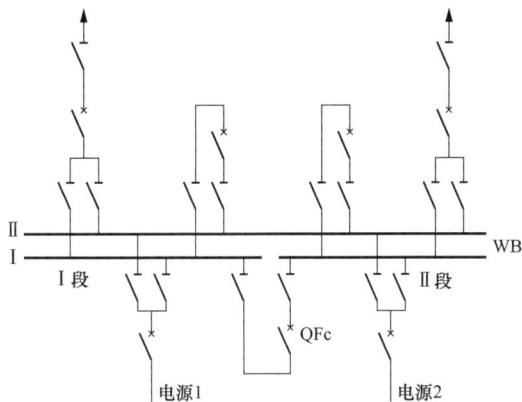

图 3-40　双母线分段接线

（4）双母线双断路器接线，即每一回路装设两组断路器，分别接至两组母线上，如图 3-41 所示。

1）优点。倒闸操作时只需操作断路器，不需要隔离开关的单独操作，避免了倒闸误操作的可能性；母线故障或母线切换过程中，用户无须停电，因而具有极高的可靠性和灵活性。

2）缺点。增加了大量的开关设备（尤其是断路器），使投资急剧增加。

该接线方式广泛应用于国外的超高压系统的主接线，国内极少采用。

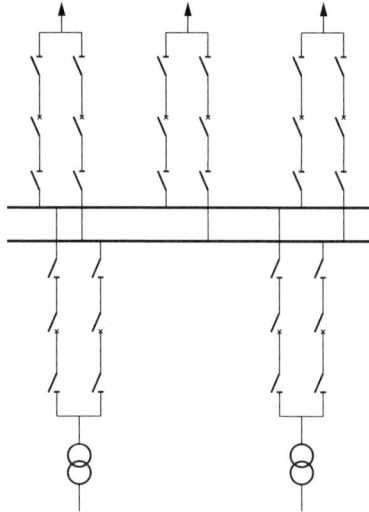

图 3-41　双母线双断路器接线

（三）3/2 断路器接线

1. 接线方式

3/2 断路器接线如图 3-42 所示，它有两组母线，每一回路经一台断路器接至一组母线，两个回路由一台断路器联络，组成一个"串"电路，每回进出线都与两台断路器相连，而同一"串"支路的两条进出线共用三台断路器。

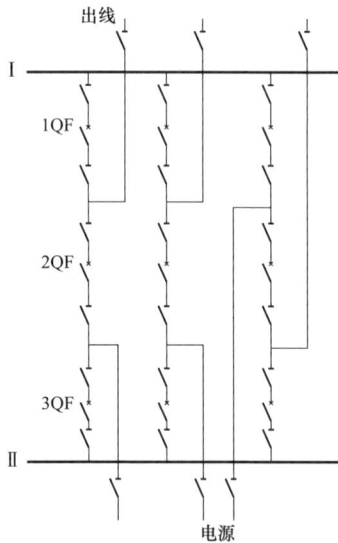

图 3-42　3/2 断路器接线

2. 运行方式

正常运行时，所有断路器都接通，两条母线同时工作。

3. 接线特点

遵循交叉配置的原则，电源线与出线配合成串，以避免联络断路器故障时同时切除两个电源；要求电源回路配置在不同侧的母线上。

4. 优缺点

（1）优点：

1）任何一台断路器检修时，不需切换任何回路，避免了利用隔离开关的大量倒闸操作，灵活方便。

2）任何一组母线故障时，只需自动断开与该母线相连的断路器，任何回路不会停电；甚至在一组母线检修，另一组母线故障的情况下，功率仍能继续输送。

3）操作简单，运行灵活，供电可靠性较高。

（2）缺点：投资较大，继电保护复杂。

一般进出线在 6 回及以上时宜采用这种接线。

（四）单元接线

发电机与变压器直接连接成一个单元，组成发电机-变压器组，称为单元接线。

它具有接线简单、开关设备少、操作简便，以及因不设发电机电压等级母线，使得在发电机和变压器低压侧短路时，短路电流相对于具有母线时有所减小等特点。发电机-变压器组单元接线的方式被大型机组普遍采用。

目前，大型的发电机-变压器组单元接线主要采用如图 3-43 所示的两种方式，即发电机出口设有断路器和不设断路器。

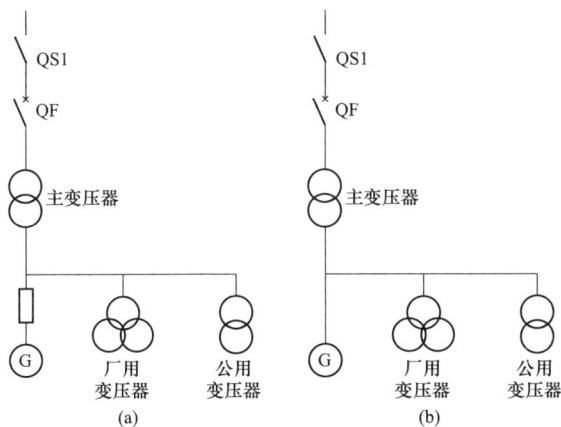

图 3-43 发电机-变压器组单元接线
（a）设断路器；（b）不设断路器

关于发电机出口是否装设断路器的问题，在大容量机组的单元接线中，发电机出口一般不装设断路器，其理由是：大电流大容量的断路器投资较大，而且在发电机出口至主变压器和厂用变压器之间采用封闭母线后，该段线路范围内相间故障的可能性也已降低。甚至发电机出口也不装设隔离开关。

发电机出口也有装设断路器的，其理由是：

（1）发电机解列、并列时，可减少主变压器高压侧断路器的操作次数，特别是 3/2 接线能够始终保持一串内的完整性，当电厂接线串数较少时，保持各串的完整运行，对提高供电的可靠性有明显的作用。

（2）启停机组时，可以通过主变压器、高压厂用变压器供厂用电，减少了厂用电系统的倒闸操作，从而可以提高厂用电运行的可靠性。

（3）当发电机出口设有断路器时，厂用备用变压器的容量可以与工作变压器容量相等，且厂用备用变压器的台数可以减少。

发电机出口装设断路器的缺点是，在发电机回路增加了一个可能的故障点。但是，根据以往的事故经验和世界发展方向，发电机出口装设断路器有其突出的优点。若要装设断路器，则应装设分相断路器；另外，高压厂用工作变压器应具有有载调压分接开关，以满足厂用电电压的要求。

发电机-变压器组单元接线多采用不设发电机出口断路器的方式，发电机与主变压器采用全连式离相封闭母线相连接，从而降低了发电机出口相间故障的可能性和高压断路器的数量，节省了装设分相断路器的空间；同时，高压厂用工作变压器采用无载调压方式，大大降低了投资。目前，厂用电的快切装置也能够满足厂用电切换时的可靠性，用主变压器高压侧 500kV 断路器将机组解列，对 500kV 系统的可靠性也无任何影响。

三、500kV 系统保护配置

（一）继电保护概述

1. 继电保护作用

电力系统运行中，因设备的绝缘老化或损坏、雷击、鸟害、设备缺陷或误操作等，可能发生各种故障和不正常运行状态。短路是最常见和最危险的故障之一。这些故障和不正常运行状态严重危及电力系统的安全可靠运行。除采取提高设计水平、提高设备制造质量、加强设备维护检修、提高运行管理质量、严格执行规章制度等措施，尽可能消除和减小事故发生的可能性外，还须做到一旦发生故障，能够迅速、准确、有选择性地切除故障，防止事故的扩大，迅速恢复非故障部分的正常运行，以减少对用户的影响。这项任务只有借助继电保护装置才能完成。

继电保护装置指能反映电力系统中电气设备所发生的故障或不正常运行状态，并动作于断路器跳闸或发出信号的一种自动装置。其作用是：

（1）发生故障时，能自动、迅速、有选择性地将故障切除，迅速恢复非故障部分的正常运行，并使故障设备不再继续受损。

（2）发生不正常工作状况时，能自动、及时、有选择性地发出信号通知运行人员处理，或切除继续运行会导致故障的设备。

2. 对继电保护装置的基本要求

继电保护装置应满足选择性、快速性、灵敏性和可靠性四项基本要求。

（1）选择性。电力系统发生故障时，继电保护装置仅将故障部分切除，保障其他无故障部分继续运行，以尽量缩小停电范围。选择性主要依靠采用适当类型的继电保护装置和正确选择整定值，使各级保护相互配合来实现。

（2）快速性。为了保证电力系统运行的稳定性和可靠性，避免和减轻事故对电气设备的损害，要求继电保护装置尽快动作，尽快地切除故障部分。并非所有都要求如此，因为提高快速性会增加投资，且可能影响选择性，因此应根据电气设备在系统中的地位和作用，来确定其速度。

（3）灵敏性。继电保护装置对其保护范围内发生的故障和不正常工作状态的反应能力，一般以灵敏系数 K_s 来表示。

若故障时变量增大，则 K_s＝保护区内故障变量最小值/变量整定值；若故障时变量减小，则 K_s＝变量整定值/保护区内故障变量最大值。

各种继电保护装置都有特定的保护区，该保护区通过计算后人为确定，保护区边界值称为该保护装置的整定值。整定值与保护区域大小和灵敏度有关。

（4）可靠性。当保护范围内发生故障或出现不正常工作状态时，保护装置能够可靠动作而不致拒动；而在电气设备无故障或在保护范围以外发生故障时，保护装置不发生误动。可靠性主要取决于接线的合理性、继电器的制造质量、安装维护水平、保护的整定计算和调整试验的准确度等。

以上四项基本要求紧密联系，有时是相互矛盾的（如为满足选择性，就要求延时而不能满足快速性；为保证灵敏度，要求无选择地切除故障；为保证快速性和灵敏性，需要采用复杂而可靠性稍差的保护等），应根据具体情况，分清主次、统筹兼顾，力求相对最优。

（二）500kV系统保护配置的要求

（1）220kV及以上电压等级线路、母线、变压器、高压电抗器等设备保护应按双重化配置。大型发电机组和重要发电厂的启动变压器保护宜采用双重化配置。当运行中的一套保护因异常需退出或检修时，不影响另一套保护的正常运行。

（2）每套保护均应含有完整的主、备保护，能反映被保护设备的各种故障及异常状态，并能作用于跳闸或给出信号；采用主、备一体的保护装置。

（3）线路纵联保护的通道（含光纤、微波、载波）及相关设备和供电电源等应遵循相互独立的原则，按双重化配置。

（4）两套保护装置的交流电流应分别取自电流互感器互相独立的绕组，交流电压宜分别取自电压互感器互相独立的绕组。其保护范围应交叉重叠，避免死区。

（5）两套保护装置的直流电源应取自不同蓄电池组供电的直流母线段。

（6）断路器的选型应与保护双重化配置相适应，220kV 及以上断路器必须具备双跳闸线圈机构。两套保护装置的跳闸回路应与断路器的两个跳闸线圈一一对应。

（7）双重化配置的两套保护装置之间不应有电气联系。与其他保护、设备（如通道和失灵保护等）配合的回路应遵循相互独立且相互对应的原则，防止因交叉停运导致保护功能的缺失。

（8）采用双重化配置的两套保护装置应安装在各自保护柜内，并应充分考虑运行和检修时的安全性。

（三）500kV 系统保护的具体配置

1. 500kV 线路保护

（1）分相电流差动保护。线路 A、B、C 相各有一套独立差动保护，单相故障时跳单相并启动重合闸，相间故障时跳三相且不重合闸，作为线路的主保护。

（2）距离保护。反映故障点至保护安装地点之间的距离（或阻抗），并根据距离的远近而确定动作时间的一种保护，作为线路的后备保护。

（3）方向零流保护。在零序电流保护中增加一个零序电流方向继电器，以保证保护的选择性和灵敏性，作为线路的后备保护。

（4）短引线保护。采用 3/2 断路器接线方式的一串断路器，当其中一条线路停运时，该线路侧的隔离开关将断开，此时保护用电压互感器也停运，线路主保护停运，因此在短引线范围发生故障，将没有快速保护切除故障。为此，需设置短引线保护，即短引线纵联差动保护。

2. 500kV 母线差动保护

任一母线故障时，只切除运行在该母线上的元件，另一母线可以继续运行，从而缩小了停电范围，提高了供电可靠性。此时，需要母线差动保护具有选择故障母线的能力。

3. 500kV 断路器保护

（1）自动重合闸。当线路出现故障，继电保护使断路器跳闸后，自动重合闸装置经短时间隔后使断路器重新合上。线路变电站侧断路器一般采用无压监测、单相一次重合闸方式；电厂侧断路器采用有压检测、单相一次重合闸方式，取消重合闸优先回路。为防止两次重合于永久性故障，造成对系统的再次冲击，重合时应有先后次序，通常选择母线断路器先重合，待其重合成功后，中间断路器再重合。

重合闸装置有下列重合方式：

1）单相重合方式。单相接地故障时，断路器单相跳闸、单相重合。如果断路器重合之前又收到保护装置的跳闸脉冲，或者一开始即发生相间故障，则断路器进行三相跳闸且不重合。在单相重合方式下，不应发生任何多相重合的情况。对于线路单相故障，若一个断路器的重合闸因故不能重合，在线路保护发出单跳命令时，则该断路器应立即三跳，而另一个断路器仍单相跳闸、单相重合。

2）三相重合方式。不论发生何种故障，断路器皆进行三相跳闸、三相重合闸。

3）综合重合方式。单相接地故障时，断路器进行单相跳闸、单相重合闸；相间故障时，断路器进行三相跳闸、三相重合闸。

4）重合闸停运方式。任何故障皆由保护装置直接进行三相跳闸，不进行重合闸。

500kV 线路断路器一般采用单相重合闸方式，变压器的断路器一般不设置自动重合闸，保护动作直接跳开变压器的断路器。

（2）非全相保护。当分相电流保护动作，断路器单相跳闸或断路器机构故障导致一相、两相断开，断路器三相不一致，断路器三相电流不平衡，发电机可能失步，负序电流使发电机转子表面发热损坏，产生振动。

1）线路断路器发生非全相时，为了提高供电的可靠性，一般在 0.5～1.5s 重合一次，重合闸不成功则三相跳闸；线路断路器三相不一致动作时间要多过重合闸动作时间。

2）发电机-变压器组并网断路器非全相时，发电机三相负荷不平衡，对发电机的危害较大，且发电机-变压器组瞬时故障的概率很小，故发电机-变压器组并网断路器不设重合闸。当发电机-变压器组并网断路器的辅助触点三相位置不一致时，发电机负序电流判据满足条件，则直接启动发电机-变压器组全停 1 保护出口，再跳发电机-变压器组并网断路器并启动断路器失灵保护，关闭主汽阀，逆变灭磁，启动厂用电快切。

（3）失灵保护。预定在相应的断路器跳闸失败的情况下通过启动其他断路器跳闸来切除系统故障的一种保护。失灵保护由电压闭锁元件、保护动作与电流判别构成的启动回路、时间元件及跳闸出口回路组成。设备的保护动作后启动失灵保护，直接启动本站的母线差动保护及变压器（发电机-变压器组）保护，经电流判别后跳闸；同时，通过保护通道启动远方跳闸回路，断路器收到远方跳闸指令后，经过就地判别确认有设备故障则跳开相应断路器。

断路器失灵保护按断路器装设，即每一断路器装设一套。

失灵保护应采用单相和三相的电气量保护启动。非电量保护及动作后不能随故障消失而立即返回的保护（只能靠手动复位或延时返回）不应启动失灵保护。

保护动作顺序为：第一，瞬时按相启动本断路器故障相的两个跳闸线圈，进行"再跳闸"。第二，经失灵保护的延时，线路、发电机-变压器组故障，开关失灵，则启动母线差动保护，跳开失灵开关所在母线上的所有开关；母线故障，开关失灵，则启动远方跳闸和发电机-变压器组全停。

四、电气倒闸操作

倒闸操作就是电气设备由一种状态转换到另一种状态的操作过程，主要是指拉开或合上某些断路器和隔离开关、拉开或合上某些直流操作回路、切除或投入某些继电保护和自动装置、改变某些继电保护和自动装置的整定值、拆除或装设临时接线、检查设备的绝缘等。

（一）电气设备的四种状态

（1）设备的"运行状态"。设备的隔离开关及断路器都在合上位置。

（2）设备的"热备用状态"。设备的断路器断开而隔离开关仍在合上位置。

（3）设备的"冷备用状态"。设备断路器及隔离开关都在断开位置。

1）"断路器冷备用"是指断路器及两侧的隔离开关都在断开位置。

2）"线路冷备用"是指断路器及两侧的隔离开关都在断开位置，接在线路上的电压互感器二次开关都拉开。

3）"母线冷备用"是指该母线上电压互感器二次开关都断开，与母线相连的隔离开关、母联断路器及两侧隔离开关都在断开位置。

4）无高压隔离开关的电压互感器，当二次开关断开后即处于"冷备用"状态。

（4）设备的"检修状态"。设备的所有断路器、隔离开关均在断开位置，挂好保护接地线或合上接地开关时（并挂好标示牌、装好临时遮栏）的状态。

1）"断路器检修"是指断路器与两侧隔离开关断开，断路器与线路隔离开关（或变压器隔离开关）间若有电压互感器，则该电压互感器的二次开关需断开，断路器的控制电源开关断开，合上断路器两侧接地开关。母线差动流变回路应拆开并短路接地。

2）"线路检修"是指线路的断路器、线路及母线的隔离开关都断开，线路电压互感器的二次开关断开，并合上线路侧接地开关。

3）"主变压器检修"是指主变压器各侧的断路器、隔离开关都断开，与变压器相连的电压互感器二次开关断开，在变压器有来电可能的各侧挂上接地线（或合上接地开关），并断开变压器冷却器电源。

4）"母线检修"是指与该母线相连的所有隔离开关均断开，母线电压互感器的二次开关断开，并合上母线接地开关。

（二）电气倒闸操作的原则

（1）断路器停电时必须按照断路器—负荷侧隔离开关—电源侧隔离开关的顺序进行。送电与此相反。

（2）严禁在断路器合闸的情况下带负荷拉合隔离开关。隔离开关在合闸位置时，禁止操作与其相连的接地开关；接地开关在合闸位置时，禁止操作与其相连的隔离开关。

（3）当误合隔离开关时，在任何情况下，均不允许把已合上的隔离开关再拉开，只有用断路器将其回路断开后才可拉开。

（4）当误拉隔离开关后，禁止将拉开的隔离开关再合上。

（5）禁止用隔离开关拉合空载电流超过 2A 的空载变压器和电容电流超过 5A 的空母线。

（6）允许用隔离开关投退无故障的电压互感器、避雷器。

（7）当两个系统并列时，应经过检同期后，确认为同期系统方可将断路器合入，否则禁止将两个系统并列。

（8）并列操作时，不得同时投入两台断路器的同期开关，防止电压互感器二次非同期并列。

（9）继电保护压板的投入与退出规定：断路器由冷备用改为热备用状态前，必须投入有关保护压板；设备由运行改为冷备用状态后，保护压板是否退出应根据 DL/T 587—2016《继电保护和安全自动装置运行管理规程》有关规定或检修要求执行，无明确要求时，一般不进行退出操作；设备运行中的保护投退必须按照调度令执行。

（10）断路器控制电源开关操作顺序：停电时应在拉开隔离开关后方可断开，送电时应在合上隔离开关前先合上。

（11）隔离开关、接地开关的动力电源操作规定：只有在操作隔离开关、接地开关时方可合入，操作完毕应及时断开。

（12）电气"五防"的内容：

1）防止带负荷拉、合隔离开关。

2）防止带电挂接地线或合接地开关。

3）防止带接地线或接地开关合断路器或隔离开关。

4）防止误拉、合断路器。

5）防止误入带电间隔。

（三）倒闸操作的基本要求

（1）500kV 系统的倒闸操作及运行方式的改变，应由网调下达命令给值长，值班员按值长命令执行。厂用电系统的操作和运行方式的改变，应得到值长命令后方可执行（对人身和设备构成威胁的特殊情况除外）。

（2）设备送电操作前，所有工作票已终结，拆除检修设备的安全措施，恢复固定遮栏和常设警告牌，并对设备及所属回路进行全面检查，确认回路具备投运条件。

（3）正常倒闸操作时，应尽量避免在交接班时进行；如遇重要操作或事故处理时应在操作告一段落后方可进行交接班。

（4）执行操作票前，应模拟预演操作票，正确后再进行操作，操作前应核对设备名称、编号和位置，并在操作中认真执行操作监护、复诵制度。

（5）倒闸操作前，必须了解系统的运行方式、继电保护及自动装置运行状态及系统潮流分布等情况。

（6）断路器 SF_6 气体或液压机构压力低闭锁，应断开相应断路器的控制电源，防止闭锁失灵，断路器跳闸引起爆炸事故，同时应考虑用母联断路器代替故障断路器运行。

（7）操作隔离开关前，必须认真检查断路器三相在断开位置，严禁带负荷拉合隔离开关。断路器故障闭锁在合闸状态时，允许用隔离开关断开小于 5A 的容性电流和小于 2A 的感性电流。

（8）手动合隔离开关时，应先缓慢将隔离开关合到一定的距离，然后迅速合入，但不要用力过猛，以防损坏隔离开关和机构，拉开隔离开关的要领与之相反。

（9）分合隔离开关、接地开关后，应认真检查隔离开关、接地开关的位置指示：

1）升压站设备监控系统（NCS）画面中设备状态指示为合闸/断开。

2）就地开关汇控柜中设备状态指示灯红/绿灯亮。

3）操作机构箱内分合闸指示为合闸/分闸。

4）三相联动机构指示位置为合闸/分闸。

5）三相联动机构连接杆正常，无脱落现象。

（10）倒闸操作过程中，装有电气或机械防误闭锁装置的设备，不允许擅自解锁进行操作。若发现防误闭锁装置损坏和失灵，应认真检查设备名称、编号，确认装置有问题时，经值长同意、总工程师批准后，方可进行解锁操作并登记。

（11）雷、雨、大雾天气时，一般不进行室外倒闸操作，特殊情况下必须操作或进行事故处理时，应按有关安全规定执行。

（12）遇下列情况时，禁止将设备投入运行：

1）无主保护。

2）电气试验不合格。

3）断路器拒跳闸。

4）断路器事故跳闸次数超过规定值。

5）SF_6 气体压力超过规定值范围。

6）断路器液压机构压力超过规定值范围。

7）主保护动作，未查明原因，未消除故障。

（四）500kV 母线倒换运行方式

（1）倒母线操作前，母联断路器应在合闸位置，并断开母联断路器的控制电源，将母联断路器锁定在合闸状态，防止带负荷拉、合隔离开关。待倒换完毕后，再合上母联断路器控制电源开关。

（2）倒母线时，先合上待合（原断开）的母线隔离开关，必须确认应合隔离开关已合好，方能拉开待拉（原接通）的母线隔离开关。

（3）倒母线操作过程中，应注意检查设备二次电压回路的切换及电压表指示情况。

（4）如几台断路器同时需要倒换母线运行，应连续进行倒闸操作，严禁一个设备长时间在两条母线上运行（母联断路器除外）。

（5）倒母线过程中，母线差动保护互联压板应投入。

（五）母线电压互感器操作规定

（1）500kV 母线电压互感器停送电时随所在母线一起投退。500kV 母线停电时，断开与该母线相连的所有断路器和隔离开关，再断母线电压互感器的二次开关。送电时与此相反。

（2）母线电压互感器须在运行中拉开二次开关时，应先将该母线电压互感器供给二次电压的低电压保护和自动装置退出运行；待恢复正常后，再立即将上述保护及自动装置投入运行。

（六）操作术语

（1）操作指令：值班调度员对其所管辖的设备进行变更电气接线方式和故障处理而发布的倒闸操作指令。可根据指令所包含项目分为逐项操作指令、综合操作指令（含大任务操作指令）及操作口令。

（2）操作许可：值班调度员采用许可方式对调度所管辖电气设备接线方式变更后的最终状态发布的倒闸操作命令。

（3）操作口令：值班调度员在处理电力系统事故或异常情况、设备缺陷时发布的倒闸操作指令。现场可先不填写操作票，待处理告一阶段后，再进行相应记录。

（4）并列：发电机（或两个系统）经检查同期并列运行。

（5）解列：发电机（或一个系统）与全系统解除并列运行。

（6）合环：在电气回路内或电网上开断处经操作将断路器、隔离开关合上形成回路。

（7）解环：在电气回路或电网回路上某处经操作后将回路分开。

（8）开机：将汽轮发电机组启动，待与系统并列。

（9）停机：将汽轮发电机组解列后停下。

（10）自同期并列：将发电机用自同期法与系统并列运行。

（11）非同期并列：将发电机不经同期检查即并列运行。

（12）合上：将断路器或隔离开关置于接通位置。

（13）拉开：将断路器或隔离开关置于断开位置。

（14）跳闸：（分相断路器时单相或三相）设备自接通位置变为断开位置。

（15）倒母线：××线路或主变压器从Ⅰ（Ⅱ）母线倒向Ⅱ（Ⅰ）母线。

（16）冷倒：断路器在热备用状态，拉开××母线隔离开关，合上××母线隔离开关。

（17）强送：设备因故障跳闸后，未经检查即送电。

（18）试送：设备因故障跳闸后，经初步检查后再送电。

（19）充电：不带电设备与电源接通，但不带负荷。

（20）验电：用校验工具检验设备是否带电。

（21）放电：设备停电后，用工具将电荷放去。

（22）安装（拆除）接地线（或合上、拉开接地开关）：用临时接地线（或接地开关）将设备与大地接通（或断开）。

（23）××设备××保护从停运改为信号（或从信号改为停运）：放上××保护直流熔丝（合上直流电源开关），取下直流熔丝（拉开直流电源开关）。

（24）××设备××保护从信号改为跳闸（或从跳闸改为信号）：用上（停运）或投入（切出）××保护跳闸压板。

（25）零起升压：利用发电机将设备从零起渐渐增至额定电压。

（26）××设备××保护更改定值：将××保护整定值（电压、电流、时间）等从××值改为××值，或将××保护从定值区××切至定值区××。

（27）××保护从跳闸改为无通道跳闸（或从无通道跳闸改为跳闸）：停运（用上）××保护的分相电流差动或高频功能。

（28）××（开关）改为非自动：将开关直流控制电源断开。

（29）××（开关）改为自动：恢复开关的操作直流回路。

（30）××保护信号动作：××保护动作发出信号。

（31）信号复归：将××保护信号指示恢复原位。

（32）放上或取下熔丝：将熔丝放上或取下。

（33）紧急拉电（或拉路）：故障情况下（或大量超计划用电时），将供向用户用电的线路切断停止送电。

（34）紧急降出力：故障情况下将发电机出力紧急（10min 内）减下来。

（35）×× kV ××段母线差动保护改为正常接线：将×× kV ××段母线差动保护的母线选择元件投入运行。

五、500kV 系统的闭锁

为了防止带电合接地开关、带接地开关送电、带负荷拉合隔离开关等恶性误操作事件的发生，除在隔离开关、接地开关设备上加装可靠的机械闭锁外，还在隔离开关、接地开关的控制回路中加装了控制闭锁回路。这里以双母线接线方式为例介绍 500kV 系统闭锁关系，闭锁条件全部满足后才允许操作相应的隔离开关、接地开关，如图 3-44 所示。

（一）500kV 线路断路器间隔的闭锁

（1）50511 隔离开关的闭锁条件。

1）闭锁条件 1：5051 断路器合闸，50512 隔离开关合闸，母联 5012 断路器合闸，母联断路器两侧隔离开关合闸。

2）闭锁条件 2：5051 断路器分闸，50512 隔离开关分闸，断路器两侧

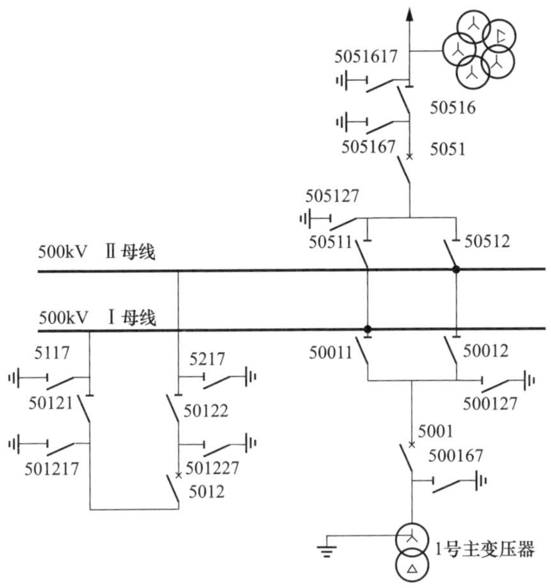

图 3-44　双母线接线 500kV 系统闭锁关系

接地开关 505127、505167 分闸，Ⅰ母线接地开关 5117 分闸。

（2）50512 隔离开关的闭锁条件。

1）闭锁条件 1：5051 断路器合闸，50511 隔离开关合闸，母联 5012 断路器合闸，母联断路器两侧隔离开关合闸。

2）闭锁条件 2：5051 断路器分闸，50511 隔离开关分闸，断路器两侧接地开关 505127、505167 分闸，Ⅱ母线接地开关 5217 分闸。

（3）50516 隔离开关的闭锁条件。线路 5051 断路器分闸，断路器两侧接地开关 505127、505167 分闸，线路接地开关 5051617 分闸。

（4）505127 接地开关的闭锁条件。50511、50512 隔离开关分闸，50516 隔离开关分闸。

（5）505167 接地开关的闭锁条件。50511、50512 隔离开关分闸，50516 隔离开关分闸。

（6）5051617 接地开关的闭锁条件。50516 隔离开关分闸，线路无电压，电压互感器二次开关合闸。

（7）线路 5051 断路器的闭锁条件。5051 断路器三相液压机构油压及各气室 SF_6 气压正常、同期或无压。

（二）500kV 主变压器断路器间隔的闭锁

（1）5001 隔离开关的闭锁条件。

1）闭锁条件 1：5001 断路器合闸，50012 隔离开关合闸，母联 5012 断路器合闸，母联断路器两侧隔离开关合闸。

2）闭锁条件 2：5001 断路器分闸，50012 隔离开关分闸，断路器两侧接地开关 500127、500167 分闸，Ⅰ母线接地开关 5117 分闸。

281

（2）50012隔离开关的闭锁条件。

1）闭锁条件1：5001断路器合闸，50011隔离开关合闸，母联5012断路器合闸，母联断路器两侧隔离开关合闸。

2）闭锁条件2：5001断路器分闸，50011隔离开关分闸，断路器两侧接地开关500127、500167分闸，Ⅱ母线接地开关5217分闸。

（3）500127接地开关的闭锁条件。50011、50012隔离开关分闸，5001隔离开关分闸。

（4）500167接地开关的闭锁条件。50011、50012隔离开关分闸，5001断路器分闸，主变压器低压侧各电源开关在冷备用状态，发电机-变压器组单元接线的发电机低电压。

（5）主变压器5001断路器的闭锁条件。5001断路器三相液压机构油压及各气室SF$_6$气压正常、同期或无压。

（三）500kV母线设备的闭锁

（1）50121隔离开关的闭锁条件。5012断路器分闸，断路器两侧接地开关501217、501227分闸，Ⅰ母线接地开关5117分闸。

（2）50122隔离开关的闭锁条件。

1）5012断路器分闸，断路器两侧接地开关501217、501227分闸，Ⅱ母线接地开关5217分闸。

2）501217、501227接地开关分闸。

3）50121、50122隔离开关分闸。

（3）母联5012断路器的闭锁条件。5012断路器三相液压机构油压及各气室SF$_6$气压正常、同期或无压。

（4）母线接地开关的闭锁条件。

1）5117接地开关的闭锁条件：所有回路与500kVⅠ母线连接的隔离开关全部断开。

2）5217接地开关的闭锁条件：所有回路与500kVⅡ母线连接的隔离开关全部断开。

六、500kV GIS设备

（一）GIS设备概述

GIS是指至少有一部分采用高于大气压的气体作为绝缘介质的金属封闭开关设备和控制设备。

它由断路器、母线、隔离开关、接地开关、电流互感器、电压互感器、避雷器、套管等电器元件组合而成。它的绝缘介质是SF$_6$气体，其绝缘性能、灭弧性能都比空气好得多。SF$_6$全封闭组合电器体积小、技术性能优良，是20世纪70年代初期出现的一种先进的高压配电装置。GIS设备的电场结构是用同轴圆柱体间隙实现的，为稍不均匀电场。

GIS设备之所以能够做得如此紧凑，主要有两方面的原因：一是采用绝缘和灭弧性能良好的 SF_6 气体作为绝缘介质；二是采用稍不均匀的电场结构。均匀电场的击穿电压比不均匀电场的击穿电压高 29 倍，其相对稍不均匀电场的比例没那么高，但也足以将 GIS 设备的体积减小到原来的 1/10。

GIS 设备的所有带电部分都被金属外壳所包围，外壳用铝合金、不锈钢、无磁铸钢材料制成，并用铜母线接地，内部充有一定压力的 SF_6 气体。母线多由铝合金管制成，要求表面粗糙度高，没有毛刺和凹凸不平之处。

对于主回路电流互感器，其铁芯做成环形，二次绕组绕在环形铁芯上，用环氧树脂浇铸在一起。作为 GIS 设备外壳的一部分，其一次绕组就是母线管。

环氧树脂浇铸的盆形绝缘子有两个作用：一是支持导电元件；二是将 GIS 设备内部分成若干气室，互不相通，以做到局部维修而不影响其他气室的正常运行。因此，盆形绝缘子可以做成全密封式和有孔洞式两种。后者只能支承导体而不能隔离气体。

GIS 设备外壳必须可靠接地，因为 GIS 外壳包围着母线，相当于环绕着载流导体的感应线圈，它在外壳感应电压，并通过感应电流。对于离相式 GIS 设备，其感应电流与主回路的电流差不多，会将引起涡流，使金属零件发热，也会减小设备的容量。如果接地不良，将产生危及人身安全的电压，且接地电流会严重干扰电子元件。因此，GIS 的接地必须保持良好。由于接地电流较大，故接地引线一般都用铜排，其连接必须可靠、接触良好。GIS 的外壳接地线要用螺栓连接，且接头必须处理好，使其接触电阻减至最小。GIS 设备外壳的感应电压在相关安全规程规定的范围内。

GIS 装置的优点：①所有设备由绝缘与灭弧性能优异的 SF_6 气体封闭，可以做到技术先进、安全可靠，事故率低；②运行维护简单方便；③安装施工周期短，检修周期长；④不受环境影响，最大程度上降低了盐雾污染的影响程度；⑤升压站占地面积大大降低，对于 500kV GIS 设备的占地只有常规设备的 25%；⑥没有无线电干扰和噪声干扰。

（二）GIS 设备结构

GIS 设备的主体元件是断路器。断路器由气罐（其内装有灭弧室）和操动机构组成。分相式 GSR-550 型断路器是一种压气式气体断路器，其操作油压为 32.5MPa。下面主要介绍 GSR-550 型断路器的气罐和灭弧室。

1. 气罐

在 GSR-550 型断路器壳体内，灭弧室由内部装有绝缘拉杆的绝缘支承固定，并由两根导体形成导电回路。在检修孔盖上，吸附剂放在吸附剂筐内，以保持 SF_6 气体处于正常状态。与隔离开关相连接的两个法兰内应装入连接导体，气罐上装有四个吊耳和四根支柱。气体压力密度继电器安装到三通阀上。单相 GSR-500R2B 断路器如图 3-45 所示。

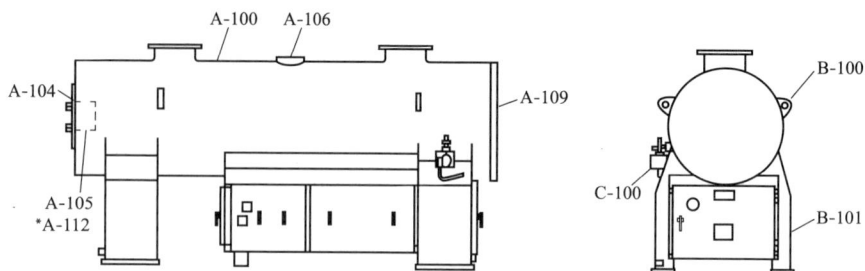

图 3-45　单相 GSR-500R2B 断路器

A-100—气罐；A-104—检修孔；A-105—吸附剂筐；A-106—手孔；A-109—端盖；

*A-112—吸附剂；B-100—吊耳；B-101—支柱；C-100—气体压力密度继电器

2. 灭弧室

两个灭弧室沿水平方向布置，由内部装有绝缘拉杆的绝缘支承固定，如图 3-46 和图 3-47 所示。

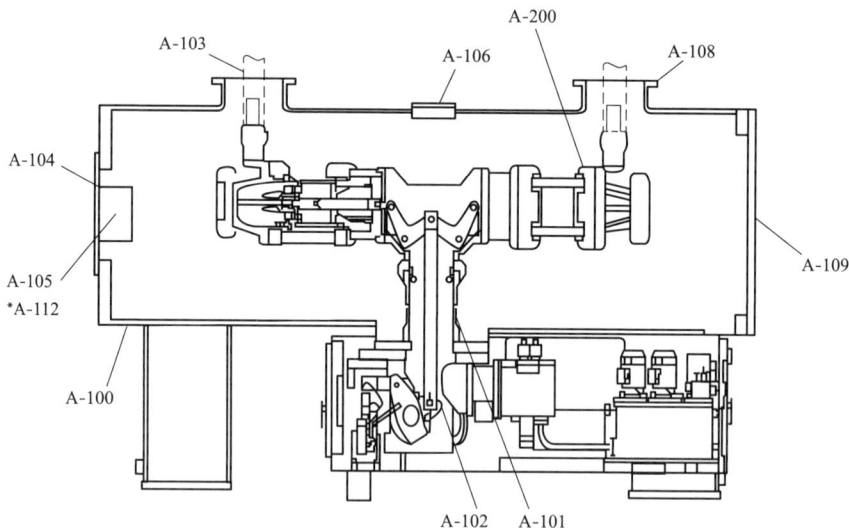

图 3-46　GSR-500R2B 断路器轴向剖视图

A-100—气罐；A-101—绝缘支承；A-102—绝缘拉杆；A-103—连接导体；A-104—检修孔；

A-105—吸附剂筐；A-106—手孔；A-108—法兰；A-109—端盖；*A-112—吸附剂；A-200—灭弧室

（三）工作原理

1. 灭弧室操作

（1）开断。拐臂的转动通过连杆传递给驱动杆，灭弧室分闸操作如图 3-48 所示。驱动杆内部通过自身的排气孔与压气缸内部连通。当绝缘拉杆向下运动时，通过机械联动带动压气缸运动，从而压缩压气缸中的 SF_6 气体，使其压力升高。此时止回阀关闭，以防止压气缸内气体泄漏。动主触头首先打开，压气缸内的 SF_6 气体被压缩；被压缩的 SF_6 气体通过喷口吹向弧触头间引起的电弧，进行熄弧。而此时驱动杆内部与压气缸内部连通，热电弧流动产生的高温气体通过驱动杆的排气孔流入压气缸内，使压气缸内的气体温度升高，同时压气缸运动也压缩气体，两者共同有效地提高气缸内部气体压力。

在分闸后的一段时间内，迅速释放的电弧能量使得驱动杆与周围高温气体膨胀，从而使气体压力得到增强，加快灭弧。

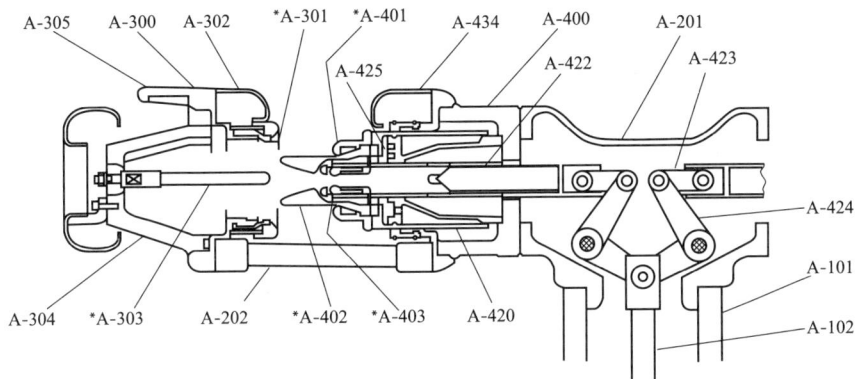

图 3-47 灭弧室

A-101—绝缘支承；A-102—绝缘拉杆；A-201—拐臂盒；A-202—绝缘管；A-300—静触头装配；
*A-301—静触指；A-302—屏蔽环；*A-303—静弧触头；A-304—静触头座；A-305—接线板；
A-400—动触头装配；*A-401—主触头；*A-402—喷口；*A-403—动弧触头；A-420—压气缸；
A-422—驱动杆；A-423—连杆；A-424—拐臂；A-425—阀片；A-434—屏蔽环

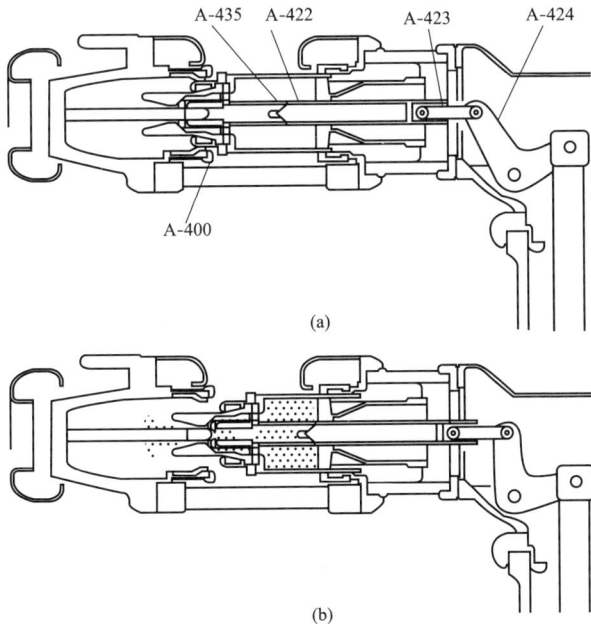

(a)

(b)

图 3-48 灭弧室分闸操作（一）

（a）合闸位置；（b）分闸状态（初始位置）

A-400—静触头装配；A-422—驱动杆；A-423—连杆；A-424—拐臂；A-435—排气孔

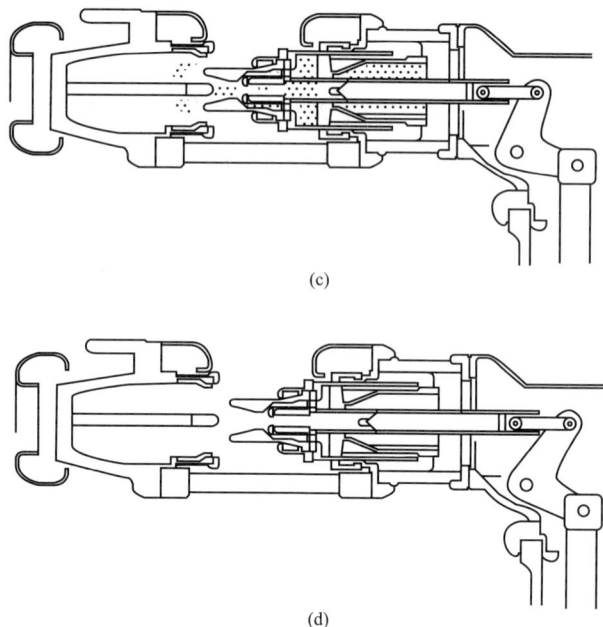

图 3-48　灭弧室分闸操作（二）

（c）分闸状态（较后位置）；（d）分闸状态

（2）合闸。合闸过程中，止回阀片打开以补充压气缸中的负压。触头接触前，电弧在动弧触头和静弧触头之间预燃，首先是弧触头闭合，接着是主触头闭合，然后继续运动直至合闸位置。

2. 操作机构操作

（1）合闸操作。当收到合闸命令后，合闸线圈带电，合闸导向阀打开。控制阀上部的高压油通过合闸导向阀流进低压缸内，控制阀向上移动，如图 3-49（a）所示。

储压器中的高压油流向主阀右边，合闸阀打开。

高压油流向工作缸的 a 室内，使液压操作活塞向合闸方向（左侧）运动。

互锁阀下部的压力较大时，互锁阀向上移动，关闭合闸导向阀和控制阀之间的主通道。

（2）分闸操作。当收到分闸命令后，分闸线圈带电，分闸导向阀打开。控制阀下部的高压油流进低压缸内，控制阀向下移动。合闸阀右侧的高压油流进低压缸内，分闸阀打开，如图 3-49（b）所示。

工作缸 a 室中的高压油迅速释放，液压操作活塞借助 a 室与 b 室的压差以及 b 室的持续加压，迅速运动到分闸方向（右侧）。

互锁阀下侧的压力降低，在一段延时后，互锁阀向下移动，为进行合闸操作做准备。

（四）GIS 设备的运行

1. GIS 设备维护注意事项

（1）进入 GIS 设备室前，应先通风 15～20min。

（2）进入 GIS 设备室后，不准在设备防爆膜附近长期停留。

（3）在 GIS 设备上进行正常操作时，禁止触及设备外壳，并保持一定距离。手动操作隔离开关或接地开关时，应戴绝缘手套。

（4）工作人员进入 GIS 设备室内电缆沟或低凹处工作时，应测量并确认 SF$_6$ 气体浓度不超过 $1000\mu L/L$，含氧量大于 18%（体积比），安全后方可进入。

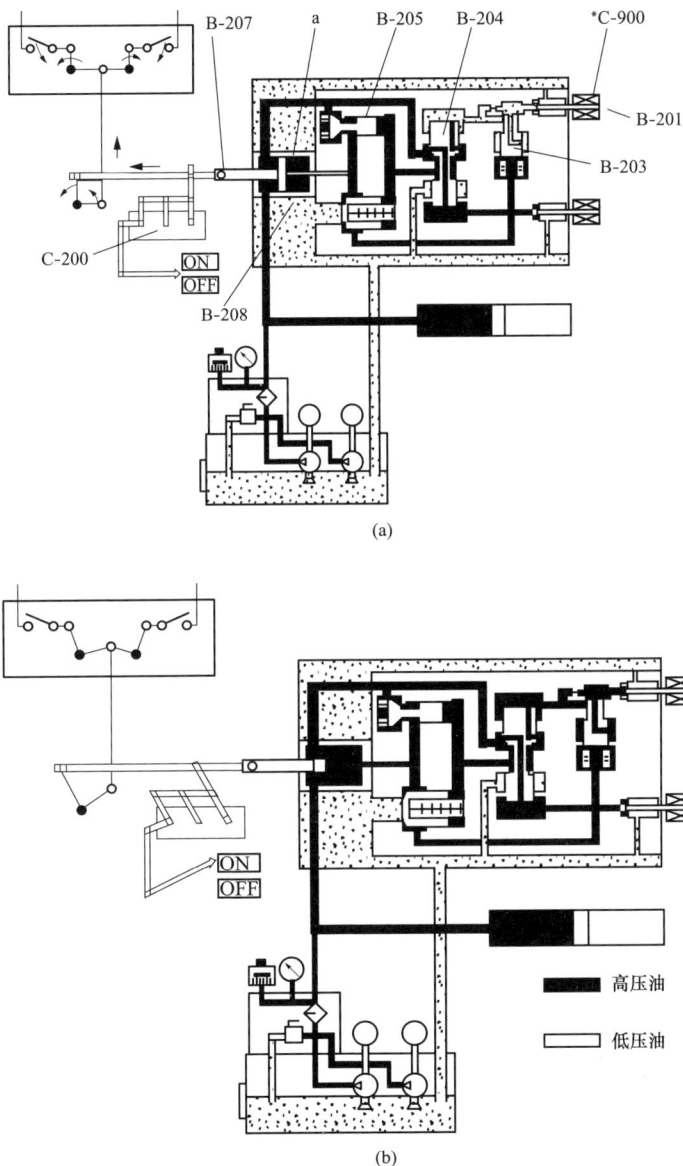

图 3-49　单相油路系统（一）

（a）合闸状态；（b）合闸位置

B-201—合闸导向阀；B-203—互锁阀；B-204—控制阀；B-205—合闸阀；

B-207—液压操作活塞；B-208—工作缸；C-200—辅助开关；*C-900—合闸线圈

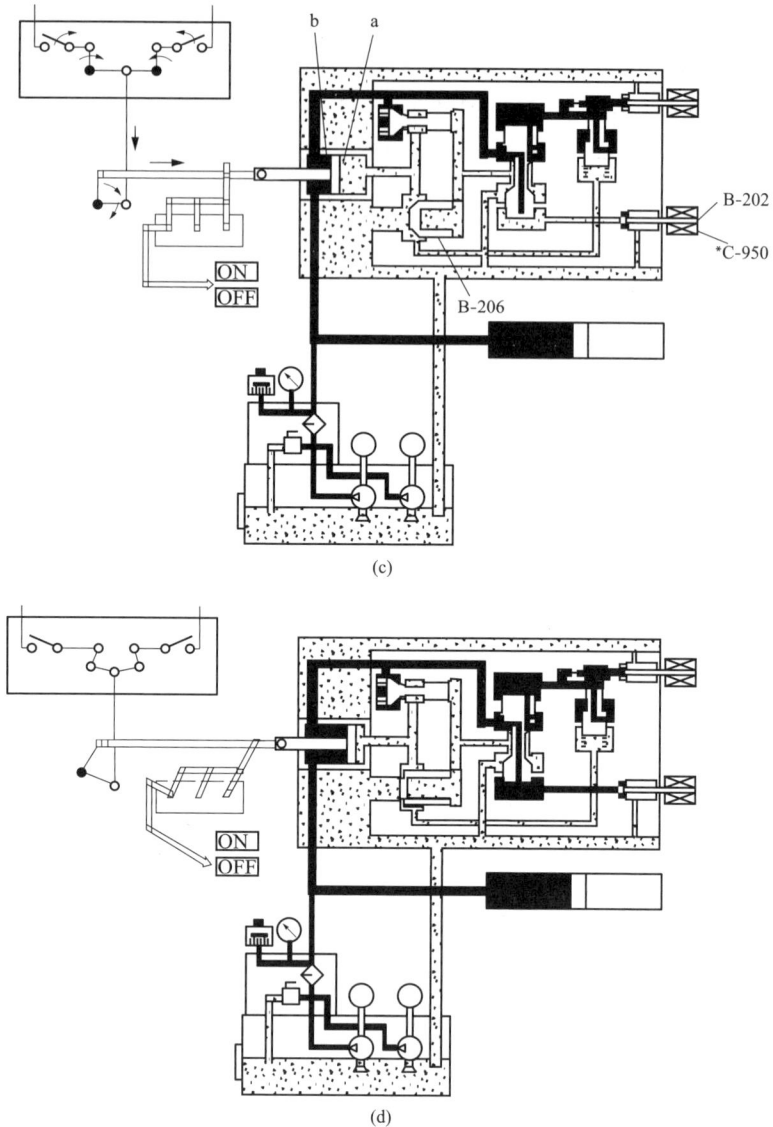

图 3-49　单相油路系统（二）

（c）分闸状态；（d）分闸位置

B-202—分闸导向阀；B-206—分闸阀；*C-950—分闸线圈

（5）气体采样操作及一般渗漏处理要在通风条件下并佩戴正压呼吸器进行。当 GIS 设备发生故障造成大量 SF_6 气体外逸时，应立即撤离现场，并开启室内通风设备。事故发生后 4h 内，任何人进入室内必须穿防护服，戴防护手套及戴正压呼吸器。事故后清扫 GIS 设备室或清理故障气室内固体分解物时，工作人员也应采取同样的防护措施。

（6）处理 GIS 设备内部故障时，应将 SF_6 气体回收并加以净化处理，严禁直接排放到大气中。

（7）禁止攀爬 GIS 设备本体。

2. GIS 设备投运前检查

（1）新安装或 A 修后的 GIS 设备，投运前必须验收合格，有相关的验收、试验报告。

（2）GIS 设备投运前所属系统、设备的检修工作票应终结，接地开关全部断开，拆除接地短路线等临时安全措施，恢复常设遮栏和标示牌。

（3）投运设备各部位清洁、无杂物。

（4）防误闭锁装置良好，功能正常。

（5）断路器、隔离开关的操作机构良好，无渗漏油、卡涩现象，油位、油压正常。

（6）SF_6 气体压力正常。

（7）保护及自动装置投入正确。

（8）断路器、隔离开关的拉、合闸试验正常。

（9）断路器、隔离开关在断开状态，就地/远方指示一致。

3. GIS 设备正常运行检查

（1）设备本体的状态指示与汇控柜指示和 NCS 画面显示一致。

（2）无异常的振动、噪声和气味。

（3）套管、接地端、连接条、分流条无过热变色现象。

（4）进出线套管、垫片等绝缘体无裂纹、损伤及腐蚀。

（5）壳体支架无锈蚀和损伤。

（6）各气室 SF_6 气体压力表的指示正常，在规定的范围内：

1）断路器气室 SF_6 气体正常压力为 0.55MPa，当降低到 0.525MPa 时发出"补气警报"，当降低到 0.5MPa 时发出"闭锁警报"，此时将闭锁断路器的跳合闸操作。

2）其他气室 SF_6 气体正常压力为 0.5MPa，当降低到 0.45MPa 时发出"补气警报"。

（7）断路器液压机构压力表指示正常，在（32.5±1）MPa 内，无渗漏油现象，最高不得超过 37.5MPa。

1）当断路器液压机构压力降低到 31.5MPa 时，油泵启动进行打压。

2）当断路器液压机构压力升高到 33.5MPa 时，油泵停止打压。

3）当断路器液压机构压力降低到 27.5MPa 时，将发出低油压报警信号。

4）当断路器液压机构压力降低到 30MPa 时，将闭锁断路器重合闸。

5）当断路器液压机构压力降低到 27MPa 时，将闭锁断路器合闸。

6）当断路器液压机构压力降低到 25.5MPa 时，将闭锁断路器分闸。

7）500kV 断路器液压机构打压动作次数应不超过每天每相 2 次。如果油泵启动次数超过每天每相 2 次，应通知检修人员对设备进行检查。

（8）GIS 微水含量在线监测装置投入运行正常，无报警信号。正常情况下，断路器气室间隔微水含量应在 $300\mu L/L$ 以下，其余气室间隔微水含量应在 $500\mu L/L$ 以下，当微水含量超标时应通知检修人员处理。

（9）汇控柜及 NCS 画面上各种信号指示正常，汇控柜内各断路器的位置正常。

（10）断路器液压机构窗口上无凝露现象。

（11）气体系统无漏气现象。

（12）气体系统阀门位置状态正确。管道的绝缘法兰与绝缘支架良好。

（13）压力释放装置防护罩正常，其释放出口无障碍物。

（14）通风及照明设备良好。

七、500kV 系统异常运行和事故处理

（一）断路器合不上

1. 现象

（1）事故警报响。

（2）NCS 画面中断路器闪光或指示异常。

（3）电流表无指示，或电流表指针瞬间摆动后回零。

2. 原因

（1）控制或合闸回路断线。

（2）直流电源消失或电压过低。

（3）点击画面时间短，选择不成功。

（4）同期开关、操作方式选择开关位置不正确，回路闭锁。

（5）SF_6 压力低至闭锁压力。

（6）操作机构卡涩。

（7）液压操作机构压力低或弹簧机构未储能。

3. 处理

（1）检查控制或合闸回路是否正常，如控制、合闸电源回路跳闸，应恢复供电。

（2）检查是否为直流电源消失或电压过低，如电压过低或消失，应查找原因，恢复送电。

（3）检查是否为选择不成功。

（4）检查同期开关、操作方式选择开关位置是否正确，回路有无闭锁，如果出现闭锁信号，应查明原因。

（5）检查 SF_6 压力、液压机构油压是否正常，有无报警或闭锁信号。

（6）经上述检查并排除故障后继续操作，不能排除故障时应通知检修人员处理。

（二）断路器分不开

1. 现象

（1）事故警报响。

（2）NCS 画面中断路器闪光或指示正常。

（3）电流指示无变化或到零。

（4）继电保护动作，光字牌亮，信号掉牌，显示某种保护动作，其他断路器跳闸。

2. 原因

（1）直流电源消失或电压过低。

（2）控制回路断线。

（3）液压操作机构压力过低或弹簧机构失灵。

（4）控制、跳闸回路或与跳闸有关的继电器线圈、跳闸线圈断线或烧损。

（5）断路器辅助触点、各有关继电器触点接触不良。

（6）断路器机构卡住、传动部分销子脱落、机构失灵等。

（7）SF$_6$ 气体压力低闭锁。

3. 处理

（1）确属某断路器断不开，造成越级跳闸时，应立即将故障断路器隔离，恢复越级跳闸的断路器，再报告调度。

（2）因直流电源消失或电压过低、控制回路断线，造成断路器断不开时，应采取措施恢复直流或控制电源，再次手动分闸，如果手动拉不开，则应根据当时的具体情况，必要时可拉开上一级断路器。

（3）因液压操作机构压力过低，控制、跳闸回路或与跳闸有关的继电器线圈、跳闸线圈断线或烧损，断路器辅助触点、各有关继电器触点接触不良，断路器机构卡住、传动部分销子脱落、机构失灵，SF$_6$ 气体压力低闭锁等，造成断路器断不开时，应立即向值长汇报，并通知检修人员进行处理，必要时还应断开故障断路器的控制回路，闭锁断路器跳闸。

（4）短时间内不能恢复故障断路器时，应按值长命令，改变运行方式，隔离故障断路器。

（三）线路断路器非全相运行

1. 现象

（1）警铃、事故警报响，NCS 发"断路器非全相运行"信号。

（2）DCS 画面中断路器闪光或指示异常。

（3）重合闸保护可能动作。

（4）三相电流指示有一相或两相指示为零，另一条线路一相或两相电流指示升高。

（5）发电机负序电流指示可能升高。

2. 原因

（1）断路器的辅助触点接触不好。

（2）跳合闸位置继电器触点切换不良，合闸回路或合闸位置继电器线圈断线等。

（3）断路器一相或两相未合上。

（4）人员误动造成一相或两相跳闸。

（5）保护动作造成一相或两相跳闸。

3．处理

（1）首先根据信号、参数判断是否确为非全相运行，如果不是非全相运行，应查明各信号误发的原因，并通知检修人员进行处理。

（2）发现断路器非全相运行，保护未动作时，应立即拉开非全相运行断路器；若断路器有闭锁或拒动，应汇报调度，将线路对侧断路器转为冷备用状态，再将非全相断路器所在母线其他负荷倒向另一组母线，用母联断路器将非全相断路器隔离。

（四）SF_6 气体压力低

1．现象

（1）警铃响。

（2）发"××气室压力降低"和"SF_6 压力降低闭锁"信号。

（3）断路器不能操作。

2．原因

（1）瓷套与法兰接合不良。

（2）套与胶垫连接处胶垫老化或位置未放正。

（3）滑动密封处，密封圈损伤或滑动杆粗糙度不够。

（4）管接头处、自封阀处固定不紧或有脏物。

（5）压力表特别是接头密封垫损坏。

（6）信号回路故障，误发信号。

3．处理

（1）SF_6 压力降低报警后，必须戴好正压呼吸器方可进入 GIS 设备室。

（2）如就地 SF_6 压力指示正常，则为信号误发，通知检修人员处理。

（3）如 SF_6 压力降低已发"闭锁分合闸"信号时，应立即断开其断路器的控制电源，报告值长，及时采取措施，申请断开上一级断路器，将故障断路器停止运行。

（4）"××气室 SF_6 压力降低"光字牌发出，如果漏气严重，应在闭锁分闸前改变运行方式，停止该断路器运行。

（5）"××气室 SF_6 压力降低"光字牌发出，经检查漏气不严重时汇报值长，如果因系统原因不能停运时，应在保证安全的情况下，通知检修人员带电补充 SF_6 气体，并加强监视，及时倒换运行方式，安排停运处理。

（6）若 SF_6 检漏仪报警，在开启风机 15min 内不准进入开关室，如必须进入时，须戴防毒面具、防护手套，穿防护衣。

（五）电流互感器断线

1．现象

（1）警铃响。

（2）电流指示降低或为零，有功功率、无功功率指示降低或有摆动，电能表指示不准确。

（3）发"差动闭锁"和"电流互感器断线"信号。

2. 原因

（1）二次接线端子松动。

（2）切换继电器触点接触不良，辅助换流器断线、损坏。

（3）二次回路电缆断线。

（4）电流互感器本身故障。

（5）开路处有放电现象。

3. 处理

（1）查明断线的组别、相别，汇报调度，降低故障电流互感器一次电流。

（2）退出相应故障电流互感器供电的电流差动保护。

（3）申请调度改变运行方式，停运故障电流互感器，通知检修人员处理。

（六）500kV 线路电压互感器断线

1. 现象

（1）警铃响。

（2）线路电压、有功功率、无功功率可能指示为零。

（3）线路保护 1 或 2 屏有"电压互感器回路断线"信号。

（4）线路断路器保护屏发"电压互感器回路断线""闭锁重合闸"信号。

（5）同步相量测量装置（PMU）数据处理采集屏及线路 I/O 测控柜有"电压互感器回路断线"信号。

（6）故障录波器可能启动。

（7）电能表有报警，可能停止记录。

2. 原因

（1）二次接线端子松动。

（2）二次回路电缆断线。

（3）电压互感器本身故障。

（4）二次侧断路器跳闸。

3. 处理

（1）查明二次侧断路器跳闸情况或断线的组别、相别。

（2）退出线路保护屏所有保护出口压板、断路器保护屏重合闸功能压板。

（3）联系检修人员处理完毕，电压互感器二次电压正常后，投入相应保护屏出口压板。

（4）如电能表报警停止记录，应记录故障时间及峰谷平数值，待恢复正常后再次记录。

（七）母线电压互感器断线

1. 现象

（1）警铃响。

（2）母线电压指示异常，可能为零。

（3）与母线相连发电机-变压器组保护屏发电压互感器断线报警信号。

（4）500kV 母线保护屏发电压互感器断线报警信号。

（5）启动备用变压器保护屏发电压互感器断线报警信号。

（6）故障录波器可能启动。

（7）发电机并网时，同期条件可能不满足，不能并网。

2. 原因

（1）二次接线端子松动。

（2）切换继电器触点接触不良。

（3）二次回路电缆断线。

（4）电压互感器本身故障。

（5）二次侧断路器跳闸。

3. 处理

（1）查明二次侧断路器跳闸情况或断线的组别、相别。

（2）退出母线上运行发电机-变压器组保护 A、B 屏（有报警信号）失磁保护功能压板。

（3）退出启动备用变压器保护 A 或 B 屏（有报警信号）过励磁保护功能压板。

（4）退出母线保护 1 或 2 屏（有报警信号）所有压板。

（5）如遇发电机并网时，应断开同期装置电源开关，待检修人员处理后再投入同期并网。

（6）联系检修人员处理完毕，电压互感器二次电压正常后，投入相应保护屏出口及功能压板。

第四章　机组的泵与风机

第一节　泵与风机的概述

泵与风机是一类能将原动机的机械能转换成被输送流体的压力势能和动能的流体机械。如果输送的流体是液体，则称为泵；如果输送的流体为气体，则称为风机。泵与风机在火力发电厂中应用十分广泛，如图 4-1 所示。

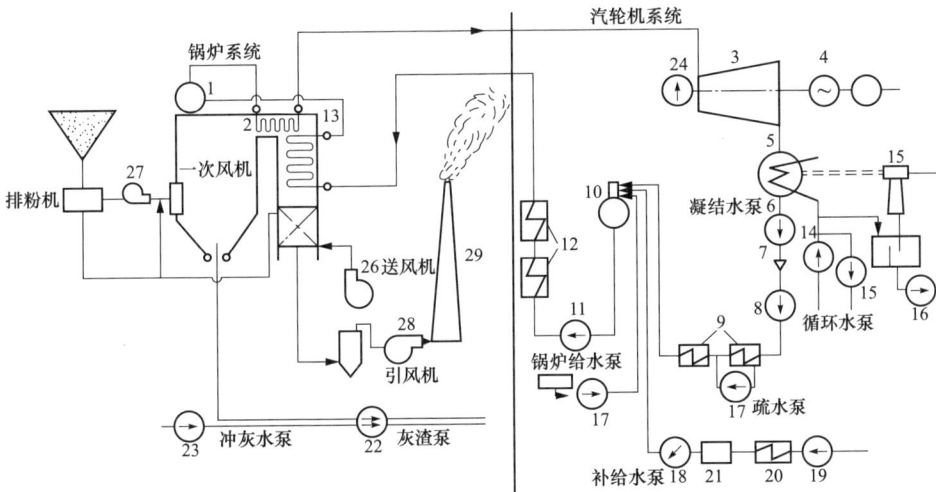

图 4-1　火力发电厂中泵与风机的应用

由于泵与风机故障而引起停机、停炉的事例很多，并且由此造成了很大的直接和间接经济损失，应引起足够的重视。泵与风机是电厂的耗电大户。据统计，各种泵与风机的耗电量约占厂用电的 $70\%\sim80\%$，耗电、汽总量约为机组容量的 $5\%\sim10\%$。其中，泵约占 50%，风机约占 30%。总之，泵与风机的安全经济运行与整个电厂的安全经济运行密切相关。泵与风机的发展趋势为大容量、高效率、高速化、高可靠性、低噪声和自动化。

一、泵与风机的分类

根据泵与风机的工作原理和结构，通常可以将其按表 4-1 和表 4-2 进行分类。

表 4-1　泵的分类

叶片式泵	离心泵		单级	
			多级	
	轴流泵	固定叶片	单级	
			多级	
		可动叶片		
	混流泵			
	旋涡泵			
容积式泵	往复泵	活塞泵		
		柱塞泵		
		隔膜泵		
	回转泵	齿轮泵	外齿轮泵	
			内齿轮泵	
		螺杆泵	单螺杆泵	
			双螺杆泵	
			三螺杆泵	
		滑片泵		
其他类型泵	射流泵			
	水锤泵			
	气泡泵			

表 4-2　风机的分类

叶片式风机	离心式风机	
	轴流式风机	
	混流式风机	
容积式风机	往复风机	叶氏风机
		罗茨风机
		螺杆风机

二、泵与风机的工作原理

（一）离心式泵与风机的工作原理

离心式泵与风机的工作原理是：叶轮高速旋转时产生的离心力使流体获得能量，即流体通过叶轮后，压力势能和动能都得到提高，从而能够被输送到高处或远处。离心式泵与风机最简单的结构如图 4-2 所示。叶轮装在一个螺旋形的外壳内，当叶轮旋转时，流体轴向流入，然后转 90°进入叶轮流道并径向流出。叶轮连续旋转，在叶轮入口处不断形成真空，从而使流体连续不断地被泵吸入和排出。

离心泵按工作叶轮数目可分为单级泵和多级泵，单级泵轴上只装有一个叶轮，多级泵轴上装有两个或两个以上的叶轮；按工作压力可分为低压泵、中压泵和高压泵；按叶轮进水方式可分为单吸泵和双吸泵；按泵壳结合缝形式可分为水平中开式泵和垂直结合面泵；按泵轴位置可分为卧式泵

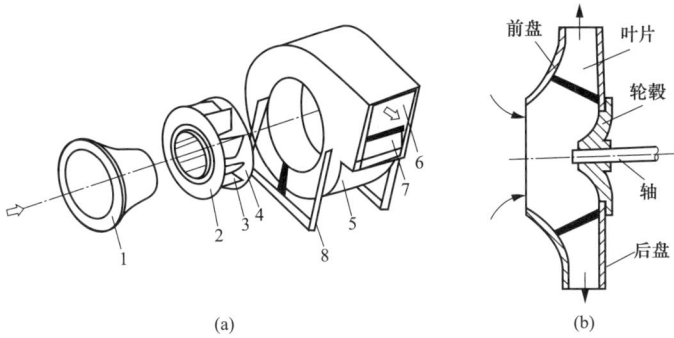

图 4-2　离心式泵与风机的主要结构
1—吸入口；2—叶轮前盘；3—叶片；4—后盘；5—机壳；6—出口；
7—截流板，即风舌；8—支架

和立式泵，卧式泵的泵轴位于水平位置，立式泵的泵轴位于垂直位置；按叶轮出水引向压出室的方式可分为蜗壳泵和导叶泵；按泵的转速可否改变可分为定速泵和调速泵。离心泵的主要由转子和定子两部分组成。转子包括叶轮、轴、轴套、键和联轴器等；定子包括泵壳、密封设备（填料筒、水封环、密封圈）、轴承、机座、轴向推力平衡设备等。离心泵的平衡盘装置由平衡盘、平衡座和调整套（有的平衡盘和调整套为一体）组成。平衡盘装置的工作原理是：从末级叶轮出来的带有压力的液体，经平衡座与调整套间的径向间隙流入平衡盘与平衡座间的水室中，使水室处于高压状态。平衡盘后有平衡管与泵的入口相连，其压力近似于泵的入口压力。这样在平衡盘两侧压力不相等，就产生了向后的轴向平衡力。轴向平衡力的大小随轴向位移的变化、平衡盘与平衡座间的轴向间隙（即改变平衡盘与平衡座间水室压力）调整而变化，从而达到平衡的目的，但这种平衡经常是动态平衡。离心泵的损失有容积损失、水力损失和机械损失三种。容积损失包括密封环漏泄损失、平衡机构漏泄损失和级间漏泄损失。水力损失包括冲击损失、旋涡损失和沿程摩擦损失。机械损失包括轴承和轴封摩擦损失、叶轮圆盘摩擦损失，以及液力耦合器的液力传动损失。

（二）轴流式泵与风机的工作原理

轴流式泵与风机的工作原理是：旋转叶片的挤压推进力使流体获得能量，升高其压力势能和动能。轴流式泵与风机的结构如图 4-3 所示。叶轮安装在圆筒形（风机为圆锥形）泵壳内，当叶轮旋转时，流体轴向流入，在叶片叶道内获得能量后，沿轴向流出。轴流式泵与风机适合大流量、低压力，机组系统中常用于循环水泵及送、引风机。

三、泵与风机的代号/型号编制

（一）泵的代号编制

离心泵的基本形式及其代号见表 4-3，轴流泵的基本形式及其代号见表 4-4。

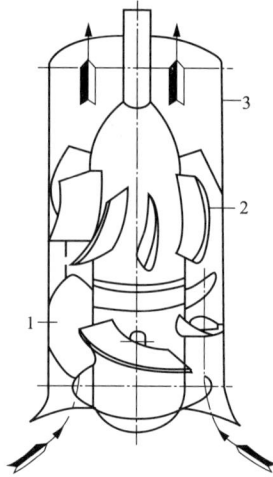

图 4-3　轴流式泵与风机的结构

1—叶轮；2—导叶；3—泵壳

表 4-3　离心泵的基本形式及其代号

泵的形式	形式代号	泵的形式	形式代号
单级单吸离心泵	IS. B	大型立式单级单吸离心泵	RJ
单级双吸离心泵	S. Sh	卧式凝结水泵	NB
分段式多级离心泵	D	立式凝结水泵	NL
分段式多级离心泵（首级为双吸）	DS	立式筒袋形离心凝结水泵	LDTN
分段式多级锅炉给水泵	DG	卧式疏水泵	NW
卧式圆筒形双壳体多级离心泵	YG	单吸离心油泵	Y
中开式多级离心泵	DK	筒式离心油泵	YT
多级前置泵（离心泵）	DQ	单级单吸卧式离心灰渣泵	PH
热水循环泵	R	长轴离心深井泵	JC
大型单级双吸中开式离心泵	XJ	单级单吸耐腐蚀离心泵	IH
单级单吸悬臂蜗壳式混流泵	HB	立轴蜗壳式混流泵	HLWB
立式混流泵	HL	单吸卧式混流泵	FB

表 4-4　轴流泵的基本形式及其代号

泵的形式	轴流式	立式	卧式	半调叶式	全调叶式
形式代号	Z	L	W	B	Q

（二）风机的型号编制

风机的型号包括名称、型号、机号、传动方式、旋转方向和风口位置六部分。

1. 名称

名称包括用途、作用原理和在管网中的作用三部分，多数产品对第三部分不予表示。一般在型号前冠以用途代号，如锅炉离心式风机 G、锅炉离心式引风机 Y、冷冻用风机 LD、空调用风机 KT 等。

2. 型号

型号由基本型号和补充型号组成。

（1）基本型号。第一组数字表示全压系数，第二组数字表示比转速化整后的值。如果基本型号相同，用途不同时，为了便于区别，在基本型号前加上 G 或 Y、LD、KT 等符号。其中，G 表示锅炉送风机，Y 表示锅炉引风机，LD 表示冷冻用风机，KT 表示空调用风机。

（2）补充型号。第三组数字由两位数字组成。第一位数字表示风机进口吸入形式的代号，以 0、1 和 2 数字表示，其中 0 表示双引风机，1 表示单引风机，2 表示两级串联风机。第二位数字表示设计的顺序号。

3. 机号

机号一般用叶轮外径的分米（dm）数表示。在其前面冠以 No.，在机号数字后加上小写汉语拼音字母 a 或 b 表示变型。其中，a 代表变型后叶轮外径为原来的 0.95 倍；b 代表变型后叶轮外径为原来的 1.05 倍。

4. 传动方式

风机传动方式有六种，分别以大写字母 A、B、C、D、E、F 等表示。不同传动方式的离心式风机结构见表 4-5，离心式风机传动方式如图 4-4 所示。

表 4-5 不同传动方式的离心式风机结构特点

传动方式	A	B	C	D	E	F
结构特点	单吸、单支架、无轴承，与电动机直联	单吸、单支架、悬臂支承，皮带轮在两轴承之间	单吸、单支架、悬臂支承，皮带轮在两轴承外侧	单吸、单支架、悬臂支承，联轴器传动	单吸、双支架，皮带轮轴承在外侧	单吸、双支架，联轴器传动

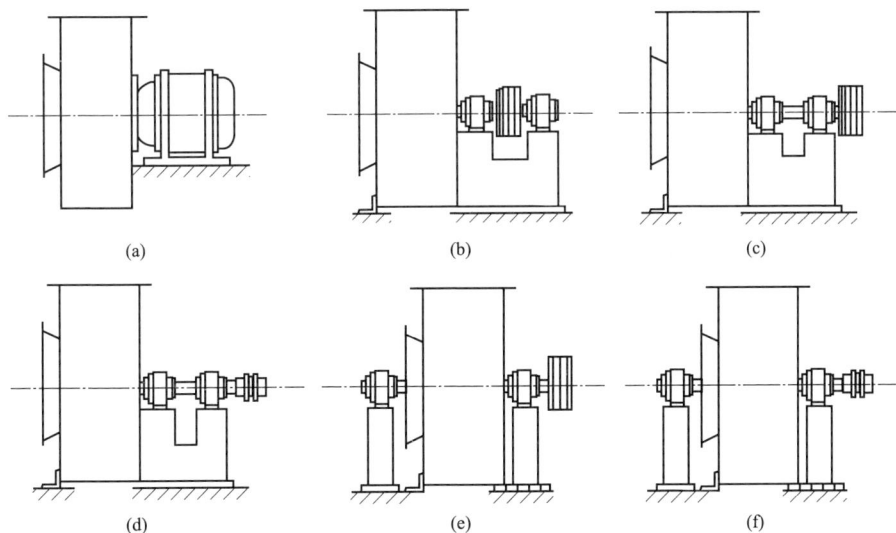

图 4-4 离心式风机传动方式

(a) A 传动方式；(b) B 传动方式；(c) C 传动方式；(d) D 传动方式；

(e) E 传动方式；(f) F 传动方式

5. 旋转方向

离心式风机旋转方向有两种。右转风机以"右"字表示，左转风机以"左"字表示。左右之分是从风机安装电动机的一端正视，叶轮做顺时针方向旋转称为右，做逆时针方向旋转称为左。以右转方向为风机的基本旋转方向。

6. 出口位置

风机的出口位置基本定为八个，以角度 0°、45°、90°、135°、180°、225°、270°、315°表示。对于右转风机的出风口是以水平向左规定为 0°位置；左转风机的出风口则是以水平向右规定为 0°位置。

第二节　泵与风机的结构

一、泵的主要部件

（一）离心泵的主要部件

尽管离心泵的类型繁多，但由于其作用原理基本相同，因此它们的主要部件大体相同。

1. 叶轮

叶轮是将原动机输入的机械能传递给液体，提高液体能量的核心部件。叶轮有开式、半开式及闭式三种，如图 4-5 所示。开式叶轮没有前盘和后盘而只有叶片，多用于输送含有杂质的液体，如污水泵的叶轮就是开式叶轮。半开式叶轮只设后盘。闭式叶轮既有前盘也有后盘。清水泵的叶轮都是闭式叶轮。离心泵的叶轮都采用后向叶型。

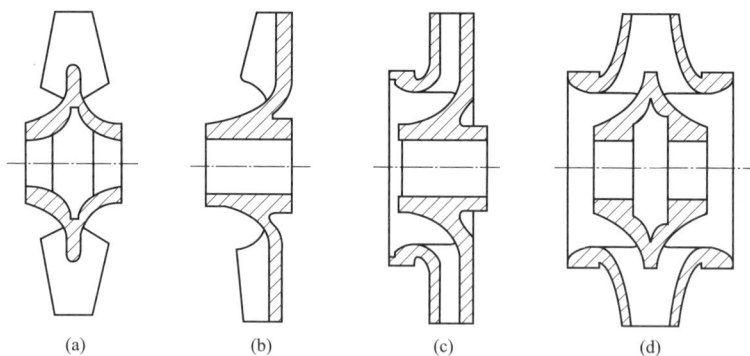

图 4-5　叶轮的形式

（a）开式叶轮；（b）半开式叶轮；（c）（d）闭式叶轮

2. 轴和轴承

轴是传递扭矩的主要部件。轴径按强度、刚度及临界转速选定。中小型泵多采用水平轴，叶轮滑配在轴上，叶轮间距离用轴套定位。大型泵则采用阶梯轴，不等孔径的叶轮用热套法装在轴上，并利用渐开线花键代替传统的短键。这种结构的泵中叶轮与轴之间没有间隙，不致使轴间窜水和冲刷，但拆装困难。

轴承一般包括滑动轴承和滚动轴承两种形式。

滑动轴承用油润滑。一种润滑系统包括一个储油池和一个油环，后者在轴转动时在轴表面形成一个油层使油和油层不直接接触；另一种润滑系统就是利用浸满油的填料包来润滑。大功率的泵通常要用专门的油泵来给轴承送油。

滚动轴承通常用冷冻油润滑，有些电动机轴承是密封而不能获得润滑的。

滚动轴承通常用于小型泵。较大型泵可能既有滑动轴承又有滚动轴承。而滑动轴承由于运行噪声低而被推荐用于大型泵。

3. 吸入室

离心泵吸入管法兰至叶轮进口前的空间过电流部分称为吸入室。其作用是在最小水力损失下，引导液体平稳地进入叶轮，并使叶轮进口处的流速尽可能均匀分布。

吸入室按结构可分为直锥形吸入室、弯管形吸入室、环形吸入室、半螺旋形吸入室几种。

（1）直锥形吸入室。这种形式的吸入室水力性能好，结构简单，制造方便。液体在直锥形吸入室内流动，速度逐渐增加，因而速度分布更趋向均匀。直锥形吸入室的锥度为 $7°\sim8°$。这种形式的吸入室广泛应用于单级悬臂式离心水泵上。

（2）弯管形吸入室。弯管形吸入室是大型离心泵和大型轴流泵经常采用的形式。这种吸入室在叶轮前都有一段直锥式收缩管，因此具有直锥形吸入室的优点。

（3）环形吸入室。环形吸入室各轴面内的断面形状和尺寸均相同。其优点是结构对称、简单、紧凑，轴向尺寸较小；缺点是存在冲击和旋涡，并且液流速度分布不均匀。环形吸入室主要用于节段式多级泵中。

（4）半螺旋形吸入室。半螺旋形吸入室主要用于单级双吸式水泵、水平中开式多级泵、大型节段式多级泵及某些单级悬臂泵上。半螺旋形吸入室可使液体流动产生旋转运动，绕泵轴转动，致使液体进入叶轮吸入口时速度分布更均匀，但进口预旋会使泵的扬程略有降低，降低值与流量成正比。

相比而言，直锥形吸入室的使用最为普遍。

4. 机壳

机壳收集来自叶轮的液体，并使部分液体的动能转换为压力势能，最后将液体均匀地引向次级叶轮或导向排出口。机壳结构主要有螺旋形和环形两种，如图 4-6 和图 4-7 所示。螺旋形压水室不仅起收集液体的作用，同时在螺旋形的扩散管中将部分液体动能转换成压力势能。螺旋形压水室具有制造方便、效率高的特点。它适用于单级单吸、单级双吸离心泵以及多级中开式离心泵。单级离心泵的机壳大都为螺旋形蜗式机壳。环形压水室在节段式多级泵的出水段上采用。环形压水室的流道断面面积是相等的，所以各处流速不相等。因此，不论在设计工况还是非设计工况时总有冲击损失，故效率低于螺旋形压水室。有些机壳内还设置了固定的导叶，就是所谓的导叶式机壳。

图 4-6 螺旋形机壳

图 4-7 环形机壳

5. 导叶

导叶又称导流器、导轮，分径向式导叶和流道式导叶两种，应用于节段式多级泵上作导水机构。

（1）径向式导叶如图 4-8 所示，它由螺旋线、扩散管、过渡区（环状空间）和反导叶（向心的环列叶栅）组成。螺旋线和扩散管部分称为正导叶，液体从叶轮中流出，由螺旋线部分收集起来，而扩散管将大部分动能转换为压力势能，进入过渡区，起改变流动方向的作用，再流入反导叶，消除速度环量，并把液体引向次级叶轮的进口。由此可见，导叶兼有吸入室和压出室的作用。

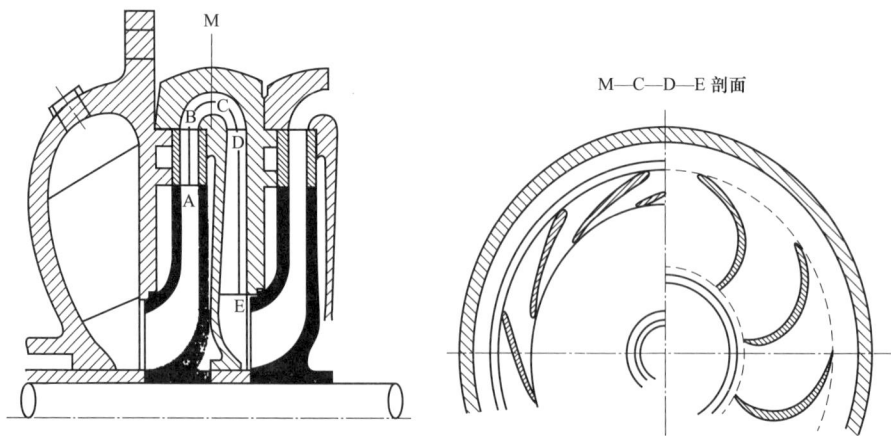

图 4-8 径向式导叶

（2）流道式导叶如图 4-9 所示，它的前面部分与径向式导叶的正导叶相同，后面部分与径向式导叶的反导叶类似，只是它们之间没有环状空间，而正导叶部分的扩散管出口用流道与反导叶部分连接起来，组成一个流道。

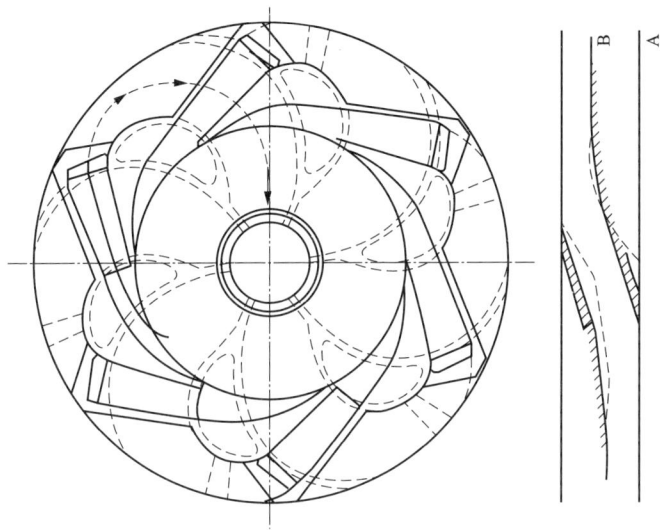

图 4-9　流道式导叶

它们的水力性能相差无几，但在结构尺寸上径向式导叶较大，工艺方面较简单。目前在节段式多级泵设计中，趋向采用流道式导叶。

（二）轴流泵的主要部件

轴流泵的特点是流量大，扬程低。轴流泵的主要部件有叶轮、轴、导叶、吸入管等。

1. 叶轮

叶轮的作用与离心泵的一样，是将原动机的机械能转变为流体的压力势能和动能。它由叶片、轮毂和动叶调节机构等组成。叶片多为机翼型，一般为 4～6 片。轮毂用来安装叶片和叶片调节机构。轮毂有圆锥形、圆柱形和球形三种。小型轴流泵（叶轮直径在 300mm 以下）的叶片和轮毂铸成一体，叶片的角度不是固定的，也称固定叶片式轴流泵。中型轴流泵（叶轮直径在 300mm 以上）一般采用半调节式叶轮结构，即叶片靠螺母和定位销钉固定在轮毂上，叶片角度不能任意改变，只能按各销钉孔对应的叶片角度来改变，故称半调节式轴流泵。大型轴流泵（叶轮直径在 1600mm 以上），一般采用球形轮毂，把动叶可调节机构装于轮毂内，靠液压传动系统来调节叶片角度，故称动叶可调节式轴流泵。

2. 轴

对于大容量和叶片可调节的轴流泵，其轴均用优质碳素钢做成空心，表面镀铬，既减轻轴的质量又便于装调节机构。

3. 导叶

轴流泵的导叶一般装在叶轮出口侧。导叶的作用是将流出叶轮的液体的旋转运动转变为轴向运动，同时将部分动能转变为压力势能。

4. 吸入管

吸入管与离心泵吸入室的作用相同。中小型轴流泵多用喇叭形吸入管，大型轴流泵多采用肘形吸入流道。

（三）混流泵的主要部件

混流泵内液体的流动介于离心泵和轴流泵之间，液体斜向流出叶轮，即液体的流动方向相对叶轮而言既有径向速度也有轴向速度。其特性介于离心泵和轴流泵之间。

混流泵具有蜗壳式和导叶式两种，可分为单级、单吸、立式结构的可潜式蜗壳混流泵。混流泵适用于输送清水或物理化学性质类似于水的其他液体（包括轻度污水），被输送介质温度不超过 50℃，也可用于农田排灌、市政工程和工业过程水处理、电厂输送循环水、城市给排水等多个领域，使用范围十分广泛。

二、风机主要部件

（一）离心式风机的主要部件

离心式风机输送气体时，一般增压范围在 9.807kPa（1000mmH$_2$O）以下。根据增压大小，离心式风机又可分为：①低压风机，增压值小于 1000Pa；②中压风机，增压值在 1000～3000Pa；③高压风机，增压值大于 3000Pa。

低压和中压风机大都用于通风换气、排尘系统和空气调节系统。高压风机则一般用于锻冶设备的强制通风及某些气力输送系统。根据用途不同，风机各部件的具体构造也有所不同。

1. 吸入口和进气箱

吸入口可分为圆筒式、锥筒式和曲线式几种。吸入口有集气的作用，可以直接在大气中采气，使气流以损失最小的方式均匀流入风机内。某些风机的吸入口与吸气管道用法兰直接连接。

进气箱在进风口需要转弯时才采用，用以改善进风口气流流动状况，减少因气流不均匀进入叶轮而产生的流动损失。进气箱一般用在大型或双吸入的风机上。

2. 叶轮

叶轮由前盘、后盘、叶片和轮毂所组成。叶片可分为前向、径向和后向三种类型。离心式风机的叶型如图 4-10 所示。

3. 机壳

中压与低压离心式风机的机壳一般是阿基米德螺线状的。它的作用是收集来自叶轮的气体，并将部分动压转换为静压，最后将气体导向出口。

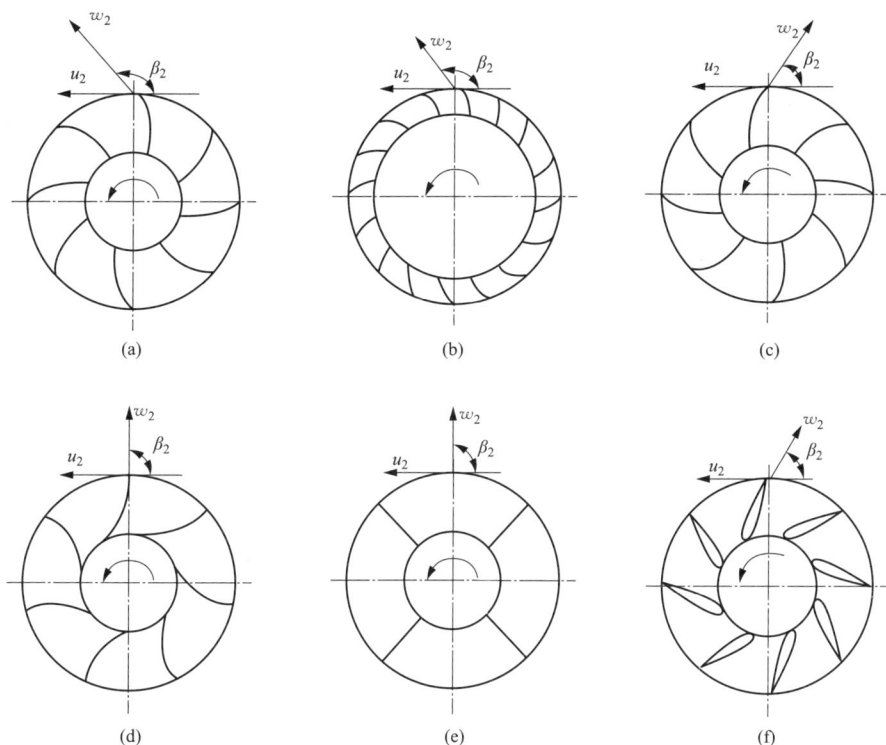

图 4-10 离心式风机的叶型

（a）前向叶型叶轮；（b）多叶前向叶型叶轮；（c）后向叶型叶轮；

（d）径向弧形叶轮；（e）径向直叶式叶轮；（f）机翼形叶轮

机壳的出口方向一般是固定的。但新型风机的机壳能在一定的范围内转动，以适应用户对出口方向的不同需要。

4. 导流器

导流器又称进口风量调节器。在风机的入口处一般都装有导流器。运行时，通过改变导流器叶片的角度（开度）来改变风机的性能，以扩大工作范围和提高调节的经济性。

（二）轴流式风机的主要部件

轴流式风机的主要部件有叶轮、集风器、整流罩、导叶和扩散筒等。大型轴流式风机还装有调节装置和性能稳定装置。

1. 叶轮

叶轮由轮毂和叶片组成，其作用和离心式叶轮的一样，是实现能量转换的主要部件。轮毂用以安装叶片和叶片调节机构，其形状有圆锥形、圆柱形和球形三种。

叶片多为机翼形扭曲叶片。叶片做成扭曲形，其目的是使风机在设计工况下，沿叶片半径方向获得相等的全压。为了在变工况运行时获得较高的效率，大型轴流式风机的叶片一般做成可调的，即在运行时根据外界负荷的变化来改变叶片的安装角。

2. 集风器

集风器的作用是使气流获得加速，在压力损失最小的情况下保证进气速度均匀、平稳。

集风器的好坏对风机性能影响很大，与无集风器的风机相比，设计良好的集风器风机效率可提高10％～15％。集风器一般采用圆弧形。

3. 整流罩

为了获得良好的平稳进气条件，在叶轮或进口导叶前装设与集风器相适应的整流罩，以构成轴流式风机进口气流通道。

4. 导叶

轴流式风机的导叶有几种设置情形：①叶轮前仅设置前导叶；②叶轮后仅设置后导叶；③叶轮前后均设置有导叶。

前导叶的作用是使进入风机前气流发生偏转，把气流由轴向引为旋向进入，且大多数是负旋向（即与叶轮转向相反），这样可使叶轮出口气流的方向为轴向。

后导叶在轴流式风机中应用最广。气体轴向进入叶轮，从叶轮流出的气体绝对速度有一定旋向，经后导叶扩压并引导后，气体以轴向流出。

5. 扩散筒

扩散筒的作用是将后导叶出来的气流动压部分进一步转化为静压，以提高风机静压。

6. 性能稳定装置

大型轴流式风机上加装了性能稳定装置，主要用来抑制叶轮边缘流体失速倒流而产生的不稳定现象。

第三节　泵与风机的性能参数

泵与风机的性能参数可用一些物理量来表述，这些物理量既能反映不同形式泵与风机的工作能力、结构特点、运行经济性，又能说明运行中泵与风机不同的工作状态，因此称它们为泵与风机的性能参数，包括流量、扬程（或全压）、功率、效率、转速、比转速、允许吸上真空高度、允许汽蚀余量等。在泵与风机的铭牌上，一般都标有这些参数的具体数值，以说明泵与风机在最佳或额定工作状态时的性能。

一、流量

流量是指单位时间内泵与风机输送流体的数量，有体积流量和质量流量之分。体积流量用 q_V 表示，常用单位为 m^3/s、m^3/h 或 L/s；质量流量用 q_m 表示，常用单位为 kg/s、t/h。体积流量与质量流量的关系为

$$q_m = \rho q_V \tag{4-1}$$

式中　ρ——输送流体的密度，kg/m^3。

二、扬程（或全压）

扬程是指流体通过泵或风机后获得的总能头，也就是用被送流体柱高度表示的单位质量流体通过泵或风机后所获得的机械能，用 H 表示，单位为 m 流体柱，常简写为 m。工程上，泵习惯用扬程作为参数。如图 4-11 所示，以泵轴中心线所在的水平面为基准面，设泵进口和出口处分别为断面 1—1 与断面 2—2，则扬程的数学表达式可写为

$$H = E_2 - E_1 \tag{4-2}$$

式中　E_2——泵出口断面 2—2 处液体的总能头，m；

　　　E_1——泵进口断面 1—1 处液体的总能头，m。

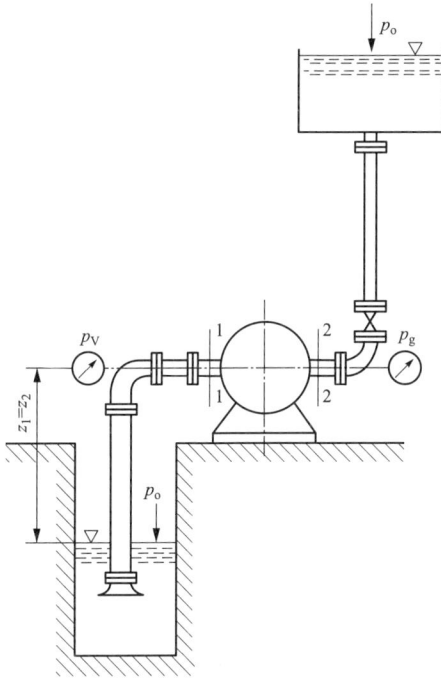

图 4-11　扬程的确定

由流体力学可知，液体总能头由压力能头（$p/\rho g$）、速度能头（$v^2/2g$）和位置能头（z）三部分组成，故有

$$E_2 = \frac{p_2}{\rho g} + \frac{v_2^2}{2g} + z_2 \tag{4-3}$$

$$E_1 = \frac{p_1}{\rho g} + \frac{v_1^2}{2g} + z_1 \tag{4-4}$$

式中　p_2、p_1——泵 2、1 断面中心处的液体压力，N/m^2；

　　　v_2、v_1——泵 2、1 断面上液体的平均流速，m/s；

z_2、z_1——泵 2、1 断面中心到基准面的距离，m；

ρ——被送液体的密度，kg/m^3。

因此，泵的扬程又可写为

$$H = \frac{p_2 - p_1}{\rho g} + \frac{v_2^2 - v_1^2}{2g} + z_2 - z_1 \qquad (4\text{-}5)$$

全压是指单位体积的流体风机后所获得的机械能，用 p 表示，其单位为 Pa（或 mmH_2O，$1mmH_2O = 9.807Pa$）。习惯上，风机用全压作为参数。

由于 ρg 表示单位体积流体所具有的重量，所以全压与扬程之间的关系可表示为

$$p = \rho g H \qquad (4\text{-}6)$$

泵与风机的扬程或全压可根据实际情况选用公式来确定。

三、功率与效率

功率通常是指泵或风机的输入功率，也就是原动机传到泵或风机轴上的功率，又称轴功率，用 P 表示，单位为 kW。

效率是泵或风机总效率的简称，是指泵或风机的输出功率与输入功率之比的百分数，反映泵或风机在传递能量过程中轴功率被损失的程度，用符号 η 表示。

四、转速

转速是指泵与风机叶轮每分钟的转数，用 n 表示，单位为 r/min。它是影响泵与风机性能的重要因素，当转速变化时，泵或风机的流量、扬程、功率等都要发生变化。

转速可采用手持机械转速表或闪光测速仪进行测量。

五、比转速

比转速是既反映泵与风机的几何特征，又与其工作性能相联系的一个相似特征数。由泵与风机最佳工况时的流量、扬程（或全压）及转速三者组成的算式表示。

六、允许吸上真空高度和允许汽蚀余量

允许吸上真空高度和允许汽蚀余量都是泵的汽蚀性能参数，它们的大小均由制造厂用试验方法确定。若允许吸上真空高度越小或允许汽蚀余量越大，则泵的抗汽蚀性能就越差，运行中泵内越易发生汽蚀。

汽蚀是指泵内反复出现液体汽化和凝聚过程，使金属表面材料受到破坏的现象，会导致泵的使用寿命缩短，同时产生振动和噪声。在泵的运行中，通常要求掌握不同工况下泵的允许吸上真空高度或允许汽蚀余量，以设法防止汽蚀的发生。

七、其他基本性能参数

（一）风机的静压

风机的全压减去风机出口截面处的动压（通常将风机出口截面处的动压作为风机的动压）称为风机的静压，即

$$p_{st} = p - p_{d2} = p_2 - p_1 - \frac{1}{2}\rho v_1^2 \qquad (4-7)$$

风机的静压有效功率，其计算式为

$$P_{est} = \frac{p_{st}q_V}{1000} \qquad (4-8)$$

（二）内效率

泵与风机的有效功率与内功率之比称为泵与风机的内效率（风机称为全压内效率）。静压效率是指风机的静压有效功率和轴功率之比。同理，静压内效率等于静压有效功率与内功率之比。它们也从不同的角度反映了泵与风机的工作性能。

第四节 泵与风机的运行

泵与风机的运行状况对机组的安全经济运行十分重要。目前，泵与风机在运行中还存在不少问题，如运行效率偏低、振动、磨损等问题。近年来，低效产品已逐步被较高效率的新产品所取代，并随着各种新型、高效调节装置的使用，运行效率已得到了极大改善。

一、泵的启动、运行及故障分析

（一）泵的启动

水泵启动前应先进行充水、暖泵及启动前的检查等准备工作，然后才能启动。

1. 充水

水泵在启动前，泵壳和吸水管内必须先充满水，这是因为在有空气存在的情况下，泵吸入口不能形成和保持足够的真空。

在泵吸入管的最高点及连接管的最高点，均设有能自动排除空气和气体的装置，以便在启动之前（经过检修或长期停运后）逐步向泵充水，排出泵内的空气。

2. 暖泵

输送高温介质的泵，如锅炉给水泵、启动循环泵等，启动前暖泵已成为最重要的启动程序之一。这是因为：一方面，处于冷态下的泵，其内部存水及泵本身的温度等级都很低；另一方面，对于热态下的泵，无论其采用什么形式的轴端密封，均会有一些低温冷却水漏入泵内，若此时其出水

阀密封性较差，特别若是其止回阀漏水，也会使一些低温水流入泵内。不同温度的水在泵内形成分层，上层为热水而下层为冷水，使泵受热不均，会造成泵体上下温差。如果启动前暖泵不充分，启动后泵将受到高温水的直接热冲击，会造成热胀不均，加剧泵体的上下温差，使泵体产生拱背变形、漏水、泵内动静部分磨损甚至抱轴等事故。因此，在启动前都必须进行暖泵。

暖泵分为正暖（低压暖泵）和倒暖（高压暖泵）两种形式。现以双壳体泵为例对暖泵方式进行介绍：

所谓正暖，是指暖泵用水从泵的进口流入泵内，流过末级之后又经过内外壳体间的隔层流出。正暖方式的缺点：一是它不利于缩小泵壳体上下部的温差，特别是在高压侧下部容易形成不流通的死区，不易使泵壳体受热均匀；二是不经济，当泵处于热备用时，暖泵水不断地排向地沟，造成浪费。

所谓倒暖，是指暖泵用水取自水温较高的压力母管，引进泵内外壳体间的夹层，再从给水泵的末级流向首级，最后由泵的进口流回系统。泵处于热备用状态时，常采用倒暖方式。其优点是：暖泵用水可以回收，避免了浪费；水泵壳体受热均匀，消除了高压侧下部不流通的死角区，缩小了泵壳体上下部的温差。

应该指出，暖泵方式及要求与整个泵组的结构形式有很大关系，各制造厂均有明确的规定和要求。暖泵时，应按照具体的暖泵规定进行；暖泵结束时，应注意泵的吸入口水温与泵体上任一测点温度的最大温差是否在允许的范围内。

3. 启动前的检查

泵（一般由电动机驱动）启动前要进行全面检查。首先，应确认泵及其配套的电气设备的检查工作是否完全结束。其次，应检查泵的转动部件是否完好，轴端密封、油环位置是否正确，轴承润滑油量是否充足，盘根是否合适，轴承冷却水是否畅通；应检查润滑系统及其辅助设备是否符合启动条件，轴向位移指示器（机械式的或电子式的）是否符合要求，自动、手动再循环阀门是否开启；有条件时使转子转动，检查泵体内部有无摩擦。再次，应检查入口阀门是否开启等。最后，送上电源。

4. 启动

启动可分为水泵大修后启动和正常启动两种。现以水泵大修后启动为例进行介绍：水泵启动升速过程中应注意所有测压表、电流表等表计的读数，以及电流表返回的时间和空负荷时电流表的读数，做好记录以备查考。检查水泵内部是否有不正常的声音或振动，以及盘根情况、轴向位移指示是否正常和符合规定等，然后停泵，注意惰走时间，核对是否和前一次大修后惰走时间一样，并做好记录以便查核分析。待该泵静止后，再次启动，一切正常后，开启出口阀门（离心泵），直到满足外界所需的流量和压强为止。水泵正常启动时，不做停泵和第二次启动。

对于强制润滑的给水泵，启动前必须先启动油泵向各轴承供油。油系统运行10min之后再启动给水泵，以便排除油系统中的空气和杂质。

应该指出，启动时不允许水泵出口阀门长时间关闭运行，以免因泵内液体发生汽化，造成泵的部件汽蚀或高温变形损坏。

（二）泵的运行

水泵在正常运行中，应定时观察并记录泵的进出口压强、电动机电流、电压及轴承温度等数据；如发现异常，应及时查明原因并加以消除；应经常检查轴承润滑情况和倾听轴承、填料箱、水泵各级泵室及密封处等主要部位的内部声音，如发现声音异常应立即停机检查处理。

对于火力发电厂的锅炉给水泵而言，在启动、升速及低负荷运行时，为使泵有一定的流量（最小流量是额定流量的25%～30%）通过，保证其正常运行，应开启给水泵的再循环阀门，多余的给水通过再循环阀门流至除氧器水箱内；给水泵在运行中，还应注意观察平衡管中水的压强；此外，要保持轴端密封水的清洁和压强的稳定，密封水的压强一般应比泵入口压强大。

离心泵在停泵前应先关闭出水阀，然后再停泵，这样可以减小振动，但要注意在关闭出水阀后运转时间不能过长。停泵后水泵如处于备用状态，则出口阀门应关闭，其他阀门均应开启，而且应对冷却水、密封水的流量做适当调整。

若属于联动备用泵，除应具备正常备用状态外，出口阀门应在开启位置，该泵的润滑油系统应连续运行，联锁开关应放在"联动备用"位置，给水母管低水压保护开关也应在"投入"位置。应特别注意的是，必须在一切联锁试验（其中包括低水压和相互联锁试验）运行良好后，方可作为联动备用泵，否则严禁作为联动备用。

若属于停运后检修的水泵，则应切断水源和电源，将泵壳内的水放净，并在操作电源开关上挂上"禁止操作"等字样的工作牌，以防误操作。

（三）故障分析

泵在运行中发生故障的原因很多，部位也不同，既可能发生在管路系统，也可能发生在泵本身，还可能发生在原动机（电动机或汽轮机）以及泵和原动机（电动机或汽轮机）的连接部位。泵故障与制造安装工艺、检修水平、运行操作和维护方法是否合乎要求等因素密切相关。泵在运行中如发生故障，应仔细地分析原因，及时消除。离心泵在运行中常见的故障及其产生原因和消除方法见表4-6。

二、风机的启动、运行及故障分析

（一）风机的启动

风机启动前应进行仔细检查：检查轴承是否有润滑油和轴承冷却水，是否畅通无阻；仔细查看联轴器及防护装置、地脚螺栓等部件；检查风机

表 4-6　离心泵在运行中常见的故障及其产生原因和消除方法

常见故障	产生原因	消除方法
启动后水泵不输水	1）泵内未灌满水，空气未排净； 2）吸水管路及表计不严或水封水管堵塞，有空气漏入； 3）吸水管路、底阀或叶轮被杂质堵塞； 4）泵安装高度超过允许值； 5）水泵转动反向； 6）泵出口阀体脱落； 7）转速降低	1）重新灌水，排净空气； 2）检查吸水管路、表计及清洗水封水管； 3）检查吸水管路及底阀并进行清扫，拆下叶轮进行清理； 4）提高吸水池水位或降低水泵与吸水液面间的距离； 5）改换电动机接线； 6）检修或更换出口阀门； 7）检查电源电压和频率是否降低
运行中流量减小	1）叶轮、导叶等过水部件由于腐蚀使各种间隙增大； 2）密封环磨损过多，有空气漏入； 3）叶轮或进口滤网堵塞； 4）泵的安装高度发生变化而发生汽蚀	1）检查叶轮、导叶等过水部件，调整间隙； 2）更换密封环； 3）检查和清扫叶轮或滤网； 4）仔细检查吸水池液面高度，必要时可降低水泵安装高度，并仔细检查吸入侧阀门、管道等处有无节流的地方
运行中扬程降低	1）叶轮损坏和密封磨损； 2）压水管损坏； 3）转速降低	1）检修或更换叶轮和密封； 2）关小压力管阀门，进行检修； 3）检查原动机及电源电压和频率是否降低
振动	详见"三、泵与风机的振动"	详见"三、泵与风机的振动"
液力耦合器腔内温度升高	1）润滑油劣化或油内混有杂物； 2）轴承检修安装质量不良，连接中心不正； 3）液力耦合器中产生大量泡沫，保护塞熔化	1）重新更换润滑油或加强滤油工作； 2）修正连接中心、管路，以消除管路作用于水泵不合理的力，或重新找中心； 3）停泵，对液力耦合器进行解体检查； 4）查明油质是否合乎标准，必要时更换新油； 5）更换保护塞
轴封漏水及发热	1）密封盘根磨损或安装不当； 2）密封水及冷却水不足	1）更换或重新安装盘根； 2）要保证密封水压力和必要的冷却水量
电动机过热	1）水泵装配不良，转动部件与静止部件发生摩擦或卡住； 2）水泵流量远大于许可流量； 3）三相电动机电流不平衡或有一相熔丝烧断； 4）原动机冷却器脏污或堵塞，冷却水中断	1）停泵检查，找出摩擦或卡住的部位，进行修理和调整； 2）关小压水管阀门； 3）检修电动机或更换熔丝； 4）清扫冷却器，查明断水原因

吸入侧和压出侧挡板或导流器的位置。离心式风机启动时，入口挡板与出口挡板应全部关闭，待启动达到额定转速后，再逐渐开启挡板，调到所需的位置，以避免电动机因启动负荷过大而被烧毁的危险。风机每次大、小修后，要进行试运：启动风机后应先检查叶轮的转向是否正确、有无摩擦或碰撞，振动是否在允许范围内。若无异常现象，连续试运行 2～3h，检查轴承发热程度，当一切正常后，便可正式投入运行。

此外，由于锅炉引风机或高温通风机是按输送气体介质的温度（200℃或更高温度）来计算所需功率和选配电动机的，和常温下同容量的通风机相比功率要小很多，对这类通风机的启动要特别注意。因为在通风机启动前，气体介质的温度很难达到要求的工作温度，有时甚至需要通风机在常温下启动，然后才能生炉加热。在这种情况下，对于离心式风机，除将风门全闭以外，还要注意电动机的超载情况。如果通风机工作时的气体温度和通风机启动时的气体温度相差很大，是否能够直接启动，需按当时的实际情况而定，以避免电动机烧毁的危险。

（二）风机的运行

在正常运行中，一方面主要是监视风机的电流，它是风机负荷及一些异常事故预报的标志；另一方面是要经常检查风机轴承的润滑油、冷却水是否畅通，轴瓦温度、轴承振动是否正常，以及有无摩擦声音等。

通风机厂家对轴承的温度有明确的规定。滚动轴承的温升一般不允许超过40℃，滚动轴承的表面温度不允许超过70℃。实践证明，滚动轴承正常工作时，无论是轴承温升还是轴承表面温度，在常温下工作时都不会很高。如果轴承温升达到40℃或轴承表面温度达到70℃，说明滚动轴承内部已经有了问题，应停机检查；如继续运行，则可能引起事故。此外，在运行监视中，应考虑用温度计测量时存在所测得的轴承表现温度比轴承内部的实际温度要低5～10℃的测量误差的影响。

（三）故障分析

风机运行中常见的故障及其产生原因和消除方法见表4-7。

表4-7　风机运行中常见的故障及其产生原因和消除方法

常见故障	产生原因	消除方法
转速符合，压力过高，流量减小	1）气体成分改变，气体温度过低或气体含有固体杂质，使气体密度增大； 2）出气管道或风门被烟灰或杂物堵塞； 3）进气管道、风门或网罩被烟灰或杂物堵塞； 4）出口管道破裂或法兰不严； 5）叶轮入口间隙过大或叶片严重磨损； 6）导流器装反； 7）风机选择时，全压不足	1）提高气体温度，降低气体密度； 2）清除堵塞； 3）清除堵塞； 4）修补管道，紧固法兰； 5）调整叶轮入口间隙或更换叶轮； 6）重装导流器； 7）改变风机转速，进行风机性能调节，不能调节时需重选风机
转速符合，压力偏低，流量增大	1）气体温度过高，气体密度减小； 2）进风管道破裂或法兰不严	1）降低气体温度； 2）修补管道，紧固法兰
风机出力降低	1）管道系统性能曲线改变（如堵塞、泄漏等），风机工作点改变； 2）风机制造质量不良，或风机严重磨损； 3）风机转速降低； 4）风机在不稳定区工作	1）调整管道系统性能曲线（减小阻力，消除泄漏），改变风机工作点； 2）检修风机； 3）提高风机转速； 4）调整风机工作区

续表

常见故障	产生原因	消除方法
密封圈磨损或损坏	1）密封圈与轴套不同心，在正常工作中磨损； 2）机壳变形，使密封圈一侧磨损； 3）密封圈内进入硬质杂物，如金属、焊渣等； 4）转子振动过大，其径向振幅之半大于密封径向间隙	1）调整密封圈与轴套，使其同心； 2）消除机壳变形； 3）消除杂物，修整或更换密封圈； 4）消除机组振动，修整或更换密封圈
振动	详见"三、泵与风机的振动"	详见"三、泵与风机的振动"
轴承温度升高	1）润滑油质量不良、变质，油量过少或过多，油内含有杂质； 2）轴承箱盖、座连接螺栓紧力过大或过小； 3）冷却水过少或中断； 4）油箱内油面下降，低于最低油位	1）调整油量或更换润滑油； 2）调整螺栓紧力； 3）检查冷却水系统； 4）立即加油，使油面升高
机壳过热	在阀门关闭的情况下，风机运转时间过长	停机，待冷却后再开风机

三、泵与风机的振动

泵与风机的振动现象是运行中常见的故障，严重时将危及泵与风机的安全运行，甚至会影响整个机组的正常运行。随着机组容量的日趋大型化，其振动问题也变得尤为突出。鉴于引起泵与风机振动原因的复杂性及易于察觉的特点，通常将泵与风机的振动分为机械原因引起的振动、流体流动引起的振动以及原动机引起的振动三类。

（一）机械原因引起的振动

1. 转子质量不平衡引起的振动

在现场发现的泵与风机的振动原因中，转子质量不平衡引起的振动占多数，其特征是振幅不随机组负荷大小及吸水压头的高低而变化，而是与该泵与风机转速的高低有关，振动频率和转数一致。造成转子质量不平衡的原因有很多。例如，运行中叶轮叶片的局部腐蚀或磨损；叶片表面不均匀积灰或有附着物（如铁锈）；机翼形风机叶片局部磨穿进入飞灰；轴与密封圈发生强烈的摩擦，产生局部高温使轴弯曲；叶轮上的平衡块重量与位置不对，或位置移动，或检修后未找平衡等。为保证转子质量平衡，对高转速泵与风机必须分别进行静、动平衡试验。

2. 转子中心不正引起的振动

如果泵与风机联轴器不同心，接合面不平行度达不到安装要求（机械加工精度差或安装不合要求），就会使联轴器间隙随轴旋转而忽大忽小，因而和质量不平衡一样引起周期性强迫振动，其频率和转速成倍数关系，振幅随泵与风机轴与电动机轴的偏心距大小而变。造成转子中心不正的主要原因：泵与风机安装或检修后找中心不正；暖泵不充分造成温差使泵体变形，从而使中心不正；设计或布置管路不合理，其管路本身重量或膨胀推力使轴心错位；轴承架刚性不好或轴承磨损等。

3. 转子的临界转速引起的振动

当转子的转速逐渐增大并接近泵与风机转子的固有振动频率时，泵与风机就会猛烈地振动起来，转速低于或高于这一转速时，就能平稳地工作。通常把泵与风机发生这种振动时的转速称为临界转速。泵与风机的工作转速不能与临界转速相重合、相接近或成倍数，否则将发生共振现象而使泵与风机遭到破坏。

泵与风机的工作转速低于第一临界转速的轴称为刚性轴，高于第一临界转速的轴称为柔性轴。泵与风机的轴多采用刚性轴，以利于扩大调速范围。但随着泵的尺寸的增加或为多级泵时，泵的工作转速则经常高于第一临界转速，一般是柔性轴。

4. 油膜振荡引起的振动

滑动轴承中的润滑油膜在一定条件下也能迫使转轴做自激振动，称为油膜振荡。高速给水泵的滑动轴承属于高速轻载轴承，这类轴承在运行中必然有一个偏心度，当轴颈在运转中失去稳定后，轴颈不仅围绕自己的中心高度旋转，而且轴颈中心本身将绕一个平衡点涡动。涡动的方向与转子的旋转方向相同，轴颈中心的涡动频率约等于转子转速的一半，所以称为半速涡动。如果在运行中半速涡动的频率恰好等于转子的临界转速，则半速涡动的振幅因共振而急剧增大。这时转子除半速涡动外，还发生忽大忽小的频发性瞬时抖动，这种现象就是油膜振荡。显然，柔性转子在运行时才可能产生油膜振荡。消除的方法是使泵轴的临界转速大于工作转速的一半，现场中常常是改变轴瓦，如选择适当的轴承长径比、合理的油楔和油膜刚度以及降低润滑油黏度等。

5. 动静部件之间的摩擦引起的振动

若由热应力而造成泵体变形过大或泵轴弯曲，以及其他原因使转动部分与静止部分接触发生摩擦，则摩擦力作用方向与轴旋转方向相反，对转轴有阻碍作用，有时会使轴剧烈偏转而产生振动。这种振动是自激振动，与转速无关，其频率等于转子的临界速度。

6. 基础不良或地脚螺栓松动引起的振动

基础下沉、基础或机座（泵座）的刚度不够或安装不牢固等均会引起振动。例如，泵与风机基础混凝土底座打得不够坚实，其地脚螺栓安装不牢固，则其基础的固有频率与某些不平衡激振力频率相重合时，就有可能产生共振。解决的方法是加固基础、紧固地脚螺栓。

7. 平衡盘设计不良引起的振动

多级离心泵的平衡盘设计不良也会引起泵组的振动。例如，平衡盘本身的稳定性差，当工况变动后，平衡盘失去稳定，会产生左右较大的窜动，造成泵轴有规则地振动，同时动盘与静盘产生碰磨。增加平衡盘稳定性的方法：调整轴向间隙和径向间隙的数值；在平衡座上增开方形螺纹槽，稳定平衡盘前水室的压强；调整平衡盘内外径的尺寸等。

（二）流体流动引起的振动

详见"第五节　泵与风机的汽蚀与喘振"。

（三）原动机引起的振动

驱动泵与风机的各种原动机由于自身的特点，也会产生振动。例如，锅炉给水泵由给水泵汽轮机驱动，而给水泵汽轮机作为流体动力机械本身也有各种振动问题。若泵与风机由电动机驱动，则电动机也会因电磁力而引起振动，具体可归纳为：

（1）磁场不平衡引起的振动。泵与风机运行中，当电动机一相绕组突然发生断路，即电动机各相电源磁场不平衡时，定子会因受到变化的电磁力的作用而振动。此时，电动机还会继续转动，其他两相电流增大，电动机发出嗡嗡声，其振动频率为转速乘以级数。若这种振动与定子机架固有频率相同，则会产生强烈的振动。此外，电源电压不稳、转子在定子的偏心和气隙不均匀等都会导致磁场不平衡，进而引起振动。

（2）鼠笼式电动机转子笼条断裂引起的振动。当鼠笼式电动机转子的笼条或端环断裂时，如果断裂的笼条数超过整个转子槽数的1/7，电动机会发出嗡嗡声，机身会剧烈振动。此时若加上负荷，电动机转速会降低，转子会发热，断裂处可能产生火花，电动机不能安全运转，甚至会突然停下来。

（3）电动机铁芯硅钢片过松而引起的振动。电动机铁芯硅钢片叠合过松会引起电动机振动，同时产生噪声。

这里将不同振动频率时产生振动的可能原因汇总于表4-8，以便查找分析。

表 4-8　不同振动频率时产生振动的可能原因

振动频率	问题类型	原因
0%～40%工作转速	油膜共振，摩擦引起的涡动，轴承松动，密封松动，轴承损坏，轴承支承共振，壳体变形，不良的收缩配合，扭转临界振动	轴承振动问题①
40%～60%工作转速	1/2转速的涡动，油膜共振，轴承磨损，支承共振，联轴器损坏，不良的收缩配合，轴承支承共振，转子摩擦（轴向），密封摩擦，扭转临界振动	轴承振动问题
60%～100%工作转速	轴承松动，密封松动，不良的收缩配合，扭转临界振动	轴承振动问题①；密封装置问题②
工作转速	不平衡，横向临界振动，扭转临界振动，瞬时扭转振动，基础共振，轴承支承共振，轴弯曲，轴承损坏，推力轴承损坏，轴承偏心，密封摩擦，叶轮松动，联轴器松动，壳体变形，轴不圆，壳体振动	机组设计问题③
2倍工作转速	中心不正，联轴器松动，密封装置摩擦，壳体变形，轴损坏，支承共振，推力轴承损坏	轴承振动问题①；密封装置问题②；机组设计问题③

续表

振动频率	问题类型	原因
n 倍工作转速	叶片（叶轮叶片或导叶叶片）频率、压强脉动，中心不正，壳体变形，密封摩擦，齿轮装置不精密	机组设计问题[③]；系统问题[④]
频率非常高	轴摩擦，密封、轴承、齿轮不精密，轴承抖动，不良的收缩配合	机组设计问题[③]；系统问题[④]
非同步频率大于工作转速	管路振动，基础共振，壳体共振，压强脉动，阀振动，有噪声，轴摩擦，发生汽蚀	系统流动问题[⑤]

① 有关轴承振动问题：低稳定型轴承，过大的轴承间隙，轴瓦松动，油内有杂质，油性质（黏度、温度）不良，因空气或流程液使油起泡，润滑不良，轴承损坏。

② 有关密封装置问题：间隙过大，护圈松动，间隙太紧，密封磨损。

③ 有关机组设计问题：达到临界转速，连接套松动，热梯度（温差），轴不同心，支承刚度不够，支座或支承共振，壳体变形，推力轴承或平衡盘缺陷，不平衡，联轴器不平衡，轴弯曲，不良的收缩配合。

④ 有关系统问题：扭转临界振动，支座共振，基础共振，中心不正，管路载荷过大，齿轮啮合不精确或磨损，管路机械共振。

⑤ 有关系统流动问题：发生脉动、涡流，管壳共振，流动面积不足，NPSH$_a$ 不足，声音共振，发生汽蚀。

四、风机的磨损

火力发电厂的引风机设置在除尘器之后，但由于除尘器并不能把烟气中的全部固体微粒除去，因此剩余的固体微粒将随烟气一起进入引风机。这些剩余的固体微粒经常冲击叶片和机壳表面，从而引风机磨损，也会沉积在引风机叶片上。由于磨损和积灰是不均匀的，因此破坏了风机的动静平衡，从而引起风机振动，甚至迫使锅炉停止运行。与引风机相比，制粉系统中的排粉风机的工作条件更差，其磨损也更严重。

（一）风机磨损

风机叶片形式对磨损的程度、部位有直接影响。叶片形式与叶片耐磨程度的关系见表 4-9。从中可以看出，从耐磨角度考虑，排粉风机应采用径向直板叶片为宜。

表 4-9　叶片形式与磨损程度的关系

叶片形式	径向直板叶片	径向出口叶片	平板加厚叶片	空心机翼形叶片
耐磨程度	高	中上等	中等	中下等

后向式机翼形叶片用于引风机和排粉风机时的磨损情况，如图 4-12 所示。其严重磨损部位在靠近后盘一侧的出口端和叶片头部，叶片头部磨损后，叶片空腔中极易进煤灰，从而破坏了转子的动静平衡而引起振动。后向式直板叶片用于引风机的磨损补焊部位，如图 4-13 所示。其磨损部位在叶片出口靠中盘一侧。

风机的进风口形式对叶轮磨损部位也有明显的影响。例如，排粉风机装有普通圆柱形进风口时，磨损部位如图 4-14 所示；当改装为喇叭形进风口后，叶片进口磨损变得均匀，磨损部位如图 4-15 所示。

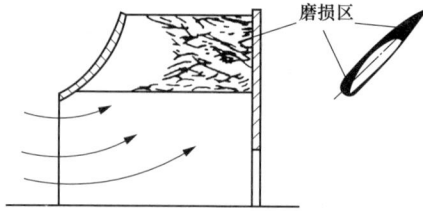

图 4-12　后向式机翼形叶片磨损部位

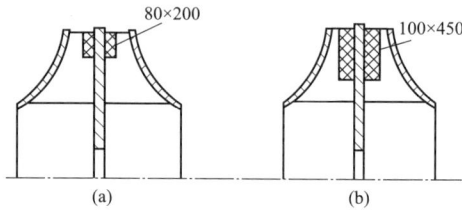

图 4-13　后向式直板叶片磨损补焊部位（单位：mm）

（a）第一次补焊；（b）第二次补焊

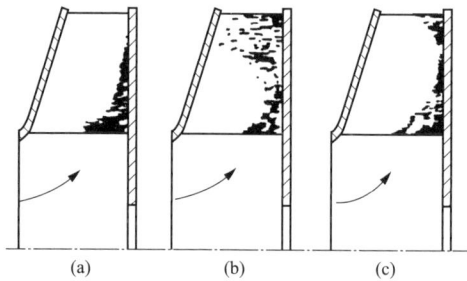

图 4-14　排粉风机装有普通圆柱形进风口时的叶片磨损部位

（a）进口磨损；（b）出口磨损；（c）根部磨损

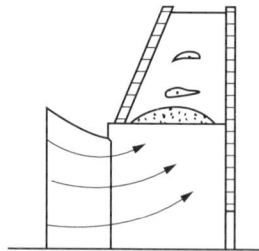

图 4-15　排粉风机装有喇叭形进风口时的叶片磨损部位

　　风机输送的气体中所含微粒的硬度、形状和大小对磨损的程度有直接影响。风机的磨损是由微粒对金属的撞击和擦伤两种作用形成的。在大量微粒的连续打击下，金属表面逐渐形成一个塑性变形的薄层而被破坏脱落，坚硬微粒的影响如同锉刀在工件上锉削一样。因此，微粒硬度越高，风机中的流道壁面被磨损得就越快。微粒对流道部件的磨损不仅取决于流道部件的硬度，而且与微粒的几何形状和大小有关。具有棱锥或其他刃尖凸出表面形状的物体，要比具有球形表面的物体对金属的磨损严重。

风机的磨损速度随磨损部件材料的硬度增大而减小。但是，耐磨性不仅取决于它的硬度，而且与它的成分有关。例如，经热处理的各种不同成分的钢，虽然具有相同的硬度，但却有不同的耐磨性。碳钢在通过淬火提高硬度的同时，耐磨性也有所提高，但是不成正比。例如，40 号碳钢淬火后，其硬度由 HV168 增加到 HV730。尽管硬度增加了 3.5 倍，但其耐磨性却仅增加 69%。由此可见，要提高材料的耐磨性，既要提高材料硬度，也要选用耐磨材料。

（二）防磨措施

引风机和排粉风机的磨损会影响锅炉的安全运行。因此，在风机设计制造和使用中应采取防磨措施，以提高其使用寿命。可采用的防磨措施主要有以下几种：

（1）在风机叶片容易磨损的部位，用等离子喷镀一定厚度的硬质合金层，或堆焊硬质合金（如高碳铬锰钢等）。

（2）叶片渗碳可以有效提高材料表面硬度、减轻磨损。渗碳会使金属表面形成硬而耐磨的碳化铁层，同时保持钢材内部柔韧性。例如，某电厂对引风机叶片进行渗碳处理后，叶片表面硬度可达到洛氏硬度 50 以上，磨损速度由过去每月 1mm 减小到每月 0.1mm，使用寿命延长 10 倍。

（3）选择合理的叶型以减少积灰和振动。例如，采用后向直板形叶片代替机翼形叶片，其结构简单、便于维修，效率也可达 85% 左右。

（4）风机机壳可采用铸石作为防磨衬板，其耐磨性比金属衬板高几倍甚至几十倍。

除上述方法外，对除尘器加强日常维护和管理以提高除尘效率，对锅炉加强燃烧调整，改善煤粉细度，降低飞灰可燃物，以及降低风机转速等，都会延长风机的使用寿命。

五、泵与风机的性能曲线

泵与风机的性能曲线主要有能头与流量性能曲线、功率与流量性能曲线和效率与流量性能曲线三种。它们能直观地反映泵与风机的总体性能，对其所在系统的安全和经济运行意义重大，可作为设计及修改新、老产品的依据，是相似设计的基础。

对前向式和径向式叶轮，能头性能曲线为一具有驼峰的或呈∽形的曲线，顶点左侧存在不稳定工作区。对后向式叶轮，能头曲线总的趋势一般是随着流量的增加，能头逐渐降低，不会出现∽形。离心式通风机三种不同形式的性能曲线如图 4-16 所示。

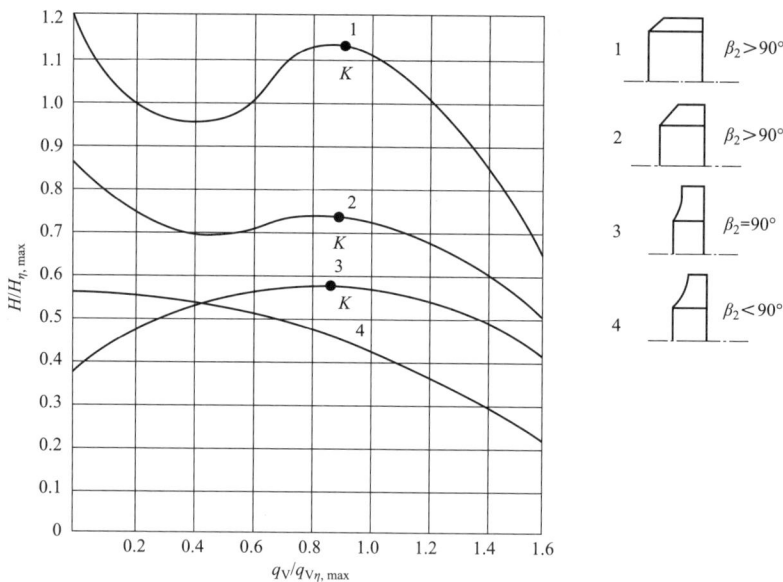

图 4-16 离心式通风机三种不同形式的性能曲线

前向式、径向式叶轮的轴功率随流量的增加迅速上升。当泵与风机工作在大于额定流量区时，原动机易过载；而后向式叶轮的轴功率随流量的增加变化缓慢，且在大流量区变化不大。因此，当泵与风机工作在大于额定流量区时，原动机不易过载。前向式叶轮的效率较低，但在额定流量附近，效率下降较慢；后向式叶轮的效率较高，但高效区较窄；而径向式叶轮的效率居中。因此，为了提高效率，泵几乎不采用前向式叶轮，而采用后向式叶轮。即使对于风机，也趋向采用效率较高的后向式叶轮。

后向式叶轮的性能曲线存在不同程度的差异，常见的有陡降型、平坦型和驼峰型三种基本类型。其性能曲线的形状是用斜度 K_p 来划分的。

（一）陡降型曲线（$K_p = 25\% \sim 30\%$）

其特点是：当流量变化很小时，能头变化很大。例如，火力发电厂自江河、水库取水的循环水泵，就希望有这样的工作性能。因为随着季节的变化，江河、水库的水位涨落差非常大，水的清洁度也会发生变化。但是，由于凝汽器内真空度的要求，其流量变化不能太大。

（二）平坦型曲线（$K_p = 8\% \sim 12\%$）

其特点是：当流量变化较大时，能头变化很小。例如，火力发电厂的给水泵、凝结水泵，就希望有这样的性能。因为汽轮发电机在运行时负荷变化是不可避免的，特别是对调峰机组，负荷变化更大。但是，由于对主机安全经济性的要求，锅炉、除氧器以及凝汽器内的压强变化不能太大。

（三）有驼峰的性能曲线（不能用斜度表示）

其特点是：在峰值点 K 左侧出现不稳定工作区，故设计时应尽量避免这种情况，或尽量缩小不稳定区。经验证明，合理选择离心泵叶片的安装角和叶片数，可以避免性能曲线中的驼峰。

（四）相似定律与通用性能曲线

泵与风机具有相似定律，对工作介质不变的同一风机或水泵，当转速变化时，其流量与转速的一次方成正比关系，其扬程与转速的二次方成正比关系，其功率与转速的三次方成正比关系。将一台泵与风机在不同转速下的性能曲线绘制在一张图上所得到的曲线，称为通用性能曲线。

六、管路特性曲线及工况点

（一）泵与风机的运行工况点

泵与风机和管路系统的性能曲线的交点，反映了两者能量供与求的平衡关系。管路特性是指管路中通过的流量与需要外界提供的能量头的关系。

工况点的合理范围应根据以下几点要求确定：

（1）工况点应满足流量、扬程或压力要求。

（2）工况点应满足唯一性要求。

（3）工况点应满足稳定性要求。

（4）工况点应满足经济性要求。

（5）工况点应满足抗空化要求，即工况点的允许空化余量应不超过某一个规定的数值。

泵与风机的合理工况点如图 4-17 所示。

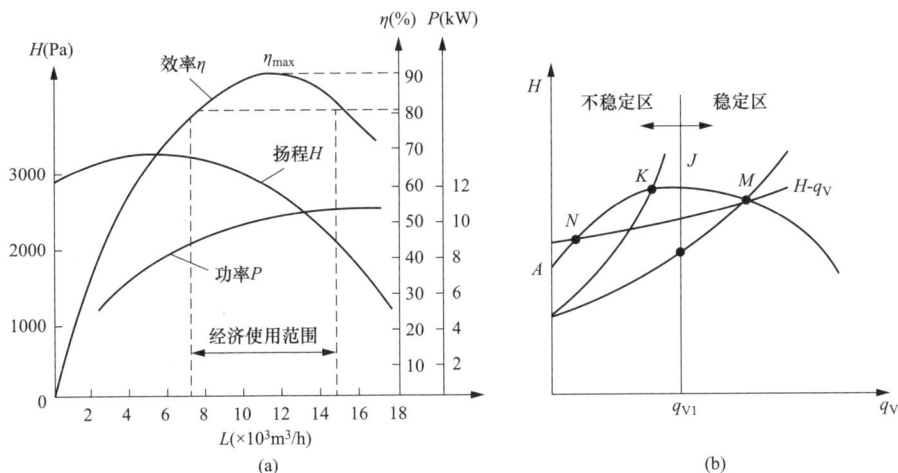

图 4-17　泵与风机的合理工况点
（a）工况总经济使用范围；（b）不稳定与稳定工作区

（二）泵与风机的联合工作

1. 泵与风机的并联运行

两台或两台以上的泵与风机向同一压力管路输送流体时的运行方式。一般来说，并联运行的主要目的包括增大流量、调节台数，以及在一台设备故障时，启动备用设备。并联各泵所产生的扬程均相等，而并联后的总流量为并联各泵所输送的流量之和。泵并联后的性能曲线是把并联各泵的性能曲线上同一扬程点的流量值相加，如图 4-18 所示。

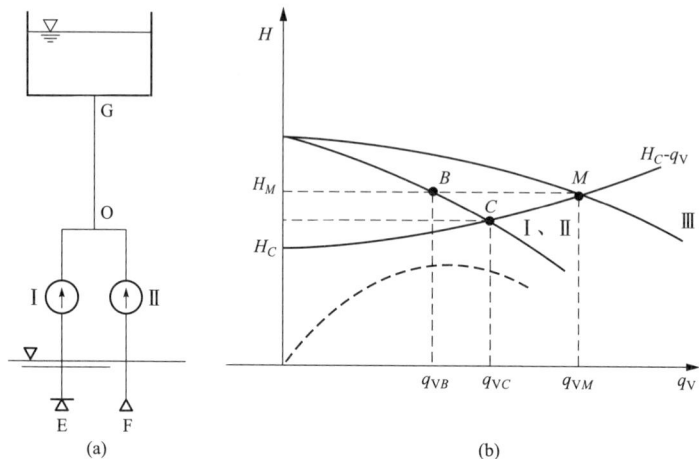

图 4-18　泵的并联运行
（a）并联运行系统图；（b）相同参数的泵并联运行工况

并联运行时应注意下列问题：经常并联运行的泵，应防止汽蚀且驱动电动机不过载。对经常并联运行的泵，为保证并联泵运行时都在高效区工作，应使各泵最佳工况点的流量相等或接近。从并联数量来看，台数越多，并联后所能增加的流量越少，即每台泵输送的流量减少，故并联台数过多并不经济。

2. 泵与风机的串联运行

前一台泵向后一台泵的入口输送流体的运行方式。一般来说，泵串联运行的主要目的是提高扬程，但实际应用中还有安全、经济的作用。串联各泵所输送的流量均相等，而串联后的总扬程为串联各泵所产生的扬程之和。泵串联后的性能曲线是把串联各泵的性能曲线上同一流量点的扬程值相加，如图 4-19 所示。

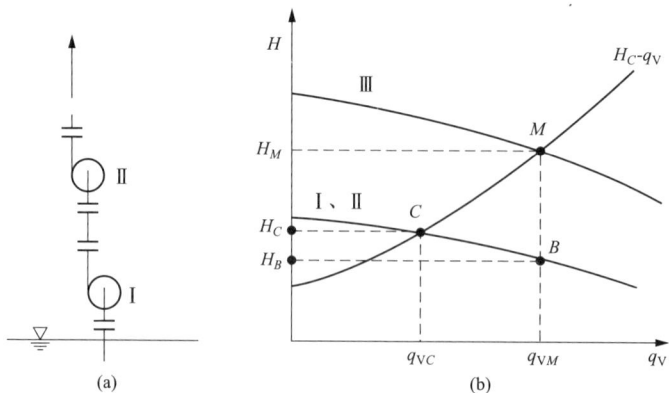

图 4-19　泵的串联运行
（a）串联运行系统图；（b）相同参数的泵串联运行工况

串联运行时应注意下列问题：对经常串联运行的泵，应使各泵最佳工况点的流量相等或接近。启动时，首先必须把两台泵的出口阀门都关闭，启动第一台泵，然后开启第一台泵的出口阀门；在第二台泵出口阀门关闭的情况下，再启动第二台。由于后一台泵需要承受前一台泵的升压，故选择泵时，应考虑两台泵结构强度的不同。串联运行要比单机运行的效果差，由于运行调节复杂，一般限制为两台泵串联运行。

由于风机串联运行的操作可靠性差，故一般不采用串联运行方式。

（三）泵与风机的运行工况调节

泵与风机运行时，其运行工况点需要随着主机负荷的变化而改变，这种实现泵与风机运行工况点改变的过程称为运行工况调节。运行工况调节分为非变速调节和变速调节。

1. 非变速调节

常用的调节方式主要有节流调节、离心泵的汽蚀调节、分流调节、离心式和轴流式风机的前导叶调节、混流式和轴流式风机的动叶调节等。

（1）节流调节。节流调节分为出口端节流调节和进口端节流调节。出口端节流调节简单、可靠、方便，调节装置初投资很低但节流损失很大，只能用于小于额定流量的方向调节。进口端节流调节比出口端节流调节经济，一般在风机上使用。泵不采用进口端节流调节，其会使泵的吸入管路阻力增加而导致泵进口压强降低，有引起泵汽蚀的危险。

（2）汽蚀调节。汽蚀调节多用于中小型火力发电厂的凝结水泵，而不宜用于大型机组。为使长期处于低负荷下的凝结水泵安全运行，在设计制造方面应采用耐汽蚀材料，在运行中可考虑应用分流调节。

（3）分流调节。分流调节又称再循环调节。为防止在小流量区发生汽蚀，可对锅炉给水泵→再循环阀、凝结水泵→旁路阀的阀门开度进行分流调节。对不采用动叶或变速调节的轴流式水泵，采用分流调节无论从安全可靠性还是从经济性方面，都比采用节流调节要好。

（4）风机前导叶调节。风机前导叶调节又称入口静叶调节，其构造简单、装置尺寸小，运行可靠，维护管理简便，且初投资低。目前，离心式风机普遍采用这种调节方式。对于大型机组离心式送、引风机，由于调节范围大，可采用入口导叶和双速电动机的联合调节方式，以使在整个调节范围内都具有较高的调节经济性。

（5）动叶调节。动叶调节是指大型轴流式、混流式泵与风机在运行中，采用调整叶轮叶片安装角的办法来适应负荷变化的调节方式，其初投资较高，维护量大，适用于容量大、调节范围宽的场合。目前，火力发电厂越来越多的大型机组的送、引风机和循环水泵均采用该调节方式。

2. 变速调节

变速调节在管路性能曲线不变的情况下，通过改变转速来改变泵与风机的性能曲线，从而改变其运行工况点的调节方式。与非变速调节相比，其可减少附加节流损失，在很大的变工况范围内，可保持较高的运行效率；但是，变速传动装置或可变速原动机如大功率变频器等投资昂贵。当燃料成本较高时，这是电厂技术改造的方向。

第五节　泵与风机的汽蚀与喘振

一、风机失速

泵与风机进入不稳定工况区运行时，其叶片上将产生旋转脱流，可能使叶片发生共振，造成叶片疲劳断裂。现以轴流式风机为例说明旋转脱流及其引起的振动。当风机处于正常工况运行时，冲角等于零或小于临界冲角，而绕翼形的气流保持其流线形状，如图4-20(a)所示。当气流与叶片进口形成正冲角时，随着冲角的增大，在叶片后缘点附近产生涡流，而且气流开始从上表面分离。当冲角超过某一临界值时，气流在叶片背部的流动遭到破坏，升力减小，阻力却急剧增加，如图4-20(b)所示。这种现象称为"脱流"或"失速"。如果脱流现象发生在风机的叶道内，则脱流将对叶道造成阻塞，使叶道内的阻力增大，同时风压随之迅速降低，如图4-20（c）所示。

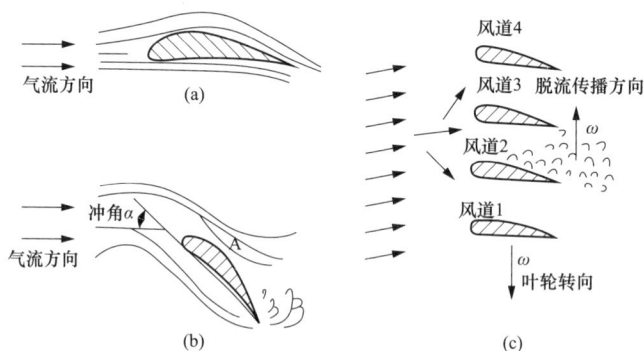

图4-20　叶片的正常工况和脱流工况
（a）正常运行；（b）脱流；（c）叶道阻塞

风机的叶片由于加工及安装等原因不可能有完全相同的形状和安装角，流体的来流流向也不会完全均匀。因此，当运行工况变化而使流动方向发生偏离时，在各个叶片进口的冲角就不可能完全相同。随着流量的减小，如果某一叶片进口处的冲角达到临界值，首先就在该叶片上发生脱流，而不会在所有叶片上同时发生脱流。假设在叶道2上首先由于脱流而出现气流阻塞现象，叶道受阻塞后，通过的流量减少，在该叶道前形成低速停滞区，于是原来进入叶道2的气流只能分流进入叶道1和叶道3。这两股分流来的气流又与原来进入叶道1和叶道3的气流汇合，从而改变了原来进入叶道1和叶道3的气流方向，使流入叶道1的气流冲角减小，而流入叶道3的冲角增大。因此，分流的结果将使叶道1下部叶片的绕流情况有所改善，脱流的可能性减小，甚至消失；而叶道3下部叶片却因冲角增大而促使其发生脱流。叶道 3 内发生脱流后又形成阻塞，使叶道 3 前的气流发生分流，其结果又促使叶道 4 内发生脱流和阻塞。这种现象继续进行下去，使脱流现象所造成的阻塞区沿着与叶轮旋转相反的方向移动。实验表明，脱流传播的相对速度 ω' 远小于叶轮本身的旋转角速度 ω。因此，在绝对运动中，可以观察到脱流区以 $\omega - \omega'$ 的速度旋转，方向与叶轮转向相同，这种现象称为"旋转脱流"或"旋转失速"。

风机进入不稳定工况区运行时，叶轮内将产生一到数个旋转脱流区，叶片依次经过脱流区时要受到交变应力的作用，这种交变应力会使叶片产生疲劳。叶片每经过一次脱流区将受到一次激振力的作用，该激振力的作用频率与旋转脱流的转速及脱流区的数目成正比。如果这一激振力的作用频率与叶片的固有频率成整倍数关系，或者等于或接近于叶片的固有频率，叶片将发生共振。此时，叶片的动应力显著增大，甚至可达数十倍以上，可使叶片产生断裂。一旦有一个叶片疲劳断裂，就有可能将全部叶片打断。因此，应尽量避免泵与风机在不稳定工况区运行。

二、喘振

若具有驼峰型性能曲线的泵与风机在不稳定工况区运行，且管路系统中的容量又很大，则泵与风机的流量、能头和轴功率会在瞬间内发生很大的周期性波动，引起剧烈的振动和噪声，这种现象称为"喘振"或"飞动"现象。现以风机为例，说明喘振产生的原因。

当风机在图 4-21 所示的大容量管路系统中运行，且工况点落在图 4-22 所示的全压性能曲线最高点（K 点）左侧的区域时，风机将出现不稳定运行状况。

图 4-21　大容量管路系统

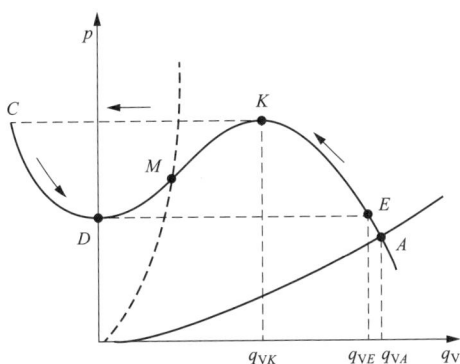

图 4-22　喘振现象

风机启动后，运行工况可通过调节其出口管路上的阀门 F 的开度来实现。若管路系统所需流量为 q_{VA}，由于 q_{VA} 大于不稳定工作工况区的临界流量 q_{VK}，则适当调节阀门 F 的开度，可使风机与管路系统处于稳定的能量供求平衡状态。此时，相应的运行工况点为 A。若管路系统所需流量为 q_{VM} ＜ q_{VK}，理论上可进一步减小阀门 F 的开度，使管路系统性能曲线变陡，从而使风机与管路系统在运行工况点 M 处重新达到能量供求平衡状态。但实际上，由于 q_{VM} ＜ q_{VK}，风机不可能在 M 点稳定运行。这是因为：当阀门 F 的开度在瞬间减小到所需的开度后，管路系统阻力瞬间增大，为克服瞬间增大的管路系统阻力，致使风机的输出流量逐渐减少，而其所提供的全压逐渐增大，即运行工况点由 A 点沿全压性能曲线逐渐向左上方移动至 K 点。在这一渐变过程中，风机的输出流量始终大于管路系统实际所需的流量 q_{VM}，富裕的流量致使气体在大容量管路系统中不断积聚，产生压缩效应，导致积聚在管路系统中的气体压强不断升高。当运行工况点移至 K 点时，管路系统中所积聚的气体压强已升高到远大于风机所产生的全压，此时风机在瞬间完全停止向管路系统输送气体，在很大的逆向压差的作用下，积聚在管路系统中的气体迅即倒流至风机入口而出现较大的负流量，即运行工况点由 K 点迅速跳到第二象限内的 C 点。由于倒流和阀门 F 处的出流，产生膨胀效应，导致积聚在管路系统中的气体压强迅速下降，逆向压差也迅速下降，又由于流体具有惯性，因此负的输出流量将逐渐减少，相应的全压也逐渐减小，即运行工况点由 C 点沿全压性能曲线逐渐向右下方移动至 D 点。在这一渐变过程中，由于风机所提供的全压衰减速度远小于积聚在管路系统中气体压强的衰减速度，当运行工况点移至 D 点时，管路系统已处于真空状态，而风机所产生的全压仍然较大。于是，在较大的风机全压的作用下，风机在瞬间向管路系统输送气体，出现较大的流量，即运行工况点由 D 点迅速跳至 E 点。若管路系统所需流量仍为 q_{VM}，则此时风机所提供的全压仍不能克服较大的管路系统阻力，因此风机的运行工况点将由 E 点滑向 K 点。此后，风机的运行将会周而复始地按 E、K、C、D、E 各点移动，而其运行工况点却始终落不到 M 点上，这种不稳定的运行工况即为喘振现象。如果喘振频率与风机及其管路系统的固有频率相同，将引发共振，会造成泵与风机及其管路系统的损坏。因此，必须设法防止喘振现象的出现。

防止喘振的措施：

（1）使泵与风机的流量恒大于 q_{VK}。如果系统中所需要的流量小于 q_{VK}，则可装设再循环管或自动排出阀门，使泵与风机的排出流量恒大于 q_{VK}。

（2）如果管路系统性能曲线不通过坐标原点，改变风机的转速，也可得到稳定的运行工况；通过风机各种转速下性能曲线中最高全压点的相似抛物线，可将风机的性能曲线分割为两部分，右边为稳定工况区，左边为不稳定工况区。

（3）对轴流式泵与风机可采用动叶调节。当系统需要的流量减小时，可减小其动叶安装角，则性能曲线下移，临界点向左下方移动，输出流量也相应变小。

（4）尽量避免采用具有驼峰型性能曲线的泵与风机，而应采用性能曲线平直向下倾斜的泵与风机，这是最根本的措施。

旋转脱流与喘振现象是两种不同的概念。旋转脱流是叶片结构特性造成的一种流体动力现象，它的一些基本特性（如脱流区的旋转速度、脱流的起始点、消失点等）都有其自己的规律，不受泵与风机管路系统容量和形状的影响。喘振是泵与风机性能与管路系统耦合后振荡特性的一种表现形式，它的振幅、频率等基本特性受泵与风机及其管路系统容量的支配，其流量、能头和轴功率的波动是由不稳定工况区造成的。但是，试验研究表明，喘振现象总是与叶道内气流的旋转脱流密切相关，而冲角的增大也与流量的减小有关。所以，在出现喘振的不稳定工况区内必定会出现旋转脱流。

与喘振不同，出现旋转失速时风机可以继续运行，但它会引起叶片振动和叶轮前压力的大幅度脉动，这往往是造成叶片疲劳损坏的重要原因。从风机的特性曲线来看，旋转失速区与喘振区一样都位于马鞍型峰值点左边的低风量区。为了避免风机落入失速区工作，在锅炉点火及低负荷期间，可采用单台风机运行，以提高风机流量。

运行中，烟风道不畅或风量系统的进出口挡板误关或不正确，系统阻力增加，会使风机在喘振区工作。并列风机动叶开度不一致或与指示和就地不符、自控失灵等情况，则会引起风机特性变化，也会导致风机出现喘振。因此，应避免风机长期在低负荷下运行。

三、抢风

所谓抢风，是指并联运行的两台风机，突然一台风机电流（流量）上升，另一台风机则电流（流量）下降。此时，若关小大流量风机的调节风门试图平衡风量，则会使另一台小流量风机跳至最大流量运行。在调整风门投自动时，风机的动叶或静叶频繁地开大、关小，严重时可能导致风机电动机超电流而烧坏。

抢风现象的出现，是因为并列风机存在较大的不稳定工况区。图 4-23 所示为两台特性相同的轴流式风机并联后的总性能曲线。其中，有一个 ∞ 字形区域，若两台风机在管路系统 1 中运行，则 p_1 点为系统的工作点，每台风机都在 E_1 点稳定运行，此时抢风现象不会发生。如果由于某种原因，管路系统阻力改变至 2（升高）时，如辅助风门突然大幅度关小，则风机进入 ∞ 字形工作区域内运行。看 p_2 点的工作情况，两台风机分别位于 E_{2a} 和 E_2 点工作。大流量的风机在稳定区工作，小流量的风机在不稳定区工作，两台风机的不平衡状态极易被破坏。因此，便出现两台风机的抢风现象。为了消除抢风现象，对于送、引风机，可在锅炉点火或低负荷运行时，采用单台运行方式，待单台风机出力不能满足锅炉负荷需要时，再启动另一台风机并列运行。一旦发生抢风现象，就手动调整两台风机，保持适当的风量偏差（此时风机并列特性的∞字形区域收缩），以避开抢风区域。

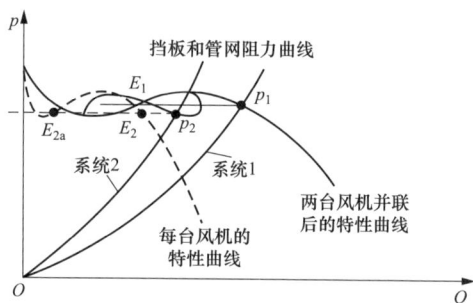

图 4-23　两台特性相同轴流式风机并联运行总性能曲线

四、水泵汽蚀

水泵运行过程中，假如泵内液体局部位置的压力降低到水的饱和蒸汽压力（液化压力），水就开始汽化生成大量的汽泡，汽泡随水流向前运动，流入压力较高的部位时，快速凝聚、溃灭。泵内水流中汽泡的生成、溃灭过程涉及很多物理化学现象，并产生噪声、振动和对过电流部件材料的侵蚀作用。这些现象统称为水泵的汽蚀现象。

（一）水泵汽蚀的类型

（1）叶面汽蚀。水泵安装过高或流量偏离设计流量时产生的汽蚀现象。其汽泡的形成和溃灭基本上发生在叶片的正面和反面。

（2）间隙汽蚀。在离心泵密封环与叶轮外缘的间隙处，由于叶轮进出水侧的压差很大，导致高速回流，造成局部压降，引起间隙汽蚀。在轴流泵叶片外缘与泵壳之间很小的间隙内，在叶片正反面压差的作用下，也因间隙中的反向流速大，压力降低，在泵壳对应的叶片外缘部位引起间隙汽蚀。

（3）粗糙汽蚀。水流经过泵内凹凸不平的内壁面和过电流部件时，在凸出物下游发生的汽蚀现象。

（二）水泵汽蚀的危害

（1）使水泵性能恶化。泵内发生汽蚀时，大量的汽泡破坏了水流的正常流淌规律，流道内过电流面积减小，流淌方向转变，从而使叶轮和水流之间能量交换的稳定性遭到破坏，能源损失增加，引起水泵流量、扬程和效率的快速下降，甚至达到断流状态。

（2）损坏过电流部件。当汽泡被水流带到高压区快速凝聚、溃灭时，汽泡四周的水流质点高速向汽泡中心集中，产生剧烈的冲击。假如汽泡在过电流部件四周溃灭，就形成对过电流部件的打击，容易引起过电流部件的塑性变形和局部硬化，使其产生疲惫、性能变脆，很快就会发生裂纹与剥落，形成蜂窝状孔洞。

（3）振动和噪声。在汽泡凝聚、溃灭的过程中，会产生压力瞬时升高和水流质点间的撞击，以及对泵壳和叶轮的打击，使水泵产生噪声和振动现象。当汽蚀振动频率与水泵自振频率接近时，会引起共振，从而导致整个机组甚至整个泵房振动。在这种状况下，机组就不应继续工作了。

五、汽蚀余量

要使泵内不发生汽蚀，至少应使泵内水流的最低压力高于水在该温度下的汽化压力。那么，在泵进口处的水流除压力水头要高于汽化压力水头外，水流的总水头应比汽化压力水头有多少富余，才能保证泵内不发生汽蚀，这个水头富余量称为汽蚀余量，用 NPSH 来表示。

（一）有效汽蚀余量

有效汽蚀余量是水流从进水池经吸水管到达泵进口时，单位重量的水所具有的总水头减去相应水温的汽化压力水头后的剩余水头，是由水泵的安装条件所确定的汽蚀余量。仅与进水池水面的大气压力、泵的吸水高度（或沉没深度）、吸水管的水头损失和水温有关。

（二）必需汽蚀余量

对于给定的泵，在给定的转速和流量下，保证泵内不发生汽蚀，必须具有（即需要的）汽蚀余量，通常由泵制造厂规定。必需汽蚀余量反映了水流进入泵后，在未被叶轮增加能量之前，因流速变化和水力损失而导致的压力能头降低的程度。必需汽蚀余量的主要影响因素是泵进水室、叶轮进口的几何外形和流速，而与吸水管、大气压力、液体的性质等无关。

（三）临界汽蚀余量

汽蚀安全量等于零，水开始汽化，泵内即开始发生汽蚀。在这种临界状态下的汽蚀余量称为临界汽蚀余量。临界汽蚀余量目前仍采用试验方法确定。国家标准规定在给定的流量下，在叶轮（如多级泵则为第一级叶轮）内引起扬程或效率下降时的汽蚀余量值；或者在给定的扬程下，引起泵流量或效率下降时的汽蚀余量值。

（四）允许汽蚀余量

允许汽蚀余量是为了保证泵内不发生汽蚀，依据实践经验认为规定的汽蚀余量。泵在运行中不产生汽蚀的条件是使有效汽蚀余量不小于允许汽蚀余量。

六、减轻和防止汽蚀的措施

水泵的汽蚀是由水泵本身的汽蚀性能和抽水装置的使用条件决定的。

水泵在运行过程中，一定程度的汽蚀总是存在的。所以，提高泵的抗汽蚀性能、设计良好的吸水装置，就成为预防水泵发生汽蚀的最重要的措施。

（一）提高泵的抗汽蚀性能

（1）选择相宜的进水部分几何外形和参数。泵进口部分的几何外形和参数，直接影响其中水流速度的变化和水力损失。因此，选择水流渐变过程的进水室几何外形和参数，对提高水泵的汽蚀性能有重要的作用。

（2）采用双吸式结构或降低转速。双吸泵或低转速泵，虽然不能提高汽蚀比转速值，但是可以有效地降低泵的汽蚀余量。因此，在泵的设计中，当采用提高比转速值的措施仍不能满足使用要求时，常采用双吸泵或降低转速的方法来解决泵的汽蚀问题。

（3）加设诱导轮，制造超汽蚀泵。在离心泵的叶轮前面加设诱导轮，可以提高叶轮进口处的压力，提高泵的抗汽蚀性能。但是，加设诱导轮有使水泵性能不稳的缺点，尚需对其进行深入探讨和研究。

（4）选用抗汽蚀性能较强的材料，如用铸锰、青铜、不锈钢、合金钢等制造叶轮，或用聚合物涂覆或喷镀精加工过的电流部件的表面，降低粗糙度、提高光滑度等，均可减轻汽蚀危害。

（二）设计良好的吸水装置

充分考虑水泵工作中可能遇到的各种工况，合理地确定安装高程，对防止汽蚀具有重要意义。适当地加大吸水管径，尽量削减吸水管的水头损失，并使泵进口的水流平顺，断面流速分布匀称。设计水流条件良好的前池、进水池，不仅可以削减池中的水位降落，而且可使进入叶轮的水流的速度和压力分布匀称。这一点对大口径、短吸水管的泵尤为重要。

（三）运行管理中应注意的问题

尽量使水泵在额定工况（及其四周）下运行，使水泵在实际运行中值最小，必要时可通过降速甚至调整闸阀来实现。掌握水泵的实际转速不高于其额定转速。泵在运行中发生汽蚀时，在吸水侧充入少量空气，能减弱或消退汽蚀产生的噪声和振动，减轻或避免汽蚀的危害。

第六节 离心泵密封装置的种类及原理

离心泵密封装置有填料密封、机械密封、迷宫密封、螺旋密封、浮动密封等类型。

一、填料密封

填料密封通常称为盘根密封（盘根属于填料的一种），主要包括密封腔室、轴套、填料压盖及螺栓、水封环（填料环）、填料几个部分，如图4-24所示。

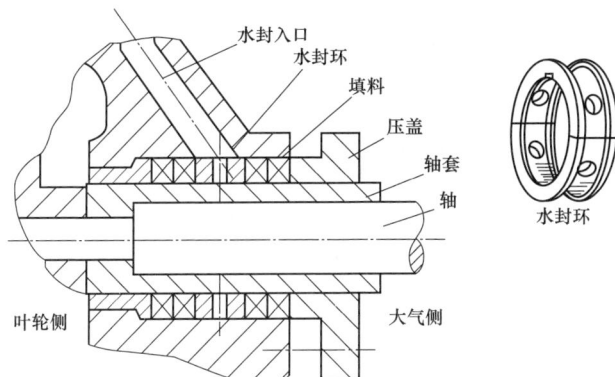

图 4-24 填料密封结构

当轴与填料有相对运动时，由于填料的塑性，使它产生径向力，并与轴紧密接触。与此同时，填料中浸渍的润滑剂被挤出，在接面之间形成油膜。由于接触状态并不特别均匀，接触部位便出现了"边界润滑"状态，此称为"轴承效应"；而未接触的凹部形成小油槽，有较厚的油膜，接触部位与非接触部位组成一道不规则的迷宫，起阻止液流泄漏的作用，此称"迷宫效应"。这就是填料密封的原理。显然，良好的密封在于维持"轴承效应"和"迷宫效应"。也就是说，要保持良好的润滑和适当的压紧。若润滑不良或压得过紧都会使油膜中断，使填料与轴之间出现干摩擦，最后导致烧轴和出现严重磨损。简言之，就是利用盘根的压紧来实现密封，属于接触式密封。

水封一般从叶轮出口侧引出，分两种方式：一种用管道引入水封环；另一种在下泵壳水平接合面上开槽，直接将泵出口侧的水引入水封环，在泵外部看不到管道。水封有两个作用：一是对盘根、轴进行冷却，防止过热；二是防止外部空气进入泵体，特别是当泵入口压力低于大气压时。

相对于机械密封，填料密封允许一定的泄漏量，而且这个泄漏是必需的，主要是通过泄漏冷却泵轴和盘根，带走摩擦产生的热量。

填料密封一般用在介质温度不高、转速不高的泵上，介质一定程度的外漏不会对设备或环境造成影响，如循环水泵、工业水泵等。

二、机械密封

机械密封（简称机封）是指由至少一对垂直于旋转轴线的端面在流体压力和补偿机构弹力（或磁力）的作用下以及辅助密封的配合下，保持贴合并相对滑动而构成的防止流体泄漏的装置，属于接触式密封。其基本原理是靠动静接合面压紧密封，阻止介质外漏。根据实际需要，可增加一些附属件。机械密封一般主要包括动环、静环、O形圈、弹簧和固定装置，如图 4-25 所示。集装式的机械密封结构更为复杂，但是基本结构都是一样的。

331

图 4-25 机械密封主要结构

机械密封应用范围广，密封效果好，可以一点都不泄漏。不过用在高温介质时，需使用冷却水，防止机械密封超温损坏，如前置泵。带冷却水的机械密封结构如图 4-26 所示。

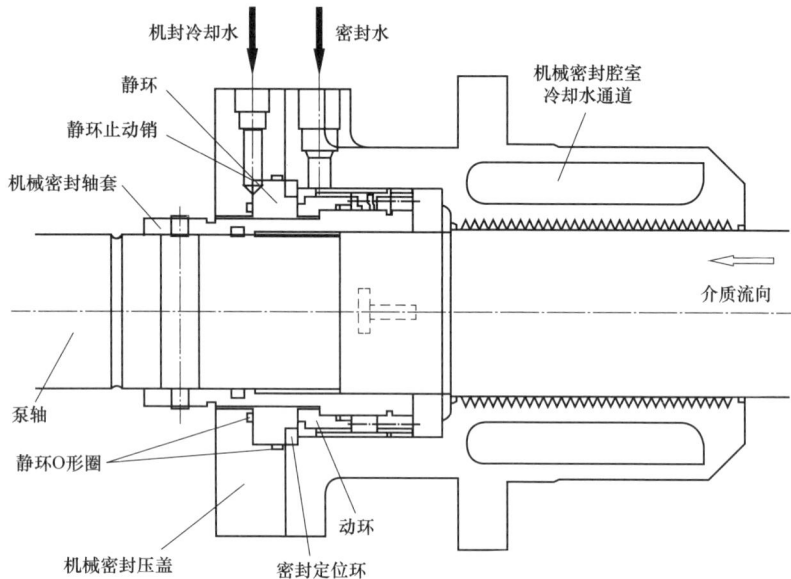

图 4-26 带冷却水的机械密封结构

三、迷宫密封

迷宫密封属于非接触式密封。一般电厂给水泵轴端密封采用迷宫密封。其通过迷宫结构，对工质进行减压，减少泄漏量，通入密封水，阻挡高温工质的外漏。

四、螺旋密封

用螺纹阻止液体泄漏的非接触式动密封，又称螺纹密封。通常是在密封部位的旋转轴上加工出螺纹，工作时泄漏的液体充满螺纹和壳体所包含的空间，形成"液体螺母"。轴上螺纹的方向使"液体螺母"在轴旋转时产生轴向运动，促使液体不断地返回高压端，这样就减少了泄漏。螺纹部分可以在轴上，也可以在与轴配合的腔室上，还可以都有。通常螺纹部分为单独的一个轴套，便于更换。

五、浮动密封

浮动密封主要在立式凝结水泵和一些油泵上使用。其主要也分动环和静环，不过动环不随轴转动，而是在泵轴旋转时，在泵轴与浮动环之间形成水膜或者油膜，从而阻止介质沿轴外漏。浮动密封属于非接式密封，密封环一般都有多级，也需要密封水。

第五章 机组的常用阀门

第一节 阀门的功能及分类

一、阀门的功能

通过各种阀门，可以控制管路流体的启闭、流向、流量、压力及温度，实现对生产过程的控制和调节。阀门的主要功能如下：

(1) 接通和截断介质。

(2) 调节介质的压力及流量。

(3) 防止介质倒流。

(4) 改变介质的流向，进行介质分流。

(5) 调节介质的温度，满足工艺要求。

(6) 防止介质压力超过规定数值，保证管道或设备安全运行。

二、阀门的分类

(一) 按用途和作用分类

(1) 截断阀类：主要用于截断或接通介质流，包括闸阀、截止阀、隔膜阀、球阀、旋塞阀、蝶阀、柱塞阀、球塞阀、针型仪表阀等。

(2) 调节阀类：主要用于调节介质的流量、压力等，包括节流阀、减压阀等。

(3) 止回阀类：用于阻止介质倒流。

(4) 分流阀类：用于分离、分配或混合介质。

(5) 安全阀类：用于介质超压时的安全保护，包括各种类型的溢流阀。

(二) 按压力分类

(1) 真空阀：工作压力低于标准大气压的阀门。

(2) 低压阀：公称压力 $p_N < 1.6\text{MPa}$ 的阀门。

(3) 中压阀：公称压力 $p_N = 2.5 \sim 6.4\text{MPa}$ 的阀门。

(4) 高压阀：公称压力 $p_N = 10.0 \sim 80.0\text{MPa}$ 的阀门。

(5) 超高压阀：公称压力 $p_N > 100\text{MPa}$ 的阀门。

(三) 按介质温度分类

(1) 高温阀：介质温度 $t > 450℃$ 的阀门。

(2) 中温阀：$120℃ < t \leqslant 450℃$ 的阀门。

(3) 常温阀：$-40℃ < t \leqslant 120℃$ 的阀门。

(4) 低温阀：$-100℃ < t \leqslant -40℃$ 的阀门。

（5）超低温阀：$t \leqslant -100℃$ 的阀门。

（四）按阀体材料分类

（1）非金属材料阀门：陶瓷阀门、玻璃钢阀门、塑料阀门等。

（2）金属材料阀门：铜合金阀门、铝合金阀门、铅合金阀门、钛合金阀门、蒙乃尔合金阀门、铸铁阀门、碳钢阀门、铸钢阀门、低合金钢阀门、高合金钢阀门等。

（3）金属阀体衬里阀门：衬铅阀门、衬塑料阀门、衬搪瓷阀门等。

（五）通用分类法

这种分类方法既按原理、作用又按结构划分，是目前国际、国内最常用的分类方法。一般分为闸阀、截止阀、节流阀、仪表阀、柱塞阀、隔膜阀、旋塞阀、球阀、蝶阀、止回阀、减压阀、安全阀、疏水阀、调节阀、底阀、过滤器、排污阀等。

第二节　机组中常用的阀门及结构

一、闸阀

闸阀是闸板沿阀体流道中心线的垂直方向移动并达到启闭目的的阀门，主要用于切断介质流，使用广泛。闸阀的结构如图 5-1 所示。

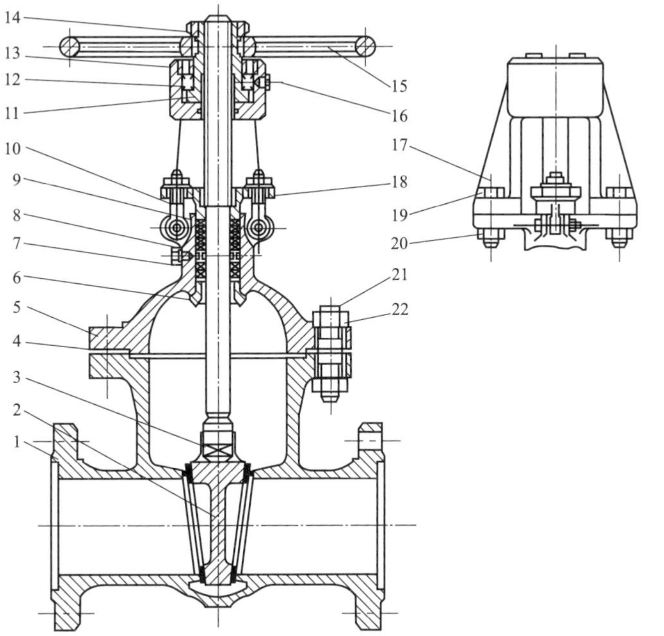

图 5-1　闸阀的结构

1—阀体；2—闸板；3—阀杆；4—垫片；5—阀盖；6—上密封座；7—螺塞；8—带孔填料垫；
9—填料；10—活节螺栓；11—阀杆螺母；12—轴承；13—轴承压盖；14—锁紧螺母；
15—手轮；16—油杯；17—支架；18—填料压盖；19—螺栓；20、22—螺母；21—螺柱闸阀按结构形式的分类如图 5-2 所示。

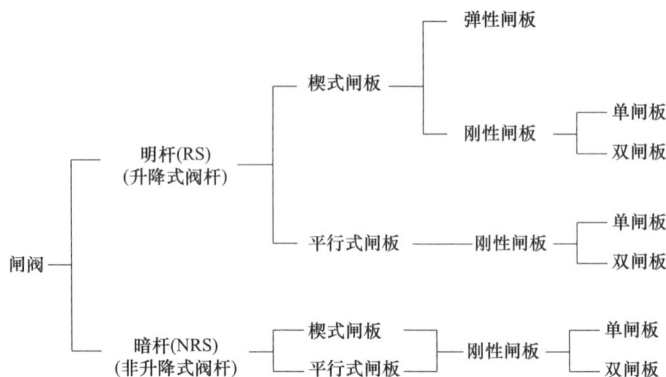

图 5-2　闸阀分类

　　闸阀在管道上用于全开或全关切断介质流，一般不用于调节流量（如用来调节流量，闸板和阀座密封面易被冲蚀损坏而且噪声大）。其壳体采用不同的材料，可适用于不同温度、不同压力及不同性质的介质，适用范围广。但是，闸阀一般不宜用于输送泥浆等黏稠类介质。

二、截止阀

　　截止阀是关闭件（阀瓣）沿阀座中心线移动的阀门，在管道上主要用于切断介质流，使用较普遍。直通式截止阀的结构如图 5-3 所示。

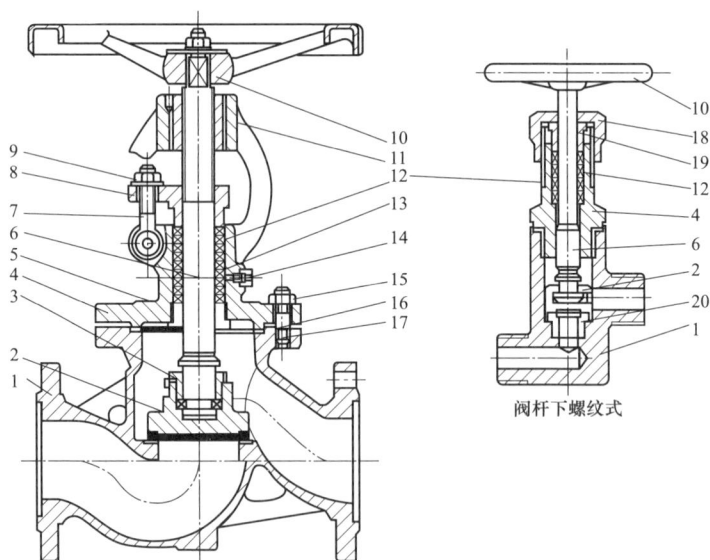

图 5-3　直通式截止阀的结构

1—阀体；2—阀瓣；3—阀瓣盖；4—阀盖；5—上密封座；6—阀杆；7—活节螺栓；
8—填料压盖；9、15—螺母；10—手轮；11—阀杆螺母；12—填料；13—带孔填料垫；
14—螺塞；16—垫片；17—螺柱；18—压套螺母；19—填料压套；20—阀座

截止阀的分类：

（1）按流通形式可分为直通式、角式、直流式、三通式。

（2）按密封副的结构形式可分为平面密封、锥面密封、带导向密封、球面密封。

（3）按阀杆梯形螺纹的位置可分为上螺纹阀杆、下螺纹阀杆。

截止阀主要用于切断或接通管路中的介质，可在短时间内用来调节介质的流量。如果长期用于调节介质流量，密封面会被介质冲蚀，密封性能会受影响。

三、节流阀

节流阀是通过改变通道面积来调节介质流量或压力的手动阀门，在管道上主要用于调节流量，但调节精度不高，常见于截止阀改变阀瓣形状后。由于介质在节流状态下流速很高，容易使节流阀阀瓣受到冲蚀磨损，一般节流阀只起调节作用。常见节流阀阀瓣的结构如图 5-4 所示。如果需要密封型节流阀，对阀座和阀瓣的密封面需按密封性设计、制造和试验。

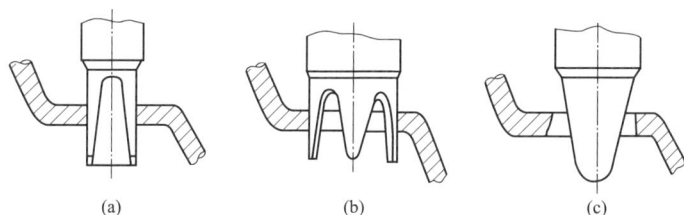

图 5-4　常见节流阀阀瓣的结构
（a）沟形阀瓣；（b）窗形阀瓣；（c）塞形阀瓣

四、柱塞阀

柱塞阀又称柱塞式截止阀，是将阀瓣变形成柱塞、将阀座变形成套环的截止阀。柱塞阀依靠柱塞的外圆表面与被压紧的套环配合实现密封以切断介质，柱塞上升至露出套环通孔时，介质流通，阀门开启。柱塞阀的结构如图 5-5 所示。

五、球阀

球阀的关闭件是球体，球体绕阀体中心线做 90°旋转，可启闭阀门。球阀主要起切断、分配和改变介质流动方向的作用，设计成 V 形开口的球阀还可起调节流量的作用。球阀的优点有启闭力矩小，密封性能好等。法兰连接端浮动球侧装两体式球阀的结构如图 5-6 所示。

球阀的分类方法有很多，下面介绍几种：

（1）按球体结构形式可分为浮动球式和固定球式。

（2）按球阀流通形式可分为直通式和多通道式。

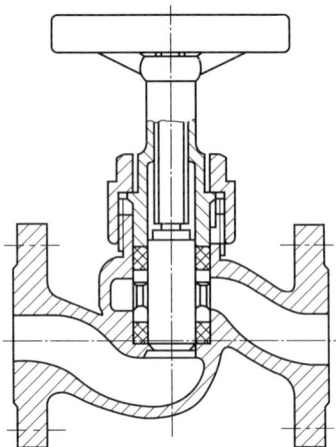

图 5-5　柱塞阀的结构

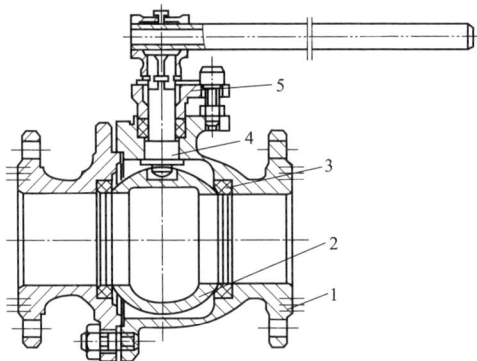

图 5-6　法兰连接端浮动球侧装两体式球阀的结构
1—阀体；2—球体；3—密封圈；4—阀杆；5—填料压盖

（3）按阀体装配形式可分为侧装式和上装式。

（4）按阀体流道直径可分为全通径式和缩径式。

球体流道为圆形，不缩径的球体圆形流道与阀体圆形流道连接成直管段，所以流阻非常小。球阀具有密封性能好、体积小、启闭迅速、操作方便、安全可靠、使用寿命长、适用范围广等优点，因此部分取代了闸阀、截止阀及节流阀。多通道球阀可用来实现介质分配与改变介质流向的功能。

球阀是发展很快的阀门种类之一，可以预见随着制造技术的进步，球阀将会得到更广泛的应用。

六、蝶阀

蝶阀的关闭件（蝶板）呈圆盘形状，可绕阀座内的轴线旋转 90°，用来启闭和调节介质。蝶阀在中、低压大口径管道上使用广泛。双法兰连接端蝶阀的结构如图 5-7 所示。

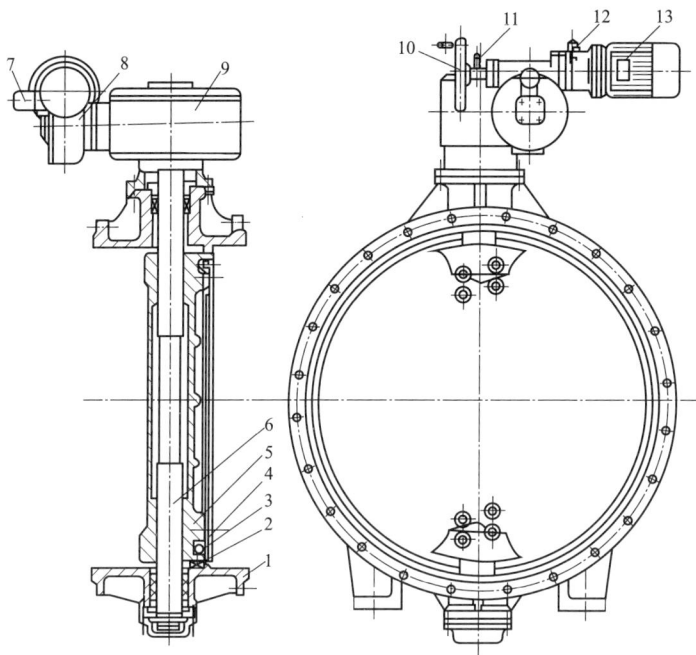

图 5-7　双法兰连接端蝶阀的结构

1—阀体；2—阀体密封圈（阀座）；3—蝶板密封圈；4—密封圈压板；5—蝶板；

6—阀杆；7—行程控制开关；8——级驱动装置；9—二级驱动装置；

10—手轮；11—电源开关；12—转矩控制开关；13—电动机

蝶阀按结构可分为中线式和偏心式，偏心式又可分为单偏心、双偏心和三偏心式。

蝶阀除具有结构简单、体积小、质量轻、安装尺寸小、操作简便及迅速等优点，还具备密封和流量调节的性能。以往的蝶阀受技术和密封材料的制约，大部分的结构为中线形式，采用软密封，即阀座多采用橡胶或塑料，蝶板多采用金属、金属外包覆橡胶或塑料。近年来，随着科技的发展，蝶阀也开发出新的结构形式，偏心型的金属密封型蝶阀就是其中的一种。偏心型金属密封型蝶阀的阀座和蝶板密封面由金属硬质合金材料组成，或者蝶板由软、硬材料（非金属层夹金属层）组成，使蝶阀可耐高温、耐低温、耐磨蚀及耐冲蚀，密封性好，使用寿命长，因此得到广泛使用。蝶阀已在较大的应用范围内取代了闸阀、截止阀、节流阀及球阀，是近年来发展迅速的阀门品种之一。

七、止回阀

止回阀又称背压阀，是单向阀。止回阀依靠介质本身的流动自动启闭阀瓣，主要用于防止介质倒流。旋启式止回阀的结构如图 5-8 所示。

止回阀的分类方法有很多，按结构形式可分为旋启式、升降式和蝶式。止回阀是一种自动阀门，在管道系统中的主要作用如下：

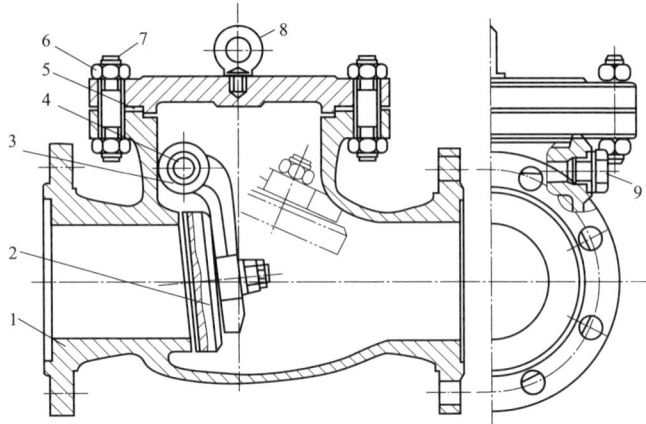

图 5-8　旋启式止回阀的结构

1—阀体；2—阀瓣；3—摇杆；4—销轴；5—垫片；6—螺母；7—螺柱；8—吊环螺栓；9—螺塞

（1）防止介质倒流。

（2）防止泵及其驱动电动机反转。

（3）防止容器内介质的泄放。

（4）用于辅助系统时，可为主系统管道中补给压力。

第二篇　集控巡检

第六章 机组的启动及检查

第一节 概 述

一、汽轮机和锅炉启动状态划分

（一）汽轮机启动状态划分

（1）冷态Ⅰ：汽轮机高压转子平均温度小于50℃，中压转子平均温度小于50℃。

（2）冷态Ⅱ：停机超过72h，汽缸金属温度约低于该测点满负荷值的40%。

（3）温态：停机在10~72h之间，汽缸金属温度约在该测点满负荷值的40%~80%之间。

（4）热态：停机不到10h，汽缸金属温度约高于该测点满负荷值的80%。

（5）极热态：停机2h以内，汽缸金属温度接近该测点满负荷值。

（二）锅炉启动状态划分

（1）冷态：停炉时间 $t>72h$，汽水分离器金属温度小于等于120℃。

（2）温态：停炉 $10<t\leqslant72h$，汽水分离器金属温度约在该测点满负荷值的40%~80%之间。

（3）热态：停炉 $1<t\leqslant10h$，汽水分离器金属温度约高于该测点满负荷值的80%。

（4）极热态：停炉 $0<t\leqslant1h$，汽水分离器金属温度接近该测点满负荷值。

二、机组启动模式

机组启动模式见表6-1。

表6-1 机组启动模式一览表

	项目	冷态Ⅰ	冷态Ⅱ	温态	热态	极热态
冲转参数	主蒸汽温度（℃）	380	400	420	560	580
	再热蒸汽温度（℃）	360	380	400	540	560
	主蒸汽压力（MPa）	8.5	8.5	8.5	12	12
	锅炉上水要求	上水流量小于200t/h，除氧器出口水温105~110℃			上水流量小于120t/h，除氧器出口水温大于105℃，省煤器出入口温差小于105℃	

343

续表

项目	冷态 I	冷态 II	温态	热态	极热态
点火方式	等离子+B 磨	等离子+B 磨	等离子+B 磨	等离子+B 磨或 EF 层油+F 磨	
燃料量（t/h）	50～65		70～85	100～120	
旁路控制方式	点火前投入高压旁路启动模式，低压旁路自动			高压旁路定压模式，设定主汽压力为 12MPa，低压旁路自动	
冲转前高压旁路开度	大于 25%，机组工况稳定				
DEH 步序开始	炉侧过热汽温高于汽轮机主汽阀内壁温度 100℃开始走步		炉侧过热汽温高于汽轮机主汽阀内壁温度 20℃开始走步		
点火至冲转耗时（h）	3～5		2.5～4	1～2	
360r/min 暖机时间（h）	1	0	0	0	0
3000r/min 暖机时间（h）	1	2	0	0	0
初负荷暖机时间（h）	0	0	约 0.5	0	0

三、机组禁止启动的情况

（1）锅炉侧存在以下情况禁止启动：

1）锅炉主保护不能正常投运。

2）锅炉设备存在严重缺陷时。

3）锅水品质不合格。

4）主要监视仪表不能投入或指示不正确。

（2）汽轮机侧存在以下情况禁止启动：

1）汽轮机主保护不能正常投运。

2）DEH、DCS 等系统工作不正常，影响机组启停或只能在手动的方式下运行。

3）主要监视仪表不能投入或指示不正确，仪用气源不正常。

4）盘车设备故障，盘车时汽轮发电机组动静部分有明显摩擦声。

5）机组发生"汽轮机跳闸"，原因未查明或缺陷未消除。

6）高、低压旁路系统不能正常投入。

7）汽轮机高、中压主汽门、调门、补汽阀、抽汽逆止门卡涩，关不严。

8）轴向位移超过跳闸值±1.0mm。

9）电超速保护不能正常投用。

10）汽缸上下温差大于±55℃。

11）主机润滑油交、直流油泵及控制油系统之一工作不正常。

12）主油箱油温低于 35℃或油位低，油质不合格。

13）主机 EH 油质不合格。

（3）发电机-变压器组侧存在以下情况禁止启动：

1）发电机-变压器组主保护不能投入。

2）发电机-变压器组设备有严重缺陷。

3）发电机-变压器组主要参数不能显示。

4）发电机-变压器组一次设备回路绝缘不符合标准。

5）主变压器、高压厂用变压器油质不合格。

6）发电机同期装置或励磁系统故障。

7）发电机氢气纯度小于95%。

8）发电机定冷水系统异常或水质不合格。

四、机组启动温度控制

机组启动温度控制见表6-2。

表6-2　机组启动温度控制

序号	项目	要求		
1	省煤器出水温度	最大限制：亚临界压力下出口水温高于饱和温度10℃		
2	锅炉水温	省煤器入口和出口的允许最大温差小于105℃		
3	水冷壁出口最大温升	＜220℃/h，＜105℃/10min		
4	炉膛出口烟气温度	再热汽通道建立前，炉膛出口最大允许烟气温度560℃		
5	水冷壁中间集箱入口温差	最大运行温差180℃		
6	减温器出口的过热汽温	最小汽温：比亚临界压力运行的饱和温度高5℃		
7	减温器出口的再热汽温	最小汽温：比亚临界压力运行的饱和温度高10℃		
8	机侧主汽温左右侧偏差	＜17℃		
9	机侧再热汽温两侧偏差	＜17℃		
10	高、中压缸上下缸温差	＜30℃		
11	主汽阀内外壁温差	根据主汽阀50%（指金属深度）温度不同，主汽阀内外壁温差限制		
		主汽阀50%温度（℃）	主汽阀内外壁温差要求（℃）	
		0	＜76	
		305	＜65	
		423	＜47	
		600	＜46	
12	主调门内外壁温差	根据主调门50%温度不同，主调门内外壁温差限制		
		主调门50%温度（℃）	主调门内外壁温差要求（℃）	
		≤50	＜180	
		≥228	＜65	

续表

序号	项目	要求	
13	高压缸内外壁温差	根据高压缸 50% 温度不同，高压缸内外壁温差限制	
		高压缸 50% 温度（℃）	高压缸内外壁温差要求（℃）
		0	＜103
		280	＜190
		406	＜64
		600	＜62
14	高压转子许可温差（必须同时满足右侧要求）	根据高压转子中心温度不同，高压转子名义温度与表面温度差值限制	
		高压转子中心温度（℃）	高压转子名义温度与表面温度差值要求（℃）
		0	＜50
		20	＜100
		≥100	＜175
		根据高压转子名义温度不同，高压转子名义温度与表面温度差值限制	
		0	＜120
		264	＜106
		393	＜77
		600	＜75
15	中压转子许可温差（必须同时满足右侧要求）	根据中压转子中心温度不同，中压转子名义温度与表面温度差值限制	
		中压转子中心温度（℃）	中压转子名义温度与表面温度差值要求（℃）
		0	＜50
		20	＜90
		≥100	＜175
		根据中压转子名义温度不同，中压转子名义温度与表面温度差值限制	
		0	＜119
		265	＜105
		395	＜75
		600	＜74
16	汽轮机最小上升方向裕度（℃）	≥30	

五、机组启动时的汽水品质要求

（一）凝结水水质要求

（1）凝结水泵出口含铁量大于 $500\mu g/L$ 走精处理系统旁路。

（2）凝结水泵出口含铁量小于等于 $500\mu g/L$ 走精处理系统。

（3）除氧器进水含铁量大于 $500\mu g/L$ 由 5 号低压加热器出口管放水阀排放。

（4）除氧器进水含铁量小于等于 $500\mu g/L$，关闭 5 号低压加热器出口管放水阀，除氧器进水。

（5）除氧器出水含铁量大于 $500\mu g/L$ 排放。

（6）除氧器出水含铁量小于等于 $500\mu g/L$，回收进凝汽器。

（7）除氧器出水含铁量小于等于 $200\mu g/L$，进入高压给水系统冲洗。

（二）给水水质要求

（1）汽水分离器疏水的含铁量大于 $500\mu g/L$、SiO_2 含量大于 $200\mu g/L$ 时直接排放掉。

（2）汽水分离器出口水质含铁量小于等于 $500\mu g/L$、SiO_2 含量小于等于 $200\mu g/L$ 可回收进凝汽器。

（3）汽水分离器出口水质含铁量小于等于 $100\mu g/L$、SiO_2 含量小于等于 $50\mu g/L$ 可启动锅水循环泵。

（4）汽水分离器出口水质含铁量小于等于 $50\mu g/L$、SiO_2 含量小于等于 $30\mu g/L$ 满足点火水质要求。

（三）锅炉点火前的给水标准

锅炉点火前的给水水质标准见表 6-3。

表 6-3 锅炉点火前的给水标准

项目	标准值	单位
氢电导率	≤0.65	$\mu S/cm$
pH 值	9.2～9.6	
SiO_2	≤30	$\mu g/L$
Fe	≤50	$\mu g/L$
溶解氧	≤30	$\mu g/L$

注 机组启停过程，隔热罩易剥落，使凝汽器钛管发生泄漏，所以启动过程还应监视钠离子的含量在正常范围内。

第二节 机组启动程序

一、机组冷态启动

（一）辅助系统投运

1. 机组辅助系统投运顺序

（1）投运凝补水系统。

（2）投运闭式水系统。

（3）投运循环水系统。

（4）投运开式水系统。

（5）投运仪用气、杂用气系统。

（6）投运润滑油、密封油系统。

（7）投运控制油系统。

（8）投运顶轴油系统，汽轮机盘车。

（9）发电机进行氢气置换。

2. 汽轮机机盘车启停注意事项

（1）汽轮机冲转前，连续盘车 4h 以上。

（2）轴封汽投入前，必须投入盘车。

（3）汽轮机转子温度小于 100℃时，可以停用盘车。

（4）汽轮机转子温度大于 100℃时，可以临时停用盘车，但需要在 15～30min 内，通过手动盘车将转子转动 180°。

（5）如果停机一周以上，可以适当提早停盘车。

3. 发电机气体置换的注意事项

（1）发电机在进行气体置换时，要密切监视漏液检测，防止发电机进油。

（2）气体置换时，先将风压降至 8kPa 左右，高中压转子温度在 100℃以下时，停止主机盘车进行置换，充 CO_2 的同时排空气，维持发电机内部气体压力在 8kPa 左右。

（3）用消防水对置换中的 CO_2 钢瓶及汇流排、减压阀表面除霜，注意调节 CO_2 的流量不要太大，否则容易造成管路结冻，反而造成置换速度下降。

（4）保持 CO_2 蒸发器一直运行，提高 CO_2 温度，防止 CO_2 温度低在发电机内部结露。

（5）CO_2 蒸发器出口电磁阀旁路阀保持关闭状态，保证 CO_2 蒸发器能够正常切换运行，而不是始终运行。

（6）CO_2 纯度达到 90%时，要对氢气干燥器、发电机绝缘过热装置和漏液检测装置进行置换，防止气体积聚在死角。

（7）CO_2 纯度达到 95%时，向发电机内充入氢气，排出 CO_2。

（8）氢气纯度达到 98%时，停止排放 CO_2，要对氢气干燥器、发电机绝缘过热装置和漏液检测装置进行置换，防止气体积聚在死角。

（9）发电机氢侧回油箱液位调节阀旁路门开启时，发电机直流密封油泵不能运行，否则发电机有进油危险。

（10）将发电机内氢压升至 0.05MPa 时，关闭发电机氢侧回油箱液位调节阀旁路门。发电机内氢压升至 0.05MPa 时，务必检查发电机氢侧回油箱液位调节阀旁路门关闭，否则将导致氢侧油箱及真空油箱油位下降，甚至导致密封油中断、发电机跑氢及氢气爆炸等严重后果。

（11）发电机内气体升压过程，检查密封油氢差压阀调节正常，空侧、氢侧密封油箱油位自动调节正常。防止检修后异物卡涩、浮球阀杠杆力调节等原因，使空侧、氢侧密封油箱油位过高或过低。

（12）发电机内氢压至 0.47MPa 时，氢气置换结束。

（二）辅汽系统投运

辅助蒸汽来自邻机、邻厂或启动锅炉。沿途管路疏水正常后向厂用辅助蒸汽系统供汽，就地微开本机辅汽联箱进汽电动门 5%，辅汽联箱充分暖管后远方全开进汽电动门，维持辅汽联箱压力 0.7MPa 左右、温度 300～330℃。当有机组运行时，首先开启联通管疏水门，然后缓慢开启邻机供汽手动门，联通管充分暖管后，再向本机辅汽联箱供汽，维持辅汽联箱压力 0.7MPa 左右、温度 300～330℃。注意事项如下：

（1）机组真空未建立，防低压缸安全门爆破。与辅助蒸汽有关的疏放水排至无压漏斗，不进入凝汽器。

（2）预暖辅汽联通管、辅汽联箱前，应根据现场管路的布置情况，将管路、系统的存水排尽，防止水冲击。

（三）锅炉上水

以超超临界机组为例。

（1）冷态启动锅炉上水规定：

1）冷态启动省煤器上水温度要求 105～110℃。

2）冷态启动锅炉上水速率要求不大于 200t/h。

3）控制省煤器进出口温差小于 105℃。

4）锅炉进水水质合格。

5）锅炉汽水系统及启动系统已按检查卡检查。

（2）确认下列阀门关闭：

1）过热器减温水电动门。

2）锅炉循环泵出口电动门。

3）锅炉循环泵进口电动门。

4）锅炉循环泵再循环气动门。

5）锅炉循环泵高压冲洗水门。

6）锅炉给水总门。

7）锅炉循环泵暖泵进口手动门。

8）暖管至过热器二级喷水减温水电动门。

9）炉膛 A 侧入口分配集箱放水手动门、电动门。

10）炉膛 B 侧入口分配集箱放水手动门、电动门。

11）炉膛 A、B 水平烟道和后墙悬吊管分配箱放水手动门、电动门。

12）炉膛 A 侧后烟道入口集箱入口管放水手动门、电动门。

13）炉膛 B 侧后烟道入口集箱入口管放水手动门、电动门。

14）水冷壁前、后、两侧中间集箱放水门。

（3）确认下列阀门开启：

1）水冷壁前、后、两侧中间集箱放气门。

2）尾部烟道出口管放气门。

3）分离器出口放气手动、电动隔绝门。

4）顶棚入口分配管放气门。

5）水平烟道侧墙和后墙悬吊管出口管道放气门。

6）过热器进口管放气门。

7）末级再热器入口管放气门。

8）末级再热器出口管放气门。

9）一过入口放水门。

10）再热器入口放水门。

11）储水箱液位调节系统电动隔绝门。

12）尾部烟道旁路电动门。

（4）确认储水箱液位调节系统调节阀开关动作正常后投自动。

（5）启动电动给水泵，检查电动给水泵电流、声音、振动等正常。

（6）投运高压加热器水侧。

（7）开启锅炉给水总门。

（8）调节给水流量至 200t/h，向锅炉进水。

（9）分离器水位达到 8m，关闭以下阀门：

1）水冷壁前、后、两侧中间集箱气门。

2）尾部烟道出口管放气门。

3）分离器出口放气手动、电动隔绝门。

4）顶棚入口分配管放气门。

5）水平烟道侧墙和后墙悬吊管出口管道放气门。

6）尾部烟道旁路电动门。

7）过热器进口管放气门。

8）末级再热器入口管放气门。

9）末级再热器出口管放气门。

（四）投运锅炉启动系统

（1）锅炉循环泵注水。

1）锅炉循环泵检修或放水后，启动前必须先进行低压注水。

2）锅炉循环泵系统工作票已终结，系统按卡检查完毕。

3）确认锅炉循环泵高压注水总门关闭。

4）锅炉循环泵低压注水水质要求，见表 6-4。

表 6-4　锅炉循环泵低压注水水质要求

项目	单位	允许值	目标值
pH 值		9.3～9.6	9.45
温度	℃	4～50	35
固体物质含量	μg/L	≤0.25	
氯化物含量	μg/L	＜50	

5）确认锅炉循环泵进、出口门关闭。

6）确认锅炉循环泵再循环门关闭。

7）确认锅炉循环泵暖泵进口门关闭。

8）开启锅炉循环泵出口管路疏水门及泵体放气门。

9）缓慢开启锅炉循环泵电动机注水进口门，保持注水速度在 5L/min 左右。

10）当锅炉循环泵泵体放气门有水溢出后，可以关闭锅炉循环泵泵体放气门。

11）当锅炉循环泵出口管路疏水门有水连续排出时，全开锅炉循环泵电动机注水进口门。

12）检查锅炉循环泵出口管路疏水水质合格后，关闭锅炉循环泵出口管路疏水门，注水结束，关闭锅炉循环泵电动机注水进口门。

13）如锅炉进行酸洗、锅炉循环泵电动机冷却系统发生泄漏、密封损坏，则必须进行高压注水。锅炉酸洗时，采用临时的高压水泵连续注水。

（2）锅炉循环泵启动条件。

1）汽水分离器储水箱水位大于 4m。

2）锅炉循环泵出口调阀开度小于 5%。

3）锅炉循环泵冷却水流量大于 $10.5m^3/h$。

4）锅炉循环泵电动机温度小于 60℃。

5）锅炉循环泵进口门开启。

6）锅炉循环泵出口门开启。

7）锅炉循环泵再循环门开启。

8）锅炉循环泵过冷水调门投自动方式。

9）锅炉循环泵电动机绝缘合格（大于 200MΩ）。

（3）确认锅炉冷态清洗结束、水质满足要求后，启动锅炉循环泵，检查循环泵启动正常。投运锅炉启动系统注意事项：

1）出口调阀投自动后应注意启动初期汽水膨胀、汽压波动造成水位波动导致出口调阀失调。

2）出口调阀投自动时，设专人监视分离器水箱水位、省煤器进口给水流量等参数，当燃烧工况、蒸汽参数变化较大时，可能会失调。

（五）分离器水质合格后，投运锅炉启动疏水系统

（1）当汽水分离器出口含铁量大于 $500\mu g/L$、SiO_2 含量大于 $200\mu g/L$，开启锅炉疏水扩容箱排放门进行排放。

（2）当汽水分离器出口含铁量小于 $500\mu g/L$、SiO_2 含量小于 $200\mu g/L$、Na^+ 含量小于 $20\mu g/L$，投入锅水回收系统。

（3）关闭锅炉启动系统暖泵水门、暖阀水门，投入锅炉启动循环泵过冷水，启动锅炉启动循环泵。

（六）投运灰渣系统

在锅炉风烟系统投运前，安排电除尘电场进行升压试验，发现设备缺陷及时处理，检查电场各参数正常后，投入电除尘低压侧设备加热。

（七）投运锅炉风烟系统

投运风烟系统前注意检查确认炉底水封已建立正常，底渣系统运行正常，输灰系统已投运正常。

（八）投运火检冷却风系统

检查火检冷却风机具备启动条件后启动火检冷却风系统，风机启动后注意检查冷却风母管压力正常，出口三通挡板位置正确（不能停留在中间位置）。

（九）投运锅炉燃油系统

检查燃油系统无检修工作，各部件连接完好，开启锅炉燃油系统供回油手动总门，建立炉前燃油循环，开启各角油枪供回油手动门、压缩空气吹扫手动门，并检查确认系统无泄漏。

（十）进行燃油泄漏试验

1. 燃油泄漏试验条件

（1）锅炉风量大于30％。

（2）轻油快关门关。

（3）所有油枪进、回油门关。

（4）轻油母管压力正常（大于3.43MPa）。

（5）轻油泄漏试验没有旁路。

2. 燃油泄漏试验过程

（1）燃油泄漏试验开始，开启燃油快关门，燃油压力控制门全开，同时燃油回油门关闭，对炉前燃油母管充油30s。

（2）充油30s计时结束，燃油快关门关闭，保持压力大于3.43MPa，180s泄漏试验计时开始。

（3）在泄漏试验计时周期内，燃油压力仍大于2.94MPa，泄漏试验完成。

（4）如果在泄漏试验过程中，油压小于2.94MPa，泄漏试验失败；油压下降过快，应查明原因，然后再重做泄漏实验。

3. 燃油快关门开条件

（1）MFT已复置。

（2）以下条件满足：所有油枪进、回油门关闭；燃油母管压力正常（大于等于2.5MPa）；泄漏试验已完成或旁路。

4. 燃油快关门关条件

（1）MFT。

（2）任一油枪进、回油门在开位置且燃油压力低小于0.8MPa（三取二，延时5s）。

（十一）炉膛吹扫

（1）锅炉在 MFT 后，在进入燃料前，必须对炉膛进行 5min 的吹扫，将炉膛和烟道内的可燃物吹扫干净。

（2）锅炉吹扫条件满足，启动锅炉吹扫程序。锅炉吹扫开始，5min 计时开始，在这期间吹扫条件必须始终满足；任一条件失去，吹扫自行中断，计时器复位归零，吹扫必须重新开始。

（3）锅炉吹扫完成，MFT 自动复置，炉膛烟温探针正常伸进。

（十二）投运一次风、密封风系统

注意事项：投运一次风机及密封风机时应先建立风道，建立通道前确认磨煤机内没有积煤；启动第二台一次风机时，确认无倒转；通一次风的磨煤机应投入密封风系统。

密封风机投联锁时，注意密封风压正常，避免备用风机自启动；密封风压正常后，及时投入联锁，避免密封风机失去备用。

（十三）锅炉点火

1. 锅炉点火前检查

（1）锅水品质符合点火要求。锅炉分离器出口水质满足下列要求时（见表 6-5），锅炉可以点火。

表 6-5　分离器出口水质要求

项目	氢电导率（25℃）	二氧化硅	铁	溶解氧
单位	μS/cm	μg/L	μg/L	μg/L
标准	≤0.65	≤30	≤50	≤30

（2）高压旁路投入启动模式、低压旁路投入自动。

（3）各点火器电源均已正常投入。

（4）炉膛出口烟温显示正常。

（5）锅炉循环系统已运行正常。

（6）锅炉总风量大于 30% 小于 50%。

（7）省煤器入口流量为 738t/h。

（8）火检冷却系统和工业电视投用正常。

（9）轻油油循环已建立，供油压力大于等于 2.5MPa。

（10）等离子高能点火器装置正常。

（11）空气预热器辅汽吹灰系统具备投运条件。

（12）各燃烧器摆角在水平位置。

（13）MFT 已复置。

（14）炉膛点火允许条件满足。

2. 油枪点火

（1）检查轻油母管压力大于等于 2.5MPa。

（2）确认所有油枪在"远方"控制方式。

（3）辅助风挡板投自动。

（4）启动第一层 2、6 号角轻油枪，2 号角轻油枪启动，10s 后启动 6 号角轻油枪，火检显示正常，就地看火孔查看火焰正常，无漏油现象。若油枪点火不成功则触发 MFT。

注意事项：点火初期当着火不良时，可以采取以下方法进行调整。

1）保持合适的炉膛/风箱差压，油辅助风的开度满足要求。

2）开大回油调门，适当降低燃油压力。

3）第一对油枪投运后，将油流量控制投自动。

4）并再次确认一级过热器入口疏水门、再热器入口疏水门开启。

5）第一对油枪运行 90s 后，可以启动第二对油枪，火检显示正常，就地看火孔查看火焰正常，无漏油现象。

3. 等离子高能点火器无油点火（低位磨点火方式，配合磨组为等离子磨组，本炉为 B 磨）

（1）等离子点火注意事项。锅炉点火之前，尽量提高炉内温度，为等离子无油点火创造条件。等离子无油点火时，为保证等离子着火稳定，要求如下：

1）锅炉冷态冲洗期间，采取措施提高给水温度，尽量提高炉内温度，为等离子点火创造条件。

2）启动给煤机 B 前磨煤机应充分预暖，磨煤机出口温度可提高至 75～80℃（正常运行时，磨煤机 B 出口温度应据不同煤种执行）。

3）点火期间，磨煤机进口风量保持在 140t/h 左右。

4）磨煤机暖风器保持疏水畅通，点火初期，应开启疏水器旁路门加强疏水；待等离子暖风器退出运行后及时关闭暖风器进汽电动门。

5）采取措施，将磨煤机进口温度提高至 120℃以上。

6）负荷 300MW 以前所有运行的磨煤机分离器转速均要求保持在 1100r/min。

7）等离子点火时磨煤机 B 入口一次风量调至 120～140t/h 之间，风量过大时等离子不容易点着火。点火燃烧正常后可以适当增加一次风量，但是点火初期给煤机最小煤量运行时一次风量不能超过 160t/h。

8）等离子燃烧器壁温正常运行时应在 400℃以下，不能长时间运行在 600℃以上。燃烧器壁温高时可通过增加一次风量或增加给煤量的方法来降低，增加时需注意防止风量过大吹断等离子弧和炉膛热负荷瞬时增加过快。

9）锅炉启动初期，等离子运行时，要时刻监视炉膛火焰电视、炉膛负压、B 层燃烧器火检强度，判断锅炉的燃烧情况。也可通过观察烟囱的排烟判断燃尽情况，必要时安排有经验人员从看火孔处观察着火情况。考虑到燃烧良好及燃尽情况，B 磨煤机单磨运行时出力最大允许到 55t/h 时，此时需安排启动第二套制粉系统。

10）等离子拉弧以后，等离子配电间空调及时投运；磨煤机旋转分离器变频间空调在系统启动后及时投运。

（2）等离子方式下，磨煤机B启动条件：

1）磨煤机B切换至等离子方式。

2）等离子点火器拉弧成功。

3）磨煤机B其他启动允许条件满足。

注意事项：确认在等离子模式，如果不在等离子模式，而高低压旁路未开启，高中压主汽门调门都关闭，如有给煤机运行就会发再热器保护；等离子模式下，任两个角断弧，不管油枪是否投入成功，都会发MFT；在等离子模式下，磨煤机B出力大于40t/h时，磨煤机A、C点火条件满足。

在取消脱硫旁路的机组，点火时采用无油等离子燃烧的方式，将显得非常重要，脱硫系统随锅炉同时启动，有效地防止了燃油对吸收塔运行的影响。

（3）等离子方式下，磨煤机B跳闸条件：

1）任意一个角等离子、油枪、煤层均无火检，延时15s。

2）任意两个等离子点火器断弧。

3）其他磨煤机跳闸条件满足。

（4）允许投用等离子点火器的条件：

1）锅炉吹扫已完成，MFT已复置。

2）等离子点火装置通信正常。

3）等离子点火器载体风压大于6kPa。

4）等离子点火器冷却水压正常（大于0.2MPa）。

5）等离子点火器对应整流柜运行正常。

（5）产生下列任一条件，等离子点火器跳闸：

1）锅炉MFT。

2）磨煤机B跳闸。

3）等离子点火装置通信故障。

4）等离子点火器冷却水压小于0.2MPa。

5）等离子点火器载体风压小于6kPa。

6）等离子点火器整流柜故障。

7）等离子点火器断弧。

（6）等离子点火启动：

1）开启磨煤机B暖风器疏水阀。

2）逐渐开启辅汽至暖风器进汽门，调整暖风器辅汽进汽压力在1MPa左右。

3）逐个启动B层等离子发生器，并调节各等离子发生器电流，使电弧功率维持在110kW左右。

4）当部分等离子发生器拉弧过程中出现拉弧不正常情况时，发出报警信号，同时自动重新拉弧一次，若自动拉弧不成功，手动单独拉弧。

5）启动磨煤机 B，调节磨煤机一次风量在 120t/h 左右，各煤粉管风速在 18～20m/s。

6）当磨煤机 B 出口温度达到 75℃，启动给煤机 B，并立即将给煤机 B 煤量增加至 26～28t/h。

7）检查各等离子燃烧器燃烧正常，必要时调整等离子发生器电流。

8）当各燃烧器稳定燃烧 10min 后，可根据需要增加磨煤机 B 出力。

9）当热一次风母管风温达到 160℃后，将磨煤机 B 暖风器切除运行。

10）检查磨煤机点火能量满足启动磨煤机 A 或 C。

11）机组负荷大于 20MW，确认炉膛燃烧工况良好，将等离子方式切换至正常运行方式。

注意事项：在 B 磨一次风管未通风的情况下，禁止等离子发生器拉弧，防止烧坏燃烧器。离子点火装置投运过程中，应监视燃烧器壁温低于 400℃，否则应降低磨煤机出力、加大磨煤机的入口风量、降低等离子发生器功率等，燃烧器显示壁温超过 500℃时，应停止该燃烧器进行检查。

4. 磨煤机点火能量

（1）相邻油层运行。

（2）机组负荷小于 50%，相邻煤层运行且给煤量大于 45t/h。

（3）机组负荷大于 50%，三层及以上煤层运行。

注意事项：负荷在 500MW 以下时，启动制粉系统时，给煤机启动后的 180s 内，注意相邻煤层给煤量大于 45t/h，防止由于点火能量失去导致制粉系统跳闸；建议负荷在 500MW 以上时启动第四套制粉系统，避免由于 500MW 负荷上下波动造成点火能量判据切换导致制粉系统跳闸。

5. 投入空气预热器吹灰

点火后，空气预热器进行连续吹灰。投入电除尘器电场。

注意事项：空气预热器吹灰时，提高辅汽压力至 0.8MPa 以上，避免空气预热器二次燃烧。

（十四）锅炉升温升压

（1）依照机组启动温度控制要求，升温升压。

（2）大修、长期停运后或新机组首次启动，要严密监视锅炉的受热膨胀情况。从点火至满负荷，做好膨胀记录，发现问题及时汇报。

（3）锅炉升温升压过程，要全面检查各系统、设备参数的变化情况，有异常提早发现、提早解决。如现场热力系统有无泄漏、内漏情况；各管道系统的预暖，疏放水系统是否通畅，两侧主再热汽温有无偏差；风烟系统的温升情况，两侧是否平衡，空气预热器排烟温度的变化情况等。许多事故的发生，在点火的初期，特别是前几个小时，均有不同程度的反映，这都需要监盘人员勤翻画面，多分析，做出及时正确的判断。

（4）观察风箱挡板在自动控制情况下自行开启正常，否则手动开启。

（5）锅炉点火后，确认高、低压旁路方式正确（设定高压旁路出口温度约 360℃、选择高压旁路启动模式、低压旁路投自动，最小开度 10%，低压旁路将调节再热汽压力），高、低压旁路减温器、三级减温减压装置均正常投入。

（6）当主蒸汽压力大于 0.4MPa 时：

1）开启机侧主、再热蒸汽管道疏水。

2）关闭一级过热器进口管放水门。

3）关闭分离器出口放气手动、电动隔绝门。

4）关闭再热器入口放水门。

（7）分离器入口温度达到 150℃，锅炉热态清洗，控制温度不超过 170℃。

（8）汽水分离器储水箱出口水质符合下列标准，见表 6-6，锅炉热态清洗结束。

表 6-6　汽水分离器储水箱出口水质标准

项目	单位	允许值
pH		9.3～9.5
Fe	$\mu g/L$	＜100
SiO_2	$\mu g/L$	＜30
N_2H_4	$\mu g/L$	200～500
导电度	$\mu S/cm$	＜0.5

（9）锅水合格后，继续升温升压。

（10）主汽压力达到 0.7MPa，观察高压旁路调门逐渐开启。也可在点火前手动开启。

（11）高压旁路自动开条件：

1）油枪已点火 20min。

2）主汽压力大于点火时压力＋0.3MPa。

3）主汽压力大于 0.7MPa。

4）四级过热器出口温度大于进口温差 5℃。

（12）分离器压力大于 0.8MPa，开启过热器电动泄压门 PCV 阀 60s 后关闭。

注意事项：主汽压力小于 15MPa，PCV 电动隔绝阀保持关闭，避免过早开启引起 PCV 阀泄漏，注意汽水分离器水位稳定，储水箱液位调节阀和再循环门 BR 阀控制良好，再热器蒸汽通道建立前，控制燃料量，保护再热器。

（13）烟气温度联锁项目。

1）炉膛出口烟气超过 560℃报警。

2）再热器蒸汽通道未建立，炉膛出口烟气温度超过 620℃，延时 20s，锅炉 MFT。

3）炉膛出口烟气温度大于 650℃，发报警信号。

（14）全面检查锅炉水冷壁、过热器和再热器金属壁温正常。

（15）水冷壁出口升温率控制在表 6-7 规定的范围内。

表 6-7　水冷壁出口升温率控制限值

应用	限定要求
水冷壁出口升温率最大限定	＜220℃/h，＜105℃/10min

（16）升温升压至汽轮机冲转参数。

1）监视主汽压力 8.5MPa，高压旁路已切至定压模式。

2）适当提前减少燃料量，控制主汽温度 380℃。

3）用辅汽冲一台给水泵汽轮机，将给水泵并入系统运行，电泵旋转备用，给水投自动。

注意事项：并泵前确认主汽压力 8.5MPa，给水投自动前，确认给水流量 888t/h；给水投自动时，观察给水流量没有大幅波动。

（十五）发电机由冷备用转热备用

发电机由冷备用转热备用，合上发电机-变压器组出口隔离开关。

（十六）汽轮机 DEH 走步注意事项

（1）主汽温度大于阀体温度 100℃，第一时间汽轮机走步序暖阀，缩短启动时间。

（2）监视主、再热汽温两侧偏差，确认主、再热汽管道疏水正常，控制主、再热汽温两侧温差小于 28℃。

（十七）（DEH 程序走步）汽轮机开始暖管暖阀

第 1 步：启动初始化。

第 2 步：程序自动投入汽轮机抽汽逆止门子回路 SLC。

第 3 步：程序自动投入汽轮机限制控制器。

第 4 步：程序自动投入汽轮机疏水 SLC。

第 5 步：程序自动开启汽轮机高/中压调门前疏水阀。

第 6 步：空步。

第 7 步：空步。

第 8 步：汽轮机润滑油泵试验准备。

第 9 步：空步。

第 10 步：空步。

注意事项：

（1）主汽门在第 15 步到第 20 步之间开启，对主汽门阀体预热，开启时间长短取决于加热蒸汽温度和蒸汽品质，开启时间可能由几种情况决定。DEH 能忽略某些步骤，在第 16 步到第 19 步之间任一点关闭主汽门，程序在第 20 步终止（调门不会在 20 步之前开启，蒸汽品质合格后再开启），返回至第 16 步重新走程序。

（2）主汽压力小于 2MPa 时，主汽门保持全开；主汽压力大于 2MPa 时，主汽门开启，延时后关闭；主汽压力 2～3MPa 时，调门预热 30min；主汽压力 3～4MPa 时，调门预热 15min；主汽压力大于 4MPa 时，主汽门立即关闭。

（3）当蒸汽品质合格后，主汽门开启时间不得超过 60min，若在 60min 内，第 16 步至 20 步未执行完，主汽门将关闭，并导致汽轮机重新启动。

（4）启动程序在第 20 步蒸汽品质仍不合格，主汽门关闭直到蒸汽品质合格，程序重新从第 11 步开始。子回路控制必须由操作人员从"手动"切换到"自动"（发出关闭主汽门的命令，此后若释放蒸汽品质，步序会自动返回第 11 步，重新走步序开启主汽门）。

（5）发电机并网前，汽轮机转速控制器限制 TAB（汽轮机启动装置）在 62%，发电机并网后，转速控制器放开限制，调门开度转由负荷控制器控制调节。

第 11 步：程序自动投入发电机励磁机干燥器 SLC、等待蒸汽品质合格。

注意事项：温态启动、热态启动和极热态启动中，当高压调门阀体（50%）温度大于 350℃时，本步必须投入蒸汽品质 SLC ON，否则步序无法进行下去。投入蒸汽品质 SLC ON，步序下行后，第 15 步完成主汽门开启，至第 20 步结束主机立即冲转。如果不打算立即冲转汽轮机，应在第 14 步将蒸汽品质 SLC OFF，待决定冲转汽轮机时再投入蒸汽品质 SLC ON。

第 12 步：空步。

第 13 步：投入低压缸喷水自动。

第 14 步：程序自动开启汽轮机中压主汽门前疏水阀。

第 15 步：本步准备开启主汽阀进行暖阀，首先应确认主蒸汽品质满足汽轮机冲转蒸汽指标要求。确认启动装置定值 TAB 在内部方式，否则手动将其切至内部方式。确认其自动拉升至 10%后自动切回外部方式。

注意事项：汽轮机转速不上升，若出现汽轮机转速达 300r/min 应立即手动脱扣。

第 16 步：程序自动关闭高排通风阀。

第 17 步：空步。

第 18 步：确认炉侧蒸发量满足汽轮机冲转条件。

第 19 步：空步。

第 20 步：等待蒸汽品质合格，确认汽轮机具备冲转条件后，手动投入蒸汽品质 SLC ON。

（十八）（DEH 程序走步）汽轮机冲转、定速

汽轮机冲转给水水质要求见表 6-8，蒸汽品质要求见表 6-9。

表 6-8　汽轮机冲转给水水质要求

序号	指标	单位	启动值	标准值
1	氢电导（25℃）	μS/cm	≤0.65	≤0.15
2	硬度	μmol/L	≈0.0	≈0.0

续表

序号	指标	单位	启动值	标准值
3	溶氧	$\mu g/L$	≤10	≤7
4	SiO_2	$\mu g/L$		≤10
5	联氨	$\mu g/L$		20～50
6	pH			9.3～9.6
7	铁	$\mu g/L$	≤20	≤5
8	铜	$\mu g/L$		≤1
9	钠	$\mu g/L$		≤2

表 6-9　汽轮机冲转蒸汽品质要求

序号	指标	单位	冲转前	标准值	期望值
1	氢电导（25℃）	$\mu S/cm$	≤0.50	<0.2	≤0.10
2	二氧化硅	$\mu g/kg$	≤30	≤10	
3	铁	$\mu g/kg$	≤50	≤20	≤5
4	铜	$\mu g/kg$	≤15	≤2	≤1
5	钠	$\mu g/kg$	≤20	≤5	≤2

注意事项：等待蒸汽品质合格后，通过人为按蒸汽品质按钮（STEAM PURITY RELEASED）确认，步序下行开启调门。若蒸汽品质不合格，未投入蒸汽品质 SLC，则步序重新回到第 8 步至 20 步，进行暖管、暖阀。

第 21 步：程序自动开调门汽轮机冲转至暖机转速。

注意事项：

（1）冲转后注意主机油温变化，适时投入主机冷油器水侧。

（2）适时投入发电机氢冷器及密封油冷油器。

（3）注意检查机组振动、轴向位移等主要参数的变化。

（4）当汽轮机转速达到 180r/min 时，盘车电磁阀自动关闭，盘车自动脱开。

（5）冷态启动汽轮机转速达到 360r/min 时暖机 60min，TSE/TSC（应力控制器）监控整个暖机过程。

第 22 步：程序自动解除蒸汽品质子程序，确认蒸汽品质 SLC 自动退出。

第 23 步：冷态启动时保持 360r/min 暖机转速 60min，暖机结束后，手动投入释放正常转速 SLC ON，继续升速至 3015r/min。

注意事项：

（1）冲转后注意主机油温变化，适时投入主机冷油器水侧。

（2）适时投入发电机氢冷器及密封油冷油器。

（3）注意检查机组振动、轴向位移等主要参数的变化。

（4）就地检查机组振动、声音、回油温度等是否正常。

（5）当汽轮机转速达到 540r/min 时，确认顶轴油泵自动停运正常。

（6）当汽轮机转速达到 2850r/min 时，确认盘车电磁阀自动开启。

第 24 步：空步。

第 25 步：汽轮机转速设定值自动上升。确认汽轮机转速设定值逐渐上升至 3000r/min，实际转速升速至 3000r/min。

第 26 步：程序自动关闭汽轮机高、中压主汽门疏水门。

第 27 步：程序自动解除正常转速 SLC。

第 28 步：程序自动向 DCS 发送允许启动 AVR 装置信号。

第 29 步：确认并网前满足要求。

第 30 步：发电机准备并网。

发电机并网带初负荷前注意事项：

（1）组织措施：全面检查机组各系统设备的运行方式、缺陷情况，影响到机组安全稳定运行时，应申请上级领导暂缓并网。运行方式，如备用设备的状态、主保护及热工联锁的投入情况、电气母线的运行方式等符合机组正常运行的需求；缺陷方面，重要热工测点、主要参数、重要辅机等符合机组长期运行的要求；确认蒸汽品质合格。

（2）检查初负荷设定值 50MW，负荷上限 1050MW，升负荷率 10MW/min。

（3）检查 DEH 控制回路升负荷裕度大于 30K。

（4）检查汽轮机投入限压模式。

（5）确认主变压器、高压厂用变压器正常运行中，27kV 离相封闭母线微正压装置已经正常投运。

（6）确认发电机-变压器组保护正常按标准操作卡投入，故障录波器正常投入。发电机励磁系统处于热备用状态。

（7）确认发电机已恢复至热备用。

第 31 步：准备同期并网。

（1）励磁系统已投用。

（2）励磁开关位置正常。

（3）发电机出口断路器已同期并网。

（十九）（DEH 程序走步）发电机并网、载荷

（1）在机组全速且运行正常后，全速不加励磁工况时的各有关温度数据正常。

（2）待机、炉有关试验结束，检查机组正常无报警信号，得值长命令后，进行发电机升压并列操作。

（3）发电机并列必须满足下列条件：

1）待并发电机的电压与系统电压近似或相等。

2）待并发电机的频率与系统频率相等。

3）待并发电机的相位与系统相位相同。

（4）发电机升压并列一般由 DEH 程序走步完成，当不走 DEH 程序时，

361

按以下步骤进行自动准同期并列（发电机自动准同期并列步骤）：

1）检查汽轮机转速 3000r/min。

2）检查 DCS 发电机并网画面上无异常报警信号且电压调节的目标值 27kV。

3）在 DCS 发电机并网画面上将发电机励磁系统投入。

4）在 DCS 发电机并网画面合上发电机磁场开关，检查发电机磁场开关合闸正常，励磁机空载电压、电流正常，机端电压升至 27kV（三相电压平衡，三相电流指示为 0）。

5）选择发电机出口断路器 DCS 操作框内"SYNCHRONOUS"（同期）按钮。

6）确认同期装置自动投入，进行发电机出口断路器合闸并网。

7）确认发电机出口断路器确已合上，发电机三相电流平衡，机组自动带 5％额定负荷。

8）将同期装置退出运行。

（5）机组并网及带初负荷期间应注意：

1）励磁投入后发电机升压期间，发电机出口电压达到 27kV 时，确认励磁系统正常。

2）并网过程中同期画面上无故障报警。

3）机组并网后注意保持主汽压力稳定，锅炉加强燃烧。

4）发电机并网后，应增加部分无功功率，保证机组不在进相运行，检查三相定子电流是否平衡。

5）机组带初负荷暖机的时间根据蒸汽参数按机组启动曲线确定。

6）在机组带初负荷暖机期间应全面检查汽轮机振动、汽缸膨胀、轴向位移、轴承金属温度、润滑油回油温度、润滑油压、主机控制油油压、汽缸上下壁温差等各项参数在正常范围之内。

第 32 步：启动装置 TAB 至 102％，增加调门开度。

（1）确认汽轮机启动装置 TAB 无 AUTODOWN（自动下降）信号，将其切入内部方式，确认 TAB 上升至 102％。

（2）汽轮机调门开度由负荷控制器设定，转速控制器退出运行。

第 33 步：完成汽轮机启动过程。

（1）主蒸汽流量大于 20％。

（2）汽轮机转速大于 2950r/min。

（3）主蒸汽压力大于 2.5MPa。

第 34 步：检查汽轮机控制器投入。

第 35 步：启动步骤结束。启动程序结束，信号送至汽轮机 SGC 反馈端。

（二十）机组加负荷

1. 低压加热器汽侧随机投运

（1）确认低压加热器系统已执行系统检查卡。

（2）将低压加热器正常疏水调整门和事故疏水调整门投入自动。

（3）开启 5、6 号低压加热器抽汽电动门。

（4）当汽轮机负荷大于 15％后，检查 5 级、6 级抽汽逆止门自动打开。

（5）随着抽汽压力上升，低压加热器汽侧投用，低压加热器出水温度相应升高。

（6）检查低压加热器疏水水位自动调节正常，必要时切手动调整，注意相邻加热器水位。

（7）低压加热器汽侧投用正常后，关闭其启动排气门，确认至凝汽器的连续排气门开启。

（8）若 5、6 号低压加热器未随机启动，投入时应先投 6 号低压加热器汽侧后再投 5 号低压加热器汽侧，防止汽侧排挤并注意疏水自动调节正常。

2. 高压加热器汽侧随机投运

（1）确认高压加热器系统已执行系统检查卡。

（2）确认机组疏水控制组投入自动。

（3）将 3、2、1 号高压加热器正常疏水调整门、事故疏水调整门投自动。

（4）开启 3、2、1 号高压加热器进汽电动门。

（5）当汽轮机负荷大于 15％时，检查各级抽汽逆止门自动打开。

（6）随着抽汽压力上升，3、2、1 号高压加热器汽侧投用，高压加热器出水温度相应升高。

（7）当相邻高压加热器汽侧压差大于 0.2MPa，检查高压加热器正常疏水调门自动开启，事故疏水调门自动关闭，高压加热器疏水逐级自流回至除氧器。

（8）检查高压加热器疏水水位自动调节正常，必要时切手动调整，注意相邻加热器水位。

（9）当所有高压加热器事故疏水调门全部关闭，正常疏水调门正常开启后，高压加热器投入完毕。

（10）高压加热器汽侧投用正常后，关闭启动排气门，确认连续排气门开启。

注意事项：上述步骤只适用于高压加热器随机投运。高、低压加热器投入过程给水温度升高，对锅炉的出力产生影响，应监视汽温、汽压等参数的变化；检修后的机组，加热器疏水先排入凝汽器，加强监视凝结水品质及凝结水泵滤网差压的变化情况；高压加热器投入过程的温升率应小于 57℃/min。

3. 加负荷至 100MW

检查高压旁路逐渐关闭，自动切至跟随模式，将 DEH 侧控制方式切至初压模式。并注意 DEH 侧控制方式切初压模式前，确认实际主汽压力与目标压力一致，合理控制煤、水，防止出现过热器各级无温升现象。

4. 机组加负荷，湿干态转换

（1）发电机并网带初负荷后，加负荷速率见表 6-10，并确认主蒸汽管道疏水门、热再热器管道疏水门关闭。

表 6-10　机组加负荷速率

负荷段	冷态	温态	热态	极热态
50→200MW	5MW/min	5MW/min	10MW/min	10MW/min
200→300MW	5MW/min	5MW/min	5MW/min	5MW/min
300→500MW	5MW/min	10MW/min	10MW/min	10MW/min
500→1000MW	15MW/min	20MW/min	20MW/min	20MW/min

（2）机组负荷 150～200MW 时，确认汽轮机本体疏水门关闭。

（3）机组负荷大于 200MW，启动第三台磨煤机，燃料主控投自动，机组投入协调控制方式（CCS），用四抽冲转第二台给水泵，注意冲转参数有56℃以上过热度。

注意事项：WFR（水煤比）投自动前，检查水冷壁和过热器金属壁温无超温或坏点，确认 WFR 的输出值在 ±20t/h 范围内。

（4）CCS 方式加负荷至 300MW。

（5）锅炉循环泵停运，锅炉由湿态转入干态运行。

（6）锅炉转入干态运行，锅炉循环泵停止后，开启锅炉循环泵暖泵进口门，储水箱水位由暖水溢流阀控制。

（7）检查水冷壁、过热器、再热器金属温度正常，转态过程中注意事项见表 6-11。

表 6-11　锅炉湿态干态转换要求与注意事项

序号	项目	要求与注意事项
1	机组负荷	220～300MW
2	升负荷率	5MW/min
3	过热度	控制在 12℃ 以内
4	分离器水位	9m 以下
5	机组控制方式	首选 CCS，其次 DEH 初压方式
6	高低压旁路系统状态	已关闭且在跟随模式
7	高低压加热器状态	运行正常，给水温度大于 200℃
8	过热器各级减温水	各级减温水均在关闭状态
9	BCP 流量	控制在 150t/h 以内
10	水冷壁金属温度	全面检查水冷壁各屏金属温度工况良好
11	磨煤机运行方式	三套制粉系统运行
12	锅炉干态运行后	（1）BCP 泵跳闸后检查过冷水调门自动关闭； （2）锅炉分离器至二级减温水溢流阀投自动； （3）投入 BCP 暖泵水，WDC 阀暖阀水系统

注　BCP 为炉水循环泵，WDC 为储水箱液位调节系统。

（8）机组负荷大于 350MW，确认 6 号低压加热器水位正常，适时投运低压加热器疏水泵系统。

（9）机组负荷大于 400MW，启动第四台磨煤机，并视情况申请调度同意投入自动电压调节装置（AVC）。

（10）当机组负荷大于 450MW 时：

1）并入第二台给水泵，第一台给水泵汽源由辅汽切换至四抽，停运电泵。

2）撤出所有油枪或等离子熄弧，投入电除尘、脱硫系统运行（有脱硫旁路的机组）。

3）空气预热器连续吹灰改为正常方式吹灰。

4）辅汽疏水扩容器疏水回收至凝汽器。

5）开启冷再至辅汽联箱进汽电动门，投入辅汽联箱的备用汽源。

6）开启冷再至给水泵汽轮机供汽电动门，投入给水泵汽轮机高压汽源。

7）申请调度同意投入一次调频与 PSS（电力系统稳定器）。

（11）当机组负荷大于 505MW 时：

1）储水箱液位调节系统隔绝门关闭。

2）当脱硝反应器入口烟温达到 322℃，投入脱硝系统。

3）投入空气预热器扇形板间隙自动调整系统。

4）全面检查机、炉侧各疏放水系统阀门泄漏情况，配合检修进行处理。

（12）主汽压力大于 15MPa，确认 PCV 电动隔绝阀开启正常。

（13）机组负荷大于 700MW，检查尾部烟道旁路电动门开启正常，炉本体全面吹一次。

（14）当机组负荷大于 750MW 时：

1）启动第五台磨煤机。

2）800MW 做真空严密性试验。

3）800MW 进行锅炉安全门定砝。

（15）升负荷至 1000MW：

1）全面检查机组各设备系统的运行情况。

2）确认各受热面（包括水冷壁、过再热器）金属壁温有无异常。

3）向调度报机组复役。

二、机组温态、热态、极热态启动

（一）温态、热态、极热态启动一览表

机组温态启动参考冷态启动，热态和极热态启动情况见表 6-12。

表 6-12　热态和极热启动一览表

序号	主要阶段	历时（h）	说明
1	锅炉上水	0.5～1	上水流量小于 120t/h，除氧器出口水温大于 105℃

续表

序号	主要阶段	历时（h）	说明
2	点火至冲转	1～2	（1）锅炉点火后，旁路控制： 1）主汽压力大于 8.5MPa，投定压模式缓慢调整至 12MPa。 2）主汽压力小于 8.5MPa，投入启动模式，待压力升至 8.5MPa后，定压模式升至 12MPa。 3）低压旁路投入自动模式。 （2）水冷壁出口升温率最大限定：220℃/h，＜105℃/10min。 （3）投入电除尘，启动两套制粉系统（脱硫取消旁路时）。 （4）脱硫逐渐投入相关系统（脱硫取消旁路时）。 （5）冲转第一台给水泵汽轮机，当主汽压大于 8.5MPa 时并入运行，电泵退至旋转备用
3	定速 3000r/min	0.2	对照主机保护定值单，检查相应系统运行正常
4	并网至初负荷	0.5	（1）并网前确认高压旁路开度大于 20％。 （2）并网前确认 DEH 设定初负荷 50MW，负荷上限 1050MW，负荷变化率 10MW/min。 （3）加强高压缸末级叶片温度监视，加强再热汽压力监视。 （4）低压、高压加热器随机投入。 （5）通知临机调整快切连接片
5	初负荷至 200MW	0.5	（1）旁路关闭后，DEH 侧切至本地压力模式，设定 12MPa。 （2）投入四抽至除氧器加热。 （3）启动第三套制粉系统
6	200～300MW	0.5	注意事项：DEH 侧本地压力与外部压力偏差大于 1MPa 时禁止投入外部压力模式
7	300～500MW	1	（1）当外部压力与本地压力一致时投入 CCS 模式。 （2）冲转第二台给水泵汽轮机。 （3）投运低压加热器疏水泵。 （4）450MW，并入第二台汽泵运行，停运电泵。 （5）450MW，撤出所有油枪，投入电除尘、脱硫系统运行。 （6）启动第四套制粉系统。 （7）申请调度同意投入一次调频、AVC 与 PSS
8	500～1000MW	1	（1）全面检查锅炉受热面金属温度。 （2）投入脱硝系统。 （3）投运第五套制粉系统。 （4）视锅炉水冷壁金属温度情况将制粉系统切至上层运行

（二）温态、热态、极热态启动操作步骤

机组温态、热态、极热态启动操作步骤参考冷态启动操作步骤。

第三节　机组启动前检查

一、锅炉部分

（1）锅炉本体及有关系统无检修工作，保温完整，各人孔门、观火孔全部关闭。

（2）锅炉各部位无任何影响膨胀的异物，各处膨胀指示器装设位置正确。清除锅炉周围杂物和垃圾。

（3）保证平台、扶梯畅通，消防设施完备。

（4）锅炉各水位、温度、压力、流量变送器、开关等测量、保护仪表正常完好，有关一次阀开启。

（5）所有安全阀完好，疏水畅通，试验夹紧装置和水压试验堵头已拆除。

（6）吹灰器及炉膛烟温测温装置完好且都在退出状态，炉膛火焰监视系统、锅炉泄漏监测系统完好可用。

（7）所有点火油枪已清理干净，并能顺利地伸进、退出，无卡涩，等离子点火系统正常可用。

（8）所有风门及烟道挡板启闭灵活，挡板就地开关位置与 DCS 指示相符。

（9）所有的阀门处于启动的正确位置，阀门无泄漏，开关灵活，电动/气动执行机构动作正常，DCS 开度指示与实际位置应相符。

（10）联系检修仪控人员，确认 CCS、BSCS、FSSS、MCS 等保护联锁完整投入，调节控制系统正常，炉膛火焰监视工业电视系统工作正常。

（11）全面检查确认锅炉下列各系统和有关设备符合启动条件：

1）汽水系统，过热器、再热器减温水系统。

2）锅炉启动系统。

3）锅炉疏水放气系统、污水系统。

4）风烟系统：一次风系统、二次风系统、烟气系统（空气预热器的传动装置、密封间隙、润滑油及冷却系统），各指示器均处于正常位置。

5）制粉系统（包括磨煤机密封风系统、等离子点火系统）。

6）火检系统（包括火检冷却风系统）、炉膛火焰摄像装置。

7）辅汽系统（包括磨 B 暖风器系统、空气预热器吹灰系统、磨煤机灭火蒸汽系统）。

8）吹灰系统、炉膛烟温测温装置。

9）锅炉闭式水系统、压缩空气系统、工业水系统、消防系统。

10）燃油系统、油枪。

11）脱硝喷氨及氨气蒸发系统，脱硝声波吹灰系统。

（12）通知灰硫、化学、煤控值班人员对其所属各系统进行全面检查，做好机组启动前的各项准备工作。

（13）锅炉点火前 10h 投入湿式电除尘热风清扫系统。锅炉点火前 8h，投入电除尘瓷轴、瓷套及灰斗加热器。炉底排渣系统投入，检查电除尘及灰渣系统具备投运条件。确认烟囱集水箱水位正常。

（14）除盐水量、化学用药量满足机组启动需要；脱硝系统液氨储量满足需求。

（15）输煤系统具备投运条件，燃煤及燃油储存量充足，各煤仓煤位正常。

（16）脱硫系统、湿式电除尘系统具备投运条件。

二、汽轮机部分

汽轮机在启动前的检查及操作项目：

（1）检查确认盘车装置及顶轴油泵联锁开关投入，盘车装置供油门开启，汽轮机冲动前应连续盘车不少于 2～4h，记录转子偏心度，汽轮机本体保温完整，各种测量元件指示正常。

（2）投入辅机冷却水及压缩空气系统，工质参数正常。

（3）对机组需投入和停止的保护进行确认。

（4）所有变送器及测量仪表信号管路一次门打开，排污门关闭；仪表电源投入；各电动、气动执行机构分别送电及接通气源；控制盘台上仪表、音响光字牌及操作器送电；DEH 数字电液调节系统、汽轮机 TSI 安全监控系统、MEH、ETS 及旁路等控制、监视系统投入正常。

（5）检查机组蒸汽、给水、减温水、循环水、凝结水、闭冷水、补给水、回热抽汽、抽真空、疏水系统，凝结水精处理和化学加药系统等汽水系统正常，系统阀门调整到启动前状态。

（6）各辅机电动机绝缘良好送电，机械部分完好，润滑油油质合格、油量充足，冷却水、密封水等均正常。

（7）汽轮发电机组油系统正常，不应有漏油现象，各设备完好，油质合格，油箱油位正常，检查冷油器出口油温正常。

（8）检查汽轮机调速系统各部件状态正确，DEH 系统处于良好工作状态；高/中压自动主汽门及调速汽门关闭；高压缸排汽逆止门和各级抽汽逆止门关闭。汽轮机高/中压主汽门、调门及相应的控制执行机构正常。

（9）热工控制、调节、联锁保护及仪表电源投入，各指示仪表、变送器一次门及化学取样一次门开启。

三、电气部分

（一）机组启动前对发电机的检查项目

（1）确认发电机系统的检修工作结束，按有关规程规定试验合格、工作票终结。确认系统和设备无人工作，设备系统周围清洁无杂物，接地线、短路线等临时安全措施已拆除，设备标志、着色正确齐全。

（2）定子绕组通水前的绝缘电阻应达到以下规定：

1）发电机 75℃的绝缘电阻应不低于以下值，见式（6-1）：

$$R(75℃)=U_N/(1000+0.01P_n) \qquad (6-1)$$

式中　R（75℃）——绕组在 75℃时的绝缘电阻，MΩ。

U_N——绕组的额定电压，V。

P_n——发电机的额定容量，kVA。

2）在不同的温度下，其绝缘电阻可使用式（6-2）来换算。

$$R_t=R_{75℃}\times 2^{(75-t)/10} \qquad (6-2)$$

式中　R_t——t℃时的绝缘电阻，MΩ。

t——测量时的温度，℃。

3）极化指数不小于 2，吸收比不小于 1.6。

4）各相绝缘电阻差异倍数不大于 2。

5）绝缘电阻值降低到上次正常值的 1/3 以下时，应查明原因后方可启动。不同温度与绝缘电阻的对应关系见表 6-13。

表 6-13　不同温度与绝缘电阻的对应关系

温度（℃）	75	70	60	50	40	30	20	10
绝缘电阻（MΩ）	2.4	3.39	6.79	13.58	27.15	54.31	108.61	217.22

（3）用 500V 绝缘电阻表，测量发电机的转子绝缘，一般绝缘电阻值不小于 10MΩ。最小值应不小于 1MΩ，吸收比不小于 1.6。当转子绝缘受潮，绝缘电阻值小于 10MΩ 时，未进行彻底干燥前不得进行大于 400V 的交流耐压试验。

（4）用 1000V 绝缘电阻表测量发电机轴承绝缘电阻，未通润滑油时应不小于 10MΩ，通润滑油后应不小于 1MΩ；用 500V 绝缘电阻表测量发电机的密封瓦支座、轴瓦及轴承座绝缘电阻应不小于 1MΩ。

（5）大修后的发电机启动前风压、水压试验合格。

（6）检查发电机大轴接地碳刷装置完好。

（7）发电机滑环清洁，隔板完好，安装牢固。

（8）发电机碳刷回装完毕，刷架、刷握、刷辫完好，回路清洁。碳刷规格正确，型号一致，无过短、破裂、导线断股、短路、接地、卡涩等现象，各碳刷压力均匀（机组盘车停运前根据要求取下碳刷）。

（9）检查发电机中性点接地变压器完好，接线正确，隔离开关投入良好。

（10）检查发电机出口 TV、避雷器完好，在工作位置（二次开关合好）。

（11）检查发电机出口 TV 端子箱各熔丝完好，清洁无杂物。

（12）发电机离相封闭母线微正压装置投入自动（压力在 500～

2500Pa），运行正常。

（13）发电机充氢后，检查氢气压力、纯度、湿度、温度合格，发电机本体完好，无渗漏油、气、水现象。

（二）机组启动前对励磁系统的检查项目

（1）确认发电机励磁系统的检修工作结束，确认系统和设备无人工作，设备系统周围清洁无杂物，接地线已经拆除。

（2）检查励磁变压器、励磁整流柜完好，励磁回路清洁，冷却系统送电正常，无异常或报警信号。

（3）检查发电机启励电源、自动励磁调节器柜各电源及测量励磁回路电压的熔断器送电正常。

（4）检查励磁系统各功率柜交直流刀闸合好，冷却风机试验正常，自动励磁调节器工作正常。

（5）确认灭磁开关传动试验正常，位置信号一致。

（6）确认发电机转子的励磁回路接地监测装置正常，无异常信号。

（7）用500V绝缘电阻表，测量发电机的励磁回路绝缘，一般绝缘电阻值不小于10MΩ。

（8）检查自动励磁调节器柜各功率柜的脉冲控制开关均已投入。

（三）机组启动前对主变压器、断路器的检查项目

（1）检查工作票全部终结，拆除临时安全措施，恢复常设遮栏和标示牌。

（2）变压器本体、套管、绝缘子清洁无损坏，现场清洁无杂物。

（3）变压器引出线接线良好，套管末屏接地良好，无异常现象。

（4）变压器智能在线监测仪投入正常，无异常报警。

（5）变压器及套管的油色透明，油位正常。

（6）主变压器、高压厂用变压器无载调压分接开关在适当位置。

（7）变压器气体继电器内充满油，无气体。

（8）变压器防爆膜、压力释放阀完好，呼吸器内硅胶无变色。

（9）冷却器、储油柜及气体继电器的油门应全开。

（10）变压器各部无渗、漏油现象。

（11）变压器测温装置良好，远方、就地温度显示正确。

（12）变压器外壳接地良好。

（13）变压器消防装置良好。

（14）变压器中性点接地装置良好。

（15）主变压器、高压厂用变压器冷却器电源切换试验正常，风扇、潜油泵试运正常。

（16）变压器、开关的各项绝缘监督试验合格。

（17）主变压器断路器、隔离开关、接地开关均已断开，各气室的 SF_6 压力及开关油压正常。

（18）主变压器断路器汇控柜交直流电源正常，无异常报警。

（四）机组启动前对发电机-变压器组保护的检查项目

（1）发电机-变压器组保护屏直流电源开关及 TV 二次开关均应在合上位置，电源监视指示灯应亮。

（2）发电机-变压器组保护屏内各保护功能投入正常，相应保护运行指示灯应亮。

（3）发电机-变压器组保护屏各保护和自动装置的出口压板投入正确。

（4）检查保护装置工作正常，无任何异常报警。

（5）检查各保护屏的柜门应关好。

（五）机组启动前对厂用系统电源的检查项目

（1）机组直流母线运行正常，蓄电池浮充电运行，直流充电装置运行正常，母线电压合格，绝缘监察装置无异常报警。

（2）机组 UPS 系统运行方式正常，无异常报警，UPS 母线电压合格，所有负荷送电正常。

（3）机组保安电源系统正常运行方式，柴油发电机组处于联动备用状态。

（4）机组双电源供电的设备（电动门盘、重要辅机油站电源等）两路电源运行正常，运行方式正确。

第七章　机组辅助设备及系统的检查与操作

第一节　辅机检查与操作通则

一、辅助设备及系统启动前的检查

（1）检查检修工作结束，各设备人孔门关闭、地脚螺栓固定完好，转动机械的防护罩已罩好，管道及其连接良好，支吊架牢固。设备及管道的保温完整，现场整洁，通道畅通，楼梯、平台、栏杆完好，照明充足，工作票终结。

（2）检查热工表计、信号、联锁保护齐全，开启各仪表一次门。

（3）系统各阀门传动试验合格，操作开关灵活，反馈显示与实际位置相对应。

（4）检查转动机械轴承和各润滑部件，油位正常，油质合格，润滑油脂已加好。

（5）转动机械轴承及盘根冷却水正常。

（6）对可盘动的转动机械，应手盘靠背轮，确认转动灵活无卡涩现象。电动机检修后的初次启动，必须经单独试转合格且转向正确方可连接。

（7）对系统进行全面检查，各阀门状态已按"阀门检查卡"要求置于正确位置。

（8）检查各水箱、油箱液位正常，水质、油质合格，油箱应放尽底部积水，并做好系统设备的充水（油）排气。

（9）电动机接线和外壳接地线良好，测量绝缘合格，就地事故按钮已复位。

（10）相应系统的其他检查工作结束后，送上辅机系统各设备的动力电源、控制电源，有关保护投入。

（11）送上系统相关设备及气动门的压缩空气气源。

（12）配合热工、电气完成辅机的联锁、保护试验工作，且应动作正常、定值正确，6kV 电动机的联动试验，应将开关置于"试验"位置后再进行，试验结束后再送电。

（13）机组正常运行中的设备检修后恢复，应按要求进行试运检查，确认正常后，方可投入运行或备用方式。

（14）设备及系统的操作须做好详细记录，重要操作应执行操作监护制度。

二、离心泵启动前的常规检查

（1）现场干净无杂物，保温良好，各种标志齐全，工作票终结并收回；

联锁试验合格，设备试运转正常。

（2）仪表配置齐全，准确且已投用，保护装置静态校验动作正常且投入。

（3）系统已按相关要求检查完毕。

（4）泵的电源开关在断开位置，系统未运行时，泵的各联锁不得置"投用"位置。

（5）电动机绝缘合格，外壳接地良好。

（6）以上各条件具备后，电动机允许送电。

（7）轴承润滑油质良好，油位正常。

（8）密封水冷却水投入正常。

（9）泵的放水门放油门关闭。

（10）启动前泵排空气门应开启，开启注水门或进水门进行注水排空气，排空气结束应将排气门、注水门关闭。

（11）检查泵体及系统无跑、冒、滴、漏工质现象。

（12）启动时用的各种工具、仪表、记录卡备齐。

三、容积泵启动前的检查

（1）按照离心泵的检查项目逐一检查合格。

（2）进、出口管路必须通畅，无任何阀门关断。

（3）启动时用的各种工具、仪表、记录卡备齐。

四、风机启动前的检查

（1）各部件保温良好，外观完整。

（2）盘动转子时应灵活，无卡涩。

（3）各风门、挡板，经校验合格：开关方向正确、开度指示正确；就地指示与操作员站一致。

（4）辅机各种保护（轴承振动、温度、喘振、电气）、联锁、自动和报警装置等均已试验格并投入，逻辑正确，测量装置齐全，仪表校验合格。

（5）轴承冷却水系统良好。

（6）配有强制油循环系统或液压控制油系统辅助设备启动前，油系统应提前 2h 启动。各润滑装置良好，油位正常，油质良好，油压、油温正常。

（7）启动时用的各种工具、仪表、记录卡备齐。

（8）现场消防设备齐全，处于备用状态。

五、辅机启动

（1）各辅机设备启动前必须同有关人员联系。

（2）各辅机设备的启动前应遵照其逻辑关系进行，尽可能避免带负荷启动。

（3）辅机启动后应有专人监视电流和启动时间。若启动时间超过规定，电流未回到正常值时，应立即停止运行。

（4）C 级及以上检修后的辅机设备启动投运前应进行试转，试转时必须有检修负责人在场，确认转向正确，细听内部无异声，所有设备无异常现象，否则不许再启动或转入备用。

（5）对于就地带有选择开关的设备，启、停时应确认选择开关位置，如在集控室操作员站上操作，应将选择开关置在"远方"位置，如在就地进行时，则应将开关置在"就地"位置。机组运行时，应将各辅机的选择开关置在"远方"位置。

（6）辅助设备启动后发生跳闸，必须查明原因，并消除故障后才可再次启动。辅助设备的连续启动次数参见《电机启动次数规定》执行。

六、辅机设备启动后的检查

（1）各转动设备的轴承（瓦）以及减速箱温升要符合规定。
（2）辅助设备各部振动符合规定。
（3）电动机的温升、电流指示符合规定。
（4）各润滑油箱油位正常，无漏油现象。
（5）有关设备的密封部位应密封良好。
（6）转动设备和电动机无异常声音和摩擦声。
（7）各调节装置的机械联接应完好，无脱落。
（8）有关输送介质的设备入口、出口压力、流量正常。
（9）确认各联锁和自动调节装置均应投入正常。
（10）辅助设备所属系统无漏水、漏汽、漏油现象。

七、辅助设备系统的停运

（1）凡是有程序停运的辅机，停运应使用程序进行操作，一般情况下，不得采用手动停用操作方式。

（2）辅机在停止前，应依据联锁方式采取必要的措施和操作，以保证相关设备不误启动、误跳闸或发生工质中断现象。

（3）停运前应检查操作员站画面，各停运允许条件满足方可停运。停用辅机设备前应与有关岗位联系并得到许可。

（4）调出相应的操作员站画面，确认后按下停止按钮，停止指示正确，电流回零。检查辅机进、出口门状态应按程序要求正确执行。

（5）检查设备停运后无倒转现象。

（6）设备停运后如需联锁备用，按"备用"要求各项满足备用条件，投入备用联锁。

（7）冬季时辅机停用后应采取必要的防冻措施，长期停运的设备应做好保养措施。辅机停运时注意比较惰走时间。

八、辅助设备系统的故障隔离

设备及系统在运行中出现故障后，应及时检修。在检修前，为保障作业人员安全，需要对检修设备进行隔离，隔离原则：

（1）隔离一切危险源，包括汽、水、电、风、烟、油、气、酸、碱等。

（2）有备用设备或系统的，隔离前应启动备用设备，转移出力。

（3）隔离范围尽可能的小，对系统影响尽量小。

（4）隔离时应先关介质来侧阀门，后关介质送出侧阀门。

（5）设备系统隔离后应泄压，确认排除危险源。

（6）先隔离近事故点阀门，如因汽、水弥漫而无法接近事故点，可先扩大隔离范围，待允许后再缩小隔离范围。

九、应紧急停止相应辅机设备的故障情况

（1）发生强烈振动，超过允许值。

（2）设备内有明显的金属摩擦声或撞击。

（3）离心水泵发生汽化时。

（4）轴承冒烟或超温时。

（5）盘根或机械密封处，大量漏水或冒烟时。

（6）电动机着火或冒烟时。

（7）辅机跳闸保护该动而未动时。

（8）危及人身安全时。

紧急停运辅机操作：如巡回检查中发生以上情况之一时，应紧急停运故障设备。紧急停运步骤：按就地事故按钮（如果存在），检查原运行辅机停运，备用辅机自启动正常，故障辅机不应倒转，如果备用辅机未自启动，应立即手动开启，汇报有关岗位，并做好记录，查找故障原因；故障设备停运后应满足系统正常运行，不能维持正常运行时应根据该设备对机组负荷及安全状况的影响程度，采取相应的隔绝、减负荷等措施。

第二节　汽轮机侧辅助设备及系统的检查与操作

（一）机组污水排放及工业水系统投运

（1）确认各污水泵具备投运条件，各仪表手动阀开启。

（2）确认所有污水泵出口阀开启。

（3）确认污水泵就地控制柜控制电源正常，动力电源送上。

（4）将污水泵控制开关投入自动。

（5）确认污水泵能正常自启动。

（6）联系化学人员投运工业水系统，开启工业水至各区域隔离阀。

（二）投运凝补水系统

（1）检查凝补水箱各阀门状态正确，联系化学人员启动除盐水泵，准备向凝补水箱上水。

（2）开启化学车间至凝补水箱补水门，向凝补水箱补水至正常水位。

（3）启动一台大流量凝结水输送泵，检查出口压力正常。

（4）检查系统无泄漏跑水现象。

（三）闭式冷却水系统投运

（1）启动凝结水输送泵向闭式水箱补水至正常水位，将补水调节阀投自动。

（2）对闭式水系统注水、放气后投入一台闭式水泵运行，启泵前保证泵的最小流量，启泵时注意将闭式水泵出口阀切"就地"缓慢开启，防止闭式水箱水位低而导致闭式水泵跳闸；确认系统运行正常，将另一台泵投入备用。

（3）通知化学人员化验水质，确认闭式冷却水水质合格。

（4）根据各辅机运行要求，适时投入闭冷水。

（四）循环水及开式水系统投运

（1）检查循泵入口闸板已开启，循泵进口水池水位正常。

（2）启动冲洗水泵和旋转滤网，待循泵运行正常且无垃圾冲出后停止，投入备用（如邻机冲洗水泵运行正常，可通过联络阀提供冲洗水）。

（3）开启凝汽器循环水进、出水阀，确认循泵本体、液压油系统、冷却水正常，满足启动条件。

（4）利用江水潮位及注水回路联合向循环水母管注水。启动一台循环水泵运行，检查各自动放空气阀充满水后自动关闭，根据需要投运备泵。

（5）开式水进口滤网投入自动冲洗，并将该系统投入运行。

（6）根据需要调整闭式水热交换器开式水流量，调整闭式水温度20～30℃。

（7）根据需要投入胶球清洗系统运行。

（8）根据需要投入加氯系统。

（五）润滑油系统投运

（1）确认主油箱油位为高油位，油质合格。

（2）启动一台主油箱排烟风机，将各道轴承和主油箱处的负压调整至正常。另一台作备用。

（3）确认油温符合要求，投入主机润滑油系统运行，主油箱油位正常。确认主机润滑油系统运行正常后投入交、直流备泵联锁。

（4）启动顶轴油泵，确认顶轴油系统运行正常后，保持两台运行一台备用方式。

（5）将主机油净化系统随润滑油系统一起投入运行，确认系统运行正常。

（6）根据油温适时投入主机润滑油冷油器闭式水侧，控制润滑油温度约50℃。

（六）盘车装置投运

（1）确认润滑油系统、顶轴油系统运行正常。

（2）确认发电机密封油系统运行正常。

（3）机组安装后初次启动或大小修后首次启动，联系检修进行手动盘车，对汽轮机本体进行检查，确认汽轮机本体无异常后，才能投运连续盘车。

（4）若为液动盘车，确认盘车进油手动阀关闭，开启盘车电磁阀，缓慢开启盘车进油手动阀至合适开度，确认盘车转速为48～54r/min。电动盘车应检查盘车电流正常。

（5）确认盘车装置自动啮合。

（6）倾听汽轮发电机组各转动部分声音正常。

（七）EH油系统投运

（1）确认EH油箱油位高于正常油位，油温正常、油质合格。将油净化系统随EH油系统一起投入运行。

（2）启动一台EH油过滤冷却泵，另一台投入备用。

（3）确认将EH油温控制调节阀投入自动，确认油温控制在35～55℃。

（4）EH油泵符合启动条件后，启动一台EH油泵，另一台投入备用。检查油泵出口压力在16MPa左右，系统无渗漏。

（八）加热器、外置式冷却器、疏水冷却器投运前检查

（1）检查高、低压加热器，外置式冷却器、疏水冷却器汽、水侧各阀门状态正确，正常、危急疏水调节阀开关正常，无卡涩。

（2）低压加热器疏水泵处于备用状态。

（九）凝结水系统投运

（1）确认凝补水箱水位正常，凝补水箱补水电动阀联锁正常。

（2）启动凝结水输送泵向热井及凝结水系统注水，调节凝汽器水位主、辅调节阀至热井正常水位，投入水位自动。

（3）确认凝结水杂用户隔离总阀关闭。

（4）确认凝结水母管、轴封加热器水侧注水、放气完成。

（5）确认除氧器水位主、辅调节阀关，凝结水再循环阀投自动。

（6）通知化学人员确认凝结水前置过滤器、精除盐装置均走旁路。

（7）投入凝输泵至凝泵密封水，维持凝泵密封水压力在0.7MPa左右。投入凝泵电机冷却水，变频或工频启动一台凝结水泵，确认系统运行正常，凝结水母管压力正常，将另一台凝泵投入备用。

（8）水质合格后投入凝泵自密封，根据需要投入杂用水母管。

（9）当凝结水水质合格（pH≥9.0，Fe<200μg/L，Na$^+$≤50μg/L），可向除氧器进水。

（十）低压管路及除氧器冲洗

（1）检查确认系统各阀门状态正确。

（2）检查凝结水系统运行正常，水质合格。

（3）清洗凝汽器和除氧器之间的低压管路及除氧器，可通过开放水阀及除氧器放水至清洁水疏水扩容器进行排放。当清洁水疏水箱液位正常后，启动清洁水疏水泵至机组排水槽排水，并投入备泵联锁（大流量冲洗时，可直接通过除氧器放水至锅炉启动疏水排水管路进行排放）。

（4）持续清洗直至除氧器底部排污出口水质的混浊度低于 3mg/L。当除氧器冲洗水水质合格（含铁量小于 200μg/L）后，关闭相关放水电动门，并将除氧器上至启动水位。

（十一）凝结水精除盐装置投运

确认凝结水压力稳定，水温小于 55℃，通知化学人员确认精除盐装置具备进水条件（前置过滤器进口含铁量小于 1000μg/L、目测水质清澈透明），投运精除盐装置（进口含铁量小于 500μg/L）；条件不具备时走旁路。

（十二）凝结水用户投运

（1）投入低压缸喷水、凝汽器水幕喷水、低压旁路减温水及各疏水立管减温水，根据需要依次投入凝结水的其他用户，并投入相关自动。

（2）闭式水水箱补水可切至由凝结水补水。

（3）凝结水系统水质合格后可向锅炉循环泵注水。

（十三）辅汽系统投运

辅汽系统具备投用条件后，经由值长同意，可由邻机向本机供应辅汽。

确认系统运行正常，疏水畅通，压力、温度符合要求（压力 0.9MPa、温度 310～340℃）。

（十四）轴封蒸汽系统和抽真空系统投运

（1）确认轴封蒸汽系统和抽真空系统符合投运条件。

（2）先投轴封后拉真空，并注意轴封汽温度和汽轮机转子温度的匹配。轴封汽温度偏低时，投入轴封电加热器，电加热器不允许无蒸汽运行。

（3）投入主机轴封系统（对于注水放气已结束并处于盘车运行状态的汽动给水泵组，可投入给水泵汽轮机轴封系统）。

（4）开启主机轴封压力调节阀前、后隔离阀，缓慢开启主机轴封压力调节阀向轴封暖管供汽，确认轴封汽疏水正常。

（5）启动一台轴加风机，确认运行正常，另一台投入备用，轴加汽侧维持微负压，压力为 -2～-3.2kPa，确认轴加风机疏水正常。

（6）根据需要开启轴封汽减温水隔离阀，投入轴封汽温度自动调节。确认轴封母管进汽压力调节阀和溢流阀自动调节正常，轴封母管压力正常维持 3.5kPa（g）左右。

（7）关闭主机真空破坏阀并投用其密封水，密封水应维持适当溢流。

（8）启动三台真空泵，当凝汽器压力低于 12kPa（a）后，根据情况可停用一台真空泵作备用。

（9）确认主机（及给水泵汽轮机）各轴端、汽封处无蒸汽冒出且无吸气现象。

（10）投入2号轴承处仪用冷却系统。

（十五）投运一台汽动给水泵

（1）启动给水泵组油系统，投入各设备备用。

（2）投入汽泵密封水，回水排地沟；凝汽器真空建立后密封水回水切至凝汽器。

（3）投入前置泵闭冷水、密封水及油系统，检查各辅助系统运行正常。

（4）汽泵组注水后并投入给水泵汽轮机盘车运行，盘车转速为80r/min。

（5）给水泵汽轮机投轴封拉真空。

（6）开启辅汽供给水泵汽轮机管路上的各疏水门，进行疏水暖管。

（7）给水泵汽轮机冲转，带负荷。

（十六）除氧器加热投运

（1）调节除氧器水位至启动水位，投入辅汽加热。

（2）加热过程中，控制温升不大于1.2℃/min，注意除氧器水箱无振动和异常声响，辅汽压力平稳。

（3）调节辅汽至除氧器压力调节阀，使除氧器水温缓慢升高，控制水温在105～120℃，溶解氧合格，水温合格后，逐步调节除氧器水位至正常水位。

（十七）凝汽器单侧隔离及恢复操作

运行中发现凝汽器水管泄漏或凝汽器水侧污脏时，可单独解列、隔绝同一回路凝汽器循环水。

（1）待停用侧凝汽器胶球装置收球结束后，胶球泵停止运行，并将该组胶球清洗程控退出，系统已隔离并停电。

（2）机组减负荷至80%额定负荷以下。

（3）凝汽器单侧隔离时不允许三台循环水泵同时运行。

（4）关闭停用侧凝汽器抽空气电动门。

（5）关闭停用侧凝汽器循环水进水电动门，注意另一侧凝汽器循环水侧压力不超过0.4MPa。

（6）关闭停用侧凝汽器循环水出水电动门，检查机组负荷、凝汽器真空和循环水系统压力变化无异常（排汽温度不大于60℃），如凝汽器真空下降不能维持，应立即进行恢复操作。

（7）如凝汽器循环水侧压力大于0.4MPa，应停用一台循环水泵。

（8）停用侧凝汽器循环水进、出水电动门关闭后停电。

（9）开启停用侧凝汽器循环水水侧放水门和排气门，注意凝泵坑水位和排水泵运行情况正常。

凝汽器单侧隔离注意事项：

（1）两台凝汽器停用的同一回路循环水压力到零，放尽存水后，缓慢打开该回路凝汽器循环水侧人孔门。

（2）在凝汽器同一回路循环水隔离、泄压、放水过程中，应特别注意凝汽器真空的变化。

（3）在隔绝操作过程中，若发生掉真空，应立即停止操作，增开备用真空泵，进行恢复处理。

单侧凝汽器循环水隔离后的投运操作：

（1）检查确认凝汽器工作全部结束，工作人员已撤离，所有工具及物品均已取出，工作票终结，方可关闭人孔门和凝汽器水侧放水门，并对循环水进、出水电动门送电。

（2）稍开待恢复侧凝汽器循环水出水电动门，对恢复侧凝汽器循环水侧赶空气，待排气门有水连续流出后关闭排气门。

（3）全开恢复侧凝汽器循环水出水电动门，再次开启恢复侧凝汽器循环水室排气门，确认空气赶尽后关闭。

（4）逐渐开启该待恢复侧凝汽器循环水进水电动门，直至全开，各排气门再间断打开排气，确认空气赶尽后，关闭排气门，监视凝汽器真空变化。

（5）凝汽器真空正常后，可恢复机组负荷，同时注意循环水母管压力，根据需要增开一台循环水泵。

（6）根据需要程控投入胶球清洗装置。

第三节　锅炉侧辅助设备及系统的检查与操作

（一）压缩空气系统

（1）检查压缩空气系统阀门状态符合启动要求。

（2）检查确认空气压缩机冷却水已正常投运，根据需要选择三台空气压缩机逐台投入运行；选择一台空气压缩机作为第一备用，选择两台空气压缩机作为第二备用。

（3）检查投入组合式干燥机，投运数量由空气压缩机的投运台数决定，备用组合式干燥器进、出口阀关闭，疏水阀开启。

（4）缓慢开启各储气罐出口阀，进行系统充压。

（5）开启到各仪用气用户隔离阀。

（6）开启杂用气和仪用气母管的联络调节阀，向杂用气系统供气，根据需要开启到各用户隔离阀。

（7）确认系统各设备运行正常，仪用气、杂用气系统各参数符合要求，压力 0.7～0.76MPa 左右，干燥机后露点温度不大于－40℃。

（二）锅炉疏水系统、主再热蒸汽系统检查投运

（1）检查锅炉启动疏水放气系统、锅炉主蒸汽系统、锅炉再热蒸汽系统各系统状态正常。

（2）检查启动分离器储水箱调节阀油系统，确认系统正常。

（3）检查大气扩容器及其疏水系统正常。

（4）检查高、中、低压旁路油系统油质合格，投入高、中、低压旁路油系统，检查系统压力、油位、各控制系统正常，DCS 旁路画面无报警信号。

（5）确认高、中、低压旁路系统正常。

（6）确认高、中、低压旁路减温水系统良好备用。

（7）确认 LCD 上高、中、低压旁路控制信号正常。

（8）当凝汽器压力低于－40kPa，可投入高、中、低压旁路系统运行。

（三）投运火检冷却风系统

投入火检冷却风系统，各火检和火焰电视系统工作正常。

（四）脱硝系统投运前检查

（1）确认锅炉脱硝喷氨系统可靠隔离，脱硝喷氨调节阀及其前、后隔离阀关闭。

（2）确认声波吹灰系统具备投运条件。

（3）确认稀释风机具备投运条件。

（4）确认氨站具备供氨能力。

（5）确认脱硝系统投运前准备，脱硝系统完成启动前检查，具备投运条件。

（6）确认脱硝系统各阀门按照要求开启，并在风烟系统投运前投入稀释风机运行，确认氨稀释风流量和压力正常。

（7）联系化学人员投入氨气系统，调整机组氨流量调节阀前压力稳定在 0.4MPa。

（8）确认脱硝系统声波吹灰器前杂用气压力正常，投入压缩空气干燥净化装置和声波吹灰储气罐，待储气罐压力正常后投入声波吹灰系统。

（五）启动循环泵注水，准备做好机组启动

（1）锅炉进水前，须进行锅炉启动循环泵及电机的注水操作。

（2）按要求对锅炉启动循环泵及电机的注水操作。

（六）投运炉前燃油系统

（1）联系值长汇报准备恢复炉前燃油系统，注意燃油泵运行调整。

（2）检查燃油母管调整阀，各角阀及吹扫阀处于关闭位置。

（3）打开炉前燃油系统的进、回油手动门，及各油枪的燃油、吹扫隔离手动门。

（4）打开杂用气至燃油吹扫总阀。

（5）进行吹灰系统投用前检查。

（七）等离子点火系统投运前准备

（1）应编制检查卡，按《等离子点火系统投运前检查卡》进行操作。

（2）对磨煤机 B 暖风器系统进行检查，根据点火需要对暖风器进行疏水暖管。

（八）投运风烟辅助系统

（1）启动空气预热器油系统，启动两台空气预热器，投运其辅助设备，确认相应联锁投入。空气预热器 LCS 装置可在锅炉负荷 50％左右投入自动。

（2）按照《风机油系统投运前检查卡》检查确认各风机的油系统运行正常。

（3）按照《风机投运前检查卡》，检查送风机、引风机、一次风机和密封风机满足启动条件。

（4）对空气预热器蒸汽吹灰系统进行检查，根据点火节点需要进行疏水暖管。

（九）制粉系统投运前准备

（1）按照《磨煤机油站投运前检查卡》检查各磨油系统满足启动条件，启动磨煤机润滑油系统、液压油系统。

（2）按《制粉系统投运前检查卡》完成对六套制粉系统，尤其是 B 制粉系统的启动前检查。

（3）燃烧器倾角调至水平位置。

（4）根据机组启动需要，由值长提前通知燃料运行给各煤仓加煤。

（十）联系灰硫专业、做好机组启动前准备

值长通知灰硫专业，机组具体点火时间，做好灰硫相关启动准备工作。锅炉点火前 10h 投入湿式电除尘热风清扫系统；锅炉点火前 8h，投入电除尘瓷轴、瓷套及灰斗加热器；底排渣系统投入，检查电除尘及灰渣系统具备投运条件。

（十一）锅炉上水

（1）检查锅炉汽水系统及有关辅助系统满足上水条件：

1）确认锅炉启动循环泵注水完毕，电机绝缘合格，锅炉启动循环泵各闭式冷却水正常。

2）除氧器给水温度 105～120℃。

3）省煤器、水冷壁疏水阀关闭。

4）所有锅炉本体放气阀处于开启状态，充氮阀关闭。

5）过热器疏水阀和再热器疏水阀开启。

6）锅炉所有试验测点一、二次阀关闭，取样一、二次阀开启，有关测量仪表一、二次阀开启。

7）检查过热器、再热器减温水系统符合投运条件，过热器/再热器喷水调节阀关闭、电动截止阀关闭。

8）锅炉启动系统阀门状态正确，启动分离器储水箱调节阀油系统启动运行正常。

9）锅炉大气扩容器、集水箱和启动疏水回收泵及其管路系统均处于备用状态。

10）关闭锅炉集水箱至凝汽器管路的电动隔离阀。

11）联系化学人员确认机组排水槽处于低水位，两台排水泵出口阀开启，并投入备用。

（2）锅炉进水水质应满足：除氧器出口水质的含铁量小于$200\mu g/L$。

（3）检查除氧器水温$105\sim120℃$，向锅炉上水，注意对除氧器、凝汽器水位的调整；投运高压加热器、外置式蒸汽冷却器水侧，通知化学人员化验给水水质，确认其合格，并在前置泵进口管道加药；调节省煤器进水旁路门，根据锅炉需要控制上水流量。锅炉给水与锅炉金属温度的温差不许超过$111℃$。

（4）当省煤器、水冷壁及储水箱在无水状态，上水以不大于10％BM-CR给水流量。

（5）待各放气阀连续出水时，逐个关闭放气阀。保持水冷壁及启动储水箱放气总阀打开。

（十二）锅炉冷态清洗

锅炉冷态清洗过程分为开式清洗和循环清洗两个阶段。

1．冷态开式清洗阶段

（1）当储水箱出口水质Fe含量大于$500\mu g/L$，锅炉进行冷态开式清洗，为了保证清洗效果可变流量清洗。

（2）确认启动分离器储水箱调节阀开启。

（3）锅炉冷态开式清洗过程中，锅炉集水箱至排水槽管路电动阀开启，直至储水箱下部出口水质优于下列指标值后，冷态开式清洗结束。

（4）水质指标：$Fe<500\mu g/L$时。

2．冷态循环清洗阶段

（1）冷态开式清洗结束，水质指标符合要求，进行冷态循环清洗。

（2）启动锅炉启动循环泵，检查锅炉启动循环泵过冷水管路自动投入，调整启动循环泵出口调节阀开度，使锅炉给水再循环流量为25％～30％BMCR。

（3）一般控制给水流量为5％BMCR，省煤器进口流量约25％BMCR。视水质情况可适当调整清洗水量。

（4）启动分离器储水箱调节阀投自动，储水箱水位变化时，依靠启动分离器储水箱调节阀调节储水箱水位。

（5）一般集水箱出口取样水质$Fe<500\mu g/L$、$SiO_2<50\mu g/L$，水质合格。关闭锅炉集水箱至排水槽电动阀。开启启动疏水回收泵出口至凝汽器管路电动阀，工质回收至凝汽器。注意避免两路电动阀同时打开，注意凝

汽器真空情况。

（6）维持 25%～30%BMCR 清洗流量进行循环清洗，直至锅炉储水箱水质优于下列指标，Fe<100μg/L、SiO$_2$<50μg/L，冷态循环清洗结束。

（十三）启动引、送风机

（1）启动引风机前通知灰硫专业投入电除尘二、三、四电场，投入脱硫系统。

（2）按顺序启动引、送风机。炉膛负压控制在－100Pa 左右，投入负压自动控制。烟道挡板开启或第一台引风机启动后，可能会引起其他风机转动，为防止停止状态的风机轴承损坏，规定在第一台引风机启动前，必须确认两台送风机、两台引风机各轴承的润滑、液压和冷却系统投运正常，或者采取可靠的防止风机转动的措施。

（3）投入各备用设备的联锁。

（4）一次风机和密封风机具备投运条件。

第四节　发电机组辅助设备及系统的检查与操作

（一）发电机密封油系统投运

发电机密封油系统应在发电机气体置换以及汽轮发电机盘车启动前投运。

（1）确认密封油真空油箱油位正常，系统符合投运要求。

（2）启动密封油排烟风机，调整排烟风机入口负压为－1kPa 左右，启动一台主密封油泵，运行正常后，启动密封油箱真空泵，调整密封油真空油箱内的负压调整至－40kPa 左右。

（3）确认密封油与氢气的差压在 80～120kPa 之间，投入交、直流备泵联锁。

（4）投入密封油冷油器闭式水侧，控制密封油温度在 43～49℃之间。

（二）发电机气体置换及充氢

（1）确认发电机气体严密性试验合格，通知化学人员做好气体置换及充氢准备工作。

（2）确认发电机密封油系统运行正常，汽轮发电机组处于静止或盘车状态。

（3）用二氧化碳置换发电机内空气并确认置换结束。

（4）用氢气置换发电机内二氧化碳并确认置换结束。

（5）氢气纯度合格后，将发电机内氢气压力升至要求值，纯度大于96%，油氢差压 120kPa 左右。

（6）投入氢气干燥装置，确认氢气湿度及氢气露点正常。

（7）投入四组氢气冷却器运行，发电机氢温控制投入自动，以定冷水温度为基准，控制冷氢温度低于定冷水温 3～5℃。

（三）发电机定子冷却水系统投运

（1）确认凝补水箱水位正常，水质合格。启动一台凝输送泵，缓慢向定冷水系统注水。

（2）向定冷水箱充氮气 1m³ 后关闭充氮阀。定冷水箱内维持一个压力略高于大气压的氮气环境，约 15kPa。

（3）确认定冷水箱水位正常，启动一台定子冷却水泵，确认定子冷却水流量为 120t/h 左右，另一台备用。待系统运行正常后，保持定冷水箱的回水流量控制在 120L/h 左右，保持流入水箱的流量比补给水管道流量大 100L/h 左右。

（4）确认一台定子冷却水冷却器投入运行，另一台备用，定子冷却水温度约 48℃ 左右，温度控制投自动。

（5）发电机正常运行期间，需要连续的补水，以弥补系统可能存在的漏水损失，并提高水质，多余的补给水通过流入定冷水箱后排出系统，同时也保证了溢流管上的"U"形水封可靠。补给水水质达不到要求时，应投用离子交换器。

（6）补水回路中电导率保持不大于 1μS/cm，补充水压力 0.2～4.0MPa。

（7）化学定期化验水质，保证定冷水导电度不大于 1μS/cm，pH＝6～8。

（8）根据情况进行发电机定子绕组绝缘电阻的测量。

第五节　厂用负荷开关停送电的检查与操作

一、厂用负荷状态划分

（一）运行状态

运行状态是指负荷开关在工作位合闸状态，设备带有电压。

（二）热备用状态

热备用状态是指负荷开关在工作位断开状态，控制、合闸电源合好，控制方式、保护、联锁投入正常，一经合闸就转变为运行状态。电气设备处于热备用状态下，随时有来电的可能性，应视为带电设备。

（三）冷备用状态

冷备用状态是指负荷开关在试验位断开，控制、合闸电源断开。在此状态下，未履行工作许可手续及未布置安全措施，不允许进行电气检修工作，但可以进行机械工作。

（四）检修状态

检修状态是指负荷开关在试验位或检修隔离位断开，二次插头断开，控制、合闸电源断开，按照 GB 26164.1《电业安全工作规程　第 1 部分：热力和机械》及工作票要求布置好安全措施。

负荷开关的停电操作是指将开关由运行或热备用状态改为冷备用、检修状态的操作；负荷开关的送电操作是指将开关由检修、冷备用状态改为热备用或运行状态的操作。

二、负荷开关停送电原则

开关停电时必须按先断开开关、再将开关停电的顺序进行；送电时必须按先断开开关、再将开关送电的顺序进行；严禁在开关合闸的情况下带负荷停送电。

开关在工作位时，禁止合上负荷侧接地开关；接地开关在合闸位时，禁止将开关送至工作位。

继电保护投、退的规定：开关由冷备用改为热备用状态前，必须投入保护装置的电源及出口压板；开关由运行改为冷备用后，方可退出保护电源，保护压板是否退出应根据检修要求执行，无明确要求时可不进行退出操作。电气设备禁止在无保护的情况下运行，运行中的保护装置因故必须停用时，应经总工程师批准后方可进行。

三、负荷开关停送电的基本要求

（1）负荷开关运行方式改变，应由值长或主值下令，值班员按操作票执行操作（对人身和设备构成威胁的特殊情况除外）。

（2）设备送电操作前，所有工作票应终结或押回，拆除检修设备的安全措施，恢复固定遮栏和常设警告牌，并对设备及所属回路进行全面检查，确认回路具备投运条件。

（3）正常的停送电操作，应尽量避免在交接班时进行，如遇重要操作或事故处理时应在操作告一段落后方可进行交接班。

（4）操作票应经过模拟预演，正确后再进行操作，操作前必须核对位置及设备名称、编号，并在操作中认真执行操作监护、复诵制度。

（5）负荷开关在分闸状态，可通过下列方法进行判断：

1）DCS画面中设备状态显示已经停运；

2）就地开关柜中开关状态指示断开；

3）开关本体分合闸指示为分闸；

4）DCS画面中设备的电流显示为0A；

5）测量开关电源侧、负荷侧触头绝缘电阻无穷大；

6）就地电动机已经停止转动。

（6）停送电操作过程中，装有电气或机械防误闭锁装置的设备，不允许擅自解锁进行操作，若发现防误闭锁损坏和失灵时，应认真检查设备名称编号无误，确认是装置有问题时，经值长同意总工程师批准后，方可进行解锁操作，并登记。

（7）雷、雨、大雾天气时，一般不进行室外倒闸操作，特殊情况下必须操作或事故处理时，应按 GB 26164.1《电业安全工作规程 第 1 部分：热力和机械》的有关规定执行。

四、负荷开关送电前的检查内容

（一）电动机送电前的检查内容

（1）检查该设备及所属系统的检修工作已全部结束，工作票终结或押回，现场无人工作。

（2）检查该设备及所属系统的检修安全措施及警示牌已拆除。

（3）检查 DCS 画面该设备各部参数显示正常。

（4）检查电动机、开关绝缘合格。

（5）检查开关的远方分、合闸及事故按钮分闸传动正常。

（6）检查开关的联锁、保护传动完毕。

（7）检查该设备区域照明充足。

（8）检查电动机标识牌完好，名称及编号正确。

（9）检查电动机周围清洁，无妨碍运行和维护的物件。

（10）检查电动机接线良好，接线盒、电缆护套完好。

（11）检查电动机加热器接线良好，接线盒完好。

（12）检查电动机外壳接地良好。

（13）检查电动机地脚螺栓紧固、无松动。

（14）检查电动机冷却风扇及防护罩完好。

（15）检查电动机事故按钮完好，防护罩正常。

（16）检查电动机润滑油系统正常，油箱油位、系统油压等表计指示正常，轴承油位正常。

（17）检查电动机冷却水系统投入正常。

（18）检查电动机与机械设备的对轮连接正常，防护罩完好。

（二）6kV 小车开关送电前的检查

（1）检查开关间隔的接地开关已断开，所属电气回路接地线已拆除。

（2）检查开关柜和开关本体的二次回路元件、控制、保护装置完好。

（3）检查开关一次触头完好。

（4）测量开关绝缘合格，绝缘值不小于100MΩ。

（5）测量负荷回路绝缘合格，绝缘值不小于 6MΩ。

（6）检查开关的手动储能、分合闸操作及指示正常，防误闭锁装置良好。

（7）开关柜内及开关本体清洁无杂物，无遗留工具。

（8）开关小车套管无裂纹，清洁。

（三）0.4kV 开关投运前的检查

（1）检查各插头完好，无烧伤痕迹。

（2）测量开关绝缘合格，绝缘值不小于10MΩ。

（3）测量负荷回路绝缘合格，绝缘值不小于0.5MΩ。

（4）手动储能及分合闸操作正常。

（5）检查开关装置的机械闭锁正常。

五、负荷开关停送电操作程序

（一）6kV 小车开关送电操作程序

（1）得到命令。

（2）检查检修工作全部结束，安全措施拆除，设备具备送电条件。

（3）核对设备开关名称编号，确认间隔位置正确。

（4）检查开关在断开状态。

（5）检查控制方式开关在"就地/停止"位。

（6）将小车开关送至试验位。

（7）给上开关的二次插头。

（8）合上二次回路电压开关。

（9）合上控制保护电源开关。

（10）检查综合保护装置显示正常，保护投入正确。

（11）将小车开关送至工作位。

（12）合上合闸储能电源开关。

（13）检查开关储能良好。

（14）将控制方式开关投"远方"位。

（二）6kV 小车开关停电操作程序

（1）得到命令。

（2）核对所在位置及开关名称编号。

（3）检查负荷开关在断开状态。

（4）将控制方式开关投"就地/停止"位。

（5）断开合闸储能电源开关。

（6）将小车开关停至试验位。

（7）断开控制保护电源开关。

（8）断开二次回路电压开关。

（9）根据要求布置安全措施。

（三）6kV 开关柜负荷侧接地开关的操作

（1）检查小车开关停至试验位或拉出柜外。

（2）将开关柜门关好。

（3）解除闭锁，搬动滑板露出驱动轴端部。

（4）插入接地开关操作曲柄顺时针转动 180°，合入接地开关，逆时针转动 180°断开接地开关。

（5）检查接地开关三相确已合好/断开。

（6）取下接地开关操作曲柄，当接地开关合闸时，滑板保留在打开位置，当接地开关分闸时，滑板自动落下。

（四）操作 6kV 小车开关注意事项

（1）6kV 小车开关不准停留在工作位和试验位之间的任何位置。

（2）摇动小车时要用力适当，发生卡涩时要仔细检查，分析原因，严禁用力过猛造成小车开关传动机构损坏。

（3）小车开关必须在分闸状态下，才能进行进、出车的操作，在合闸状态下将小车开关移动时应立即跳闸。

（4）在小车开关移动过程中，必须断开开关的合闸储能电源，防止在操作过程中开关误合闸。

（5）在开关即将送至工作位时，注意倾听开关位置开关动作的声音，开关到工作位将发出轻微的"咔嗒"声，开关状态显示两侧隔离开关合好，停止摇动摇把，取下摇把时禁止将摇把倒转，防止开关行车开关接触不良，导致无法操作。

（6）小车开关移动过程中，必须将开关柜门可靠闭锁。

（五）0.4kV 框架开关送电操作程序

（1）核对开关名称编号正确。

（2）检查开关在检修位断开状态。

（3）检查控制方式选择开关在"就地"位。

（4）测量开关、电机绝缘合格。

（5）按闭锁钮，将开关送至试验位。

（6）合上控制电源及 TV 二次开关。

（7）按闭锁钮，将开关送至工作位。

（8）将控制方式选择开关切在"远方"位置。

（六）0.4kV 框架开关停电操作程序

（1）核对开关名称编号正确。

（2）检查开关在工作位断开状态。

（3）将控制方式选择开关切至"就地"位。

（4）按闭锁钮，将开关停至试验位。

（5）断开控制电源及 TV 二次开关。

（6）按闭锁钮，将开关停至检修位。

（七）0.4kV 抽屉开关的送电操作程序

（1）核对开关名称编号正确。

（2）检查开关在断开位置。

（3）合上控制及保护电源开关。

（4）将抽屉开关放在滑轨上。

（5）将开关推入间隔。

（6）按闭锁钮将开关从检修位送至试验位。

（7）检查控制方式选择开关在"就地"位。

（8）按闭锁钮，将开关从试验位送至工作位。

（9）检查开关合、跳指示灯及保护装置指示灯正常。

（10）合上抽屉开关。

（11）将控制方式选择开关切至"远方"位。

（八）0.4kV 抽屉开关的停电操作程序

（1）核对开关名称编号正确。

（2）检查设备在停运位置。

（3）将控制方式选择开关切至"就地"位。

（4）断开抽屉开关。

（5）按闭锁钮，将抽屉开关从工作位停至试验位。

（6）将抽屉开关停至检修位并可靠闭锁。

六、负荷开关停送电存在的风险点分析及控制措施

负荷开关停送电存在的风险点分析及控制措施见表 7-1。

表 7-1 负荷开关停送电存在的风险点分析及控制措施

操作任务	操作程序	危险点	预控措施
6V 开关停电	核对设备名称、编号	走错间隔误操作导致机组跳闸、人身伤害	操作人、监护人必须同时核对位置、机组、设备名称和编号，严格执行两确认一停止，防止走错间隔误操作
	检查开关在断开状态	开关状态判断错误导致设备跳闸、人身伤害	停电前联系发令人确认 DCS 画面设备在停运状态、电流指示为 0；就地检查开关本体指示、综合保护装置显示在断开，电机不转
	将开关停至试验位	操作过程中开关误合闸，设备损坏、人身伤害	操作前检查开关柜门可靠关闭，联系发令人将设备退出备用后，将开关控制方式选择开关切至就地位，断开合闸储能电源开关，再将开关停至试验位
	将开关停至试验位	操作错误导致设备损坏	逆时针转动摇把，动静触头分开时要快，停至试验位后检查综合保护装置显示正确
	断开开关的辅助电源开关	未完全断开导致人员触电伤亡	开关停至试验位后，要断开开关的控制保护电源、二次电压开关及电动机加热器电源等开关
	验明设备确无电压	触电导致人身伤亡	选择电压等级合适且合格的验电器，检查验电器声光试验合格，无破损现象；验电时应戴合格的绝缘手套，将验电器全部拉开，保持验电器与外壳、人与带电设备的安全距离
	合上接地开关	带电合接地开关导致电弧伤人、设备损坏	严格按照五防电脑钥匙及操作票程序操作，操作前验明设备确无电压，禁止跳项、野蛮操作，操作完毕检查接地开关三相触头接触良好
6V 开关送电	检查设备具备送电条件	不具备送电条件送电导致人身伤亡、设备损坏	检查确认检修工作结束、检修人员撤离，工作票已终结或押票，检查设备系统具备送电条件

续表

操作任务	操作程序	危险点	预控措施
6V开关送电	核对设备名称编号正确	走错间隔误操作导致机组跳闸、人身伤害	操作人、监护人必须同时核对位置、机组、设备名称和编号，严格执行两确认一停止，防止走错间隔误操作
	拉开接地开关	带接地开关送电导致人身伤亡、设备损坏	拉开接地开关后，必须到间隔后电缆室检查接地开关三相确已拉开，在垂直位置
	验明设备确无电压	触电导致人身伤亡	选择电压等级合适且合格的验电器，检查验电器声光试验合格，无破损现象；验电时应戴合格的绝缘手套，将验电器全部拉开，保持验电器与外壳、人与带电设备的安全距离
	测电机、开关绝缘合格	人身触电、设备损坏	测绝缘必须由两人进行；必须戴绝缘手套，禁止他人碰触设备；测绝缘前、后要对设备进行放电，应选择合适电压等级且合格的绝缘电阻表；测量时，先摇（开）绝缘电阻表，后接触导体；测绝缘后，先将表笔移开，再停绝缘电阻表。按规定的项目测量，绝缘值应合格（开关绝缘值不小于100MΩ、负荷回路绝缘值不小于6MΩ）
	开关送至试验位	开关状态判断、操作错误导致设备损坏、人身伤害	检查开关本体分合闸指示确断，开关每相上下触头之间绝缘合格（≥100MΩ）。开关本体无异物，触头完好无变形；将工具车升降与开关柜底板平齐，摆正工具车与开关柜对锁好，并将车固定，将开关送至试验位，检查两侧把手向外弹出；给上二次插头时注意插头方向正确
	合上开关的控制电源	无保护运行，设备损坏	将开关送电前必须先合上控制保护电源，检查带电显示、保护装置显示正常，保护、控制压板投入正确
	开关送电至工作位	开关摇不动、合不上导致设备损坏、人身伤害	打开开关位置闭锁，将开关柜门可靠闭锁，检查接地开关确已断开。顺时针摇动摇把（动静触头接触时要快），听到轻微的"咔嗒"声响，摇把摇不动为止，取摇把时禁止将摇把倒转，检查综合保护装置显示开关两侧隔离开关合好
	合上合闸储能电源开关	烧毁储能电机	合上合闸电源，如储能异常，应立即断开合闸电源，将开关停电联系检修处理
	将控制方式开关切至远方位	远方无法启动	复归保护装置按钮，将控制方式切至远方位，汇报发令人检查设备状态正确
380V开关停电	核对设备名称、编号	走错间隔误操作导致机组跳闸、人身伤害	操作人、监护人必须同时核对位置、机组、设备名称和编号，严格执行两确认一停止，防止走错间隔误操作
	检查开关确断	开关状态判断错误导致设备跳闸、人身伤害	停电前联系发令人确认DCS画面设备在停运状态、电流指示为0；就地检查开关本体指示、综合保护装置显示在断开，电机不转

续表

操作任务	操作程序	危险点	预控措施
380V 开关停电	将控制方式切至就地位	造成带负荷拉隔离开关	联系发令人将设备退出备用并同意后，将控制方式选择开关切至就地位，与发令人核对状态正确
	将开关停至试验位	弧光短路触电伤人	解除开关位置闭锁，将开关拉至试验位
380V 开关送电	检查设备具备送电条件	不具备送电条件送电导致人身伤亡、设备损坏	检查确认检修工作结束、检修人员撤离，工作票已终结或押票，检查设备系统具备送电条件
	核对设备名称编号正确	走错间隔误操作导致机组跳闸、人身伤害	操作人、监护人必须同时核对位置、机组、设备名称和编号，严格执行两确认一停止，防止走错间隔误操作
	验明设备确无电压	触电导致人身伤亡	选择电压等级合适且合格的验电器，检查验电器声光试验合格；验电时应戴手套，保持验电器与外壳、人与带电设备的安全距离
	测电机、开关绝缘合格	人身触电、设备损坏	测绝缘必须由两人进行；必须戴绝缘手套，禁止他人碰触设备；测绝缘前、后要对设备进行放电，应选择 500V 的绝缘电阻表；测量时，先摇（开）绝缘电阻表，后接触导体；测绝缘后，先将表笔移开，再停绝缘电阻表。按规定的项目测量，绝缘值应合格（开关绝缘值不小于 10MΩ，负荷回路绝缘值不小于 0.5MΩ）
	开关送至试验位	开关状态判断、操作错误导致设备损坏、人身伤害	检查开关本体分合闸指示确断，开关每相上下触头之间绝缘合格（≥10MΩ）
	合上开关的控制电源	无保护运行，设备损坏	将开关送电前必须先合上控制保护电源，检查带电显示、保护装置显示正常，保护、控制压板投入正确。如开关储能异常，应立即断开控制电源，将开关停电联系检修处理
	开关送电至工作位	开关摇不动、合不上导致设备损坏、人身伤害	将开关柜门可靠闭锁，解除防误闭锁后将摇把插入，顺时针摇动摇把（动静触头接触时要快），闭锁弹出、摇把摇不动为止
	将控制方式开关切至远方位	远方无法启动	将控制方式切至远方位，汇报发令人检查设备状态正确

第六节　热工仪表及自动装置的巡检

机组设备运行期间，各种热控仪表及自动装置都处于投入状态。

一、电厂热工自动化配置简述

机组能够满足电网调峰、调频的要求。采用以微处理器为基础的分散控制系统（DCS），实现单元机组炉、机、电集中控制，完成单元机组主辅机及系统的检测、控制、报警、联锁保护、诊断、机组启/停、正常运行操作、事故处理和操作指导等功能。

集控室内以操作员站为控制中心，以操作员站 LCD 显示器和键盘作为机组监视和控制的主要人机界面。在少量就地人员巡回检测和少量操作的配合下，在集控室内实现机组的启动、运行及停止或事故处理等。不再设置常规显示仪表和报警光字牌，仅对机组极重要的主辅机设备设置独立于 DCS 的后备启停和跳闸操作手段。

机组的自动控制系统功能完善、可靠性高，具有最大的可用性和可扩展性，便于操作和维护，能满足机组安全、经济运行的要求。顺控按机组级（机组自启停）、功能组级、子组级和执行级设计，对主要辅机及相关系统中的设备进行顺序操作。

全厂辅助生产系统采用联网控制，即将化学补给水、反渗透、净水和废水处理等系统与凝结水精处理及化学加药、汽水取样系统的控制设备联网组成一个"水系统控制网"，最终与输煤控制系统、灰渣尘控制系统联网组成辅助生产系统控制网络，在全厂辅控中心的辅助生产系统操作员站上进行集中监控。

为保证热工仪表及自动装置运行良好，应做好巡检工作，发现异常，及时联系相关人员处理。

二、分散控制系统构成

分散控制系统（DCS）由分散处理站、人机接口装置和通信系统等构成。系统易于组态、使用和扩展。系统具有完备的自诊断功能，能诊断至模块级。系统的软硬件在功能上尽可能地分散，系统内任一组件发生故障，不会影响整个系统的功能。处理器模件采取 1∶1 冗余配置，以增强控制系统的可靠性。

分散控制系统的主要子系统包括：

（1）数据采集系统（DAS）。

（2）模拟量控制系统（MCS）。

（3）顺序控制系统（SCS）。

（4）锅炉安全监控系统（FSSS）。

分散控制系统各子系统之间的重要保护信号采用硬接线直接通过 I/O 通道传递。监视和控制系统的信息，在充分考虑测量元件和 I/O 通道的冗余措施后，可信息共享。机组保护联锁及控制逻辑均在分散控制系统中实现。对于公用部分的监控，设有公用网。公用 DCS 与机组 DCS 之间通过网桥实现隔离，保持单元机组与公用 DCS 系统间的相对独立性。在两台机组 DCS 中均可对公用 DCS 监控，同时具有相互闭锁功能，确保任何时候仅有一台机组 DCS 能发出有效操作指令。

三、现场热工仪表及自动装置主要设备

（1）变送器。变送器实时采集设备现场运行参数，并转换为标准输出的电信号，传输至控制系统。包括压力变送器、温度变送器、液位变送器、流量变送器、电流变送器等。

（2）主要电气设备。包括接触器、继电器、变频器、控制开关/按钮等，主要用于电气设备（电动机、加热器、照明等）的启停控制及功率调节。

（3）执行机构。执行机构主要用于开关阀门、位置控制等，按动力来源可分为电动执行机构、气动执行机构、液动执行机构和电磁阀等；按功能类型可分为调节型及开关型。

（4）仪表盘、台、箱、柜。显示就地热工设备的运行状态。

（5）电缆、光缆。仪表控制用电缆一般为阻燃电缆，在高温场合选用耐高温电缆/电线。

（6）热电偶及热电阻。

（7）仪表阀门及附件。

（8）逻辑开关。

（9）防堵、吹气装置。炉膛、烟道压力和制粉系统压力取样头均设置防堵风压取样器。

（10）工业电视。

四、热工电源与气源

（一）电源

为保证机组安全可靠运行，应确保对热控设备的供电。DCS、SIS、DEH、ETS等重要控制装置220V交流电源由两路电源供电，一路来自不停电电源装置A段（UPS A段），另一路来自不停电电源装置B段（UPS B段）。每台机组的两套UPS相互备用。辅助车间PLC系统可设置小型UPS并随控制系统配供。热控交流动力电源采用三相三线380V，电源为两路进线，一路接自保安电源段，另一路接自相应低压厂用电母线段，并设有两路电源的自切投功能。电厂保护和控制装置用的110V热控直流电源，由厂用直流系统供至热控直流配电箱，且为双路供电。两路电源设有备用电源自投功能。包括电伴热在内的220V热控检修电源，由电气单路供电至热工检修电源配电箱。

（二）气源

仪用气源是由空气压缩机站系统提供的满足仪用气要求的压缩空气，设有仪用气储气罐，当全部空气压缩机停时，储气罐容量应能提供维持5min满足品质要求的仪用气量。仪用压缩空气气源压力为0.86MPa（a），含油量小于1mg/m，最大尘粒不大1μm，最大压力露点为大气压参考压力下−40℃。仪用气源供气对象为气动逆止门、疏水门、气动执行机构、气

动薄膜阀等。在各个用气支管上或气动调节阀前设过滤减压器。

五、巡检要求

为了加强生产现场的巡回检查工作，检查督促设备主人及时消除缺陷，确保设备故障率在最低水平，延长其使用寿命，及时发现缺陷，防患于未然，一般制度要求：

（1）生产现场巡回检查是热控设备日常维护的例行检查，每天至少进行两次。第一次为早上8时00分开始，第二次为下午下班前1个半小时内。

（2）班长技术员及专工，第一次设备巡检必须参加。

（3）设备主人必须参加一天两次巡检。发现缺陷按照《设备缺陷管理制度》所规定的内容处理，重大缺陷汇报生产部。

（4）设备主人巡检时，必须坚持"人手一刷一布一手电"的好习惯，对设备确保每天清扫一次。每周五上午对所辖设备卫生区进行彻底清扫，擦拭。

（5）巡检对象。

1）现场安装设备：热工测量元件、仪器、仪表、阀门、取样及气源管路、电动门、执行器、推进器、就地控制箱、保温柜、电磁阀、限位开关、发讯器、设备标示牌等。

2）控制盘、台上各种仪表准确性，自动控制装置运行状况，热工信号的准确完整性，各种开关标牌等，盘后设备接线，盘内设备及卫生状况等。

3）DCS系统：MMI接点状态、DPU状态、电源控制柜开关状态、电源模块运行情况、I/O卡件状态指示等。

（6）巡回检查中发现缺陷时及时处理。各种仪器仪表应满足仪表规程要求。巡回检查完毕，及时填写设备巡检记录。自动及保护装置，要符合火电厂热工仪表及控制装置监督规程规定，现场设备要求：

1）变送器及自控执行机构。

a. 外观检查良好，零部件完整，曲柄、连杆、铰链、叉子等完好，两侧并帽应紧固，活动部分间隙合适、灵活，电动机、位返接线插头紧固。

b. 执行器开关方向、手自动位置标志应清晰、正确、齐全。

c. 刹车良好，手自动切换把手处于自动位置，开度指示与实际位置基本对应。

d. 自动调节系统的执行机构动作频率不应太频繁，手摸电动机温度不应太高，电动机动作时无明显异声。

e. 接线无明显松动。

f. 卫生整洁、无明显积灰，露天执行机构防雨设施完好，操作面板不影响观察调试。

g. 需要投自动的执行器自动投入状况良好。

h. 接线盒盖和电缆口密封良好。

i. 执行器就地转换和操作把手应灵活可靠，操作时不得有卡涩现象。

2）分散控制系统（DCS）。

a. DCS工程师站和电子间环境检查，空调检查，确保DCS系统在合适的环境下运行。

b. 检查各机柜内电源模块及电源分配器状态显示灯；DPU柜直流24V DC、48V DC工作电源分配器LED指示灯都正常亮。

c. 观察网络控制柜核心交换机和下层交换机的相应指示灯正常，有无故障指示。

d. 观察DPU模件和I/O模件相应指示灯，确认模件工作正常。

e. 检查DCS上位机自检画面（1、2），查看是否有电源报警及操作员和DPU站离线报警。

f. 上下位机时钟校准，SOE记录正常，历史曲线记录正常。

g. 确认各自动调节系统和联锁保护系统正常投入，发现未投入的应向运行人员了解情况，及时投入。

h. 检查各控制柜远程站冷却风扇是否正常。

i. 检查DCS上位机各系统流程画面，及时发现各系统工艺参数是否有报警和不刷新情况。

3）DCS热控电源系统。

a. 报警灯不亮，检查UPS回路电压是否正常。

b. 电源快速切换模块的状态指示，接线柱无明显氧化。

c. 检查电源模块指示状态及电压波动。

d. 接线无明显松动。

4）仪表盘、台、箱、柜。

a. 卫生整洁、无明显积灰。

b. 变频器风扇和控制柜风扇正常，变频器温度检查正常。

c. 接线无明显松动。

d. 无报警信号。